ISBN 978-0-260-98134-9
PIBN 10997016

ARCHIV

der

PHARMACIE,

eine Zeitschrift

des

Apotheker - Vereins in Norddeutschland.

—

Zweite Reihe. XXIX. Band.
Der ganzen Folge LXXIX. Band.

—

Herausgegeben

unter **Mitwirkung der HH.** *André, Baumann, vom Berg, Bley, Brendecke, Eder, Fischer, Geiseler, Giseke, Hedrich, Herzog, Holl, Jonas, Kastner, Lipowitz, du Mênil, Meurer, Otto, Pleischl, Schrön, E. Simon, Triboulet*

von

Rudolph Brandes und Heinrich Wackenroder.

Geiger'sches Vereinsjahr.

—

Hannover.

Im Verlage der Hahn'schen Hofbuchhandlung.

—

1842.

Vorwort.

Indem wir den ersten Band dieses Jahrgangs unserer Zeitschrift den geneigten Lesern übergeben, fühlen wir uns verpflichtet, öffentlich unsern Dank auszusprechen für die große Theilnahme, die derselben fortdauernd geschenkt wird, und die alljährlich sich erweitert. Nicht nur in dem Vereine, dem sie zunächst Organ ist, sondern auch weit über dessen Grenzen hinaus, im Inlande wie im Auslande, findet sie erfreulichen und uns ermunternden Beifall. Wir konnten uns nicht versagen, dieses dankbar hier auszusprechen, und unsere verehrten Mitarbeiter zu ersuchen, uns ferner mit Ihren Beiträgen zu unterstützen; wir laden alle Gelehrten und namentlich Pharmaceuten, die an der Vervollkommnung der Fächer, denen unsere Zeitschrift gewidmet ist, lebendigen Antheil nehmen, recht sehr ein, für diese Zwecke ihre Mitwirkung uns zu schenken und so einen immer größern Nutzen für den wissenschaftlichen wie für den moralischen Standpunct der Pharmacie zu erzielen. Wir können aber auch nicht umhin, der geehrten Verlagshandlung unserer Zeitschrift unsere volle Anerkennung darzubringen, indem sie in ihren Leistungen unsere Erwartungen nicht nur erfüllt, sondern übertroffen hat. Sie genehmigte nicht nur, daſs mehre Abtheilungen des Archivs aus Petit gesetzt wurden, durch welche groſse Raumersparung mehre Bogen für die andern Abtheilungen eines jeden Heftes gewonnen sind, sondern daſs auch von diesem Jahre an der Umfang eines jeden Heftes auf 8 Bogen vermehrt wurde, ohne den Preis zu erhöhen. Wer diese Leistungen der Verlagshandlung richtig würdigt, wird bald erkennen, daſs dazu allein sie leiten konnte jene edle Uneigennützigkeit und jene erfreuliche Theilnahme, die nur in der Förderung des Guten an sich ihre schönste Befriedigung findet. Durch diese Bereitwilligkeit der Verlagshandlung wird es uns vielleicht möglich werden, auch die kurzen Mittheilungen über die Wirksamkeit anderer gelehrten Gesellschaften und Vereine, die wir, wegen Mangel an Raum, seit längerer Zeit unterlassen muſsten, wieder aufnehmen zu können, wie es überhaupt unsere angelegentlichste Sorgfalt sein wird, für die sachgemäſse Ausstattung des Archivs, im Vereine mit unsern geehrten Mitarbeitern, nach Kräften zu sorgen, und damit das Vertrauen zu verdienen, dessen Werth wir nach seinem ganzen Umfange zu würdigen und zu schätzen wissen.

R. Brandes. H. Wackenroder.

Erstes Heft.

Erste Abtheilung.
Vereinszeitung.

Zweite Abtheilung.
Chemie und Physik.

Dritte Abtheilung.
Physiologie und Toxikologie.

Vierte Abtheilung.
Literatur und Kritik.

————————

Zweites Heft.

Erste Abtheilung.
Vereinszeitung.

Zweite Abtheilung.
Physik und Chemie.

Dritte Abtheilung.
Literatur und Kritik.

Vierte Abtheilung.
Arzneimittelprüfung.

Fünfte Abtheilung.
Miscellen.

Sechste Abtheilung.
Allgemeiner Anzeiger.

Drittes Heft.

Erste Abtheilung.
Vereinszeitung.

Inhaltsanzeige.

№ 1. Geiger'sches Vereinsjahr. 1842.

Januar.

ARCHIV
DER PHARMACIE,
eine Zeitschrift

des

Apotheker-Vereins in Norddeutschland.

Zweite Reihe. Neunundzwanzigsten Bandes erstes Heft.

Erste Abtheilung.

Vereinszeitung,
redigirt vom Directorio des Vereins.

1) Vereinsangelegenheiten.

Rede, gehalten in der Geiger'schen Versammlung des Apothekervereins in Norddeutschland, zu Braunschweig am 20. Septbr. 1841,

von

Dr. R. Brandes,
Oberdirector des Vereins.

Unsere heutige Festfeier ist mehren Zwecken gewidmet. Zuerst soll sie uns ein dankbares Gedenken sein eines erst vor wenigen Jahren aus dem Kreise der Lebenden abgerufenen Mannes, der um die gründliche Ausbildung der Pharmacie durch Lehre und Praxis unvergängliche Verdienste sich erworben hat. Wir haben uns versammelt, um von Seiten unsers Vereins dem Andenken Geiger's den Tribut der Huldigung darzubringen, welcher dem wahren, dem allgemein anerkannten Verdienste gebührt. Um das Haupt eines Mannes, der Vielen von uns persönlich bekannt und nahe befreundet war, wollen wir den Kranz flechten, den eine dankbare Nachwelt ihm weihet, ihm weihet in dem lebendigen Gefühle der vollen Ueberzeugung, wie werth dieser Mann unserer Huldigungen ist. Und wohl haben wir dazu eine gerechte Aufforderung in unserm Vereine;

denn **G e i g e r** gehörte ganz der Pharmacie an. Eine Reihe von
Jahren war er selbst Apotheker, bis er später der ausübenden
Pharmacie sich entzog, um allein der wissenschaftlichen Ausbildung unsers Fachs zu leben. Er ging zum Lehramte über
und übernahm die Professur der Pharmacie an der Universität
Heidelberg, um in einem möglichst umfassenden, thätigen und
unmittelbaren Einfluß ausübenden Wirkungskreise an der Vervollkommnung der wissenschaftlichen Grundlage der Pharmacie
zu arbeiten. Dieses war sein Hauptstreben und darauf concentrirte er jene rege Ausdauer, die nicht eher sich befriedigt
fühlt, bis sie das vorgesetzte Ziel erreicht hat. **G e i g e r's** Streben war vorzugsweise dahin gerichtet, der Pharmacie eine wissenschaftliche Gestalt zu geben, und hierzu ging er von dem
Gesichtspuncte aus, das Wesen der Pharmacie in seiner klaren
Bedeutung erfassend, daß diejenigen Zweige der Naturwissenschaft, die für die Pharmacie von Wichtigkeit sind, nach ihren
Grundelementen dem Apotheker der Art zu eigen sein müssen,
daß er diese auf die betreffenden Verhältnisse seines Fachs mit
wissenschaftlicher Consequenz anzuwenden versteht, und dadurch
die Pharmacie im engeren Sinne zu der wissenschaftlichen Ausbildung bringt, wodurch sie würdig ihre bedeutende Bestimmung erfüllt. Die Pharmacie als eine angewandte Naturwissenschaft erfassend, die aus allen Naturreichen ihre Materiale bezieht, und diese Producte den verschiedenartigsten Operationen
unterwirft, um daraus Arzneimittel zu bereiten, drang er überall auf das gründliche Studium der Chemie und Physik, der
Botanik, Mineralogie und auch der Zoologie. Er selbst war in
diesen Fächern gründlich bewandert. Beherrschend diese Masse
der Kenntnisse, und deren Gesammtheit auf den einen Zweck
richtend, der darin bestand, sie zur Basis der Pharmacie zu machen, strebte er unermüdlich nach einem gediegenen, einem
gründlichen Wissen, nach dem Lichte der Ueberzeugung. Und
wie er solches gefunden hatte, theilte er es mit in treuer und
ungeschmückter Wahrheit.

Wenn **G e i g e r** auch vorzugsweise der Chemie und namentlich der pharmaceutischen Chemie sich hingab, so beschäftigte
er sich doch auch mit besonderem Eifer namentlich mit
der Botanik und Mineralogie. Er ging von dem Grundsatze
aus, daß, wie die Kenntniß der allgemeinen Chemie zur Ausübung der pharmaceutischen Chemie unerläßlich sei, so für die
Pharmakognosie das Studium der Naturgeschichte.

Diese wissenschaftliche Ausrüstung war es, die **G e i g e r**
zu einem so vortrefflichen Lehrer machte, und die in allen seinen Arbeiten so glänzend sich beurkundete, und diesen, moch-
ten sie nun auf den pharmakognostischen oder auf den chemischen
Theil der Pharmacie sich beziehen, die Gediegenheit und die
Vollkommenheit gab, die wir an diesen Erfolgen seiner Thätigkeit besonders hervorhoben.

So groß wie **G e i g e r's** Wirkungskreis als unmittelbarer
Lehrer der Pharmacie auch sein mochte, so bei weitem größer
war der, wo er als mittelbarer Lehrer wirkte. In dem Journale, welches er herausgab, wie in seinem Handbuche der Pharmacie, haben wir hierüber die vielfachsten Belege. Durch letzteres namentlich hat **G e i g e r** außerordentlich gewirkt, und ist

er in einem weiten Kreise Lehrer für unser Fach' geworden,
und wird es noch lange bleiben, da dieses Werk von ausgezeichneten Gelehrten in neuen Auflagen fortgeführt wird.

Ein weiteres Zeugnifs von Geiger's Streben für die Vervollkommnung der Pharmacie, giebt die von ihm begonnene
Pharmacopoea universalis, die wir von befreundeter Hand bald
vollendet zu sehen hoffen dürfen.

Durch bedeutende Entdeckungen im Gebiete der Chemie
wird Geiger's Name in dieser Wissenschaft stets bewahrt
bleiben. Für unser Fach aber wird er für immer ein leuchtender Stern sein, dessen Strahlen zu den fernsten Zeiten hinüber-
schimmern werden.

Freudig sprechen wir öffentlich hier die Gefühle unsers
Dankes und unserer Verehrung gegen Geiger aus, freudig im
Namen von tausend Pharmaceuten, die alle das grofse Gewicht,
den grofsen Werth kennen, den das Wirken des Mannes für
unser Fach hat, dessen Name unsere Versammlung schmückt.

Herr Dr. Bley wird auf meinen Wunsch in einer besondern Festrede über Geiger's Wirken noch ausführlich sich
verbreiten. Eine Biographie Geiger's ist bereits vom Hrn.
Professor Dr. Dierbach in Heidelberg in unserm Archive mitgetheilt worden.

Geiger's Wirken wird in unserm ganzen Fache fortleben
und insbesondere auch in unserm Vereine. Je mehr wir ihm
als Vorbild nachzustreben suchen, um so mehr wir als solches
unsern jüngern Kunstgenossen ihn vor Augen stellen, um so
mehr wird der Werth der wissenschaftlichen Ausbildung unsers Fachs erkannt werden, um so mehr auch der der Vereini-
gung von Männern, die ihr Streben diesem Ziele geweiht haben,
das stets zu verfolgen wir uns bemühen wollen. Dadurch wird
auch mehr und mehr unsere Anstalt sich vervollkommnen und
erweitern.

Und hiermit gehe ich zu einem zweiten Zweck unserer
Festversammlung über, nämlich von dem letzten Vereinsjahre
einen summarischen Bericht Ihnen vorzulegen.

Es war im vorigen Jahre, wo ein Mann aus dem Kreise
seiner Thätigkeiten schied, unter dessen Aegide unser Verein
gestiftet wurde. Dieser Mann, dem die Cultur der Wissenschaft so vieles verdankt, war der Minister von Altenstein.
Bis zu seinem Tode war er Protector unsers Vereins. Tief und
gerecht war unsere Trauer um diesen Tod. Wohlthuend ist
es mir nun, indem ich von unserm Vereine Nachricht gebe, als
erste Ihnen melden zu können, dafs der hochverehrte Nachfol-
ger Altenstein's, Se. Excellenz der Hr. wirkliche Geheime
Staatsminister Eichhorn das Protectorat des Vereins wieder
zu übernehmen geruht hat, und zwar mit ausdrücklicher Genehmigung Seiner Majestät des Königs nach Allerhöchstdessen
gnädigster Cabinetsordre vom 24. März c. Der über dieses sprechende uns so werthe Erlafs Sr. Excellenz, d. dat. Berlin den
5. April, ist bereits im LXXVI. Bande unsers Archivs den
sämmtlichen Mitgliedern des Vereins bekannt gemacht worden.

In diesen von uns mit dem ehrerbietigsten Danke aufgenommenen Beweisen von Huld und Gnade wollen wir eine neue
Aufmunterung finden, für die schönen Zwecke nach Kräften zu

wirken, denen unser Verein gewidmet ist. Das über das Protectorat sprechende Diplom hat Se. Excellenz gnädigst aufgenommen, und ich schätze mich glücklich, nach hohem Auftrage solches Ihnen hier aussprechen zu können.

Der Verein hat sich auch in diesem Jahre wiederum ansehnlich erweitert. Es sind nicht nur in den bestehenden Kreisen neue Mitglieder zugetreten, sondern auch vier neue Kreise sind gebildet worden, und zwar der Kreis Trier unter der Leitung des Hrn. Kreisdirectors Löhr, der Kreis Bonn unter der Leitung des Hrn. Kreisdirectors Wrede, der Kreis Dessau unter der Leitung des Hrn. Kreisdirectors Baldenius, und der Kreis Blankenburg unter Leitung des Hrn. Kreisdirectors Seyler in Hessen. Die drei letzten Kreise wurden eingerichtet, der Kreis Bonn durch Theilung des Kreises Cöln, der Kreis Dessau durch Theilung des Kreises Bernburg, und der Kreis Blankenburg durch Theilung des Kreises Braunschweig, weil die genannten Kreise, Cöln, Bernburg und Braunschweig, sich so vermehrt hatten, dafs eine Theilung derselben im Interesse der Mitglieder dieser Kreise gehalten werden mufste.

In die bereits bestehenden Kreise sind aufserdem neue Mitglieder eingetreten, in die Kreise Achen, Altenburg, Angermünde, Berlin, Braunschweig, Bromberg, Cassel, Conitz, Cöln, Dresden, Erfurt, Essen, Gotha, Hannover, Herford, Jena, Königsberg i. d. Neumark, Lippe, Lissa, Luckau, Leipzig, Leipzig-Erzgebirg, Lüneburg, Medebach, Meiningen, Minden, Naumburg, Oldenburg, Osnabrück, Pritzwalk, Ruppin, Saalfeld, Schwelm, Siegen, Sondershausen und Stavenhagen.

Die Zahl der sämmtlichen Mitglieder des Vereins beträgt in diesem Jahre über 980, im vorigen betrug sie 893.

Die Zahl der bestehenden Kreise ist auf 62 angewachsen, im vorigen Jahre betrug sie 58.

Der Kreis Hannover hat sich durch Zutritt neuer Mitglieder so sehr vergröfsert, dafs derselbe in zwei Kreise getheilt werden wird. Die Herren Wackenroder in Burgdorf und Becker in Peine sind mit der Anordnung dieser Angelegenheit bereits beschäftigt, und Hr. Kreisd. Wackenroder beabsichtigt auch die Bildung eines anderweitigen neuen Kreises in dortiger Gegend.

In Bezug auf die Verwaltungsvorstände einzelner Kreise habe ich zu bemerken, dafs unsere verehrten Herren Collegen: Rammstädt in Sondershausen, Schmitthals in Wesel, früher in Xanten, Dr. Rabenhorst in Luckau und Päfsler in Bautzen, von der Pharmacie sich zurückgezogen und ihre Aemter als Kreisdirectoren niedergelegt haben. Diesen verehrten Männern, welche für das Gedeihen des Vereins in ihren Kreisen so sehr wirkten, möge der herzliche Dank, den wir ihnen in unserer heutigen Versammlung darbringen, ein Zeichen der aufrichtigsten Anerkennung sein für das, was sie dem Vereine so treu geleistet haben; unsere herzlichen Wünsche begleiten sie in ihre neuen Lebensverhältnisse. Für die Leitung der gedachten Kreise sind als Kreisdirectoren wieder gewählt, und haben diese Aemter übernommen die Herren Collegen Beneken in Sondershausen, Röhr in Crefeld, Jacob in Luckau und Klaucke in Bautzen.

Der Verkauf der aus der Circulation zurückgekommenen Bücher ist noch immer sehr unvollständig bewirkt worden, ich muß die Herren Kreisdirectoren bitten, dieser Sache möglichst sich anzunehmen, da die Verhältnisse der Vereinskasse den daraus hervorgehenden Zuschuß sehr nothwendig machen.

Die Lesezirkel des Vereins sind überall mit den wichtigsten Zeitschriften unsers Fachs versehen worden. Wünsche für die Verbesserung derselben werden mit Vergnügen entgegengenommen und stets erfüllt, so weit die Verhältnisse solches gestatten. Durchaus nothwendig aber ist es, daß die Mitglieder, in ihrem eigenen wohlverstandenen Interesse, die von den Kreisdirectoren festgesetzte Circulationsordnung genau beachten.

Die Porto-Vergünstigungen, welche der Verein in den verschiedenen Staaten genießt, werden auch für das nächste Jahr wiederum nachgesucht, und wie bisher, wie wir hoffen, der Anstalt von den resp. hohen Behörden gnädigst zu Theil werden.

Ich darf hier nicht unbemerkt lassen, daß des Herrn Staatsministers und Generalpostmeisters v. Nagler Excellenz in Betracht des Zustandes der Vereinskasse einen ansehnlichen Abzug von der pro 1840 zu leistenden Portorecognition auf meinen unterthänigsten Antrag gnädigst bewilligte, was die ganze Anstalt mit dem tiefsten Danke gegen den hocherleuchteten Staatsmann erfüllt, unter dessen vielen Verdiensten die Förderung von Kunst und Wissenschaft einen so großen Rang einnimmt.

Die Bucholz-Gehlen-Trommsdorff'sche Stiftung, unsere Unterstützungsanstalt für würdige invalide Gehülfen, hat auch in diesem Jahre werkthätig sich zeigen können. Die Abrechnung dieser Stiftung, vom Jahre 1840 ist im XXVI. Bande des Archivs 2. R. zur öffentlichen Kenntniß gebracht worden. Im Jahre 1840 wurden 28 Würdig-Bedürftige mit Pensionen aus der Stiftung bedacht. Obwohl die Fonds dieser Stiftung durch die regelmäßigen Beiträge dazu Seitens unsers Vereins und durch die von andern Wohlthätern jährlich Zuwachs erhalten, so ist doch die Zahl der Bedürftigen alljährlich doch so gestiegen, daß der Betrag der einzelnen Pensionen nicht bedeutend sein kann. Möchten denn auch Collegen, die nicht Mitglieder unsers Vereins sind, Gehülfen, denen es die Umstände erlauben, und wohlgesinnte Aerzte unsere Stiftung durch milde Beiträge fördern, und das schöne Beispiel, welches die Herren Aerzte in Cassel und die dortigen Apothekergehülfen seit Jahren darbieten, eine reiche Nachfolge finden. Es sind im Jahre 1840 aus der Kasse der Stiftung 642⅔ Rthlr. ausgegeben worden. Der Fond der Stiftung am Ende des Jahres 1840 betrug die Summe von 15,730 Rthlr. 25 Sgr. 2 Pf.

Die Generalrechnung unsers Vereins vom Jahre 1839 ist bereits im vorigen Jahre durch den Druck bekannt gemacht worden, im XXIV. Bande 2 R. des Archivs. Diese Rechnung schloß mit dem Minus von 547 Rthlr. 4 Ggr. 6 Pf. (incl. des von 1839), dessen Deckung den folgenden Jahren überwiesen werden mußte. Die Ursachen dieses Minus in der Einnahme sind in der Generalversammlung zu Leipzig auseinander gesetzt worden. Wir hofften, daß bereits im Jahre 1840 eine theilweise Abtragung dieser Schuld sich würde bewerkstelligen lassen, leider aber ist dieses nicht der Fall gewesen. Die Ausgaben von 1840 waren noch zu bedeutend, um den Abtrag bewirken zu können. Es ist selbst das Minus noch um circa 30 Rthlr. vergröſsert und die Ausgaben sind durch die Einnahmen mithin nicht völlig gedeckt worden.

Die Verhältnisse der Generalkasse machen es aber durchaus nothwendig, daſs die Herren Vicedirectoren und Kreisdirectoren genau beachten, daſs die sämmtlichen Ausgaben der Lesezirkel und der Verwaltung der Kreise die dafür festgesetzte Quote nicht übersteigen, weil es sonst nicht möglich ist, daſs der Abtrag der Schuld bewirkt werden kann, wornach wir nothwendig streben müssen.

Es ist mir sehr erfreulich, daſs Seitens der Direction der Generalkasse schon jetzt die Generalrechnung von 1840 zum Abschluſs vorgelegt werden kann. Gewiſs ist dieses ein schönes Zeichen von der Thätigkeit und Ordnung, mit welcher dieses so verwickelte und jetzt so ausgedehnte Rechnungswesen des Vereins geführt wird. Nur einzelne Kreise restirten bis auf die letzte Zeit mit ihren Abrechnungen, und erst nach vielfach wiederholtem Schreiben wurden solche endlich eingesandt. Wir müssen aber vor allem darauf bestehen, daſs die Beiträge zur Generalkasse von den Mitgliedern zur rechten Zeit, wie dieses ausdrücklich die Statuten besagen, den Kreisdirectoren eingesandt werden, und diese müssen um deren Weiterbeförderung ebenfalls zu festgesetzter Zeit dringend ersucht werden. Für eine Verwaltung, die mit allem Eifer für dieselbe thätig ist, und dazu der genauesten Ordnung bedarf, ist nichts drückender, als wenn der regelmäſsig festgesetzte Gang ihrer Functionen durch die Nachlässigkeit weniger Einzelnen gehemmt und bitter beschwert wird.

Aus der vorliegenden Generalrechnung werden Sie ersehen, daſs die ganze Einnahme 5505 Rthlr. 5 Ggr., die ganze Ausgabe 5539 Rthlr. 15 Ggr. betrug. Es sind also 34 Rthlr. 10 Ggr. mehr ausgegeben als eingenommen. Der frühere Vorschuſs beträgt 547 Rthlr. 4 Ggr. 6 Pf., also der ganze Vorschuſs jetzt 581 Rthlr. 14 Ggr. 6 Pf.

Die nach und nach zu bewirkende Tilgung dieses Vorschusses muſs ein ernster Gegenstand unserer Aufmerksamkeit sein, und werden wir in unserer Privatsitzung darüber hier noch weiter berathen können.

Das Vereinskapital betrug am Ende des Jahrs 1840 die Summe von 4056 Rthlr. und vermehrt sich namentlich durch die Eintrittsgelder jährlich um eine namhafte Gröſse, auch sind demselben von würdigen Männern wiederum Beiträge geschenkt worden.

Ein Theil der Zinsen wird jetzt zur Benutzung der Ausgaben und namentlich des Gehalts des Archivars benutzt. Es scheint mir aber nunmehr nothwendig, daſs auch das Gehalt des Rechnungsführers davon bezahlt werde, um der Vereinskasse dadurch Erleichterung zu verschaffen. Was das Gehalt des Rechnungsführers betrifft, so ist dieses den vielen Arbeiten desselben, wie mir scheint, nicht mehr angemessen, und möchte ich darauf antragen, daſs dasselbe auf 100 Rthlr. jährlich fixirt würde. In unsern fernern Sitzungen werde ich auch dieses zu weiterer Berathung vorbringen.

Wir können uns nicht verhehlen, daſs der Zustand der

Pharmacie in neuern Zeiten bedeutende Veränderungen erlitten hat. Die Würdigung dieser bestimmte uns zur Bearbeitung einer Denkschrift darüber, wozu wir die Mitglieder zu Beiträgen aufforderten. Es ist uns vielseitig und interessantes Material dazu eingesandt worden, was hier vorliegt und der Durchsicht empfohlen wird.

Dem hohen Protector unsers Vereins und allen Regierungen, in deren Staaten der Verein besteht, sind wir zu dem ehrerbietigsten Danke verpflichtet für das hohe Wohlwollen, welches sie der Anstalt zu Theil werden liefsen.

Die pharmaceutischen Vereine in Baiern, Würtemberg, der Pfalz, in Baden und im Grofsherzogthum Hessen haben uns fortdauernd die Beweise ihrer collegialischen Gesinnungen durch die Mittheilungen ihrer Berichte gegeben, und Herr Dr. Herberger namentlich hat mich ersucht, Ihnen allen die theilnehmendsten Grüfse von der pharmaceutischen Gesellschaft der Pfalz zu melden.

Möge denn fortwährend unser Verein auf der Bahn der Vervollkommnung fortschreiten, und auch das Geiger'sche Vereinsjahr erfreulich sein für denselben an Resultaten nützlich unserem Berufe und unserer Wissenschaft.

Directorialconferenz zu Lemgo den 25. Novb. 1841.

1) Die neue Einrichtung im Vicedirectorium Arnsberg, welche durch Uebersiedlung des Herrn Dr. Müller von Medebach nach Emmerich nothwendig, wurde nach den desfallsigen Mittheilungen des Herrn Dr. Müller berathen. Hiernach ist Herr Apotheker Posthoff in Siegen zum Vicedirector erwählt worden, und Herr Apotheker Blafs in Felsberg zum Kreisdirector des bisherigen Kreises Medebach, der von 1842 als Kreis Felsberg eingeführt wird.

2) Herr Medicinalrath Dr. Müller hat in seinem neuen Geschäftskreise zu Medebach sofort wieder thätig für den Verein gewirkt und dort die Bildung eines neuen Kreises begonnen. Die Anträge des Herrn Collegen Müller in Betreff eines dort zu begründenden neuen Vicedirectoriums sollen mit den Herren Collegen Klönne in Mühlheim und Röhr in Crefeld näher berathen werden.

3) Der vom Herrn Apotheker Sparkuhl in Andreasberg neu begründete Vereinskreis soll mit dem Jahre 1842 eingeführt werden und ist Herr College Sparkuhl zum Kreisdirector dafür erwählt worden. Einige Mitglieder aus dem Kreise Eimbeck, die dem neuen Kreise Andreasberg bequemer wohnen, werden in diesen eintreten.

4) Der Kreis Hildesheim wird nach dem mit den Herren Collegen Becker und Wackenroder getroffenen Arrangement unter Leitung des Herrn Kreisdirectors Becker mit dem Jahre 1842 eingeführt werden.

5) Die von den Herren Collegen Bolle und Dr. Geiseler eingereichten Vorschläge in Betreff der Einrichtungen des Vicedirectoriums in den Marken sind nach desfallsigen Berathungen als zweckmäfsig angenommen worden.

6) Die Vorschläge des Herrn Vicedirectors D r e y k o r n in Betreff des Kreises Saalfeld wurden angenommen und ist Herr Apotheker F r e u n d als Kreisdirector dieses Kreises erwählt worden.

7) Mehre Gesuche invalider Gehülfen, die zum ersten Male um Unterstützung nachsuchten, konnten leider für jetzt nicht berücksichtigt werden, und haben wir sie auf die nächste Zukunft verweisen müssen, hoffend, daſs die für die vermehrten Bedürfnisse jetzt nicht mehr ausreichenden Mittel mit Gottes Hülfe bald sich vermehren werden, Herrn Z i e g e l d e c k e r in Groſsen-Ehrich hoffen wir namentlich für das nächste Jahr bedenken zu können.

8) Ein dem Vereine sehr ehrenvolles Dankschreiben des Hrn. Geheimenraths C r e d é in Berlin für die Ehrenmitgliedschaft des Vereins wurde mit Interesse entgegengenommen.

9) Ein Dankschreiben an den Herrn Geheimen Regierungsrath Ritter Dr. F i s c h e r in Erfurt, Namens der Bucholz-Gehlen - Trommsdorff'schen Stiftung für das dieser wohlthätigen Stiftung' demnächst testamentarisch zu überweisende Legat. von e i n h u n d e r t T h a l e r n, wurde aufgezeichnet und dem Vorstande der Stiftung in Erfurt übersandt.

       B r a n d e s.   A s c h o f f.   O v e r b e c k.

Directorialconferenz zu Lemgo den 9. Decemb. 1841.

1) Herr Apotheker Dr. R i e g e l in St. Wendel hatte schon früher angezeigt, daſs er in dortiger Gegend für die Verbreitung des Vereins zu wirken beabsichtige. Seine desfallsigen Bemühungen sind von erwünschtem Erfolg gewesen. Es ist daher in dortiger Gegend ein neuer Kreis gebildet worden, welcher vorläufig dem Vicedirectorium Cöln zugetheilt worden ist.

2) Die Bildung des neuen Kreises Emmerich wurde in fernere Berathung gezogen und Herrn Collegen M ü l l e r die Einrichtung desselben anheim gegeben.

3) Ein Exemplar der neuen hessischen Arzneitaxe, vom Obermedicinalcollegio in Cassel hochgewogentlichst übersandt, wurde der Bibliothek des Vereins übergeben. Desgleichen der erste Band der physiologischen Chemie von L e h m a n n in Leipzig, von dem Herrn Verfasser ebenfalls für die Bibliothek des Vereins bestimmt.

       R. B r a n d e s.   O v e r b e c k.

Eintritt neuer Mitglieder.

Herr Apotheker K r e i t z in Crefeld, Herr Apotheker M a r c k s in Uerdingen, Herr Apotheker L e u c k e n in Süchteln und Herr Apotheker P u t e a n u s in Streelen, sind nach Anmeldung durch Herrn Kreisdirect. R ö h r, als wirkliche Mitglieder des Vereins in den Kreis Crefeld aufgenommen. Herr Droguist A l t g e l d in Crefeld ist als auſserord. Mitglied in denselben Kreis eingetreten.

Herr Apotheker U n g e r in Eilenburg ist nach Anmeldung

durch Herrn Kreisdirector **Jonas** als wirkliches Mitglied des Vereins in den Kreis Eilenburg aufgenommen.

Desgleichen Herr Apotheker **Erpenbeck** in Haselünne, nach Anmeldung durch Herrn Kreisdirector **Upmann**, in den Kreis Osnabrück.

Desgleichen Herr Apotheker **Heinrici** in Schwedt, nach Anmeldung durch Herrn Vicedirector **Bolle**, in den Kreis Angermünde.

Desgl. Herr Apotheker **Bufsmann** in Neuenburg, nach Anmeldung durch Hrn. Vicedir. **Dugend**, in den Kreis Oldenburg.

Desgleichen Herr Apotheker **Billig** in Coblenz, nach Anmeldung durch Hrn. Vicedirector **Sehlmeyer** und Kreisdirector **Wrede**, in den Kreis Bonn.

Desgleichen Herr Apotheker **Denstorff** in Schwanebeck, nach Anmeldung durch Herrn Kreisdirector **Seyler** in Hessen, in den Kreis Blankenburg.

Desgl. Hr. Apotheker **Kortenbach** in Burbach, nach Anmeldung durch Hrn. Vicedirector **Posthoff**, in den Kreis Siegen.

Der Oberdirector des Vereins.

Brandes.

Der Kreis Emmerich.

Durch die erfolgreiche Thätigkeit, mit welcher Herr Medicinalrath Dr. **Müller** stets für den Verein wirkte, ist es demselben möglich geworden sofort nach seiner vor einigen Monaten erfolgten Uebersiedelung nach Emmerich dort einen neuen Kreis zu begründen. Diesem Kreise sind folgende wirkliche Mitglieder zugetreten:

Hr. Apoth. **Herrenkohl** in Cleve.
»   »   **van Lipp** jun. daselbst.
»   »   **Pape** in Goch.
»   »   **Tidden** in Isselburg.
»   »   **Hartmann** in Elten.
»   »   **Plock** in Ruhrort.
Medicinalrath Dr. **Müller** in Emmerich.

Als aufserordentliches Mitglied ist in diesen Kreis aufgenommen worden:

Herr Gymnasiallehrer **Banly** in Emmerich.

Es werden diesem Kreise noch einige Mitglieder aus dem Kreise Crefeld und Münster, der besseren Verbindung wegen, überwiesen werden, und zwar werden in denselben eintreten, nach Rücksprache mit den HH. Kreisdirectoren **Röhr** und Dr. **Schmedding**, aus dem Kreise Crefeld die HH. v. **Geldern** in Cleve, **Schnapp** in Calcar, **Moselagen** in Goch, **Otto** in Craenburg, **Fritzsche** in Ueden und **Neunerdt** in Xanten, aus dem Kreise Münster die HH. **Grave** in Rhede und **Vaessen** in Borken.

Möge unser verdienstvolle College Herr Dr. **Müller** in seinem neuen Wirkungskreise der Anstalt seine Thätigkeit ferner erhalten. Die Mitglieder des neuen Kreises Emmerich, die wir herzlich willkommen heifsen, ersuchen wir in allen

Vereinsangelegenheiten an Herrn Vicedirector Dr. Müller sich zu wenden.

Salzuflen, den 16. Decb. 1841.

Der Oberdirector des Vereins.

Brandes.

Vicedirectorium Emmerich.

Zur Vervollständigung der Verwaltung der Vereinskreise und nach Berathung mit den Herren Collegen Klönne, Röhr und Dr. Müller, ist es für angemessen erachtet worden, ein neues Vicedirectorium des Vereins in den Rheingegenden zu begründen, und zwar das Vicedirectorium Emmerich. Dieses wird vorläufig bestehen aus den Kreisen Crefeld und Emmerich. Der Kreis Crefeld scheidet daher aus dem Vicedirectorium Mühlheim aus. Herr Medicinalrath Dr. Müller ist zum Vicedirector des Vicedirectoriums Emmerich erwählt worden. Besagte Einrichtung gilt vom Jahre 1842 an.

Salzuflen, den 20. Decb. 1841.

Der Oberdirector des Vereins.

Brandes.

Der Kreis Andreasberg.

Da mehre verehrte Herren Collegen im Oberharze dem Vereine beizutreten wünschten, auf diese Weise aber der Kreis Eimbeck zu grofs werden würde, so ist durch die verdienstlichen Bemühungen des Herrn Apothekers Sparkuhl in Andreasberg dort ein neuer Kreis begründet, der Kreis Andreasberg, zu welchem einige der Hrn. Mitglieder des Kreises Eimbeck, der bequemeren Lage wegen für die Circulation der Bücher, hinzutreten werden.

Die Mitglieder des neuen Kreises Andreasberg sind:

Hr. Apoth. Sparkuhl in Andreasberg.
» » Bergcommissair Gottschalk in Zellerfeld.
» » Köhn in Gieboldehausen.
» » v. Wehren in Duderstadt.
» » Bornträger in Osterode.
» » Albrecht in Lauterberg.
» » Helmkamp in Grund.
» » Bethe in Clausthal.
» » Lachwitz in Herzberg.
» » Borré in Elbingerode.
» » Hirsch in Goslar.
» » Meyer in Moringen.
» » Dreves in Uslar.
» » Fabian in Adelepsen.
» » Sievers in Salzgitter.

Herr Apotheker Sparkuhl ist zum Kreisdirector dieses Kreises erwählt worden, und indem wir die neuen Collegen herzlich willkommen heifsen, ersuchen wir sie, in allen Vereinsangelegenheiten an Hrn. Kreisdirect. Sparkuhl gütigst sich zu wenden.

Salzuflen, den 24. Decb. 1841.

Der Oberdirector des Vereins.

Brandes.

Der Kreis St. Wendel.

Durch die verdienstlichen Bemühungen des Herrn Apothekers Dr. Riegel in St. Wendel hat sich ein neuer Kreis des Vereins in dortiger Gegend gebildet, der Kreis St. Wendel. Die Mitglieder dieses Kreises sind bis jetzt:

Hr. Apoth. Dr. Riegel in St. Wendel.
» » Förtsch in St. Johann Saarbrück.
» » Kiefer in Saarbrück.
» » Schneider in Saarlouis.
» » Freudenhammer daselbst.
» » Krölle daselbst.
» » Rentienne in Lebach.
» » Wittich in Ottweiler.
» » Hohle in Birkenfeld.

Herr Apotheker Dr. Riegel ist zum Kreisdirector dieses neuen Kreises erwählt worden und indem wir den Mitgliedern desselben unsern herzlichen Grufs entgegen bringen, ersuchen wir sie, in allen Vereinsangelegenheiten an Hrn. Kreisdirector Dr. Riegel sich zu wenden. Vorläufig ist dieser Kreis dem Vicedirectorium Cöln zugelegt worden.

Salzuflen, den 21. Decb. 1841.

Der Oberdirector des Vereins.
Brandes.

Den Kreis Meiningen betreffend.

Da unser verehrter Herr College Jahn, um die Gründung und Verwaltung des Kreises Meiningen so hoch verdient, durch anderweitige Verhältnisse sich behindert sieht, die Verwaltung dieses Kreises ferner fortzuführen, so hat das Directorium dem Wunsche des Hrn. Collegen Jahn, von diesem Amte entbunden zu werden, nachgeben müssen. Nicht umhin können wir aber, unserm würdigen Collegen den herzlichsten Dank darzubringen für seine, um das Beste des Vereins so vielfachen als erfolgreichen Bemühungen. Für die fernere Verwaltung des Kreises Meiningen ist unser verehrter College Herr Hofapotheker Löhlein in Coburg zum Kreisdirector erwählt worden, und ersuchen wir die sämmtlichen Mitglieder dieses Kreises in allen Vereinsangelegenheiten an Herrn Kreisdirector Löhlein gefälligst sich zu wenden. Vom nächsten Jahre ab, wird der Kreis als Kreis Coburg aufgeführt werden.

Salzuflen, den 20. Decb. 1841.

Der Oberdirector des Vereins.
Brandes.

Den Kreis Eimbeck betreffend.

In Folge der Bildung der beiden neuen Kreise Hildesheim und Andreasberg ist es für die Verwaltung des Vereins angemessen erachtet, nach Berathung mit dem verehrten Hrn.

Collegen **Bolstorff**, den Kreis Eimbeck der Art eingehen zu lassen, dafs die Mitglieder desselben je nach der angemessenen Lage dem Kreise Hildesheim oder Andreasberg sich anschlössen. Es sind dem zufolge die geehrten Herren Collegen **Becker** und **Sparkuhl** ersucht worden, die betreffenden Mitglieder des Kreises Eimbeck in die Kreise Hildesheim und Andreasberg aufzunehmen. Unserm würdigen Herrn Collegen **Bolstorff** aber fühlen wir uns verpflichtet, öffentlich den herzlichsten Dank abzustatten für seine dem Vereine geleisteten so vielfachen Bemühungen.

Salzuflen, den 21. Decb. 1841.

Der Oberdirector des Vereins.
Brandes.

Die Direction der Generalkasse.

Unser verehrter College Herr Dr. **Aschoff** in Herford wünschte zum öftern der Direction der Generalkasse des Vereins enthoben zu sein. Ueber zwanzig Jahre hat unser verehrter Freund dieses Amt verwaltet, mit wie vielen Aufopferungen seiner Seits, das wissen alle Mitglieder der Anstalt, die deren Rechnungsführung nur einige Aufmerksamkeit schenken. Ungern haben wir endlich uns genöthigt gesehen, den wiederholten Gesuchen unsers Freundes nachzugeben. Tief fühlt die ganze Anstalt, was sie unserm **Aschoff** schuldig ist, Niemand aber kann dieses mehr fühlen als ich selbst, Niemand dieses mehr zu schätzen wissen. Vom Beginn des Vereins an hat er mir zur Begründung, zur Ausbildung, zur Fortführung des Instituts die treueste Mithülfe gespendet. Das fühle ich mich veranlafst, auch bei dieser Gelegenheit hier auszusprechen, wo ich unserm verehrten Collegen im Namen des ganzen Vereins den gefühltesten Dank öffentlich auszusprechen habe für alle die vielen aufopfernden Leistungen, welche er der Anstalt mit so grofser Bereitwilligkeit und Uneigennützigkeit stets erwiesen hat. Obwohl Herr College **Aschoff** die Direction der Generalkasse niedergelegt hat, so wird er doch nach wie vor ferner Mitglied des Directoriums bleiben und seine Mitwirkung der Verwaltung und Förderung des Vereins widmen. Die Direction der Generalkasse hat dagegen unser um den Verein so verdienstvoller College Herr **Overbeck** in Lemgo zu übernehmen die Güte gehabt.

Salzuflen, den 18. Decb. 1841.

Der Oberdirector des Vereins.
Brandes.

Die Portovergünstigung des Vereins betreffend.

Es gereicht mir zur grofsen Freude, nachstehenden Auszug gnädigster Erlasse, die uns zum innigsten Danke für so hohe Förderung unserer Anstalt verpflichten, den verehrten Herren Mitgliedern des Vereins bekannt zu machen:

a. Erlaſs Eines Königlichen hohen General-Postamtes in Berlin, die im Bereiche Königlicher Preuſsischer Posten dem Vereine bewilligte Portovergünstigung betreffend.

»Auf Ew. Wohlgeboren Antrag vom 1. November c. bin ich gern bereit, die bisherige Portofreiheit des Apothekervereins im nördlichen Deutschland für Bücher- und Journalsendungen, so wie für die Versendung der Vereinszeitschrift unter den vorgeschriebenen Bedingungen auch im Jahre 1842 fortbestehen zu lassen. Die Postanstalten sind demgemäſs instruirt worden. Der Festsetzung zufolge, welche der Regulirung des für obige Portofreiheit zu entrichtenden Aversums zum Grunde gelegt werden soll, würde letztes pro 1841 auf 444 Thlr. 15 Sgr. zu stehen kommen.

Obgleich die Zahl der Mitglieder des Vereins gegen das Jahr 1840 sich vermehrt hat, in demselben Verhältniſs mithin auch die Leistungen der Post für den Verein zugenommen haben, so bin ich, in Berücksichtigung der von Ew. Wohlgeboren vorgestellten Umstände und der von Sr. Excellenz dem Herrn Geh. Staatsminister Eichhorn desfalls eingelegten Verwendung, dennoch bereit, den Betrag des Aversums, gleich wie im vorigen Jahre geschehen, auch diesesmal ausnahmsweise wieder auf 350 Thlr. zu ermäſsigen, u. s. w.

Berlin, den 20. December 1841.

Der General-Postmeister
Nagler.

An den Hof- und Medicinal-
Rath Hrn. Dr. Brandes
Wohlgeboren
: in Salzuflen.«

b. Die Portovergünstigung im Königreiche Sachsen betreffend.

»Das hohe Finanzministerium hat auf den Bericht des Oberpostamtes, das von Ihnen, als Vicedirector des norddeutschen Apotheker-Vereins, unterm 13. v. Mts. anher eingereichte Gesuch, um Belassung der dem in Sachsen bestehenden Zweigvereine des vorgenannten Vereins, gegen Entrichtung eines Porto-Aequivalents, bewilligten Portofreiheit der zwischen den Mitgliedern desselben zur Versendung kommenden Journale etc. für das Jahr 1842 betreffend, nach hoher Verordnung vom 15. h. m., unter den angezeigten Umständen beschlossen, die dem mehrgenannten Zweigvereine gegen ein Porto-Aequivalent bisher bewilligte Portovergünstigung, auf die drei Jahre 1842, 1843 und 1844, fernerweit unter den zeitherigen Bedingungen, jedoch zugleich mit dem ausdrücklichen Vorbehalte zu bewilligen, daſs bei etwa vorkommenden Zuwiderhandlungen gegen die festgesetzten Bedingungen, das Oberpostamt befugt bleiben soll, jene Vergünstigung auch innerhalb der gedachten dreijährigen Frist sofort wieder aufzuheben.

Indem Sie von dieser hohen Entschlieſsung andurch in Kenntniſs gesetzt werden, bleibt das Oberpostamt, unter Beziehung auf die Ihnen unterm 16. Juni 1840 bekannt gemachten, der mehrberegten Portovergünstigung zum Grunde liegenden

Bedingungen, der sorgfältigsten Innehaltung derselben von Seiten der Vereinsmitglieder im Königreich Sachsen, so wie der von Ihnen in der bisherigen Maaſse mit dem Oberpostamte zu bewirkender Abrechnung wegen des festgesetzten Porto-Aequivalents, gewärtig.

Leipzig, den 20. December 1841.

Königlich Sächsisches Oberpostamt.

Hüttner.'

An Hrn. Dr. Friedrich
    Meurer in Dresden.«

c. Erlaſs Hochfürstlich Thurn- und Taxis'scher General-Postdirection in Frankfurt, die im Bereich Hochfürstlich Thurn- und Taxis'scher Posten dem Vereine gnädigst bewilligte Portovergünstigung betreffend.

»Auf den Bericht vom 16. v. M. wird dem Herrn Postmeister zur Entschlieſsung eröffnet, daſs die von dem Apothekervereine in Norddeutschland seither genossene Portovergünstigung für weitere drei Jahre in widerruflicher Weise, und in der Voraussetzung, daſs sich die Umstände nicht ändern, zugestanden worden ist.

Der Herr Postmeister wird den Vorstand des Vereins, Hofrath Brandes zu Salzuflen, hiervon in Kenntniſs setzen und denselben zur Einreichung eines Verzeichnisses der damaligen Mitglieder des Vereins veranlassen, dieses selbst aber demnächst anher vorlegen, worauf den Poststellen geeignete Anweisung ertheilt werden soll.

Frankfurt a. M., den 15. December 1841.

Fürstlich Thurn- und Taxis'sche General-Postdirection.

Dörnberg.

v. Landauer.

An den Hrn. Postmeister
    Pothmann in Lemgo.

Das Gesuch des Apothekervereins in Norddeutschland um fernere Zugestehung der zeither genossenen Portovergünstigung betr.«

Mit dieser Anzeige verbinde ich die Bitte, daſs die betreffenden Herren Mitglieder die bekannten Bedingungen genau beachten, unter welchen dem Vereine die Portovergünstigung so wohlwollend ertheilt worden ist.

Salzuflen, den 28. Decb. 1841.

R. Brandes.

Die Einzahlung der Beiträge zur Generalkasse für 1842 betreffend.

Nach §. 38. der Statuten des Vereins sind die Beiträge zur Generalkasse jedesmal vor dem 15. Januar jedes Jahrs einzusenden. Der Beitrag beträgt bekanntlich 5 Rthlr. 16 Ggr., und in dem Bereich derjenigen Postanstalten, wo der Verein besonderer Vergünstigungen gegen eine Aversionalsumme sich erfreut, zahlt jedes Mitglied auſserdem noch 12 Ggr., also im Ganzen 6 Rthlr. 4 Ggr. Die verehrten Herren Mitglieder werden ersucht, ihren resp. Beitrag baldigst dem betreffenden Kreisdirector einzusenden.

Die Direction der Generalkasse.
O v e r b e c k.

Bekanntmachung.

Von mehren Seiten kommen der Generalkasse bei Einsendung der Beiträge Goldmünzen zu, die mitunter zu einem zu hohen Cours berechnet sind. Ich muſs daher, im Auftrag der Direction der Generalkasse, darum nachsuchen, die betreffenden Goldmünzen nur nach dem üblichen Cours zu berechnen oder dafür Courant oder Kassenanweisungen einzusenden.

Hölzermann,
Rechnungsführer des Vereins.

Todes - Anzeige.

Am 14. August v. J. starb zu Ostrowo Herr College Musenberg. Derselbe war 1797 zu Habelschwerdt in der Grafschaft Glatz geboren, und besaſs seit 16 Jahren die Apotheke zu Ostrowo. Schon seit mehren Jahren war sein Gesundheitszustand, besonders seine Brust bedroht, weshalb er mehre Male die Reinerzer Quelle in Schlesien besuchte, zuletzt aber an einem Lungenleiden im Alter von 44 Jahren erlag. Herr College Musenberg war als Apotheker höchst achtungswerth und bieder, und hat sich als Mensch und Staatsbürger ein bleibendes Andenken bei seinen Mitbürgern erworben. Eine Witwe und Kinder trauern tief und schmerzlich um seinen Verlust.

A. Lipowitz in Lissa,
Kreisdirector des Apothekervereins.

2) *Medicinalwesen und Medicinalpolizei.*

Aufforderung in Betreff einer Denkschrift über den jetzigen Zustand der Pharmacie.

In Bezug auf die im vorigen Januarhefte des Archivs (2. R. B. XXV. S. 30) erlassene Aufforderung um Mitwirkung zur Bearbeitung einer Denkschrift über den jetzigen Zustand der Pharmacie, ist eine reiche Menge Material eingegangen, welches der Generalversammlung in Braunschweig vorgelegt wurde. Die Bearbeitung dieses Materials nimmt aber noch eine geraume Zeit in Anspruch. Sollte daher der eine oder andere der Herren Collegen geneigt sein, über den betreffenden Gegenstand uns noch Mittheilungen machen zu wollen, so bitte ich um deren Einsendung. Ich muſs aber ersuchen, hierbei hauptsächlich nur Facta anzuführen, namentlich würden noch erwünscht sein specielle Mittheilungen:

1) Ueber die Verhältnisse der gesetzlichen Arzneitaxe.
2) Specielle Vergleichung des jetzigen Geschäftsbetriebes mit dem vor zwanzig Jahren.

3) Ueber das geschmälerte Einkommen der Apotheker durch Anlage von Dispensir-Anstalten in Staatsinstituten, als Armenhäusern, Gefängnissen u. s. w.
4) Ueber die Normirung der Procente bei Arzneilieferungen an öffentliche Anstalten.
5) Ueber die Folgen des Selbstdispensirens der Thierärzte.

B r a n d e s.

Einige Bemerkungen zu der im I. Hefte des XXV. Bandes 2. R. des Archivs der Pharmacie S. 30. zur Sprache gebrachten Denkschrift über den jetzigen Zustand der Pharmacie in Deutschland;

vom

Geheimen Medicinalrath Dr. *Fischer* in Erfurt.

Durch die in der neueren Zeit ins Leben gerufenen Grundsätze über Gewerbefreiheit, durch die wissenschaftliche Fortbildung der Arzneikunde, insbesondere der *Materia medica*, durch die theilweisen Rückschritte der Heilkunde, durch die neueren Ansichten in der öffentlichen Arzneikunde, in Beziehung auf die Apothekerkunst, hat dieselbe in ihrer Stellung zum Staate und in ihren Verhältnissen als nährendes Gewerbe manche nicht unerhebliche Veränderungen erleiden müssen, welche, indem sie zum Theil für das allgemeine Wohl, für die öffentliche Sicherheit nur erspriefslich zu erachten, anderntheils auch theilweise mit Nachtheilen für die Ausübung des Apothekergewerbes verbunden gewesen sind.

Theils das praktische Studium der Pharmacie früherer Zeit, theils eine 24jährige Bearbeitung der medicinalpolizeilichen Gegenstände bei hiesiger K. Regierung, haben mir Gelegenheit gegeben, das Apothekerwesen näher kennen zu lernen, und die Visitationen von 34 Apotheken, welche ich mit Zuziehung von praktischen Pharmaceuten, denen ich in vorliegender Beziehung manche Bereicherung meiner Kenntnisse verdanke, haben mich in den Stand gesetzt, Manches zur Berichtigung der Urtheile über den Betrieb des pharmaceutischen Gewerbes beizutragen, so dafs ich mir auch wohl hier erlauben darf, meine Ansicht über den jetzigen Zustand der Pharmacie in gewerblicher Beziehung, was den hiesigen Regierungsbezirk betrifft, nach der oben angegebenen Aufgabe des löblichen Directoriums des Apothekervereins von Norddeutschland um so mehr auszusprechen, als ich selbst Ehrenmitglied des Vereins zu sein die Ehre habe.

Es hängt nicht unmittelbar wie Ursache und Wirkung zusammen, dafs die Apothekerkunst mit ihrer Kultur, mit den wissenschaftlichen Fortschritten derselben in der Einträglichkeit des Gewerbes offenbar zurückgegangen ist, da man doch von vorne herein gerade das Gegentheil prognosticiren sollte. Arbeit und Lohn sollten doch correspondiren, sind aber hier offenbar in ein beunruhigendes Mifsverhältnifs getreten. Aber es läfst sich nachweisen, und wir werden unten mit Mehrem ersehen, dafs gerade die nach und nach vor sich gegangene wissenschaftliche Ausbreitung der Kunst mittelbarer Weise den Gewinn vermindert hat, den doch Jeder von Arbeit und Mühe billig zu fordern berechtigt ist. Eine Erfahrung, welche in der That, wenn sie nicht durch andere Lebensverhältnisse aufgewogen würde, eben keine Aufforderung in sich fafst, ohne rechts und links zu sehen, den Anforderungen der Kunst und Wissenschaft fortschreitend zu genügen. Dem Publikum, welches in der Meinung steht, eine Apotheke sei eine Goldgrube, kann es natürlich nicht klar gemacht werden, was alles von dem Apotheker verlangt, welche schwere Pflichten er für das öffentliche Wohl und für das Beste der Kranken zu erledigen hat. Eine Meinung, welche freilich in D e r Erfahrung nicht widerlegt wird, wenn eine nicht privilegirte Apotheke, deren Haus und Inventarium, hoch angeschlagen, kaum 10,000 Thlr. werth sind, um 32,000 Thlr. verkauft wird, wie solches in dem hiesigen Regierungsbezirk mehrmals in diesem Verhältnifs vorgekommen.

Wenn in der fraglichen Auflage nur Pharmaceuten aufgefordert werden, Materialien zu der zu bearbeitenden Denkschrift zu liefern; so dürfte es, um jeden Schein von Parteilichkeit zu entfernen, und die Sache unter einen einflufsreichen Gesichtspunkt, den der Medicinalverwaltung zu stellen, nicht unzweckmäfsig sein, wenn die Sache von einem Nichtpharmaceuten, dem jedoch die administrativen Grundsätze des Apothekergewerbes und dessen Verhältnisse zur Heilkunde und zum öffentlichen Verkehr nicht fremd sind, zur Untersuchung gezogen würde. Ich will daher in Nachstehendem meine Bemerkungen über vorliegende Gegenstände die mir in dem Archiv erst Ende Juli d. J. zu Gesicht kamen, mittheilen, mögen sie nicht zu spät kommen.

Was zuerst die Arzneitaxe anlangt, so sind bisher bei uns jährlich zwei Mal, im Frühjahr und Herbst, die Preiscouranten der Droguisten und die Preise des Weingeistes an das Königliche Ministerium der Medicinal-Angelegenheiten eingesendet, und mit Rücksicht auf die Nebenkosten hiernach die Arzneipreise regulirt worden. Dasselbe geschah auch mit den Blutegeln. Zwischendurch stieg freilich manche Drogue bedeutend, andere fielen im Preise, so dafs sich dieselben, vielleicht bis auf ein Minimum, ausglichen. Leider zählt unsere Series medicaminum für die grofsen Städte über 700 Arzneien, für die Apotheken kleiner Städte etwa 300, und demnach ist, wegen der verschiedenen Systeme in der Arzneikunde, kaum die Hälfte dieser Arzneien im Gange, wofür natürlich der Apotheker in der Arzneitaxe Entschädigung verlangen kann, die aber, wie allgemein von dem pharmaceutischen Publikum behauptet wird, in der neueren Arzneitaxe zu gering ausgefallen ist. Natürlich mufsten dabei die Präparate, welche die chemischen Fabriken in gleicher Reinheit liefern, als wenn sie von den Apothekern selbst bereitet worden wären, in Berechnung kommen, so dafs diese Berechnung die betreffenden Arzneipreise ebenfalls herabgedrückt hat. Wenn aber der Apotheker diese Präparate so wohlfeil, als er sie aus den Fabriken bezieht, nicht darstellen kann, und sie doch gleichwohl des Unterrichts der Lehr-

linge und auch wohl der Gehülfen wegen größtentheils selbst
bereiten muſs, so folgt daraus, daſs hier ein gröſserer Gewinn
dem Apotheker zugebilligt werden muſs. Principale, Gehülfen
und Lehrlinge würden offenbar in ihrer Cultur zurückgehen,
wenn die chemischen Präparate stets nur als Handelsartikel
betrachtet werden müſsten. In der Taxe findet zwischen den
gröblich gestoſsenen Pulvern und den feinen ein Unterschied
im Preise statt. Weil erstere zu ihrer Bereitung weniger Zeit
erfordern und bei ihnen das Kapital öfterer umgesetzt wird,
müssen sie natürlich auch wohlfeiler sein. Ohnstreitig bezieht
sich dieser ermäſsigte Preis auf die Veterinärpraxis, welche
Rücksicht aber insofern überflüssig ist, als die Vieharzneien, so
wie das Vieh selbst, Handelsartikel sind, welche, wie sich unten mit Mehrerem ergeben wird, keiner polizeilichen Aufsicht
unterworfen sein dürfen. Diese Arzneien gehören unter die
Rubrik der pharmaceutischen Handelsartikel, der Mandelseife,
Räucherkerzen u. s. w. Dispensirt der Thierarzt seine Arzneien selbst, was ihm nach den Grundsätzen der Gewerbefreiheit nicht verwehrt werden kann, so ist es einerlei, ob
er sie aus chemischen Fabriken, oder von den Droguisten, oder
von dem Apotheker kauft. Viehrecepte von unberufenen Thier-
ärzten, Hirten, Fallmeistern u. s. w. oder von den Viehbesitzern
selbst verschrieben, wird der Apotheker schon von selbst seines
öffentlichen Credits wegen nicht zu hoch taxiren. Da die Thier-
arzneikunde auch von nichtbestätigten Personen ausgeübt werden darf, so würde es auch auf eine Bevormundung der Staatsbürger hinauslaufen, wollte man hinsichtlich der Arzneitaxe
für das Vieh polizeilich einschreiten, und unter öffentlicher
Autorität die Arzneipreise bestimmen. Wollte etwa ein Kaufmann nach Handelsgrundsätzen auf Verlangen der Thierärzte
oder Derjenigen, welche sich unbefugter Weise mit Viehkuren
abgeben, Arzneien für die Hausthiere bereiten und debitiren, so
könnte Niemand etwas dagegen haben, weil der Medicinalpoli-
zei die Arzneien für die Thiere eben so wenig angehen, als
der Hafer und das Heu, mit welchen sie genährt werden *).
Was ad 2. die Vergleichung des Geschäftsbetriebes von
jetzt mit dem vor zwanzig Jahren anlangt, so liegt es in der
Natur der Arzneiwissenschaft, daſs der Debit der Arzneien, in
sofern derselbe von der Wissenschaft abhängig ist, mit den

*) Den hier aufgestellten Principen meines hochverehrten
würdigen Freundes kann ich unmöglich beistimmen. Die
Verfertigung und Dispensirung der Arzneimittel gehört
meiner Ansicht nach allein in die Apotheke. Daſs die
Pflege kranker Thiere von der angemessenen Zubereitung
der Arzneimittel in den Apotheken ausgeschlossen sein
soll, oder solche Nichtapothekern zu überlassen sei, halte
ich für eine jener Pflege und Vorsorge, so wie dem Zweck
der Apotheken durchaus entgegengesetzte Anordnung.
Auch die Badische Apothekerordnung sagt ausdrücklich:
„Dem Apotheker allein steht es zu, Arzneien, d. h. solche
Stoffe, welche bloſs zum Heilgebrauch für Menschen oder
Thiere dienen, und in der Landespharmakopös aufgeführt
sind, zu verkaufen". Br.

eben herrschenden Systemen in derselben steigt und fällt, auf
der andern Seite aber durch die steigende Population in einem
ununterbrochenen Wachsthum begriffen ist. Für die jetzige
Zeit hebt jedoch dieser Wachsthum den geringeren Debit von
Arzneien der durch die Homöopathie und durch die Ueberzeugung der jetzigen Aerzte, daſs mit kleineren Arzneidosen eben
so viel auszurichten ist, als mit groſsen nicht, auch nicht einmal groſsentheils, auf. Der Verlust durch die Homöopathie
ist jedoch nicht so allgemein, als der durch die letztgedachte
Ursache, weil einmal nur einzelne Aerzte, vielleicht von zehn
nur einer, der homöopathischen Faselei ergeben ist, aus der
Homöopathie bereits schon eine specifische Heilmethode geworden und die Homöopathen, wie es eben gehen will, auch gröſsere Arzneidosen verschreiben. Man müſste aber funfzig Jahre
zurückgehen, um einen wesentlichen Unterschied in den Arzneidosen und somit auch in dem Gewinn des Apothekers aus
den medicinischen Conjuncturen zu erblicken, hier wird man
offenbar auf Extreme stoſsen. Eine Mixtur, welche damals
$\frac{1}{4}$ Thlr. kostete, ist jetzt mit wenigen Groschen zu haben, wenn
gleich die Arzneitaxe jetzt für die Apotheker weit vortheilhaf-
ter ist, als damals. Ziemlich herrschend ist unter den Aerzten
der Grundsatz, daſs eine Krankheit nur durch eine andere,
welche die Arzneien erzeugen, gehoben werde. Je unbedeutender aber die neue Krankheit sein darf, um die alte zu heben,
desto besser stellt sich die Sache für den Kranken, indem dadurch der Heilkraft der Natur weniger in den Weg gelegt
wird, desto weniger vortheilhaft aber für den Apotheker.
Welche Alternative aber die wichtigste ist, braucht nicht erörtert zu werden. Gehen wir hundert Jahre zurück, so wird
der Contrast noch gröſser. Das Würtemberger Dispensatorium
vom Jahre 1731 enthielt nicht weniger denn 2914 Arzneien, die
Recepte der Aerzte waren dieser Anzahl angemessen, und an
ihnen war etwas zu verdienen. Faſst man das jetzige Wesen
der praktischen Heilkunde in dieser Beziehung zusammen, so
wird zwar der Arzneischatz fast täglich mit neuen Droguen
und Präparaten vermehrt, aber nicht zum Vortheil des Apothekers. Man macht Versuche mit neuen nicht selten kostspie-
ligen Arzneien und läſst es oft dabei bewenden. Unter diesen
Umständen möchte ich auch, wenn von dem Einflusse des Zustandes der Arzneikunde auf den Gewinn des Apothekers die
Rede ist, für die Zukunft kein Prognostikon stellen. Ich
glaube, die vermehrte Cultur der Arzneikunst wird Verminderung der Arzneimittel und Arzneigaben, gröſsere Einfachheit
in den Arzneiverordnungen zur Folge haben.

Was anbetrifft die Verminderung der Subsistenz des Apothekers durch Zunahme von Apotheken, so ist es im Preuſsischen grundsätzlich, daſs die Zahl der Apotheken eher vermindert als vermehrt werden müsse. Im hiesigen Regierungsbezirk,
der etwa 250,000 Seelen faſst, sind innerhalb 25 Jahren vier
Apotheken eingezogen, dagegen an Orten und in Gegenden, in
welchen es offenbar an schleuniger, arzneilicher Hülfe man-
gelte, fünf neue angelegt worden, so daſs gegen 6 bis 8000
Seelen auf Eine Apotheke kommen, in den groſsen Städten
weniger, auf dem platten Lande und in kleinen Städten mehr,

2 *

Die Besitzer der Apotheken nähren sich gut, einige sind sogar wohlhabend, andere reich geworden. Die Hausapotheken der Aerzte auf dem Lande können den öffentlichen Apotheken wenig Abbruch thun, da sie nur in solchen Gegenden auf dem Lande einzeln statt finden, in welchen es an naher arzneilicher Hülfe gänzlich fehlt, sehr beschränkt sind, nur aus öffentlichen Apotheken ergänzt, und nur mit ausdrücklicher Genehmigung der Regierung angelegt werden dürfen, und was dabei die Sicherheit des Kranken anlangt, so kümmert es den Apotheker nichts, wenn die Arznei ihre Wirkung verfehlt, und der Kranke stirbt; dem Arzt dagegen ist an der Erhaltung desselben Alles gelegen, er wird daher, schon seines eigenen Rufes wegen, den Kranken mit guten Arzneien versehen. Uebrigens ist der Arzneiverbrauch von einem gewissen Grade des Wohlstandes gar sehr abhängig. Der Arme hilft sich mit Hausmitteln.

Dies führt zu dem vierten Punkt, die Schmälerung des Einkommens des Apothekers durch Dispensir-Anstalten. Allerdings würde der Apotheker eine bedeutende Mehreinnahme haben, wenn es keine Dispensir-Anstalt gäbe; allein dieses ist eine Einrichtung, bei welcher den Staats- und Communalfonds ungemein viel erspart wird, welche Ersparniss der Staat oder die Commune dem Aerario schuldig ist, die daher nicht entbehrt werden können, wie es denn mit der Armenpharmakopöe und den klinischen Anstalten gleiche Bewandtniss hat. Der Staat hat in Beziehung auf Handelsverkehr nicht mehr Verpflichtung für das Einkommen des Apothekers, als für das eines jeden andern Gewerbetreibenden, und durch die Anlegung von Dispensir-Anstalten wird das Recht des Apothekers nicht im mindesten gefährdet, wenn nicht etwa besondere Privilegien die Verhältnisse anders stellen. Die Almosenbeiträge vermindern sich jährlich, und der Armen werden täglich mehr. Wie wollte die Armenkasse bestehen, wenn sie nicht überall die möglichste Ersparniss auch in dem Arzneidebit wollte eintreten lassen? Die Dispensir-Anstalten der Landärzte sind, wie gesagt, Nothbehelfe, nicht zu umgehen, und thun dem Apotheker wenig Schaden. Die fraglichen Anstalten in den Militair-Spitälern haben ausser einer grossen Ersparniss noch den wohlberechneten Nutzen, dass sie die Aerzte an ein einfaches Verfahren am Krankenbett gewöhnen und Feldapotheker bilden; denn die jungen Pharmaceuten lösen im Preussischen ihre Militairpflicht in den Militairlazarethen ab und bleiben der Armee eine Zeit lang verpflichtet. Aller Arzneiluxus und eine Menge Nebenkosten fallen bei solchen Anstalten hinweg, gleich wohl hat dies Verfahren, seiner Einfachheit wegen, auf das Befinden des Kranken nur einen wohlthätigen Einfluss, wenn auch nicht in Abrede gestellt werden kann, dass manches Arzneimittel nicht mit der Sicherheit ans Krankenbett kommt, als wenn es aus einer öffentlichen Apotheke verschrieben wäre. Sollte dabei das Wohl der Kranken gefährdet werden, so hat das die Medicinalverwaltung nicht der Apotheker zu verantworten. Ist denn aber die Sicherheit nur in öffentlichen Apotheken zu Hause? Die Hand aufs Herz, welcher Pharmaceut mag behaupten, dass ein und dasselbe Arzneimittel in einer

Apotheke wie in der andern, zu einer Zeit wie zur andern
immer genau dasselbe sei? Wer steht für die Frische der
einzelnen Droguen, wer dafür, daſs ein narkotisches Extract
nach Alter, Standpunkt der Pflanze und Bereitungsart überall
und zu jeder Zeit dasselbe wäre? Ein Extract, welches Krystallen enthält, ist chemisch als zersetzt und medicinisch als
verdorben zu betrachten. Sicherheit und Unsicherheit stehen sonach hier keinesweges als Extreme einander gegenüber, so daſs
die Dispensir-Anstalten, ohne daſs der Apotheker zu einem
Einspruche berechtigt wäre, wie jede andere Staatseinrichtung
neben den öffentlichen Apotheken bestehen müssen, wenn die
Behörden nicht den Vorwurf einer nachlässigen Verwaltung
der öffentlichen Gelder auf sich laden wollen. Sollten Privilegien diesen Einrichtungen entgegen stehen, so müssen diese
unbedingt abgelöst werden, weil diese nicht mehr in die
Zeit passen.

Was fünftens die Normirung des Rabattes bei Arzneilieferungen anlangt, so versteht es sich von selbst, daſs da wo Arzneien in gröſseren Quantitäten entnommen werden, folglich das
Kapital schneller umgesetzt wird, ein Rabatt statt finden muſs.
Der Staat hat aber keinesweges das Recht, dem Apotheker einen Rabatt vorzuschreiben, derselbe kann nur auf einem Ver-
trage beruhen, den der erstere mit dem letzteren abzuschlie-
ſsen hat. So ist es auch in der letzten Zeit im Preuſsischen
geschehen; die vorgeschriebenen starken Procente bei Lieferungen über 50 Thlr. sind weggefallen, und dagegen eine freiwillige Offerte des Apothekers eingetreten. Berücksichtigt man
aber die bedeutenden Verluste, welche der Apotheker wegen
Nichtzahlungen von Arzneirechnungen bei Unbemittelten und
Armen und durch das Anschaffen von Arzneien, welche nicht
verbraucht werden, erleiden muſs, so kann nur ein kleiner Rabatt verlangt werden. Der Apotheker muſs einem Jeden cre-
ditiren, und wenn auch die Gesetze hier durch die den Com-
munen auferlegten Verpflichtungen, den Apotheker zu entschädigen, ihm unter die Arme greifen, so bleiben diese Gesetze,
wie es bekannt ist, doch gar zu häufig auf dem Papiere stehen
und gehen nicht ins Leben über, helfen dem Apotheker sonach
nur wenig.

In Betreff des Dispensirens von Arzneien durch Quacksal-
ber und andere Personen, so schützen den Apotheker, wenigstens im Preuſsischen, die Gesetze dagegen, und bei gehöriger
Thätigkeit der Polizei und rücksichtsloser Anzeige von Thatsachen Seitens des Apothekers, kann derselbe völlig klaglos gestellt werden; denn das allgemeine Landrecht schreibt ausdrücklich vor: Niemand soll Arzneien bereiten und ausgeben,
welcher nicht vom Staate dazu Erlaubniſs erhalten hat. Den
Aerzten ist das Ausgeben von Arzneien gesetzlich ebenfalls
verboten, und dieses Gesetz muſs nothwendig bei den Homöopathen gleichfalls in Anwendung kommen, wenngleich ein
Königliches Oberlandesgericht in dem bekannten Erkenntniſs
in der Klagesache des Dr. W. das Gegentheil behauptet hat;
denn diese Behörde ist dabei von einer ganz falschen Prämisse
ausgegangen, wie denn das Königliche Ministerium der Medicinal-Angelegenheiten, unterm 31. März 1832 an alle

Regierungen verfügt hat, daß die homöopathischen Aerste einem gleichen Verbote unterworfen sein sollen. Leider suchen jedoch die homöopathischen Aerzte diese gesetzliche Betsimmung durch allerlei Winkelzüge zu umgehen, und die gegen dieselben erkannten Strafen sind vielfältig nicht in Ausübung gekommen, so daß der Apotheker hierbei offenbar im Nachtheile steht, eben deswegen aber auch jede andere Begünstigung und Unterstützung in Anspruch zu nehmen hat, welche darauf hinzielt, ihn bei dem Arzneidebit zu entschädigen. Gleiche Bewandniß hat es auch mit dem Debit der Geheimmittel durch unbefugte Personen, und ist hierüber nichts weiter zu sagen, wie denn im Ganzen, wenigstens im hiesigen Regierungsbezirk, nur selten von einer Quacksalberei mit Arcanen mehr die Rede ist.

In Angelegenheit des Selbstdispensirens der Thierärzte; ob es verboten werden könnte, ob eine besondere Taxe für Veterinär-Arzneien entworfen, und dadurch die Rechte des Apothekers geschützt werden müßten, da er allein für die Güte der Arzneien verantwortlich sei, so muß außer dem was oben schon bemerkt worden, hier zuerst ins Auge gefaßt werden, daß der Gegenstand nicht medicinalpolizeilich, sondern gemeinpolizeilich ist, d. h. er liegt außerhalb des Wirkungskreises der Medicinalverwaltung, und kann daher einer sanitätspolizeilichen Beurtheilung, welche es nur mit der öffentlichen Sicherheit der Menschen als freier Wesen zu thun hat, nicht unterworfen sein. Der Apotheker steht als Medicinalperson nur mit dem in einem Verhältnisse zum Staate, was auf die menschliche Gesundheit Bezug hat; Alles darüber hinaus geht in medicinalpolizeilicher Beziehung ihn und die Verwaltung nichts an, und es würde auch hier auf eine unangemessene Bevormundung der Staatsbürger hinauslaufen, wollte man die Rechte und den Verkehr mit denselben unter gewisse Medicinalgesetze oder Verordnungen bringen. Der Thierarzt hat es als Heilkünstler mit weiter nichts als mit Verbesserung eines Handelsartikels, mit Heilung kranker Hausthiere zu thun. Ueber Leben und Tod der Thiere hat jedoch der Mensch dasselbe Recht, wie über die Bäume in seinem Garten. Er kann die brandigen Stellen an denselben heilen wie er will, er kann aber auch die Bäume verbrennen, wie er das Thier todtschlagen oder von Quacksalbern schlecht kuriren lassen kann, Niemand hat dagegen etwas zu sagen. Das liegt in seinen Verhältnissen zur ganzen lebenden und leblosen Natur. Daher werden die Thierärzte, welche nicht als Kreisthierärzte in öffentlichen Verhältnissen zum Staate stehen, nur irrthümlich zu den Medicinalpersonen gezählt. Die Beurtheilung der Handlungen der Thierärzte, insofern sie mit der öffentlichen Sicherheit, z. B. bei ansteckenden auf die Menschen übergehenden Viehkrankheiten, in Verbindung stehen, gehört natürlich nicht hierher, da hier nur von Verbesserung eines Handelsartikels und nicht von der öffentlichen Sicherheit die Rede ist. Daher hat aber auch der Staat nichts darnach zu fragen, welche Mittel der Thierarzt anwendet, jenen schadhaft gewordenen Handelsartikel wieder zu verbessern, ob er dazu gute oder schlechte Mittel anwendet, ob er sie selbst bereitet, oder bei dem Kaufmann, oder bei dem Apotheker kauft, und dieser ist eben so wenig

wie jener für die Güte seiner Vieharzneien dem Staate verantwortlich, sondern nur dem Käufer, welchem es frei steht, die
nöthigen Vieharzneien der Sicherheit wegen aus der Apotheke
zu entnehmen. Hat der Staat Veterinärschulen angelegt, so
hat er für die Nationalökonomie, für die Viehbesitzer, wenn
die Hausthiere erkranken, das Seine gethan. Den Unterthanen
steht es nun frei, von Schülern solcher Anstalten Gebrauch zu
machen, oder ihr Vieh selbst zu kuriren, oder sich deshalb an
Schäfer oder andere Routiniers um so eher zu wenden, als die
Kosten für ein krankes Thier, welches als solches oft kaum
halb so viel werth ist, als ein gesundes, nicht bedeutend sein
dürfen, damit die Interessen das Kapital nicht übersteigen;
Hausmittel müssen in vielen Fällen das Beste thun. Wenn z. B.
ein Schwein 10 Thlr. werth wäre und bekäme den Milzbrand,
so wird sein Werth auf kaum 1 Thlr. herabsinken, und an dasselbe keine Arznei zu verwenden sein, welche nur irgend kostspielig wäre. Wenn nun aber das Kuriren des Viehs keiner
polizeilichen Aufsicht unterworfen sein darf, so kann auch von
einer Veterinärtaxe der Arzneien um so weniger die Rede sein,
als der Thierarzt nicht verbunden ist, seine Arzneien nur aus
der Apotheke zu entnehmen. Will der Thierarzt es dennoch
thun, so hat er einen Privatvertrag mit dem Apotheker abzu-
schliefsen; wie dieses wohl in grofsen Städten, wo es sich zuweilen um die Heilung theurer Luxuspferde, oder anderer Thiere,
als Lieblinge ihrer Herren, handelt, der Fall sein kann. Ein
Zwang würde hier dem freien Verkehr der Staatsbürger eben,
so zuwider sein, als wenn man sie zwingen wollte, ihre Räucherkerzen, ihren Gerstenzucker u. s. w. nur in der Apotheke
zu kaufen.

Dies führt nun auch zu dem Detailhandel der Kaufleute
mit Arzneimittel überhaupt. Auch hier darf der Gesichtspunkt
des ungestörten Verkehres der Staatsbürger im Allgemeinen
nicht verlassen werden. Wie es in Gemäfsheit des preufsischen
Edicts vom 2. Nov. 1810 nur irgend die öffentliche Sicherheit
erlaubt, mufs dieser Verkehr frei gegeben, und da wo Privilegien vorhanden sind, dieselben abgelöst werden, wie denn auf
der andern Seite die Gesetzgebung mit sich selbst in Widerspruch gerathen würde, wollte sie den Verkauf dessen was der
Apotheker im Handverkauf debitirt, dem Kaufmann im Handel
untersagen. Es versteht sich von selbst, dafs hier nur von einfachen Vegetabilien, Animalien und Mineralien, nicht von chemischen Präparaten die Rede sein kann; diese letzteren können
aufser in der Apotheke nur in chemischen Fabriken, welche
einer medicinisch-polizeilichen Controle unterworfen sind, verkauft werden. Auch stark wirkende Animalien, Vegetabilien
oder Mineralien müssen von dem kaufmännischen Handel ausgeschlossen werden. Doch giebt es einzelne Arzneimittel, welche
unter die präparirten gehören, und gleichwohl dem Debit durch
die Kaufleute nicht entzogen werden dürfen, weil sie wie alle
übrigen hier wohlfeiler zu erhalten sind, z. B. der Lakrizen-
saft, den ja der Apotheker selber von dem Handelsmann kauft
und so wieder verkauft. Hier kostet das Loth 4 Pf. und in der
Apotheke 10 Pf. Wie könnte nun der Staat seine Bürger zwingen, ihn da zu kaufen, wo er mehr als noch ein Mal so theuer ist?

So verhält es sich auch mit den Sennesblättern, der Manna, dem Glaubersalze, dem *Foenum graecum* und vielen andern Mitteln. Wenn von Verfälschung solcher Arzneien die Rede ist, so schützen die Visitationen dagegen keineswegs, und dem Kaufmann muſs man in dem was darüber hinausliegt, eben so viele moralische Denkungsart zutrauen, als dem Apotheker. Durch das Gesetz vom 16. Septb. 1836 sind übrigens im Preuſsischen diese Handelsverhältnisse genau bestimmt, wenn gleich sich gegen die dort angeg.bene Classification der Mittel manches einwenden läſst, was hierher nicht gehört. Nähert sich der Apotheker im Handverkaufe den Preisen des Kaufmanns, so wird natürlich das Publikum schon von selbst seine Droguen nicht bei diesem, sondern bei jenem entnehmen. In dem schon erwähnten Edicte vom 16. Septb. 1836 über die Handelsverhältnisse der Apotheker und Kaufleute, Droguisten giebt es, wenn ich es recht verstehe, im Sinne dieses Gesetzes eigentlich nicht mehr, sind dem Apotheker Vortheile zugesichert, bei welchen augenscheinlich die Gesetzgebung nicht allein auf die öffentliche Sicherheit, sondern auch auf die wissenschaftlichen Verdienste des Apothekers Rücksicht genommen hat. Weiter durfte sie in letzterer Beziehung nicht gehen, weil das was der Staat in seinen Bürgern der Wissenschaft schuldig ist, mit den commerciellen Verhältnissen, welche überall gleiche Rechte fordern, nichts zu thun hat. In staatsrechtlicher Hinsicht sind beide, der Droguist und der Apotheker, Arzneihändler. Dem pharmaceutischen Chemiker im Laboratorio oder bei der Receptur in der Officin muſs die medicinische Gesetzgebung durch die Berechnung der Nebenkosten und als einen Künstler, der nur durch groſse Anstrengung und Geldaufwand ein solcher geworden hier und dort entschädigen, jedoch in einer Weise, daſs weder das Publikum über Bevortheilung, noch der Apotheker über Geringschätzung seiner Kunst oder pecuniären Verluste zu klagen Ursache hat. Die pharmaceutische Kunst greift in so viele commercielle Lebensverhältnisse ein, daſs wir es gar bald zum Nachtheile des allgemeinen Wohls gewahr werden würden, wollte der Staat der pharmaceutischen Wissenschaft nicht überall die nöthige Anerkennung gewähren. Achtung dem Professor der Chemie auf der Academie; allein eben so viel Achtung dem Pharmaceuten, der auſser seiner medicinischen Stellung so vielseitig die technologische Chemie ins Leben einführt, der Rechtspflege und Sicherheitspflege so nützlich, ja oft unentbehrlich ist. Denken wir uns den wissenschaftlich gebildeten Apotheker einmal hinweg, und fragen, wie es denn um den gesellschaftlichen Verkehr, in welchem es auf genaue Kenntniſs der Verwandtschaft der Körper und auf chemische Untersuchungen ankommt, wohl stehen möge?

Was den Einfluſs der herrschenden Systeme in der Arzneikunde auf die Apothekerkunst anlangt, so wird er überall wesentlich und groſs sein, da die Pharmacie bei weitem die meisten Mittel enthält, durch welche der Arzt auf seine Kranken einwirken will. Es kommt zunächst hierbei darauf an, was die Arzneikunde überhaupt von den Kräften der Arzneien zu halten hat, und ob Aussicht vorhanden ist, daſs die Arzneigaben gröſser werden oder kleiner, sich vermehren oder vermindern werden. Es fällt diese Beurtheilung fast mit der über den vorne erörterten Geschäftsbetrieb des Apothekers zusammen, und ist dort schon das Nöthige vorgebracht und das Prognostikon gestellt worden, die Zukunft werde sich hinsichtlich des Gewinnes des Apothekers durch sein Gewerbe eben nicht günstig stellen. Dies wird auch immer mehr der Fall sein, je mehr die Aerzte in die so verschiedene und zweifelhafte Wirkung der Arzneien eindringen, weniger bei den mineralischen als bei den vegetabilischen. Ein sonst sehr geschickter Apotheker hatte eine neue Methode erfunden den Brechweinstein weit stärker als den bisherigen zu bereiten, und hielt solches für eine Verbesserung der *Materia medica*. Ich war bei der Visitation der Apotheke nicht im Stande ihn zu überzeugen, daß dieses Mittel in sofern schlechter sein müsse, als das bisherige, wenn es stärker, folglich anders wirke, als der Arzt voraussetze. So ist es mit mehreren chemischen Präparaten ergangen; sie sind chemisch besser, aber medicinisch schlechter geworden, so lange bis etwa nach neueren Methoden bereitete Arzneien am Krankenbette geprüft und in den Arzneischatz aufgenommen worden, jedoch nur für die jüngeren Aerzte, die älteren Praktiker erfuhren davon nichts oder nur so viel, als sie sich Zeit erübrigen konnten, die neuere *Materia pharmaceutica* zu studiren. So z. B. werden die narkotischen Extracte jetzt ganz anders bereitet als sonst, aber sie wirken auch anders. Der eine Chemiker wollte sie bis zur Trockne abgeraucht haben, der andere bis zur Honigdicke, der dritte wollte ihnen Pflastercofsistenz geben. Bei den Visitationen gab in der einen Apotheke ein und dasselbe med. Extract eine hellbraune, in der andern eine dunkelbraune, und in der dritten eine grüne Lösung, und doch erwarten die Aerzte überall gleiche Wirkung. Hier verschreibt ein Arzt ohne alle Gefahrde 1 Drachme eines solchen Extracts in 6 Unzen Flüssigkeit, dort ein anderer nur wenige Grane. Hier ist ein solches Extract ganz frisch bereitet, dort ein Jahr alt, muß sonach und wenn letzteres gar Krystalle enthält, folglich zersetzt ist, überall verschieden wirken. Man weiß nicht was man dazu sagen soll, wenn selbst die Pharmakopöen eine solche Zersetzung aufführen, folglich sie gutheißen. — Ueberall sind in den Pharmakopöen der verschiedenen Königreiche, Kaiserreiche und Fürstenthümer die Zubereitungen der chemischen und andrer Arzneien anders angegeben, und doch werden in den medic. Schriften die Erfahrungen über die Wirkung der Mittel so genommen, als wären die Arzneien überall dieselben. Käme es doch wenigstens einmal zu einer allgemeinen deutschen Pharmakopöe, um nur im Vaterlande zu einiger Sicherheit und Einheit zu gelangen! Wird einmal dieses Alles und noch weit mehr den Aerzten recht klar, so werden sie das Vertrauen in die Arzneimittel immer mehr verlieren, nur wenige zuverlässige verschreiben, wobei der Apotheker nur verlieren kann, die Systeme mögen wechseln wie sie wollen. Selbst große Chemiker und Aerzte haben gesagt: »Die narkot. Extracte seien die unzuverlässigsten Arzneien von der Welt; von diesen und andern ähnlichen, so wie überhaupt von dem Wust der Arzneiwasser solle der Arzt ablassen, und sich nur einiger wenigen, auserlesenen bedienen, er würde am Krankenbette mit ihnen nicht nur völlig ausreichen, sondern weiter kommen als mit jenem.«

Natürlich werden bei solchen Zuständen und Aussichten viele Arzneien in den Apotheken veralten und unbrauchbar werden, namentlich die Vegetabilien. Es ist bald gesagt, der Apotheker soll die letzteren alle Jahr neu anschaffen und die alten wegwerfen. Das sind Illusionen, die sich nicht ausführen und eben so wenig controliren lassen. Im Preußischen haben die Regierungen für die rohen Arzneien, — die Präparate werden durch die Defectbücher repräsentirt und controlirt — Lagerbücher in den Apotheken vorgeschlagen, aus welchen zu ersehen wäre, wann dieses oder jenes Mittel angeschafft worden, um dessen Frische und Güte hiernach zu beurtheilen; allein der Vorschlag ist nicht durchgegangen, wie denn das Alter der Waaren bei dem Droguisten dadurch doch nicht nachzuweisen, wenn gleich hierdurch approximativ etwas zu erreichen gewesen wäre.

Der verminderte Arzneigebrauch, wie es jetzt gethan ist, und wahrscheinlich in Zukunft noch mehr der Fall sein wird, kann meines Bedünkens auf die Beschaffenheit des Waarenbestandes keinen nachtheiligen Einfluß haben; denn wenn wenig verbraucht wird, braucht auch nur wenig angeschafft zu werden, wie denn auch dabei das Geschäft mit dem einfacheren Verfahren des Arztes selbst einfacher werden, und somit leichter zu übersehen sein wird. Freilich wird dadurch der Gewinn des Apothekers nicht steigen, sondern fallen; allein eine Apotheke ist nun einmal kein Handels- oder Fabrikgeschäft, welches sich auf dem Wege der Speculation nach Gefallen erweitern und somit lucrativer machen läßt, sie hängt von dem Zustande der Arzneikunde, von dem Glauben der Aerzte und des Publikums an die Wirkung der Arzneimittel, viel oder weniger, in großen oder kleineren Gaben ab. Wer mag gut dafür sein, daß bei den schwankenden Grundsätzen in der Arzneikunde, bei dem deprimirenden Gedanken, daß eine Homöopathie möglich war, nicht auch einmal wieder das andere Extrem hervortreten, und Alles nur durch recht viele Arzneien in's Werk gerichtet werden soll. *Tempora mutantur et nos mutamur in illis.* Achtung den gewissenhaften, nach Höherem strebenden Pharmaceuten unserer Zeit, daß sie bei solchen wenig ermunternden Conjuncturen um keine Linie von der Bahn, die sie sich vorgeschrieben, abweichen, nicht selten der Kunst ein Opfer bringen.

In Betreff der Folgen der chemischen Fabriken auf das pharmaceutische Gewerbe, so stehen wir überhaupt auch hier insbesondere bei deren Beurtheilung auf dem Standpunkt der Medicinalverwaltung, welcher jederzeit nur das Ganze, nicht das Einzelne im Auge haben darf. Hiernach ist vor Allem geltend zu machen, daß der chemische Fabrikant in seinem Gewerbe dem Staate so nahe steht als der Apotheker, auf gleichen Schutz des Staates Anspruch zu machen hat, nach welchem derselbe der freien Entwickelung der Kräfte und Unternehmungen seiner Bürger durchaus nichts in den Weg legen darf, in so weit nicht Gefahr für die öffentliche Sicherheit zu besorgen steht, oder wirklich eintritt. Eine 24jährige Verwaltung der Medicinalangelegenheiten in dem hiesigen Regierungsbezirk,

welcher 84 Apotheken enthält, die ich fast immer selbst untersucht habe, hat mich gelehrt, dafs die chemischen Präparate
aus der Königlichen Fabrik in Schönebeck sich in der Regel
von einer solchen Reinheit und Güte vorgefunden, dafs sie alle
Empfehlung verdienen, und von dem Apotheker selbst nicht
besser, wohl aber in kleineren Quantitäten nur viel theurer dargestellt werden konnten. Manche Präparate, z. B. mehre narkotische Extracte, welche, wenn ich mich recht erinnere, aus
der Forcke'schen Fabrik am Harz bezogen worden, waren sogar
weit besser, als sie in den Officinen bereitet werden können,
indem zu bedenken steht, dafs manche narkotische Kräuter,
Belladonna, *Digitalis*, *Hyoscyamus*, nur in einzelnen Gegenden
wachsen, und es nur als erwünscht erscheinen kann, wenn sich
Anstalten finden, in welchen die betreffenden Extracte von
einem geschickten und gewissenhaften Chemiker im Ganzen,
immer gleichförmig bereitet, und dann weiter debitirt werden.
Wie die chemischen Fabriken, so stehen auch solche Anstalten
unter Aufsicht des Staates, und wer von der Gewissenlosigkeit
der Vorsteher derselben reden will, mufs solche erst beweisen,
wie denn dieselbe, wenn man die Apotheker eines solchen be-
schuldigen wollte, nur ein unrühmliches Mifstrauen voraussetzt,
und ebenfalls erst bewiesen werden müfste. Einzelne Unwür-
dige können dem Ganzen keinen Eintrag thun, und es kann
einmal in unsrer sublunarischen Welt nicht überall alles Gute
beisammen sein. Wollten solche Anstalten schlechte, unreine
Präparate liefern, so würde ihr Credit gar bald so leiden, dafs
ihnen Niemand ihre Waaren abnehmen, sie endlich ganz zu
Grunde gehen würden. Die Apotheker selbst sind die besten
Controlen derselben, und zum Ruhme der Herren Apotheker
des hiesigen Regierungsbezirkes, welche mit solchen Anstalten
verkehrten, sei es gesagt, sie nehmen es mit der Ächtheit und
Güte solcher Präparate überall zur Genugthuung ihrer Gewissenhaftigkeit und des eigenen Credites wegen sehr genau. Es
ist gesetzlich nachgegeben, und es scheint mir in der Natur
der Sache zu liegen, dafs solche Präparate, welche in so kleinen
Quantitäten verbraucht werden, dafs der Apotheker bei der
Selbstbereitung nicht auf die Kosten kommen würde, ohne Gefahr aus solchen Anstalten entnommen werden können, um so
mehr, als von manchen derselben, manchmal blofs des Versuches
wegen, in einem ganzen Jahr nur einige Grane verschrieben
werden. Der Nachtheil, welcher bei dem Verwerfen solcher
Fabriken, angeblich für die Cultur der Apothekerlehrlinge und
Gehülfen hervorgehen soll, hat nichts auf sich, denn einmal
findet jener Verkehr meist nur in solchen Apotheken kleiner
Städte oder des platten Landes statt, in welchen keine Lehrlinge, auch wohl keine Gehülfen gehalten werden können, und
zweitens ist ja der Verlust so grofs nicht, dafs ein Apotheker
des Unterrichts wegen nicht sollte Veranlassung nehmen, solche
Präparate nach den Umständen selbst zu bereiten, und da, wo der
Apotheker bei dem Unterricht für eine richtige Theorie, für eine
richtige Auffassung des chemischen Processes sorgt, die Handgriffe
sich doch am Ende überall so ähnlich sind, dafs derjenige Lehrling,
der die Sache nicht begreift, oder zur Arbeit kein Geschick hat,
zum Apotheker überall nichts taugt, und am besten zurücktreten,

und ein einfaches Handwerk ergreifen sollte. Chemische Fabriken sind in gewerblicher Beziehung dem Staate das im Grofsen, was ihm die Productionen der Laboratorien in den Apotheken im Kleinen sind. Geschicklichkeit, Gewissenhaftigkeit, gute Waare sind Eigenschaften, welche dort so gut vorauszusetzen und zu controliren sind, wie hier. Dort, wie hier, stehen Chemiker an der Spitze, und der Gegenstand ist so wichtig, dafs Fahrlässigkeit und Schleudern wahrlich nicht anzunehmen sind, und nicht aufkommen können, wenn man nicht überhaupt an Allem was ehrbar, sittlich und recht ist, verzweifeln wollte. Nothwendig kann alsdann die Existenz der chemischen Fabriken auf die Arzeneitaxe nicht ohne Einflufs sein. Was wohlfeiler eingekauft werden kann, kann auch billiger verkauft werden; beides, Fabrikpreise und Arzeneipreise im Kleinen müssen immer in einem richtigen Verhältnisse stehen, doch so, dafs dem Apotheker für seine Mühe und sonstigen Aufwand noch ein Ansehnliches zu Gute komme. Hier dürfte wohl der Ort sein, ein paar Worte über das Mangelhafte in der Preufs. Medicinaltaxe hinsichtlich der Vergütungen, welche der Apotheker als Chemiker für diejenigen Verrichtungen erhalten soll, wenn er polizeilich oder gerichtlich in Anspruch genommen wird, anzuführen. Der Physikus soll für eine Untersuchung eines verdächtigen Getränkes 1—2 Thlr. erhalten, und davon den Chemiker entschädigen, da doch bekanntlich der Erstere dabei wenig und der Letztere fast Alles thut. Eine solche Untersuchung müfste, Alles in Allem dem Apotheker wenigstens mit 1—3 Thlr. vergütet werden. Für die Visitation einer Apotheke erhält der Regierungs-Med.-Rath incl. seines Gehaltes 4 Thlr. Diäten, der mit zugezogene Apotheker, der doch bei der Visitation wegen der chemischen Untersuchungen eben so viel zu thun hat, nur 1 Thlr. 15 Sgr. Beide Commissarien haben nichtsdestoweniger gleichen Aufwand.

Was die Folgen der Nebengewerbe auf den Geschäftsbetrieb der Apotheke betrifft, so ist es freilich überall höchst bedauerlich, wenn der Apotheker dadurch von der gewissenhaften Besorgung seiner Geschäfte als Apotheker abgezogen wird; allein mitunter sind solche Nebengeschäfte von der Art, dafs die Subsistenz des Apothekers davon zum Theil abhängt, und sonach nicht wohl zu umgehen, zumal an kleinen Orten z. B. der Materialhandel. Da indessen derselbe so viel es sich thun läfst, vom pharmaceutischen Geschäfte getrennt und in der Regel nicht bedeutend ist, so ist diese Störung nicht sehr erheblich. Nebenämter, das Amt eines Burgemeisters, Stadtverordneten, sollte der Apotheker wohl nicht übernehmen, da sie viel Zeit und Abwesenheit erfordern. So ist dieses auch im Preufsischen ein Hauptgrund, weswegen der Apotheker nicht zugleich auch Arzt sein darf. Apotheker, welche öffentliche Aemter zu übernehmen genöthigt sind, müfsten sich wenigstens vereidigte Provisoren halten dürfen, denn sie können ohnmöglich für alles das verantwortlich gemacht werden, was in ihrer Abwesenheit geschieht, wie denn bei irgend einem bedeutenden anderweiten, zeitspieligen Geschäfte ein solcher gehalten werden müfste. Es giebt Apotheker, welche viertel Jahre lang aller Herren Länder durchreisen, ohne dafs sie noch andere Personen, als ihren Gehülfen das Interimisticum anvertrauen; wie möchte dieses mit den sonstigen Verordnungen über die pharmaceutische Sicherheit zu vereinigen sein, wenn hier die Gefahr so groß wäre? Ueberhaupt findet man, wenn man dem innern Getriebe des Apothekergewerbes näher tritt, daß der Gehülfe eine bei weitem selbstständigere Person ist, als man gewöhnlich glaubt. Die Hälfte der Geschäfte kommen selbstständig auf ihn, ohne daß er dafür gesetzlich verantwortlich ist. Krankheiten, nothwendige Abwesenheit, ja selbst der gewöhnliche Betrieb des Gewerbes erfordern stundenlange, tagelange Entfernung des Principals, und doch ist es bisher mit den Apothekergeschäften so leidlich gewesen, so daß es bei gewöhnlichen, unabänderlichen Abhaltungen des Principals wohl eines vereidigten Provisors nicht bedürfen würde. Das Ableben eines Apothekers hat schon zur Beantwortung der Frage Veranlassung gegeben, was bis zum Eintritt eines qualificirten Vorstandes interimistisch zu thun sei? Die Antwort war: Nichts, wenn ein gehörig qualificirter Gehülfe vorhanden wäre, der indessen doch wohl vereidigt werden müßte. Was die willkührliche Abwesenheit eines Principals anbetrifft, so erinnere ich mich, im Laboratorio einer berühmten Hofapotheke ein Paar goldene Pantoffeln an einer goldenen Kette aufgehängt gesehen zu haben. Man sagte mir, es sollten dieselben ein Symbol des Zuhausebleibens vorstellen.

Anlangend die Mängel bei den Prüfungen der Lehrlinge, so kann ich nicht anders sagen, ich habe im Jahre 1816, als ich die Verwaltung des Medicinalwesens im hiesigen Regierungsbezirk antrat, bei den Visitationen der Apotheken manche recht unwissende Gehülfen angetroffen, welche im Auslande in Apotheken kleiner Städte gelernt hatten. Mehre wurden fortgeschickt, und auf den Antrag der Regierung von dem Königl. Ministerio der Medicinalangelegenheiten verordnet, daß alle ausländischen Gehülfen, ehe sie in eine Apotheke des hiesigen Regierungsbezirks eintraten, sich einer Prüfung vom Kreisphysikus und einem Pharmaceuten unterwerfen mußten, nach deren Ausfall sie angenommen oder verworfen wurden. Seit dieser Zeit ist es ganz anders geworden. Es wird in dem gedachten Bereich kaum mehr einen Apothekergehülfen geben, der sich nicht über das Mittelmäßige erhoben hätte. Aber auch die Lehrlinge sind viel besser geworden, seitdem es mit der Prüfung derselben strenger genommen wird. Wird nur immer sorgfältig auf gute Gehülfen und Lehrlinge gesehen, so hat es mit dem Schaden der aus einer unabwendbaren zeitweiligen Abwesenheit des Principals entstehen kann, nicht viel zu sagen, man mag sie auch am grünen Tische so hoch anschlagen als man will. Dagegen helfen auch keine Verordnungen, weil sie auf dem Papiere stehen bleiben müssen, und nicht in's wirkliche Leben übergehen können. Wo zuviel regiert wird, wird schlecht regiert, und gar viele Dinge müssen sich in der Medicinalverwaltung von selbst machen. Kein Mensch kann Allem Alles sein, eben so wenig auch der Apotheker seinem Geschäft, er und das Publikum müssen sich auch auf den Gehülfen verlassen. Wie es in dem hiesigen Regierungsbezirke gethan ist, wird nicht leicht ein unbrauchbarer Gehülfe aus den Lehrjahren hervorgehen, die Principale sind sich zu sehr der Wichtigkeit eines guten Unterrichts bewufst, und ertheilen ihn in der Regel sehr gewissenhaft. Die Ausnahmen von der Regel sind selten. Bekanntlich werden im Preufsischen bei jeder Apothekenvisitation die Lehrlinge und Gehülfen, Erstere mit Rücksicht auf die Lehrzeit geprüft. Solche Gehülfen dagegen, welche eine zu ihrem Vortheile abgehaltene Staatsprüfung nachweisen können, müssen natürlich damit verschont werden; gleichwohl können sie Manches vergessen haben, in manchen Stücken in der Kunst zurückgegangen sein. Wenn ich zu befehlen hätte, so müfsten dieselben bei der Visitation auch ein Tentamen bestehen, ähnlich der Einrichtung mit den Candidaten der Theologie, welche, wenn sie erst nach einigen Jahren in's Amt kommen, sich noch einmal müssen tentiren lassen. Dies würde auch unter andern die Bescheidenheit dieser Herren besser im Gange erhalten und Klagen, wie ich sie neulich von einem würdigen Apotheker des hiesigen Regierungsbezirks hörte: wir werden bald viele gelehrte Pharmaceuten, aber keine praktische Apotheker mehr an unsern Gehülfen haben, würden vielleicht seltener gehört werden. Ich halte auch den Nutzen, den die frühen Staatsprüfungen ohne Aussicht auf Etablissements oder Provisorate, dafs nämlich Personen vorhanden wären, welche sogleich bei Todesfällen der Principale eintreten könnten, für imaginär, denn ich habe gesehen, dafs es in solchen Fällen immer eine geraume Zeit dauerte, ehe ein Gehülfe, welcher die Staatsprüfung gemacht hatte, herbeigebracht werden konnte, natürlich, weil derselbe nicht über einen sofortigen Austritt aus seinen bisherigen Dienstverhältnissen disponiren konnte. Bis zu der Zeit, als ein solcher Gehülfe seine bisherigen Dienstverhältnisse aufgeben kann, kann auch ein anderer die Staatsprüfung in der Provinz als Apotheker zweiter Klasse oder in der Hauptstadt als Apotheker erster Klasse bestehen. Die letztere ist ja sonderbar genug zur Verwaltung eines Provisorates, selbst in einer Apotheke einer grofsen Stadt, deren Besitzer Apotheker erster Klasse sein sollen, nicht einmal nöthig. Ich glaube, die Staatsprüfungen bevor einer wirklichen Niederlassung oder bevor Uebernahme eines bestimmten Provisorats sind mehr nachtheilhaft, und sollten daher unterbleiben.

Schliefslich möchte ich hier noch einer Erscheinung im pharmaceutischen Verkehr gedenken, welche auf die öffentliche Sicherheit und auf die Subsistenz des Apothekers nicht ohne Einflufs ist, nämlich des jetzt oft vorkommenden Handels mit Apotheken. Es gab Fälle, dafs blofs concessionirte Apotheken, theils neu angelegt, theils durch glückliche Conjuncturen billig erworben, um das Vierfache des innern, reellen Werthes verkauft worden sind, in der Hoffnung, unter dem Schutze der Gesetze und einer vorgespiegelten Frequenz des Geschäfts ein hinreichendes Auskommen zu finden, was natürlich hernach nicht der Fall war, so dafs der Käufer entweder von seinem Vermögen leben, oder zum Nachtheil des zuverlässigen Betriebes des pharmaceutischen Gewerbes ein Nebengeschäft betreiben mufste, in beiden Fällen aber keine Aufforderung finden konnte, den gewissenhaften Betrieb seines Gewerbes pecuniären Vortheilen überall vorzuziehen, wodurch die öffentliche Sicherheit und das Publikum insbesondere nur gefährdet werden konnten. Ein Apotheker erster Klasse legte in einem kleinen Städtchen nach erhaltener, persönlicher Concession eine neue Apotheke in einem gemietheten Hause an, wobei er einen Aufwand von etwa 1500 Thalern hatte. Kaum war er mit der Einrichtung fertig, so verkaufte er dieselbe und das Inventarium um 4500 Thlr. an einen andern Apotheker, welchem die persönliche Concession nicht versagt werden konnte, da er als Apotheker erster Klasse qualificirt war, mußte aber bald ein bedeutendes Nebengeschäft ergreifen, um leben zu können. An einem andern Orte wurden zwei concessionirte, nicht privilegirte Apotheken zusammen gekauft, zu einer vereinigt, und diese ums Duplum veräußert. Vorne ist schon angegeben worden, daß eine bloß concessionirte Apotheke, die kaum 15000 Thlr, innern Werth hatte, um 32000 Thlr. verkauft wurde; dasselbe war mit einer andern der Fall, welche um 20000 Thlr. übernommen wurde, aber kaum halb so viel werth war. Wenn gleich die Regierung die Concession zum Betrieb des Apothekergewerbes ertheilen konnte, wem sie wollte, um dadurch den Kaufpreis zu ermäßigen, so hatte sie doch keine Mittel in Händen, dem Käufer, wenn er sonst das Staatsexamen mit Vortheil bestanden hatte, die Concession zu versagen, weil dieses ein Eingriff in das Eigenthumsrecht des Verkäufers gewesen wäre, sie mußte dem Käufer den Vorzug geben, so sehr auch der Kaufpreis mit medicinalpolizeilichen Grundsätzen im Widerspruche stehen mochte. In einem solchen Widerspruche stehen nun aber solche Käufe in einem hohen Grade mit den Klagen der Pharmaceuten über schlechte Zeiten, welche in anderer Beziehung nicht ungegründet erscheinen. Ein Hauptgrund dieser Uebelstände liegt nun wohl in dem Mißverhältniß der Gelegenheiten zu Niederlassungen und der Anzahl der Adspiranten, welches Mißverhältniß mit der Zeit nur zu, nicht abnehmen kann, denn der Letztern werden immer mehr, während die Anzahl der Apotheken sich nur um ein Geringes vergrößert. Im Preußischen werden da, wo es nur irgend möglich ist, entbehrliche Apotheken nach dem hier sehr anwendbaren Grundsatze, daß allgemeine Sicherheit und Wohlfahrt nur bei einem gewissen Grade des Wohlstandes und der Frequenz eines so wichtigen Gewerbes bestehen können, eingezogen. Je weniger Apotheken, desto frischer die Arznei. Nur da, wo es nicht zu umgehen ist, werden Concessionen zu neuen Apotheken ertheilt. Mit dem Rathe, es sollen sich nicht so viele junge Leute der Pharmacie widmen, ist's nicht abgethan. Alle Erwerbszweige sind jetzt mit Bewerbern überhäuft, vom Studirenden bis zum Handwerker herab; doch ist bei dem Letztern noch die beste Subsistenz zu erwarten, wenn er sich über das Mittelmäßige erhebt, wie wir das täglich sehen. Ein Handwerk hat einen goldenen Boden, sagt das Sprichwort mit Recht, und seit dem Wiederaufleben des materiellen Principes noch mehr, und wer ein anderes Sprichwort: Ein Quentchen Mutterwitz ist besser als 1000 Thaler, auf sich anwenden kann, und eine gute Schule durchgemacht hat, wird als Professionist heut zu Tage sein Fortkommen weit besser finden, und im Publikum eben so geehrt sein; es müßte denn sein, daß ein junger Mensch außerordentliche

Anlagen zum Chemiker entwickelte, und die Apothekerkunst blofs als Uebergang zu böheren, wissenschaftlichen Leistungen betrachten könnte. Wollte man vorschlagen, dafs, um Uebertheuerung beim Verkauf von Apotheken zu verhüten, die Kaufcontracte erst den Regierungen zur Bestätigung vorgelegt werden müfsten, so würde sich diese Verordnung durch Scheincontracte umgehen lassen, und zu nichts helfen. Dafs mitunter unredliche Mittel gebraucht werden, um den Preis einer Apotheke hinaufzutreiben, ist eben so wahr als bedauerlich. Im Publikum macht der zu hohe Erwerb einer Apotheke stets einen widrigen, nachtheiligen Eindruck, weil es sich als das Mittel betrachtet, das Deficit zu decken, und befürchtet, mit schlechten Arzneien versehen zu werden. Auch die Medicinalordnung mufs das befürchten. Die Visitationen der Apotheken sind dagegen sehr unsichre, unzulängliche Controlen. Die Gewähr für eine durchaus untadelhafte Verwaltung einer Apotheke ist die Gewissenhaftigkeit des Apothekers, und diese ist nicht zu controliren*).

---

*) Wir sind dem Herrn Geh. Regierungs-Med.-Rath Dr. Fischer für diese Erörterung sehr wichtiger Gegenstände dankbar verpflichtet. Wir theilen in vielen Punkten seine Grundsätze und Ansichten. Dafs wir aber durchaus in Allem ihm nicht beistimmen, und auch nicht beistimmen können, das hier ausdrücklich zu bemerken, halte ich für meine Pflicht. Wenn die Stellung des Apothekers nicht richtig erfafst ist, so setzt man ihn in eben so unrichtige Verhältnisse, man bürdet ihm einerseits alles Mögliche auf und entzieht ihm auf der andern Seite die dazu nöthigen Mittel. Möge man auf die Stimmen sachkundiger Apotheker mehr Gewicht legen, als es bisher geschehen ist; sie haben gezeigt, wie gern sie zur Erfüllung der ihnen gemachten Anforderungen bereit sind, wie gern sie ihrem Beruf und ihrer Pflicht Opfer bringen. Möge man ihnen auch Vertrauen schenken, und in Angelegenheiten ihres Fachs auf sie hören; sie sind eines solchen Vertrauens werth. Die Pharmacie ist mehr und hat höhere Pflichten, als ein blofses Gewerbe.   **Br.**

Zweite Abtheilung.

Chemie und Physik.

Leichte und sichere Methode zur Darstellung einer stets gleichen und unveränderlichen officinellen Blausäure, nebst einigen Bemerkungen über das Berlinerblau und Quecksilbercyanid;

von

H. Wackenroder.

Einleitung.

Das *Acidum hydrocyanicum* gehört zu denjenigen officinellen Präparaten, die wegen ihrer wirklichen oder vermeintlichen Veränderlichkeit in der Mischung oder Stärke und wegen ihrer allzu mühsamen Darstellung bald nach ihrer Einführung in den Arzneischatz bei Aerzten und Pharmaceuten wieder in Mifscredit gerathen sind. Der Zweck der folgenden Mittheilung ist nun, die in Betreff der Blausäure wohl ziemlich allgemein obwaltenden Irrthümer dieser Art vollständig zu widerlegen. Ich kann um so eher ein entschiedenes Urtheil darüber aussprechen, als es für Jedermann leicht ist, sich von der Richtigkeit unserer Erfahrungen vollkommen zu überzeugen. Schon seit mehren Jahren sind häufige Versuche, zum Theil unter Beihülfe meiner Herren Zuhörer, insbesondere des Herrn Heym aus Ostheim, von mir angestellt worden, um eine zuverlässige Bereitungsart der Blausäure auszumitteln, die erstlich leicht, bequem und gefahrlos genug sei, um nicht allein in jeder Apotheke, sondern auch auf dem Experimentirtische während der Vorlesungen befolgt werden zu können, und die zweitens eine Blausäure liefere von stets gleicher Stärke und wenn auch nicht von absoluter,

doch von solcher Reinheit, dafs das Präparat den Anforderungen der ärztlichen und pharmaceutischen Praxis
gänzlich genüge.

Der letztere Punct ist als der wesentliche das Mo-
tiv unserer Versuche gewesen. Während manche, vielleicht die meisten Aerzte glauben, dafs die Blausäure
in ihrer Stärke nicht gleichförmig und constant sei, weshalb sie lieber die *Aq. Amygdalarum* und *Aq. Lauro-
cerasi* anwenden, halten sich doch auch viele Aerzte,
wie ich bei Apothekenrevisionen gelegentlich in Erfahrung gebracht habe, vom Gegentheil überzeugt. Und
dieser Absicht mufs man schon im Voraus beistimmen,
weil, abgesehen von dem ursprünglichen, durch die
Beimischung des Benzoylwasserstoffs oder eines andern
flüchtigen Oels bedingten Unterschiede zwischen jenen
beiden destillirten Wässern und der medicinischen Blausäure, weder eine durchaus gleichmäfsige Stärke der
Aq. Amygdalar. amar. und der *Aq. Lauro-cerasi* zu erreichen, noch eine freiwillige Zersetzung derselben zu
verhindern ist. Nur aus geschäftreichen Apotheken entnommen, werden diese beiden blausäurehaltigen Präparate dem Arzte eine ziemlich genaue Bestimmung der
Dosis der Blausäure gestatten. Das *Acid. hydrocyanicum
officinale* aber kann, wie ich zu zeigen gedenke, *unter
allen Umständen eine unveränderliche Gleichmäfsigkeit*
gewähren. Nur darauf kommt es an, dafs man sich,
gleich wie in Betreff anderer Mittel von willkürlicher
Stärke, so auch hinsichtlich der officinellen Blausäure
zu einer unabänderlichen Concentration derselben allent-
halben vereinige. Ich meines Theils glaube, dafs man
sich in solchen willkürlichen Bestimmungen dem bereits
am meisten Geltenden anschliefsen müsse, und daher
bin ich hierin der *Pharmacop. bor.* unbedenklich gefolgt.

Bekannt sind die Ungelegenheiten der Vorschrift
von Vauquelin, nach welcher aus einer bestimmten
Menge von Cyanquecksilber durch Schwefelwasserstoff
eine Blausäure von stets gleicher Stärke schien darge-

stellt werden zu können. Aufser der leicht möglichen
Verunreinigung der Säure mit Quecksilber oder mit
Blei, weil man den Ueberschufs von Schwefelwasserstoff
durch kohlensaures Bleioxyd fortschaffen mufste, wurde
auch häufig die Einmengung von gebildeter Schwefel-
cyanwasserstoffsäure bemerkt. Ich weifs aber nicht, ob
man jemals eine genügende Erklärung über die Entstehung dieser Schwefelverbindung gegeben hat. Der Grund
davon liegt offenbar in der constanten Beimengung von
Cyankalium in dem wie gewöhnlich, aus Berlinerblau
und Quecksilberoxyd bereiteten Cyanquecksilber. Das
Kaliumcyanür oder vielleicht *Kaliumeisencyanür,* welches, meiner Erfahrung nach, *in allen Arten* des Berlinerblaues enthalten ist, geht nämlich bei der Einwirkung
des Quecksilberoxyds auf das Berlinerblau in das entstehende Cyanquecksilber als Cyankalium über. Von
der Gegenwart des Alkalimetalls in der Vauquelin'-
schen Blausäure ist ohne allen Zweifel auch die leichte
Zersetzbarkeit dieses Präparates abhängig. Diese Blausäure setzt oftmals schon nach einem halben Jahre einen schwarzen, pulvrigen Niederschlag ab und färbt
sich gelb. Mit Eisenchlorid giebt sie dann eine röth-
lichbraune Flüssigkeit, und ihr Kaligehalt ist leicht zu
erkennen an der permanenten Färbung des Curcumäpa-
piers.

Im Jahre 1831 (*Froriep's Notiz. Jahrg. 1831. 667.*)
empfahl Clark eine Methode, die alle möglichen Ei-
genheiten in sich vereinigt, um möglichst unpraktisch
zu erscheinen, nicht weniger in medicinischer, als in
pharmaceutischer Hinsicht. Man soll zuerst Cyankalium
darstellen durch Schmelzen des Blutlaugensalzes in einer
eisernen Retorte, durch Ausziehen des Rückstandes mit
Wasser und durch Krystallisiren des Salzes. Von diesem soll nun eine gewisse Quantität in Wasser aufgelöst, und das Kali durch überschüssige Weinsäure gefällt werden.

Die Anwendung des Kaliumeisencyanürs hat indessen den Vorrang behauptet. Da dieses Doppelsalz jetzt
3*

nicht allein von vorzüglicher Reinheit *), sondern auch
zu sehr billigem Preise aus chemischen Fabriken bezogen werden kann, so empfiehlt sich schon dadurch die
Verwendung desselben. Es würde in der That nichts
weiter zu bemerken übrig bleiben, wenn die Zersetzung
dieses Doppelsalzes eben so regelmäfsig und leicht vor
sich ginge, als die Zersetzung einiger andrer Haloidsalze
durch starke Säuren. Hierin aber liegt gerade die Schwierigkeit, welche man durch mancherlei Vorschläge, betreffend theils die der Destillation zu unterwerfende
Mischung, theils die Destillationsapparate, zu beseitigen
gesucht hat. Ich will diese Vorschläge, die im Wesentlichen alle von uns durchgeprüft worden sind, hier
nicht einzeln durchgehen, sondern lieber einige der
wichtigeren Momente namhaft machen, auf welche es
bei der Zerlegung des Blutlaugensalzes anzukommen
scheint.

Zuvörderst ist die Frage zu berücksichtigen, ob das
Kaliumeisencyanür durch eine starke Mineralsäure vollkommen oder nur theilweise zersetzt werde? Während
man sonst wohl (vergl. *Dulk's Commentar d. pr. Ph.
II. 155.*) eine gänzliche Zersetzung des Blutlaugensalzes
annahm, zweifelt jetzt niemand länger daran, dafs nur
das Cyankalium eine Zerlegung erfahre. Es ist aber
ausgemacht, dafs ein Theil des Cyankaliums unzersetzt
bleibt, wie auch Liebig in *Geiger's Handb. der Ph.
n. A. p. 627* anführt. Dagegen mufs ich bemerken, dafs
nicht Cyankalium, sondern vielmehr *Kaliumeisencyanür*
mit dem ausgeschiedenen Eisencyanür verbunden zu-

---

*) Bei der Versammlung der deutschen Naturforscher und
Aerzte zu Braunschweig hat Herr Professor Otto auf das
öftere Vorkommen eines mit schwefelsaurem Kali sehr stark
verunreinigten Kaliumeisencyanürs im Handel aufmerksam
gemacht. Das bei uns gewöhnliche, namentlich von dem
Handlungshause Brückner, Lampe & Comp. in Leipzig und aus der chemischen Fabrik zu Zwickau bezogene
Blutlaugensalz zeigt sich dagegen vollkommen rein. H. Wr.

rückbleibt. Wenn Schwefelsäure zur Zersetzung angewendet wird, so entsteht eine constante Verbindung von
Eisencyanür, Kaliumeisencyanür und *schwefelsaurem Kali,*
während zugleich ein ganz geringer Theil des Eisencyanürs zerlegt wird. Die Phosphorsäure hingegen läfst
immer einen nicht unbeträchtlichen Theil des Kaliumeisencyanürs unzersetzt. Die Schwefelsäure bewirkt unter allen Umständen die Bildung einer geringen Menge
von Ameisensäure, die dem zersetzten Eisencyanür vielleicht proportional ist. Die Phosphorsäure erzeugt keine
Ameisensäure, eben weil sie das Blutlaugensalz ganz
unvollständig und vielleicht auch nicht immer bis zu
demselben Grade zersetzt.

Wenn zweitens hiernach die Schwefelsäure den
Vorzug verdient vor der Phosphorsäure, insofern nur
die Zersetzung des Doppelcyanürs in Betracht kommt,
so ist doch zu bedenken, ob die Verunreinigung des
Destillats mit Ameisensäure zu übersehen sei. Die Menge
der Ameisensäure ist aber zu gering, als dafs irgend
ein Nachtheil für das Präparat davon zu erwarten stände.
Ja man kann sie vielmehr als eine sehr zweckmäfsige
Beimengung betrachten, weil dadurch die Blausäure zu
einem der *unveränderlichsten* pharmaceutisch-chemischen
Präparate wird, die bekannt sind. Eine solche Blausäure
verträgt einen ganzen Sommer hindurch die heifsesten
Sonnenstrahlen, *ohne die allermindeste Veränderung* zu
erfahren. Die mit Phosphorsäure bereitete Blausäure
erleidet aber in den Sonnenstrahlen schon nach einigen
Tagen eine bemerkbare und dann rasch zunehmende
Färbung und Zersetzung. Uebrigens enthält die mit
Schwefelsäure entwickelte Blausäure auch stets eine,
jedoch so geringe Spur von Schwefelsäure, dafs dieselbe
nur an einer ganz geringen Trübung zu erkennen ist,
welche entsteht, wenn man etwa $\frac{1}{4}$ Unze der Blausäure
mit Chlorbaryumlösung vermischt.

Endlich kommt es darauf an, die Entwicklung der
Blausäure so zu leiten, dafs das Destillat nicht durch

übergeworfenes Salz verunreinigt werde, und daſs von
der entwickelten Blausäure gar nichts verloren gehe.
Diese Zwecke zu erreichen sind eine Menge Vorrichtungen empfohlen worden, die als bekannt vorausgesetzt werden dürfen. Keine derselben scheint mir
aber vollkommen genügend, oder doch nicht leicht
genug ausführbar, um allgemein Anwendung finden zu
können. Ein Kolben mit übergedecktem Musselin und Helm
ist gewiſs nur ein ziemlich nothdürftiger Apparat. Eine
im Chlorcalciumbade liegende Retorte mit angefüg-
tem Kühlapparate von Glas (*Liebig - Geigers Handbuch*
d. Ph. p. 627.) dürfte der Praxis leicht zu complicirt
erscheinen. Die von der so eben erschienenen *Pharmacop.*
Badensis vorgeschriebene Retorte mit einer tubulirten
Vorlage, durch deren Tubulus eine zweischenkliche,
durch Wasser abgesperrte Glasröhre gesteckt werden
soll, empfiehlt sich wenig schon durch die Bemerkung
der Pharmakopöe, daſs, wenn das Destillat *blau gefärbt*
sein sollte, es filtrirt werden müſste. Will man nach
der Kurhessischen Pharmakopöe die Retorte mit einem
einschenklichen Rohr verbinden, um die übergehenden
Dämpfe in einem langen cylindrischen Gefäſse zu ver-
dichten, so ist die Entweichung einer beträchtlichen
Menge von Cyanwasserstoffsäure kaum zu vermeiden·
Betrachtet man den Gang der Destillation der Blausäure aufmerksam, so sieht man deutlich ein, daſs die
Zersetzung bei etwa 100ºC., vielleicht auch bei einigen
Graden über dieser Temperatur vor sich geht. Davon
ist die natürliche Folge, daſs bei der geringsten Conden-
sation der Wasserdämpfe im Innern des Apparats durch
eine zufällige Erniedrigung der Temperatur eine ab-
sperrende Flüssigkeit mit Heftigkeit in den Apparat zu-
rückgetrieben wird. Wird aber ein Gefäſs angebracht,
welches die aufsteigende Flüssigkeit aufnehmen und fassen kann, so gewinnt man dadurch den Vortheil, den
Apparat mit einer kalten Flüssigkeit *vollkommen absper-*
ren zu können. Das lästige Spritzen der kochenden
Mischung hängt ab theils von der Art der Erhitzung,

theils und hauptsächlich von der Concentration der aus Zersetzung des Kaliumeisencyanürs angewendeten Säure.

Nach diesen Bemerkungen, die das Ergebnifs unserer vielfach modificirten Versuche sind, will ich unser Verfahren genauer angeben. Bei der Befolgung desselben wird man nicht allein das beste Präparat in kürzester Zeit gewinnen, sondern auch, was in gewerblicher Hinsicht wohl in Anschlag zu bringen ist, ohne namhaften Aufwand. Eine Unze dieser Blausäure kann kaum 4 ℥ zu stehen kommen. Ich führe hier, wie überall, wo es thunlich ist, eine Berechnung der Kosten hinzu in der Absicht, die stereotyp werdende Meinung von der überschwänglichen Billigkeit all und jedes Präparates aus chemischen Fabriken zu bekämpfen. Dabei verwahre ich mich aber ausdrücklich gegen jene Anmafslichkeit, welche dem Apotheker blofs die Waare, und nicht vielmehr die Kunst bezahlen will.

Apparat zur Darstellung der Blausäure.

Die nachstehende Zeichnung des von uns schon seit mehren Jahren benutzten Apparates bedarf nur einige Erläuterungen, um sogleich ganz deutlich zu sein. Man sieht in der Sandcapelle des Lampenofens eine gewöhnliche grüne Glasretorte von 11—12 Unzen Capacität in aufgerichteter Stellung, so dafs ein Ueberspritzen des kochenden Inhalts nicht leicht möglich ist. Der Hals der Retorte ist kurz abgesprengt und mit einem Kork verschlossen, durch welchen eine Abflufsröhre gesteckt ist. Diese ragt etwa 2 Linien lang in den Retortenhals hinein, so dafs also nur Dämpfe in die Röhre gelangen können. Dicht vor dem Korke, bis wohin sie $1\frac{1}{4}$ Zoll Par. Maafs lang ist, ist sie unter einem stumpfen Winkel abwärts gebogen, und dieses lange Stück derselben mifst $10\frac{1}{4}$ (oder auch $13\frac{1}{2}$) Zoll. Ihre Weite beträgt $1\frac{1}{4}$ Linien. Sie ragt ein Paar Linien weit durch den Kork in die Vorlage hinein, damit das Tröpfeln der destillirenden Flüssigkeit besser beobachtet werden kann. Sie ist an die Vorlage ein für allemal mit nasser Blase und umwickelten Bindfaden luftdicht angekittet. Auf dieselbe Weise wird sie bei jeder neuen Destillation an die Retorte befestigt. Die Vorlage, welche hier nur als Sicherheitsgefäfs und zugleich zur Abkühlung der Dämpfe dient, fafst 4 (oder auch $7\frac{1}{2}$) Unze Wasser. Sie zeigt ihren Tubulus nach unten gerichtet, so dafs alle

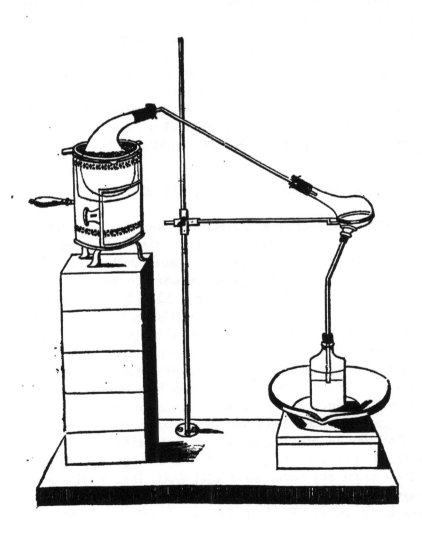

Flüssigkeit abfliefsen mufs, wenn nicht ein Druck von
aufsen Flüssigkeit hineintreibt. In den möglichst weiten Tubulus ist mittelst eines gut schliefsenden durch-
bohrten Korkes eine starke Glasröhre eingefügt, welche
1 Linie weit und 8—9 Zoll lang ist. Durch Erweichen
über Kohlen ist sie in eine vertikale Stellung gebracht
worden. Der Kork, mit welchem sie auf die unterge-
stellte Flasche befestigt ist, schliefst nur so fest, dafs
die Röhre noch eben darin auf und nieder bewegt werden kann. Diese taucht ein *Paar Linien* in das in der
Flasche vorgeschlagene *reine*, oder wenn man lieber will
mit Weingeist vermischte Wasser. An der Flasche bemerkt man einen Feilstrich (der aber noch besser durch
einen rundum angeklebten Papierstreifen ersetzt wird)
als Marke, bis zu welcher die Flüssigkeit in der Flasche
sich vermehren mufs, um das Ende der Destillation anzuzeigen. Da das spec. Gewicht der officinellen wässrigen Blausäure nur äufserst wenig abweicht von dem
des Wassers, so kann man durch Abwägen von Wasser in der Flasche die Marke am Glase völlig genau
machen. Sorgt man für eine horizontale Unterlage der
Flasche, so ist es möglich, bis auf sehr kleine Gewichts-
differenzen immer genau dieselbe Quantität von Blausäure zu erhalten. Bei niedriger Lufttemperatur ist
gar keine Abkühlung nöthig; indessen ist es besser, die
Flasche in eine Schale in kaltes Wasser zu stellen.
Als Unterlage der Schale dienen Brettchen, von denen
man das eine oder andere wegzieht, wenn man für nöthig finden sollte, bei etwa eintretendem raschen Aufsteigen des vorgeschlagenen Wassers oder wässrigen
Weingeistes die Flasche niedriger zu stellen.

Die Retorte liegt, wie man sieht, ganz im Sande,
und da sie fast so grofs ist, wie die Capelle, so ist die
Sandschicht an den Seiten nur sehr dünn. Die Sand-
lage am Boden ist etwa $\frac{1}{4}$ Zoll hoch, überhaupt etwas

stärker, als an den Seiten, um eine gleichmäfsigere Erhitzung der Retorte zu bewirken. Die Capelle ist von *dünnem* Eisenblech und kann von jedem Kleinpner angefertigt werden. Sie ist 3 Zoll 3 Linien Par. Maafs tief, und $3\frac{1}{2}$ Zoll weit. Am Rande ist das Blech umgebogen, und drei angenietete Blechstücke dienen dazu, die Capelle in den Lampenofen einzuhängen.

Dieser Ofen, der zu gröfserer Deutlichkeit hier noch besonders abgebildet ist, kann ebenfalls von jedem Blecharbeiter leicht verfertigt werden.

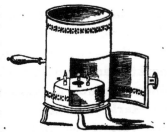

Er ist von weifsem Eisenblech, bis an die Füfse 6 Zoll hoch und 4 Zoll 2 Linien weit. Der Feuerraum von der eingehängten Capelle bis zum Boden des Ofens ist 2 Zoll 9 Linien hoch. Im Boden des Ofens befindet sich ein kreisrundes Loch von $\frac{1}{4}$ Zoll im Durchmesser, um den Luftzug zu verstärken. Die ganz einfache Oellampe bildet einen Ring von weifsem Eisenblech um einen $\frac{1}{4}$ Zoll weiten offenen Cylinder, nach Art der Spirituslampen mit doppeltem Luftzuge. Ihr Durchmesser beträgt 2 Zoll 10 Linien, ihre Höhe 8 Linien Par. Maafs. Sie ist, aufser mit einer Oeffnung zum Einschütten des Oels, mit 3 einfachen Tüllen für gewöhnliche baumwollene Dochte versehen. Wenn alle drei Dochte zugleich brennen, so erhält man eine Hitze, die gröfser ist, als zu den meisten Destillationen pharmaceutisch - chemischer Präparate in kleinerer Menge erfordert wird; indessen kann sie doch nicht ganz bis zum Siedpuncte des Schwefelsäurehydrats, d. h. bis zu 326° C. gesteigert werden. Noch verhältnifsmäfsig grofse Mengen von geistigen, wässrigen und sauren Flüssigkeiten kann man mit Hülfe dieses Lampenofens destilliren, dessen grofser Nutzen durch die andauernde Gleichmäfsigkeit der Hitze und die Leichtigkeit, den rechten Hitzgrad zu treffen, erhöhet wird. Die Destillation der Blausäure erfordert anfangs nur eine Flamme und gegen das Ende zwei oder drei Flammen.

Der beschriebene Apparat liefert innerhalb 2 bis 3 Stunden 3 Unzen Blausäure. Indessen ist er auch grofs genug, um binnen 7 Stunden 12 Unzen Blausäure mit dem Aufwande von etwa 3 Unzen Brennöl darzustellen. Die Destillation geht übrigens um so leichter und schneller von statten, je niedriger die Lufttemperatur ist. Bei einem sommerlichen Thermometerstande von 26°C. erfordert sie, weil die Abkühlung alsdann vermindert ist, wohl die doppelte Zeit, da die Erhitzung der Retorte alsdann nur sehr mäfsig sein darf.

Destillation der Blausäure.

Die Anwendung des erörterten Apparats ist einleuchtend. Indessen mufs sie etwas modificirt werden nach dem der Destillation unterworfenen Gemische. Als das zweckmäfsigste Gemisch finde ich das folgende. In die Retorte werden 10 Grm. zerriebenes, gut krystallisirtes Kaliumeisencyanür gegeben, nebst 12 Grm. (guter, namentlich von salpetriger Säure freier) englischer Schwefelsäure, die vorher mit 20 Grm. Wasser vermischt worden. Nachdem das Gemisch in der Retorte umgeschüttelt worden, wird letztere auf eine etwa $\frac{1}{4}$ Zoll hohe, trockene Sandschicht in die Capelle gestellt und mit der Abflufsröhre nebst der daran befindlichen Vorlage und abwärts gerichteten Glasröhre verbunden, und zwar, wie oben schon bemerkt worden, mittelst feuchter Blase und Bindfaden. In die als Recipient dienende Glasflasche wägt man genau 72 Grm. *reines Wasser*, oder, wenn man es vorziehen sollte, auch ein Gemisch von ein Paar Procent Weingeist und Wasser und befestigt dieselbe mittelst des verschiebbaren Korkes so an den Apparat, dafs die Glasröhre nur ein Paar Linien tief in die Flüssigkeit eintaucht. Es werden nun sogleich zwei Flammen der Lampe angewendet, um die Destillation schneller in den Gang zu bringen. Wenn nach wenigen Minuten die Gasentweichung zu rasch wird, so löscht man eine Flamme wieder aus; denn, wenn zu Anfang der Destillation die Erhitzung zu stark gewor-

den, so tritt bald ein Moment ein, wo die Flüssigkeit
aus der Flasche in die Vorlage aufsteigt. Dieses Aufsteigen beeinträchtigt zwar an sich die Operation gar
nicht, kann aber mit Heftigkeit erfolgen, und wenn die
Vorlage nicht geräumig genug war für die eintretende
Flüssigkeit, so kann von dieser selbst etwas in die Retorte spritzen, wo alsdann vermöge der schnell gebildeten Wasser- oder Weingeistdämpfe etwas von dem Retorteninhalt übergeworfen wird. Wenn gleich diese
Ungelegenheit leicht dadurch zu vermeiden ist, dafs
man die Röhre nur ganz wenig in die Flüssigkeit ein-
tauchen läfst, so ist es doch nicht zweckmäfsig, durch
die blausäurehaltige Flüssigkeit hindurch einen starken
Luftwechsel statt finden zu lassen. Beim Gebrauch des
Apparates merkt man sich leicht das rechte Maafs der Erhitzung, bei welchem die Destillation schon nach 2 bis $2\frac{1}{4}$
Stunde beendigt ist. Man hat darnach zu sehen, dafs
die vordere Abflufsröhre anfangs nur bis zu $\frac{1}{4}$, zuletzt
bis zu $\frac{3}{4}$ ihrer Länge heifs werde. Ein Verdampfen der
Blausäure kann natürlich hier gar nicht, oder doch
nicht mehr eintreten, als es der absichtlich nicht vollkommen luftdichte Verschlufs der Flasche mittelst des
eingedrückten Korkes verstattet. Im Verlaufe der Destillation bleibt die in der Flasche stehende Röhre zum
Theil angefüllt mit der Sperrflüssigkeit, und folglich
ist eine Entweichung der übergehenden Dämpfe ganz
unmöglich. Gegen das Ende der Destillation, wenn die
Erhitzung zufällig ein wenig nachlassen sollte, füllt sich
die Vorlage zum Theil mit der aufsteigenden Blausäure
allmählich an. Verstärkt man aber die Hitze, oder stellt
man die Flasche ein wenig niedriger, so fliefst alle
Blausäure in die Flasche zurück. Ist das Volumen der
Blausäure genau das verlangte, so nimmt man die Flasche weg und kann das Gewicht des Destillats aufserdem noch leicht bestimmen, wenn die Tara des mit
einem Glasstöpsel verschlossenen Glases vorher ausgemittelt worden. Das Destillat mufs 88 Grm. oder 3
Unzen Preufs. M.-G. wiegen, und enthält alsdann 2

Procent *wasserfreie Blausäure.* Es müssen also immer 16 Grm. Flüssigkeit abdestillirt werden, wobei der Rückstand in der Retorte eine dickbreiige Consistenz behält.

Ein Stofsen oder Spritzen des kochenden Retorteninhaltes findet hier entweder *gar nicht* oder anfangs nur in einem fast unmerklichen Grade statt, auch wenn man die 4fache Menge der Ingredienzen zur Bereitung von 12 Unzen Blausäure anwendet. Die von G e i g e r vorgeschriebene Mischung von 20 Grm. Blutlaugensalz, 10 Grm. Schwefelsäure und 90 Grm. Wasser, welche eine klare Auflösung giebt, bewirkt aber ein so heftiges Stofsen und Spritzen in unserm Apparat, dafs die Destillation nicht bis zur Trockenheit fortgesetzt werden kann. Ein der Vorschrift der Preufs. Pharmak. accommodirtes Gemisch aus 10 Grm. Kaliumeisencyanür, 20 Grm. *Acid. phosphoricum dep.* von 1,200 spec. Gewicht und 12 Grm. Wasser kocht aber wo möglich noch ruhiger und regelmäfsiger, als unser Gemisch mit Schwefelsäure.

Destillationsproduct.

Die nach meiner Vorschrift gewonnene Blausäure enthält unter allen Umständen fast absolut genau dieselbe Quantität Cyanwasserstoffsäure, zufolge 5 übereinstimmender analytischer Versuche. Aus der mit der 30fachen Menge Wassers verdünnten Blausäure, von welcher nicht nur die zweckmäfsigste Menge von etwa 5,0 Grm., sondern auch von 2,5 bis 20,0 Grm. angewendet worden, wurde das Cyan mit salpetersaurem Silberoxyd in einem kleinen Ueberschusse gefällt. Frühere Versuche, deren Resultate ich in meiner »*Anleitung zur chem. Anal. p.* 281« angeführt habe, hatten gezeigt, dafs weder ein Zusatz von Salpetersäure, noch von Ammoniak zur vollständigen Fällung des Cyans hier nothwendig ist. Die Filtration geschah durch zwei ganz gleich schwere, in einander gesteckte Filtra, von denen das äufsere später als Gegengewicht diente. Nach vollständigem Auswaschen wurde der Niederschlag mit den Filtern entweder in der Wärme, oder auch vergleichsweise unter dem Recipienten der Luftpumpe völlig ausgetrocknet. Die angewendete Blausäure war theils rein wässrig, theils mit einigen Procenten reinen Alkohols vermischt; theils aus 10 Grm., theils aus 20 Grm. Blutlaugensalz destillirt worden, theils langsam, theils möglichst rasch, theils bis zur Trockenheit des Rückstandes, theils bis zu einer musigen Consistenz desselben. Ungeachtet dieser Abweichungen ergab sich eine so grofse Uebereinstimmung in der Quantität der aus dem Blutlaugensalze entwikkelten Cyanwasserstoffsäure, dafs die Menge derselben unbedenklich für ganz gleich genommen werden kann. Aus dem erhaltenen Cyansilber berechnete sich nämlich die entwickelte Cyanwasserstoffsäure auf 10 Grm. Kaliumeisencyanür zu:

$$1,780 \text{ Grm.}$$
$$1,779 \quad \text{\textit{»}}$$
$$1,774 \quad \text{\textit{:}}$$
$$1,730 \quad \text{\textit{»}}$$
$$1,710 \quad \text{\textit{»}}$$

Also im Mittel zu 1,758 Grm.

Dieses Resultat entspricht genau 2 Proc. wasserfreier Blausäure, wenn das Destillat genau 88 Grm. wiegt.

Oben ist schon angeführt worden, dafs auch das von Geiger vorgeschriebene Gemisch der Destillation unterworfen, die Operation aber wegen zu heftig werdenden Stofsens etwa nur bis zur Hälfte fortgesetzt werden konnte. Anstatt 90 Grm. wurden nur 37,5 Grm. Flüssigkeit abdestillirt. Es zeigte sich jedoch, dafs dessen ungeachtet fast genau dieselbe Menge von Cyanwasserstoffsäure, nämlich 1,707 Grm. war entwickelt worden. Hingegen fand sich, dafs die Destillation von 10 Grm. Blutlaugensalz mit Phosphorsäure bis zur dickbreiigen Consistenz des Rückstandes gemäfs der Vorschrift der Preufs. Pharmakopöe nur 1,149 Grm. Blausäure geliefert hatte. Ich habe bis jetzt nicht versucht, ob bei Anwendung derselben Menge von Phosphorsäure

unter allen Umständen genau dieselbe Menge von Cyan_
wasserstoffsäure ausgetrieben werde. Da aber ein guter
Theil des Kaliumeisencyanürs unzerlegt bleibt, so
dürfte sich wohl eine Ungleichheit einstellen, wenn
gröfsere Quantitäten, als 10 Grm. Blutlaugensalz auf
einmal der Destillation unterworfen werden, weil als_
dann die Einwirkung der Phosphorsäure längere Zeit
währt. Aus den Versuchen mit Anwendung der Schwe_
felsäure folgt aber:

1) dafs $2\frac{1}{7}$ Atome Schwefelsäurehydrat, welche ich
angewendet habe, nicht mehr Cyanwasserstoffsäure ent_
binden, als ein Atom Schwefelsäure, welches nach Gei_
ger's Vorschrift genommen werden soll (nämlich auf
10 Grm. Blutlaugensalz gehören genau 4,645 Grm.
$SO^3 + Aq.$);

2) dafs es unnöthig ist, eine grofse Menge von Flüs_
sigkeit überzudestilliren, und dafs es eben so unnö_
thig ist, bis zur völligen Trockenheit des Rückstandes
die Destillation fortzusetzen, beides Umstände, welche
die Destillation der Blausäure zu einer der allerleichte_
sten Operationen machen.

Rückstand von der Zersetzung des Kaliumeisencyanürs. —
Berlinerblau.

Aus dem Vorhergehenden folgt schon von selbst, dafs
der Rückstand in der Retorte von verschiedener Be_
schaffenheit sein müsse, wenn man Schwefelsäure oder
Phosphorsäure zur Zersetzung des Blutlaugensalzes an_
wendet.

Wird das Salz mit der Menge von Schwefelsäure
und Wasser destillirt, welche ich oben angegeben habe,
und werden dann genau 16 Theile abdestillirt, so hin_
terbleibt ein geruchloser dickbreiiger Rückstand von
gelblichweifser oder auch oberflächlich bläulicher Farbe.
Wird der Rückstand in der verstopften Retorte erst
mit heifsem Wasser mehrmals ausgezogen und dann auf
einem Filtrum bis zum gänzlichen Verschwinden der
sauren Reaction der ablaufenden Flüssigkeit mit kältem

Wasser ausgewaschen, so erhält der Rückstand eine leicht grüne Färbung. Das bei weiterm Auswaschen abtröpfelnde Wasser wird aber nur weiſs opalisirend, erleidet durch Chlorbaryum nur noch eine schwache Trübung und wird von Eisenchlorid *violett* gefärbt, aber nicht getrübt. Es behält auch bei sehr langem Auswaschen noch einen opalisirenden Schein. Indessen wird die Flüssigkeit nunmehr gar nicht oder kaum wahrnehmbar von Chlorbaryum getrübt, und weder von Kaliumeisencyanid, noch schwefelwasserstoffsaurem Ammoniak verändert; Eisenchlorid aber bewirkt eine *dunkelblaue* Färbung derselben. Die *zuerst* abgelaufene Flüssigkeit reagirt sehr stark sauer und giebt mit Alkalien einen unbedeutenden, grünlichen Niederschlag von Eisenoxydoxydul. Sie enthält also neben saurem schwefelsaurem Kali nur eine *geringe* Menge schwefelsauren Eisenoxyduls, dessen Entstehung aus dem Eisencyanür begleitet sein dürfte von der Bildung von Ameisensäure, von welcher sich eine kleine Menge jederzeit in dem Destillate befindet. Der getrocknete Rückstand hat eine blaſsblaue Farbe. Wird er an der Luft *schwach* geglühet, so läſst sich alsdann alkalisch reagirendes Kaliumeisencyanür und ein wenig schwefelsaures Kali mit Wasser auslaugen, während der schwarze Rückstand beim Uebergieſsen mit Salzsäure viel Wasserstoffgas und ein wenig Schwefelwasserstoffgas entwickelt. Wird derselbe aber *stark* geglühet, so schmilzt er, und tritt an Wasser stark alkalisch reagirendes Blutlaugensalz ab, aber nur eine Spur schwefelsaures Kali. Der geschmolzene Rückstand besteht alsdann in Schwefeleisen und metallischem Eisen, und löst sich daher unter Entwicklung von Schwefelwasserstoffgas und späterhin Wasserstoffgas in verdünnter Salzsäure auf.

Daher kann man den von seinen löslichen Theilen befreiten Rückstand in der Retorte als eine constante Verbindung von *Eisencyanür* mit *Kaliumeisencyanür* und einer gewissen Menge von *schwefelsaurem Kali* ansehen. Sie muſs, gleich dem gemeinen Berlinerblau, für ein *gemischtes Cyanür* des Eisens gehalten werden. Aus der Menge der entwickelten Blausäure läfst sich auch ohne directe quantitative Zerlegung des Rückstandes einigermafsen die Zusammensetzung dieses gemischten Cyanürs bestimmen. Nimmt man nämlich an, dafs aus 10 Grm. Blutlaugensalz normal 1,758 Grm. Cyanwasserstoffsäure entwickelt werden, so würde diese Menge nur sehr wenig differiren von 1,722 Grm., was gerade $\frac{2}{3}$ von 2,585 Grm. ist, derjenigen Menge von Blausäure nämlich, die sich bei völliger Zerlegung des Kaliumcyanürs entwickeln müfste. Die Differenz von 0,036 kann füglich von der gleichzeitigen Zersetzung des Eisencyanürs herrühren. Demnach würde die Formel $2 \, K \, Cy^2 + 3 \, Fe \, Cy^2 + x \, (KO, SO^3)$ die Mischung des Rückstandes repräsentiren.

Uebrigens ist dieses gemischte Cyanür des Eisens sehr wenig zersetzbar. Wird dasselbe in noch feuchtem Zustande mit Salpetersalzsäure digerirt, bis es dunkelblau geworden ist, hierauf mit Wasser verdünnt und die Flüssigkeit abfiltrirt, so erhält man eine gelbliche Flüssigkeit, woraus etwas Eisenoxyd durch Alkalien, aber keine Spur von Schwefelsäure durch Chlorbaryum gefällt werden kann. Nach vollständigem Auswaschen des Königswassers färbt sich die durchlaufende Flüssigkeit grünlichgelb und enthält nunmehr etwas *Kaliumeisencyanid* aufgelöst. Das ausgewaschene Berlinerblau nimmt beim Trocknen eine blaugrüne Farbe an, und nach dem Glühen in einem offenen Platintiegel erhält man wieder ein Gemenge von Kaliumeisencyanür, schwefelsaurem Kali, Schwefeleisen, metallischem Eisen und wenig Kohle. Wenn man das gemischte Cyanür, anstatt mit Salpetersalzsäure, mit chlorsaurem Kali und etwas Salzsäure oder mit reinem wässrigen Chlor behandelt, so erhält man ein mattes Berlinerblau, welches aber nicht wesentlich von dem erstern abweicht.

Das *Berlinerblau* überhaupt, welches auf irgend eine Weise mittelst des Kaliumeisencyanürs oder Kaliumeisencyanids dargestellt worden, kann immer nur als ein

Zweifach-Doppelcyanür und in der Regel als ein gemischtes Cyanür des Eisens angesehen werden. Die Formel $3\,Fe\,Cy^2 + 2\,Fe^2\,Cy^6$ für das aus Eisenoxydsalzen durch Kaliumeisencyanür gefällte Berlinerblau, und die Formel $3\,Fe\,Cy^2 + Fe^2\,Cy^6$ für das aus Eisenoxydulsalzen durch Kaliumeisencyanid niedergeschlagene Berlinerblau drücken keinesweges genau die Mischung dieser Cyanüre aus. Ebenso wenig ist der Niederschlag aus Eisenvitriol durch Blutlaugensalz genau $Fe\,Cy^2$. Wenn dieser Niederschlag der Luft ausgesetzt und dann mit Salzsäure digerirt wird, so liefert er ein *ausgezeichnet schönes* Berlinerblau. Nimmt man an, dafs $9\,Fe\,Cy^2$ durch Aufnahme von $3\,O$ aus der Luft sich in $Fe^2\,O^3$ und $3\,Fe\,Cy^2 + 2\,Fe^2\,Cy^6$ verwandeln, so müfste die Salzsäure Eisenoxyd ausziehen. Dieses findet aber nicht Statt, sondern das beigemengte Kaliumeisencyanür ist mehr als hinreichend, das entstehende Eisenchlorid wieder zu zersetzen. Ein Theil des Kaliumeisencyanürs bleibt aber dennoch immer mit dem fertigen Berlinerblau verbunden und kann durch Säure *nicht* daraus ausgezogen werden.

Nach diesen Resultaten einer Reihe von Versuchen, die ich über die Mischung des Berlinerblaues angestellt habe, liefs sich schon vermuthen, dafs der Rückstand von der Destillation der Blausäure nach Geiger's Vorschrift nicht abweichen werde von dem vorhergehenden. In der That zeigte er sich ganz gleich mit demselben, nur mit dem einzigen Unterschiede, dafs weniger schwefelsaures Eisenoxydul durch Wasser aus demselben ausgezogen werden konnte.

Anders verhält es sich aber mit dem Rückstande des Blutlaugensalzes von der Destillation mit Phosphorsäure. In dem oben angeführten Versuche erschien der Rückstand dickbreiig und stellenweise trocken. Er hatte eine weifse und oberflächlich etwas blaue Farbe. Beim Auslaugen mit kaltem und heifsem Wasser wurde eine schwach gelblich gefärbte Flüssigkeit erhalten, welche durch ihre stark saure Reaction den guten Ueberschufs

von Phosphorsäure, und durch ihr Verhalten gegen
Chlorbaryum, Chlorcalcium, ammoniakalisches Chlorcalcium, essigsaures Bleioxyd, schwefelsaures Kupferoxyd
und Eisenchlorid sowohl die Gegenwart von phosphorsaurem Kali, als auch von einer grofsen Menge unzersetzt gebliebenen Kaliumcisencyanürs verrieth. Phosphorsaures Eisenoxydul fand sich natürlich nicht darin. Der
gut ausgewaschene Rückstand besafs eine himmelblaue
Farbe. Er erweichte in der Glühhitze. Wasser zog dann
alkalisch reagirendes Blutlaugensalz in ziemlicher Menge
aus, aber kein phosphorsaures Salz. Das Unlösliche war
ein schweres, schwarzes, metallisches Pulver, welches
mit verdünnter Salzsäure kein übelriechendes, noch Blei-
zuckerpapier schwärzendes Wasserstoffgas entwickelte.
Es mufs daher vorläufig angenommen werden, dafs dieser Rückstand ein Zweifach-Doppelcyanür von $Fe\,Cy^2$
mit $2\,K\,Cy^2 + Fe\,Cy^2$ war. Wie oben angeführt worden, wurden nur 1,149 Grm. Cyanwasserstoff entwickelt.
Da bei einer vollständigen Zersetzung des Kaliumcyanürs 2,585 Grm. Blausäure entwickelt sein würden, so
sieht man, dafs mehr als die Hälfte des Salzes unzersetzt
blieb.

Prüfung der Blausäure. — Quecksilbercyanid.

Es ist schon oben angeführt worden, dafs die mit
Phosphorsäure destillirte Blausäure vollkommen rein sei,
und dafs sie deshalb, namentlich ohne Zusatz von Alkohol, durch die Sonnenstrahlen sehr bald gefärbt und
zersetzt werde. Sie eignet sich daher offenbar nicht
zu einem Medicamente, welches vorräthig gehalten werden mufs, zumal dann, wenn schon, was jedoch nicht
leicht zu erweisen sein möchte, die Gegenwart von einigen Procenten Alkohol die medicinische Wirksamkeit
der Blausäure wesentlich beeinträchtigen sollte.

Das mit Schwefelsäure dargestellte Präparat enthält
immer eine geringe Menge von *Ameisensäure* und eine
Spur *Schwefelsäure*, die möglicherweise als schweflige
Säure mit verflüchtigt wurde. Die Beimischung die-

ser beiden Säuren in unbedeutender Quantität kann
nicht füglich als eine dem Medicamente nachtheilige
angesehen, sondern muſs vielmehr als eine zur Conservation desselben nothwendige betrachtet werden. Ich
habe die nach meiner Vorschrift bereitete, 8 Procent
Weingeist von 84 $\frac{0}{0}$ enthaltende Blausäure in einem
halb damit angefüllten, genau schlieſsenden Stöpselglase
vom 29. Mai bis 12. September v. J. fortwährend den
heiſsesten Sonnenstrahlen ausgesetzt sein lassen, ohne
nur die allermindeste Veränderung irgend einer Art
daran zu bemerken. Dieselbe Blausäure *ohne allen* Zusatz von Alkohol wurde in gleicher Weise vom 13. Jul.
bis 12. Septbr. neben jene gestellt, ohne daſs sie auch
nur die mindeste Veränderung erfahren hätte. Hieraus
folgt, daſs nicht sowohl der Weingeist, als vielmehr
die kleine Menge von Ameisensäure und Schwefelsäure
die Bedingung der Beständigkeit war. Die mit Phosphorsäure dargestellte Blausäure, welche ebenso vom 22. August an den Sonnenstrahlen ausgesetzt wurde, färbte sich
schon nach ein Paar Tagen schwach gelblich, und zeigte
am 12. Septbr. eine stark gelblich-braune Farbe, gleich
dem Maderawein. Auſserdem hatten sich dunkelbraune
Flocken in Form eines Byssus daraus abgesetzt. Ich
muſs für jetzt die Frage unbeantwortet lassen, ob ein
Zusatz von Alkohol die Zersetzung dieser völlig reinen
Säure ganz verhindert oder doch verzögert hätte, wie
man gemeiniglich annimmt.

Die Schwefelsäure beträgt in der nach meiner Angabe bereiteten Blausäure immer nur so wenig, daſs
erst dann eine wahrnehmbare Trübung von verdünntem
Chlorbaryum darin hervorgebracht wird, wenn man $\frac{1}{3}$
bis $\frac{1}{4}$ Unze der Blausäure zum Versuche anwendet. Wäre
es zuverlässig, bei so geringen Trübungen noch gewisse
Grenzen von einem Mehr und Weniger anzugeben, so
würde ich sagen, daſs gerade die dem Sonnenlichte ausgesetzte rein *wässrige* Blausäure am allerwenigsten
Schwefelsäure enthalten habe. Der groſse Ueberschuſs
von Schwefelsäure, der nach meiner Vorschrift zur

Zersetzung des Blutlaugensalzes genommen wird, ist aber nicht nur nicht die Ursache des Uebergehens einer Spur von Schwefelsäure, sondern vermindert sogar dieselbe durch das regelmäfsige Kochen des Retorteninhaltes. Die nur mit 1 Atom Schwefelsäure bereitete Blausäure, obgleich nicht bis zur breiigen Consistenz des Rückstandes destillirt, und ungeachtet nichts von dem Retorteninhalte übergeworfen worden war, erlitt eine offenbar stärkere Trübung durch Chlorbaryum.

Die Menge der Ameisensäure wechselt, wie es scheint, nur nach der längeren oder kürzeren Zeitdauer der Einwirkung der Schwefelsäure auf das Kaliumeisencyanür, ohne dafs ein Ueberschufs von freier Schwefelsäure eine wesentliche Aenderung darin hervorbrächte. Es scheint mir nämlich, dafs die aus 10 oder 20 Grm. Blutlaugensalz mit 12 oder 24 Grm. Schwefelsäure nebst 20 oder 40 Grm. Wasser destillirte Blausäure eben so viel Ameisensäure enthält, als wenn man 20 Grm. des Salzes, nach Geiger's Vorschrift, mit 10 Grm. Schwefelsäure und 90 Grm. Wasser destillirt und nur 37,5 Grm. Flüssigkeit abzieht, dafs aber ihre Menge etwas zunimmt, wenn 40 Grm. Kaliumeisencyanür mit 48 Grm. Schwefelsäure und 80 Grm. Wasser der Destillation unterworfen werden, weil im letztern Falle die Zeitdauer der Einwirkung der Schwefelsäure vervierfacht wird. Uebrigens ist aber auch dann die Menge der Ameisensäure nur so gering, dafs sie blofs nach der Reduction des Quecksilberoxyds bemessen werden kann. Nach einer möglichst genauen, immer aber nur approximativen Bestimmung ergab sich die Menge der Ameisensäure in der aus 40 Grm. Blutlaugensalz destillirten, also in 352 Grm. wässrigen Blausäure so grofs, dafs 0,200 Grm. Quecksilber davon reducirt wurden. Hiernach würde sich die Menge der Ameisensäure berechnen zu 0,037 Grm. in 352 Grm. Blausäure, oder zu $\frac{1}{100}$ Proc.

Wird die wässrige oder wässrig-weingeistige Blausäure mit einem kleinen Ueberschufs von salpetersaurem Silberoxyd versetzt zur Fällung des Cyans, und wird nun die abfiltrirte Flüssigkeit erhitzt, so findet keine Reduction des Silbers Statt. Die starke Verdünnung verhindert die Einwirkung der Ameisensäure offenbar. Das Cyansilber reducirt sich in einer Glasröhre erhitzt, indem es schmilzt und dann verglimmt. Nach starkem Glühen verliert das Metall die anfänglich graue Farbe und wird silberweifs.

Schüttet man feingepulvertes Quecksilberoxyd in die Blausäure, so entsteht eine graue Trübung, während das Oxyd sich auflöst. Die Trübung entsteht dann vorzüglich, wenn man auf einmal die entsprechende Menge von fein gepulvertem trocknen Quecksilberoxyd der Blausäure hinzufügt, ohne Zweifel deshalb, weil alsdann die zur Reduction erforderliche Wärme frei wird. Trägt man dagegen successive das Oxyd ein, bis der Geruch nach Blausäure verschwunden ist, so färbt sich die Flüssigkeit erst dann, wenn sie zur Krystallisation des Quecksilbercyanids erwärmt wird. Eine sehr geringe graue Färbung erleidet auch die mit Phosphorsäure destillirte Blausäure. Diese kann aber nur herrühren von der Einwirkung der Blausäure auf die Spur von Quecksilberoxydul, welches sich, wenn nicht immer, doch meistentheils neben ein wenig metallischem Quecksilber in dem Quecksilberoxyd befindet. Man kann sich von der Gegenwart des Oxyduls in dem Oxyde dadurch überzeugen, dafs man dasselbe mit sehr verdünnter Salpetersäure in der Kälte zusammenreibt und die Auflösung mit einer hinlänglichen Menge von Chlornatrium oder verdünnter Salzsäure versetzt. Abgesehen von dem kleinen Säureüberschufs, den das durch Auflösen von Quecksilberoxyd in kalter verdünnter Salpetersäure bereitete salpetersaure Quecksilberoxyd immer enthält, ist dieses Präparat als Reagens eben dieses Gehaltes an salpetersaurem Quecksilberoxydul wegen nicht immer anwendbar.

Uebrigens kann man sich des Quecksilberoxyds, wie Ure es früher empfahl, zur Bestimmung der Stärke der Blausäure nicht bedienen. Man verbraucht bis zum gänzlichen Verschwinden des Geruchs nach Blausäure

immer mehr Quecksilberoxyd, als der Bestimmung des
Cyans durch salpetersaures Silberoxyd zufolge davon
erforderlich sein würde. Der Grund davon liegt ohne
Zweifel in der Leichtigkeit, mit welcher sich basisches
Cyanquecksilber bildet, selbst wenn noch nicht alle
Blausäure durch das Quecksilberoxyd gesättigt ist. In-
dessen bleibt, wie mir scheint, das einzige Mittel zur
Darstellung von *reinem* Quecksilbercyanid die Auflösung
des Oxydes in Blausäure. Aus Berlinerblau und Queck-
silberoxyd erhält man es jederzeit *alkalihaltig*.

Die weitere Prüfung der Blausäure brauche ich
hier nicht durchzugehen. Nur die Prüfung derselben
auf Chlorwasserstoffsäure, die aus dem käuflichen Blutlaugensalz bei der Destillation mit Schwefelsäure entwickelt sein könnte, will ich mit ein Paar Worten berühren. Ich habe versucht, das Chlor an Eisen oder
Zink zu binden, indem ich diese Metalle ein Paar Stunden lang in der Blausäure liegen liefs und dann wenige
Minuten hindurch damit kochte. Es entstand hierbei
eine Spur von Eisencyanür und dann Berlinerblau, so
wie ein wenig Zinkcyanür; ein lösliches Chlormetall
hatte sich aber nicht gebildet. Am Zuverlässigsten ist
aber die Benutzung des *Borax*, indem man eine Lösung
dieses Salzes mit Blausäure vermischt und zur Trockenheit verdampft, um die Blausäure *vollständig* zu verja-
gen. Das rückständige Salz in Wasser aufgelöst und
mit ein Paar Tropfen 'reiner Salpetersäure vermischt,
darf durch salpetersaures Silberoxyd nicht im mindesten
eine Trübung' geben. *Jede kleine* Menge von Salzsäure,
die man der Blausäure zuvor hinzugefügt hatte, läfst
sich auf diese Weise mit Sicherheit wieder entdecken.

Vorstehende Abhandlung ist im Auszuge und ihren
Hauptresultaten nach in der Section für Chemie und
Physik bei der Versammlung deutscher Naturforscher
und Aerzte in Braunschweig bereits mitgetheilt worden.
Da sie sich eines geneigten Beifalls zu erfreuen gehabt
hat, so glaube ich sie auch in der gegenwärtigen Form

dem Druck übergeben zu dürfen, ungeachtet noch mehre
Puncte darin, namentlich in Betreff des Eisencyanürs
und des Quecksilbercyanids einer ausführlicheren Erörterung bedürftig sind.   **H. Wr.**

* * *

Ueber eine neue Fettsäure in der Muskatnuss;
von
Dr. *Lyon Playfair.*

Die Butter der Muskatnuss ist schon Gegenstand
mehrer Versuche gewesen, namentlich von Schrader,
der ihre Eigenschaften sehr genau beschrieben hat. Er
zeigte, daß sie aus drei Oelen bestehe, von denen zwei
fest sind, das dritte flüchtig und flüssig; er hat auch
die verschiedenen Mengen dieser Oele bestimmt und die
Methode angegeben, sie von einander zu trennen.

Nach Lecanu*) soll die Muskatbutter von den
übrigen Pflanzenfetten verschiedene Eigenschaften besitzen, und sich mehr den animalischen Fetten nähern;
auch bemerkt er ihre theilweise Löslichkeit in Aether,
die schon von Schrader als ein unterscheidendes Kenn-
zeichen angeführt wurde.

Pelouze und Boudet**) haben ein Verfahren zur
Darstellung des reinen Margarins angegeben und dabei
angeführt, daß dasselbe Margarin in der Muskatbutter
sich finde, sie haben zum Beweis dafür aber keine Versuche und Analysen angeführt.

Keiner der bemerkten Chemiker hat die Zahlen-
resultate seiner Versuche angegeben. Est ist mithin
ungewiß, ob die in der Muskatbutter existirende Säure
wirklich Margarinsäure ist, oder eine andere dieser ähnliche. Es war interessant, die genaue Zusammensetzung
dieses Margarins zu bestimmen, und deshalb wurde die
folgende Untersuchung unternommen.

---

*) Journ. de Pharm. **XX**, 339.
) Annales de Chim. et de Phys. **LXIX, 47.

Wird die Muskatbutter mit Alkohol von gewöhn-licher Stärke digerirt, so löst dieser ein gefärbtes Fett auf, wird weinroth und hinterläſst nach Verdunsten ein rothes halbflüssiges, angenehm nach Muskatbutter riechendes Fett. Ein Theil der Butter bleibt ungelöst, ein kleiner Theil des Aufgelösten wird beim Erkalten wieder abgeschieden. In 4 Theilen starkem Alkohol löst sich die Butter nach Schrader völlig auf.

Das ungelöste Fett ist sehr unrein und behält selbst nach wiederholten Digestionen den Geruch der Butter. Es muſs daher zwischen Löschpapier stark gepreſst wer-den, indem man es erst mit Alkohol und dann mit Aether behandelt, und das Pressen nach jeder Behandlung er-neuert. Die Aetherauflösung muſs noch heiſs filtrirt wer-den, um die Unreinigkeiten zu entfernen. Wenn das Fett einen constanten Schmelzpunct von 31° C. erreicht hat, so ist es als rein zu betrachten.

In Bezug auf die im Handel vorkommende Butter muſs man sorgsam sein, denn diese besteht oft aus thie-rischem Fett mit Muskatnuſspulver gemengt und durch Sassafras gefärbt. Man kann sie als rein ansehen, wenn sie sich in ihrem vierfachen Gewicht Alkohol oder in ihrem doppelten Gewicht Aether völlig auflöst.

Das nach oben beschriebener Weise erhaltene Fett ist eine Verbindung von Glyceryloxyd mit einer fetten Säure, und ist, so viel mir bekannt, noch nicht beschrie-ben worden. Es hat ein sehr schönes weiſses seidenar-tiges Ansehen, weshalb ich vorschlage, dasselbe *Sericin* zu nennen (von dem lateinischen Worte *Serica*), da ich ihr keinen ausschlieſslich ihren Ursprung bezeichnenden Namen geben mag, weil ich aus mehren Versuchen fol-gern darf, daſs ihr Vorkommen auf die Muskatbutter allein nicht beschränkt ist.

Sericinsäure.

Die *Sericinsäure* wird durch Verseifung des Seri-cins gewonnen. Die Seife wird mit kaltem Wasser gewaschen, um sie vom freien Alkali zu befreien, dann in heißem Wasser aufgelöst und mit Chlorwasserstoffsäure zersetzt. Die Säure scheidet sich als ein farbloses Oel ab, welches beim Erkalten zu einem krystallinischen Fett erstarrt. Sie wird mit Wasser ausgewaschen, um sie von anhängender Chlorwasserstoffsäure zu befreien und durch wiederholtes Umschmelzen in destillirtem Wasser gereinigt.

So dargestellt, besitzt sie eine schneeweiße Farbe und ein krystallinisches Ansehn. In heißem Alkohol ist sie sehr leicht löslich, scheidet sich aber beim Erkalten in kleinen Krystallen daraus ab, der Rückhalt kann durch weiteres Verdunsten gewonnen werden. In heißem Aether löst sie sich in merklicher Menge, scheidet sich aber beim Erkalten wieder ab. Wenn die alkoholische Auflösung dem Verdunsten überlassen wird, so erscheint sie durchscheinend und sehr krystallinisch. Sie schmilzt zwischen $48\frac{1}{4}$ und 49° C.

Das Atomgewicht der wasserleeren Säure aus dem Silbersalze erhalten, ist 2733,27, nach dem Mittel zweier Analysen des Barytsalzes 2732,54. Die Formel der wasserleeren Säure aus den Analysen ihrer Salze abgeleitet, ist $C_{28} H_{27} O_3$. Die Formel der Oenanthsäure ist $C_{14} H_{13} O_2$. Die Sericinsäure kann folglich als der Oenanthsäure gleich zusammengesetzt betrachtet werden, mit dem Unterschiede, daß in letzter ein Aequivalent Sauerstoff durch ein Aequivalent Wasserstoff ersetzt ist.

$$2 \text{ At. Oenanthsäure} = C_{28} H_{26} O_4.$$
$$1 \text{ » Sericinsäure} = C_{28} H_{27} O_3.$$

Sie kann in dieser Beziehung mit der Benzoesäure und dem Benzoylhydrür verglichen werden.

Die wasserleere Säure konnte noch nicht isolirt dargestellt werden; die durch Zersetzen des sericinsauren Kali durch Salzsäure erhaltene ist ein Hydrat, und enthält 1 Atom Wasser. Die Resultate der Analysen des Hydrats durch Verbrennen mit Kupferoxyd u. s. w. sind folgende.

I*). 0,351 Grm. Säure = 0,941 Grm. Kohlens. u. 0,389 Grm. Wasser.
II. 0,309 » » = 0,829 » » » 0,309 » »
III*). 0,412 » » = 1,101 » » » 0,454 » »
IV. 0,250 » » = 0,670 » » » 0,276 » »
V. 0,278 » » = 0,744 » » » 0,309 » »

	I.	II.	III.	IV.	V.
Kohlenstoff	74,12	74,07	73,89	74,10	74,00.
Wasserstoff	12,31	12,29	12,24	12,26	12,02.
Sauerstoff	13,57	13,65	13,87	13,64	13,98.

Diese Zahlen entsprechen genau der Formel C_{28} $H_{28} O_4$.

28 At. Kohlenstoff	2140,18	74,06
28 » Wasserstoff	349,42	12,09
4 » Sauerstoff	400,00	13,85
	2889,60	100,0.

Die Analysen I. II. IV. wurden mit aus Alkohol krystallisirter Sericinsäure angestellt, IV. von Hrn. Miller, Assistent bei Prof. Daniell; III. und V. wurden mit durch Zersetzen von sericinsaurem Natron mit Salzsäure bereiteter Sericinsäure angestellt.

Die Formel für die wasserleere Säure ist $C_{28} H_{27} O_3$; die der wasserhaltigen Säure folglich $C_{28} H_{27} O_3 +$ $H O$ **).

Aufser der Zusammensetzung giebt es noch einige Puncte, wodurch diese Säure von der Margarinsäure, wofür sie bisher gehalten wurde, sich unterscheidet. Ihr Schmelzpunct ist von dem der Margarinsäure wesentlich verschieden, und sie löst sich in heifsem Alkohol fast in jedem Verhältnifs. Die Seifen, welche sie mit Kali und Natron bildet, lösen sich leichter als die entsprechenden Verbindungen mit Margarinsäure in Was-

---

*) Durch Verbrennen mit chromsaurem Bleioxyd.
**) In den in dieser Abhandlung vorkommenden Formeln bezeichnet H ein Aequivalent oder ein Doppelatom Wasserstoff. Die Verschiedenheit in der Bezeichnung solcher Formeln ist ein Uebelstand und wird in der Folge leicht zu Irrthümern führen können, wenn deren Bedeutung nicht angegeben ist.   D. Red.

ser auf; auch haben sie ein krystallinischeres Ansehn.
Die Sericinsäure scheint nicht fähig zu sein, mit den
Alkalien zwei Klassen von Salzen zu bilden, nämlich
ihre Salze sind immer neutral und können mit Wasser
behandelt werden, ohne daſs sie in basische Salze übergehen, ein Charakter, den weder die Stearinsäure noch
die Margarinsäure besitzt.

Die Auflösung der Sericinsäure in Alkohol röthet
Lackmus stark.

Sericin.

Die Darstellung dieser Substanz ist im Anfange
dieser Abhandlung beschrieben; sie bildet den festen
Theil der Muskatbutter und ist von Pelouze und
Boudet als *Margarin* (margarinsaures Glyceryloxyd)
bezeichnet. Das Sericin ist, wenn es aus Aether krystallisirt, ein sehr schönes Fett von schneeweiſser Farbe
und Seidenglanz. Es ist in allen Verhältnissen in heiſsem Aether löslich, der gröſste Theil krystallisirt beim
Abkühlen wieder aus; in heiſsem Wasser ist es fast
unlöslich. Durch Alkalien wird es nicht leicht verseift,
wodurch es sich vom Margarin unterscheidet; wenn
man es aber mit Kalihydrat und sehr wenig Wasser
schmilzt, so wird es leicht in eine schöne weiſse Seife
verwandelt.

Um zu bestimmen, mit welcher Base die Sericinsäure im Sericin verbunden ist, wurde folgender Versuch ausgeführt. Eine Quantität Sericin wurde einige
Tage lang mit basischem essigsauren Bleioxyd gekocht.
Es wurde mit der Säure des Sericins ein unlösliches Bleisalz gebildet, die Basis muſste also abgeschieden sein. Ein Strom Schwefelwasserstoff wurde jetzt
durch die abfiltrirte Flüssigkeit geleitet, um das darin
noch enthaltene Blei abzuscheiden. Die Flüssigkeit
konnte darnach nur noch die Basis und Essigsäure enthalten, nebst etwas Schwefelwasserstoff. Die beiden letzten wurden durch Verdunsten entfernt, und hierauf eine
strohgelbe Flüssigkeit von Syrupsconsistenz und süſsem

Geschmack erhalten, welche alle Charaktere des Glyceryloxydes besaſs.

Die Analysen des Sericins gaben folgende Resultate.

I. 0,3045 Grm. Subst. = 0,832 Grm. Kohlens. u. 0,344 Grm. Wasser.
II. 0,406 » » = 1,014 » » » 0,406 » »
III. 0,310 » ᵗ = 0,847 » » » 0,340 » ·»

	I.	II.	III.
Kohlenstoff	75,55	75,19	75,55.
Wasserstoff	12,18	12,36	12,22.
Sauerstoff	12,27	12,45	12,23.

L e c a n u hat sich bemühet, zu zeigen, daſs das Stearin (stearins. Glyceryloxyd) aus 2 Atomen Stearinsäure und 1 Atom eines eigenthümlichen Glyceryloxydes $C_6 H_6 O_4$ bestehe, aber P e l o u z e hat bewiesen, daſs das gewöhnliche Glyceryloxyd die Formel $C_6 H_7 O_5$ hat. M e y e r hat bei seinen Versuchen über die Elaidinsäure gefunden, daſs L e c a n u's Formel für das Glycerin in einigen Verbindungen mit fetten Säuren richtig ist, obwohl man fragen kann, ob es diese Formel im Stearin besitzt, denn L i e b i g hat gezeigt, daſs dieses die Formel $2\,\overline{St} + Gy\,O + 2\,HO$ hat. L i e b i g läugnet nicht, daſs andere Oxyde des Glyceryls auſser dem durch die Formel $C_6 H_7 O_5$ repräsentirten, existiren können; im Gegentheil, er vermuthet, daſs einige vorhanden sein mögen, die mit 1, 2 oder 3 Atomen der wasserleeren Säure verbunden sein können, eben so wie es Säuren giebt, die mit 1, 2 oder 3 Atomen einer Base sich verbinden. Ueber die wahre Natur des Glyceryls ist aber wenig bekannt.

Das Sericin mag ein Beispiel einer solchen Verbindung sein, welche ein Glyceryloxyd enthält, $C_6 H_5 O_3$, das mit 4 Atomen einer wasserleeren fetten Säure sich verbinden kann. Diese verschiedenen Glycerine würden gebildet durch Abscheidung von 1 oder 2 At. Wasser aus dem gewöhnlichen Glyceryloxyde. Der in der Analyse gefundene Wasserstoff ist etwas zu groſs, um diese Idee zu unterstützen; indeſs kann dieses in dem Aether liegen, der bei der Bereitung diente, und der demselben sehr anhängt. Die Formel würde sein 4 ($C_{28} H_{27}$ O_3) + ($C_6 H_5 O_3$).

118 At. Kohlenstoff	9019,33	75,65
226 » Wasserstoff	1285,37	11,82
15 » Sauerstoff	1500,00	12,53
	11804,70	100.

Sericinsaure Salze.

Sericinsaures Aethyloxyd. Diese Verbindung entsteht durch Hindurchleiten eines Stromes von salzsaurem Gas durch eine concentrirte Auflösung von Sericinsäure in Alkohol. Die Auflösung muß im Kochen erhalten werden, um die vollständige Zersetzung des Aethylchlorides durch die Fettsäure zu bewirken. Nach einiger Zeit sammelt sich der sericinsaure Aether als ein farbloses Oel auf der Oberfläche des Alkohols, und kann durch bloßes Schütteln mit Wasser gereinigt werden, welches so lange fortgesetzt werden muß, daß man keinen Geruch nach Salzäther mehr bemerken kann. Man kann ihn noch reiner erhalten, wenn man ihn mit einer Auflösung von kohlensaurem Natron digerirt, um einen Ueberschuß von Sericinsäure zu entfernen, man verliert aber in diesem Falle eine beträchtliche Menge Aether. Wird der Strom von Salzsäure lange genug unterhalten, so ist es auch unnöthig. Der Aether kann durch Destillation gereinigt werden, wobei aber ein Theil zersetzt zu werden scheint.

Der auf die eben beschriebene Weise dargestellte Sericinsäure-Aether ist eine durchsichtige ölige, geruch- und geschmacklose Flüssigkeit; wenn er aber noch etwas Salzäther enthält, von strohgelber Farbe und schwachem Geruch. Sein specif. Gew. ist 0,8641, er kann in weißen schönen Krystallen erhalten werden, wenn man ihn einer kaltmachenden Mischung aussetzt. Er ist in Wasser unlöslich, in Aether und Alkohol löslich; durch Kochen mit einer Lösung von Kali in Alkohol wird er zersetzt. Die Analyse durch Verbrennen mit Kupferoxyd gab folgende Resultate:

I. 0,243 Grm. Subst. = 9,653 Grm. Kohlens. u. 0,273 Grm. Wasser.
II. 0,199 » » = 0,535 » » » 0,221 » » .

	I.	II.
Kohlenstoff......	74,30	74,34
Wasserstoff.....	12,48	12,34
Sauerstoff.......	13,22	13,32
	100.	100.

60 At. Kohlenstoff.....	458,61	74,75
60 » Wasserstoff.....	748,77	12,20
8 » Sauerstoff.......	800,00	13,05
	6134,87	100.

Professor **Redtenbacher** hat gezeigt, daſs der
stearinsaure Aether eine Verbindung ist von stearin-
saurem Aethyloxyde mit dem Hydrate der Stearinsäure
($2 \overline{St Ae O} + 3 HO$), da die Starinsäure eine zweibasi-
sche Säure ist, 4 At. der Base sind mit 2 At. Säure
verbunden. Der sericinsaure Aether hat eine analoge
Zusammensetzung und bildet ein wahres Doppelsalz,
sericinsaures Aethyloxyd und sericinsaures Wasser;
seine Formel ist $(\overline{Se} + Ae O) + \overline{Se} + HO$.

2 At. Sericinsäure.....	C_{36}	H_{54}	O_6
1 » Aethyloxyd.....	C_4	H_5	O_1
1 » Wasser.........	C_{20}	H_1	O_1
	C_{60}	H_{60}	O_8.

Die Bildung des Sericinsäure-Aethers läſst sich leicht
erklären. Der Salzäther, welcher durch Hindurchleiten
des salzsauren Gases durch die Auflösung der Säure in
Alkohol entstanden ist, wird durch die Fettsäure zersetzt; es bildet sich Sericinsäure-Aether, der wiederum
mit einem Aequivalent des unzersetzten Hydrats sich
verbindet.

Sericinsaurer Baryt. Dieses Salz kann durch Zersetzen einer Auflösung von sericinsaurem Kali durch ein
Barytsalz gebildet werden. Es ist in Wasser und Alkohol etwas löslich, in ersterem fast eben so wie Gyps.

. I. 0,797 Grm. des Salzes hinterlieſsen nach Glühen
0,266 Grm. kohlens. Baryt;

0,858 Grm., mit chromsaurem Bleioxyde verbrannt, gaben 0,691 Grm. Wasser und 1,702 Grm. Kohlensäure.

II. 0,481 Grm. des Salzes hinterließen nach Glühen 0,161 Grm. kohlensauren Baryt;

0,319 Grm. gaben durch Verbrennen mit Kupferoxyd 0,257 Grm. Wasser und 0,634 Grm. Kohlensäure.

	I.	II.
Kohlenstoff....	56,91	57,09.
Wasserstoff ...	8,94	8,95.
Sauerstoff	8,26	8,09.
Baryt	25,89	25,97.

Hieraus lassen sich folgende Verhältnisse berechnen:

28 At. Kohlenstoff.....	2140,18	57,32
27 » Wasserstoff	336,94	9,02
3 » Sauerstoff	300,00	8,04
1 » Baryt	956,88	25,62
	3734,00	100.

Die absolute Menge des in der Analyse erhaltenen Kohlenstoffs ist für I. 54,85, und für II. 54,95, es muß aber dazu gerechnet werden der Kohlenstoff aus der Kohlensäure, die in I. mit 25,89 und in II. mit 25,96 Baryt verbunden war, und der im ersten Falle 2,06 und im zweiten 2,14 Procent beträgt.

Sericinsaures Silber. Dieses Salz kann durch Doppelzersetzung auf die entsprechende Weise des vorigen Salzes dargestellt werden. Es ist frisch gefällt ein voluminöses weißes Pulver, am Lichte färbt es sich bald violett; es ist unlöslich in Wasser, löslich in kaustischem Ammoniak, aus welchem es bei freiwilligem Verdunsten in großen glänzenden farblosen Krystallen erhalten werden kann. In der Wärme schmilzt es unter gleichzeitiger Zersetzung.

I. 0,361 Grm. des Salzes gaben durch Verbrennen mit Kupferoxyd 0,646 Grm. Kohlensäure und 0,267 Grm. Wasser.

II. 0,340 Grm. Substanz gaben 0,610 Grm. Kohlensäure und 0,243 Grm. Wasser.

III. 0,555 Grm. Substanz gaben 0,992 Grm. Kohlensäure und 0,4015 Grm. Wasser.

0,704 Grm. des Salzes gaben nach Glühen 0,277 Grm. metallisches Silber.

	I.	II.	III.
Kohlenstoff . . .	49,48	49,61	49,60
Wasserstoff . . .	8,03	7,94	8,06
Sauerstoff	7,82	7,78	7,67
Silberoxyd . . .	34,67	34,67	34,67
	100.	100.	100.

In der Voraussetzung, daſs dieses Salz eben so wie das Barytsalz zusammengesetzt ist, aus 1 At. Sericinsäure und 1 At. Silberoxyd, so giebt die Rechnung folgendes Resultat:

28 At.	Kohlenstoff . . .	2140,18	50,61
27 »	Wasserstoff . . .	336,94	7,94
3 »	Sauerstoff. . . .	300,00	7,13
1 »	Silberoxyd . . .	1451,61	34,32
		4228,73	100.

Die Differenz zwischen dem durch die Analyse und durch Rechnung gefundenen Kohlenstoff ist sehr bedeutend, aber die genaue Uebereinstimmung zwischen dem Wasserstoff und dem Silberoxyde läſst keinen Zweifel, daſs die Formel dieselbe des Barytsalzes ist. Zugleich ist aber auch die genaue Uebereinstimmung zwischen den Analysen, obwohl sie mit zu verschiedenen Zeiten dargestellten höchst reinen Salzen ausgeführt wurden, geeignet, uns zur Aufsuchung einer andern Formel zu veranlassen. Die Silbersalze sind im Allgemeinen wasserleer, doch scheint dieses nicht immer der Fall zu sein; Crasso*) hat kürzlich ein Silbersalz beschrieben, welches Wasser enthält. Das Silbersalz könnte ein ähnliches Salz sein wie Johnston's schwefelsaurer Kalk, in welchem 2 At. Salz mit 1 At. Wasser verbunden sind. Wegen Mangel an Material konnte ich keine Versuche hierüber anstellen; das berechnete Resultat stimmt sehr genau mit den Analysen.

---

*) Annalen der Pharmacie XXXIV, 79.

56 At. Kohlenstoff	. . .	4280,36	49,49
55 » Wasserstoff	. . .	686,37	8,00
7 » Sauerstoff	. . . .	700,00	8,19
2 » Silberoxyd	. . .	2903,22	33,87
		8569,95	100.

Die Formel würde also sein $2 \overline{Se} \, AgO + HO$.

Sericinsaures Kali. Diese Verbindung wird durch Schmelzen von Sericinsäure und kohlensaurem Kali mit wenig Wasser in gelinder Wärme und nachheriges Verdunsten im Wasserbade bis zur Trockne dargestellt; der Rückstand wird dann mit absolutem Alkohol behandelt, welcher das sericinsaure Kali auflöst, das kohlensaure aber zurückläfst.

Das sericinsaure Kali ist in heifsem und kaltem Alkohol und Wasser löslich. Aus der heifsen alkoholischen Auflösung scheidet es sich beim Erkalten zum Theil in schönen Krystallen wieder aus. Es ist unlöslich in Aether.

Wir haben keine Data für die Bestimmung der Kohlensäure in einem Kalisalze mit einer organischen Säure. Liebig hat in seiner Abhandlung über die organische Analyse angegeben, dafs das Kali nach dem Verbrennen als ein Carbonat zurückbleibt, und dafs folglich den Resultaten unserer Analyse ein Atom Kohlenstoff zugerechnet werden müfste. Versuche aber, die über diesen Gegenstand von Dr. Redtenbacher, Dr. Varrentrapp und von mir selbst angestellt wurden, zeigen, dafs dieses nicht der Fall ist, wenn das Salz mit Kupferoxyd verbrannt wird. Dr. Varrentrapp mischte kohlensaures Kali und Natron mit Kupferoxyd und erhitzte dieses in einer gewöhnlichen Verbrennungsröhre. Es ergab sich hierbei, dafs stets eine bedeutende Menge Kohlensäure in den Kaliapparat überging, die im Allgemeinen $\frac{1}{3}$ derjenigen betrug, die das verwendete Kali enthalten mufste, so dafs nur $\frac{2}{3}$ sich in Verbindung mit dem Alkali befanden. Wenn dieses $\frac{1}{3}$ dem Gewichte der bei dem Versuche erhaltenen Kohlensäure abgezogen, und dagegen dann das Kali mit seinem ganzen Kohlensäuregehalt als einfach kohlensaures Kali berechnet wird, so kann man nicht weit von der Wahrheit sein. Dieses ist von Redtenbacher *) bei seinen Versuchen über die Stearinsäure gefunden worden und das einzige Verfahren, was jetzt adoptirt werden kann.

I. 0,354 Grm. Substanz gaben 0,797 Gr. Kohlensäure und 0,324 Grm. Wasser.

II. 0,324 Grm. Substanz gaben 0,727 Grm. Kohlensäure und 0,296 Grm. Wasser.

0,404 Grm. gaben 0,130 schwefelsaures Kali.

Die erste Analyse giebt 62,25, die zweite 62,04 Procent Kohlensäure; bei der Voraussetzung aber, daſs das Kali als kohlensaures Salz nach der Verbrennung zurückbliebe, müſsten darin 2,25 Procent Kohlenstoff zurückgeblieben sein. Hiervon können aber nur ‚ dem durch die Analyse wirklich erhaltenen Kohlenstoff zugerechnet werden. Das Resultat ist dieses:

	I.	II.
Kohlenstoff . . .	63,75	63,54
Wasserstoff . . .	10,16	10,15
Sauerstoff	8,70	8,92
Kali	17,39	17,39
	100.	100.

Hieraus ergeben sich:

		I.	II.
28 At.	Kohlenstoff . . .	2140,18	63,56
27 »	Wasserstoff. . .	336,94	10,00
3 »	Sauerstoff. . . .	300,00	8,92
1 »	Kali	589,91	17,52
		3367,03.	100.

Die Formel ist daher Se + KO. Ehe das Salz der Analyse unterworfen wird, muſs es zu wiederholten Malen in Wasser aufgelöst und zur Trockne verdunstet werden, denn der bei seiner Darstellung gebrauchte Alkohol hängt demselben so sehr an, daſs er sonst nicht entfernt werden kann.

Sericinsaures Natron. Dieses Salz kann auf dieselbe Weise als das vorige Salz dargestellt werden. Es ist

*) Annalen der Chemie und Pharmacie XXXV, 1.

in Wasser und Alkohol löslich, aber unlöslich in Aether.
Aus den schon beim vorigen Salze angegebenen Gründen wurde dieses Salz nicht analysirt, da die Analyse
zu keinen genügenden Resultaten führen konnte.

Sericinsaures Bleioxyd. Dieses Salz wurde durch
mehrtägige Digestion von Sericin mit basisch essigsaurem Bleioxyd ($\overline{Ac}$ + 6 Pb O) erhalten. Es ist ein dichtes
weifses Pulver, in Wasser unlöslich, in Alkohol schwer-
löslich. Es mufs sorgfältig ausgewaschen werden. Das
Blei wurde bestimmt durch Glühen des Salzes, Wiegen
des zurückgebliebenen Bleies und Bleioxydes, Waschen
der Mischung mit schwacher Essigsäure, und der dadurch
entstandene Verlust als Bleioxyd berechnet.

Es ist schon gezeigt*), dafs sowohl das benzoesaure
als das margarinsaure Bleioxyd Essigsäure in chemischer
Verbindung enthalten können, und nicht als einen blofs
zufälligen, von unvollkommenem Auswaschen herrührenden Bestandtheil. Es war also nothwendig, zu bestimmen, ob auch das sericinsaure Bleioxyd diese Säure
enthalte. Es wurden deshalb einige Grane des Salzes
mit Alkohol und Schwefelsäure behandelt und der Destillation unterworfen; es ging Essigsäure über, die sogleich durch ihre bekannten Eigenschaften sich zu erkennen gab; übrigens scheint die Menge der in dem
Salze enthaltenen Essigsäure sehr gering zu sein.

0,985 Grm. des Bleisalzes hinterliefsen nach Glühen
0,421 Grm. Blei und Bleioxyd, die nach ihrer näheren
Bestimmung **) 45,58 % Bleioxyd ergaben. 0,456 Grm.
des Salzes, mit Kupferoxyd verbrannt, gaben 0,684 Grm.
Kohlensäure und 0,273 Grm. Wasser.

				Versuch.
116 At. Kohlenstoff . . .	8866,46	41,21	41,48
111 » Wasserstoff . .	1385,22	6,48	6,65
15 » Sauerstoff . . .	1560,00	6,94	6,29
7 » Bleioxyd	9761,50	45,58	45,58
	21513,18	100.	100.

---

*) Annalen der Pharmacie XXXV.
**) In dem Originale mufs in den Zahlen für das Blei und Blei-
   oxyd ein Druckfehler stecken, daher wir sie hier nicht aufführen.   Br.

Wir haben bereits gesehen, daſs das Sericin 4 At. Sericinsäure und 1 At. Glyceryloxyd enthält. In dem aus Sericin dargestellten sericinsauren Bleioxyde scheint das Glyceryloxyd durch 1 At. basisch essigsaures Bleioxyd ($\overline{A}+3\,Pb\,O$) ersetzt zu sein.

4 At. neutr. sericins. Bleioxyd . 112 C + 108 H + 12 O + 4 PbO
1 » bas. essigs. Bleioxyd ... 4 » + 3 » + 3 » +3 »

116 C + 111 H + 15 O + 7 Pb O.

Die Formel würde daher sein $4\,(C_{28}\,H_{27}\,O_3 + Pb\,O)$ $+ (C_4\,H_3\,O_3 + 3\,Pb\,O)$.

Ein anderes Salz von Sericinsäure und Bleioxyd kann erhalten werden, wenn man zu einer Auflösung von sericinsaurem Kali essigsaures Bleioxyd hinzusetzt. Wegen der grofsen Neigung des Bleioxydes basische Salze zu bilden, scheint auch in diesem Falle ein Gemenge von Salzen zu entstehen, wenigstens ergab die Analyse eines solchen keine bestimmte Zusammensetzung.

Das *sericinsaure Kupferoxyd* kann durch Doppelzersetzung erhalten werden; es besitzt eine grüne Farbe, ist unlöslich in Wasser, und enthält Wasser chemisch gebunden. Sericinsaurer Kalk, sericinsaures Zink und sericinsaures Kobalt können auf ähnliche Weise dargestellt werden.

Am Schlusse dieser Abhandlung dürfte es interessant sein, noch einige andere Beobachtungen über die Muskatbutter mitzutheilen. Es ist bereits oben angeführt, daſs wenn die Butter mit Alkohol von gewöhnlicher Stärke digerirt wird, ein weiches rothes Fett sich auflöst. Setzt man dieses Fett mit vielem Wasser einer Destillation aus, so destillirt ein farbloses Oel über. Dieses besitzt einen angenehm stechenden Geschmack, und ist wahrscheinlich das, welches John und Andere beschrieben haben.

Wenn dieses rothe Fett der trocknen Destillation ausgesetzt wird, so bilden sich einige interessante Producte, die noch näher zu untersuchen sind. Man erhält erst dasselbe Oel, welches bei der Destillation mit Wasser übergeht, bei zunehmender Hitze aber wird es von einem weifsen krystallinischen Fett begleitet, welches die Charaktere des Paraffins besitzt. Eine schwarze, dem Humus ähnliche Materie bleibt in der Retorte zurück, die durch Digeriren mit kaustischem Kali sich leicht verseift; wird die Seife durch Salzsäure zersetzt, so sondert sich ein Gemenge von Fettsäuren ab; löst man dieses in schwachen Alkohol auf und läfst die Auflösung verdunsten, so scheidet sich zuerst ein dem Humus ähnliches schwarzes, bei weiterer Verdunstung ein weifses Fett ab, welches letztere durch wiederholtes Auflösen in Alkohol und Behandeln mit Thierkohle gereinigt werden kann. Das schwarze Fett ist in Alkohol und Aether löslich. Die Auflöslichkeit in Aether zeigt, dafs es keine Humussäure sein kann. Die Farbe der Säure dürfte man nicht für blofs zufällig halten, doch die Untersuchung wurde nicht weiter verfolgt, da diese Zersetzungsproducte überall nicht krystallinisch waren und sich kein Mittel ergab, ihre für eine Analyse genügende Reinheit zu bestimmen *).

———————◆◆◆◆◆———————

*) The London Edinb. and Dublin Philos. Magaz. and Journ. of science, 3 Ser. XVIII. 102. In Bezug auf die Bestandtheile der Muskatnufs erlaube ich mir auf einige früher von mir über dieselbe Substanz angestellte Versuche aufmerksam zu machen (*Annalen der Pharmac. VII, 52*), die zwar nicht in der Absicht einer Analyse des Muskatbalsams angestellt wurden, sondern nur in vergleichender Beziehung mit dem Bicuhybabalsam, um dessen Aehnlichkeit mit dem Muskatbalsam zu erforschen. Bei dieser Gelegenheit fand ich in dem Muskatbalsam zwei Fette, die fast zu gleichen Theilen den Balsam constituiren; eins ist davon krystallinisch butterartig und in kaltem Alkohol löslich, das andere bildet kleine perlmutterglänzende weifse Blättchen und ist in kaltem Alkohol schwer löslich. Diese letzte Substanz ist der Sericin von Playfair genannte Körper und läfst sich mit Kalilauge völlig verseifen, aber es ist dazu eine lange Einwirkung der Lauge erforderlich. Die Säure, welche dieses Fett giebt, zeigte auch mir von der Talgsäure und Margarinsäure verschiedene Eigenschaften; ich schlofs,

Ueber das Verhalten des Rohrzuckers, Stärkezuckers, Milchzuckers und Mannazuckers zu Kali, Natron, Kalk und Baryt;

von

Fr. Brendecke.

(Versuch einer Beantwortung der von der Hagen.-Bucholz'schen Stiftung für das Jahr 1839—40 aufgegebenen Preisfrage.)

I. Verhalten des Rohrzuckers gegen Kali, Natron, Kalk und Baryt.

Eine Unze reines kaustisches Kali und 6 Unzen reiner weißer krystallisirter Rohrzucker wurden in 24 Unzen destillirtem Wasser in einer gut verschlossenen Flasche aufgelöst und fast ein Jahr in Digestionswärme gehalten. Es hatten sich nur bei Kerzenlichte bemerkbare sehr kleine Krystallspitzen in der sonst klaren Auflösung gebildet, die sich aber nach dem Filtriren als so geringe Quantitäten auswiesen, daß sie sich nicht näher untersuchen ließen. Die Flüssigkeit hatte etwas Kohlensäure angezogen und war ein wenig gelblich gefärbt.

Die Hälfte der kalten Flüssigkeit wurde mit sehr verdünnter Schwefelsäure genau neutralisirt, abgedampft und der Rückstand mit 80° Alkohol digerirt. Aus dem warm abfiltrirten Alkohol krystallisirte beim Erkalten weißer Rohrzucker heraus, während der Alkohol bräunlich gefärbt blieb. Nachdem der Alkohol abdestillirt war, blieb eine dunkelbraun gefärbte noch etwas Rohrzucker enthaltende Flüssigkeit zurück, die mit Bleiessig einen starken gelbweißen Niederschlag gab, der in Salpetersäure *leicht auflöslich* war. Dieser Niederschlag wurde mit destillirtem Wasser gut ausgewaschen und durch Schwefelwasserstoffgas zersetzt. Die vom Schwefelblei abfiltrirte Flüssigkeit war dunkelbraun gefärbt

---

daß diese Säure eigenthümlich oder der Margarinsäure sehr nahe stehen, oder vielleicht damit identisch sein möchte. Eine genaue Untersuchung des Muskatbalsams war damals nicht der Gegenstand meiner Versuche. Ohne Zweifel ist auch der Talg aus der *Myristica sebifera*, den Bonastre früher untersuchte, so wie der aus dem Bicuhybabalsam, *Myristica officinalis*, Sericin.

Br.

und reagirte und schmeckte deutlich sauer, dabei war
sie von bitterlichem Geschmacke.

Gegen Reagentien verhielt sich dieselbe folgendermafsen:

Mit Ammoniak versetzt erhielt dieselbe eine dunkelbraune Färbung. Sowohl mit Ammoniak neutralisirt,
als auch ohne Ammoniakzusatz, wurde darin weder
durch salzsauren Baryt, noch durch salzsauren Kalk ein
Niederschlag hervorgebracht. Durch Bleiessig wurde ein
gelbweifser Niederschlag erhalten. Salpetersaure Silbersolution gab gleich keinen Niederschlag, später einen
braunen Niederschlag, wenn ein wenig Ammoniak zugesetzt war. Wurde nun aber ganz wenig erwärmt,
so trat sogleich Reduction ein und die Wände des Rea-
gensglases belegten sich mit einem Spiegel von metallischem Silber. Kalkwasser im Ueberschufs zugesetzt
erzeugte keinen Niederschlag. Die Flüssigkeit in einer
kleinen Retorte mit Wasser vermischt und bis zur Syrupsconsistenz abdestillirt, lieferte blofs Wasser als Destillat, welches ohne alle Reaction war. Wurde dieselbe
mit Salzsäure versetzt und einige Zeit stehen gelassen,
so lagerte sich ein gelbbrauner flockiger Niederschlag
ab, der sich in Ammoniak auflöste mit dunkelbrauner
Farbe und sich daraus durch Säuren wieder niederschlagen liefs, sich in Weingeist auflöste und demselben
einen bitteren Geschmack ertheilte.

Die vom Bleiniederschlage abfiltrirte Flüssigkeit enthielt, nachdem sie durch Schwefelwasserstoffgas vom
überflüssig zugesetzten Blei getrennt war, aufser einer
kleinen Menge Essigsäure, welche vom zugesetzten Bleiessig herrührte, noch etwas durch Alkohol trennbaren
krystallisationsfähigen Zucker, und nicht mehr krystallisirbaren gefärbten Zucker, aber durchaus kein Gummi
oder einen gummiähnlichen Stoff: denn die abgedampfte
Flüssigkeit löste sich vollkommen in Alkohol auf.

Dafs sich keine Essigsäure bei der Digestion des
Rohrzuckers mit Kali gebildet hatte, ging daraus hervor, dafs, als von der digerirten Flüssigkeit ein Theil
zur Trockne abgedampft und mit Schwefelsäure und
Wasser destillirt wurde, blofs Wasser ohne alle saure
Reaction erhalten wurde. Ameisensäure war daher auch
nicht dabei gebildet.

Aus den angeführten Versuchen geht hervor und
es wurde noch durch specielle Prüfung mit den geeigneten Reagentien bestätigt, dafs sich bei der längeren
Einwirkung des Kalis auf Rohrzucker weder Oxalsäure,

Apfelsäure, Ameisensäure noch Essigsäure gebildet hatte.

Wohl aber glaube ich mit Grund annehmen zu dürfen, dafs sich Zuckersäure, Melasinsäure und aufserdem
noch eine Quantität unkrystallisirbaren Zuckers gebildet hat.

Nimmt man gleiche Theile gepulverten Rohrzucker
und concentrirte Kalilauge (aus gleichen Theilen Kali
und Wasser bereitet), und reibt diese zusammen, so
wird eine Temperaturerhöhung von mehren Graden
bewirkt.

Eine Verbindung des Rohrzuckers mit Kali wurde
folgendermafsen dargestellt:

Gepulverter krystallisirter Rohrzucker wird in 80° R.
Alkohol in der Wärme aufgelöst. Erkaltet setzt man
zu der klaren abgegossenen Auflösung eine eben solche
alkoholische von kaustischem Kali so lange, als sich noch
etwas niederschlägt. Der Niederschlag ist rein weifs,
am Boden abgelagert von gelblicher Farbe. Derselbe
wurde mit heifsem Alkohol gewaschen und stellte eine
zähe Masse dar, welche dann unter einer mit Quecksilber abgesperrten Glasglocke über concentrirter Schwefelsäure zur Trockne gebracht wurde.

Das so erhaltene Kalisaccharat läfst sich zum feinen
weifsen Pulver zerreiben und zieht an der Luft Feuchtigkeit an. Durch die Kohlensäure der Luft wird es
theilweise leicht zersetzt, gänzlich aber nur langsam,
wenn es nicht pulverisirt ist. Es ist durchscheinend,
im Bruche glänzend, reagirt und schmeckt stark alkalisch ohne süfsen Geschmack zu haben. Im Wasser ist es
in allen Verhältnissen auflöslich, eben so in concentrirter wässriger Kaliauflösung. In absolutem Alkohol ist
es sehr wenig löslich, dagegen löst es sich in einer
alkoholischen Rohrzuckerauflösung gut auf. Aus diesem
Grunde läfst sich aus einer alkoholischen Rohrzuckerauflösung mit kaustischem Kali zwar aller Zucker niederschlagen, doch löst sich dieser Niederschlag durch Umschütteln wieder auf, wenn noch hinreichend freier
Rohrzucker aufgelöst vorhanden ist. Bei 100° schmilzt
es zu einer zähen Masse. Bei 110° fängt es an sich zu
zersetzen, indem es sich dunkler färbt. Beim Verbrennen bläht es sich so aufserordentlich stark auf, dafs,
um einige Grammen auf einmal zu verbrennen, man
einen mehre Unzen fassenden Tiegel anwenden mufs.

— Im Kalisaccharat wurden 12,6 Proc. Kali gefunden.
Es war also eine Verbindung von 1 Atom Kali mit

2 Atom wasserfreiem Rohrzucker. Was nach der Berechnung (das Atomgewicht des wasserfreien Rohrzuckers
= 2042,05) giebt:

12,62 Kali
87,38 wasserfreien Rohrzucker.
_____
100,00.

Aus einer verdünnten wässrigen Auflösung des Kalisaccharats, durch hereingeleitete Kohlensäure, oder indem man
die Auflösung längere Zeit an der Luft stehen läfst, zersetzt, dann bei gelinder Wärme zur Trockne abgedampft,
und mit Alkohol behandelt, löst dieser nur vollkommen
krystallisirbaren Rohrzucker auf. Ebenfalls löst der
Alkohol nur krystallisirbaren Rohrzucker auf, wenn
die Zersetzung mit verdünnter Schwefelsäure geschah.

Eine wässrige Auflösung des Kalisaccharats verhält
sich gegen verschiedene Reagenzien folgendermafsen:

Zu einer Auflösung von schwefelsaurem Kupferoxyd
getröpfelt, erscheint ein hellblauer Niederschlag, der
sich in überschüssigem Kalisaccharat gänzlich zu einer
himmelblauen, sich ins grünliche ziehenden Flüssigkeit
auflöst. Erhitzt man diese, so wird sie grün, dann
trübt sich dieselbe, wird gelbgrün, gelb, braungelb, braun
und so das schwefelsaure Kupferoxyd zu metallischem
Kupfer reducirt.

Neutrales und auch basisch-essigsaures Bleioxyd werden weifs präcipitirt. Im Ueberschufs von zugesetztem
Kalisaccharat löst sich der Niederschlag leicht und vollständig wieder auf.

Salpetersaures Silber und salpetersaures Quecksilberoxydul werden wie durch Kali präcipitirt, beim Erhitzen aber beide allmählich reducirt.

Verhalten des Rohrzuckers gegen Natron.

Kaustisches Natron verhält sich gegen Rohrzucker
auch bei längerer Einwirkung eben so wie das kaustische Kali.

Das Natronsaccharat unterscheidet sich beim Stehen
an der Luft von der Kaliverbindung, wie sich Kaliverbindungen von Natronverbindungen im Allgemeinen unterscheiden.

Das Natronsaccharat enthielt 8,2 Procent Natron,
besteht also aus 1 Atom Natron und 2 Atom wasserfreiem Rohrzucker, was nach der Rechnung giebt:

8,73 Natron.
91,27 wasserfreien Rohrzucker.
_____
100,00.

Verhalten des Rohrzuckers gegen Kalk.

Versuch *a.* Zu 6 Unzen Rohrzucker (reiner krystallisirter), in 24 Unzen heifsem destillirten Wasser aufgelöst, wurde so viel von frisch mit destillirtem Wasser bereiteter reiner Kalkmilch zugesetzt, dafs ein grofser Theil des Kalks unaufgelöst blieb, darauf die Flasche luftdicht verwahrt, ein Jahr lang in Digestionswärme stehen gelassen und täglich umgeschüttelt.

Versuch *b.* 6 Unzen reiner krystallisirter Rohrzucker wurden in 24 Unzen kaltem destillirten Wasser gelöst und so viel Kalkmilch zugesetzt wie sich auflösen wollte; darauf abfiltrirt und luftdicht verwahrt, ein Jahr lang in Digestionswärme gestellt und täglich umgeschüttelt.

Versuch *c.* 6 Unzen reiner krystallisirter Rohrzucker wurden mit so viel Kalkmilch versetzt, als sich in der Kälte lösen wollte, darauf erhitzt und von der sich ausscheidenden Gallerte abfiltrirt. Das klar Abfiltrirte wurde in einer luftdicht verschlossenen Flasche ein Jahr lang in Digestionswärme erhalten.

Versuch *a* gab folgendes Resultat:

Die Mischung klärte sich nach dem Umschütteln in einigen Stunden. Der überschüssige Kalk lagerte sich wie bei gewöhnlicher Kalkmilch am Boden ab, ohne gallertartige oder schleimige Consistenz zu zeigen. Der Bodensatz wurde abfiltrirt, mit destillirtem Wasser ausgewaschen, so lange dasselbe noch einen süfslichen Geschmack besafs. Das Aussüfswasser wurde zur abfiltrirten Flüssigkeit gethan.

Der so behandelte Bodensatz wurde mit überschüssig zugesetzter Auflösung von kohlensaurem Natron gekocht, darauf abfiltrirt und das Filtrirte zur Trockne gebracht und mit Essigsäure neutralisirt. Die neutralisirte farblose Flüssigkeit wurde nun mit Bleiessig versetzt und gab keinen Niederschlag, auch nicht in der Wärme. Eben so gaben Kalk- und Barytsalze, Kalk- und Barytwasser keine Reactionen. Es hatte sich also weder Oxalsäure noch Apfelsäure gebildet. Die vom Bodensatze abfiltrirte klare Flüssigkeit wurde nun weiter wie folgt behandelt:

Es wurde ein Strom von Kohlensäure so lange hineingeleitet als noch ein Niederschlag erfolgte, darauf abfiltrirt und zur Trockne abgedampft, darauf die trockne gelbe Masse mit hinreichend 80° Alkohol digerirt, welcher sie gänzlich auflöste. Beim Erkalten krystallisirte reiner Rohrzucker heraus. Nachdem der Alkohol ab-

destillirt, wurde ein Theil des Rückstandes mit Bleiessig versetzt und ein gelbweiſser Niederschlag erhalten,
der mit Schwefelwasserstoff zersetzt eine Zuckersäure
mit Melasinsäure enthaltende Flüssigkeit hinterlieſs.

Die vom Niederschlage abfiltrirte mit Schwefelwasserstoffgas behandelte Flüssigkeit enthielt neben krystallisirbaren Zucker noch unkrystallisirbaren, aber kein
Gummi oder einen gummiähnlichen Stoff: denn abgedampft löste sie sich in Alkohol gänzlich auf.

Ein anderer Theil der vom Bodensatze der Versuchsflüssigkeit *a* abfiltrirten Flüssigkeit wurde mit hinreichend verdünnter Schwefelsäure aus einer kleinen
Retorte destillirt, aber das Destillat war nur Wasser
und enthielt also weder Ameisensäure noch Essigsäure.

Resultat des Versuchs *b.* Durch das Digeriren hatte
sich eine dicke gallertartige Masse ausgeschieden, die
sich, wenn die Versuchsflüssigkeit auch ganz abgekühlt
wurde, doch nicht wieder darin auflöste. Diese gallertartige Masse wurde abfiltrirt und eine Zeit lang aus-
gesüſst, und wie bei Versuch *a* der Bodensatz mit kohlensaurem Natron gekocht etc. Es war aber weder
Oxalsäure noch Apfelsäure an Natron gebunden zu finden.
Ein Theil der gallertartigen Masse wurde ferner mit
vielem kalten Wasser behandelt, worin sie sich gänzlich auflöste und nachdem mit Kohlensäuregas der Kalk
— der sich nämlich dadurch *gänzlich* ausfällen lieſs
— abgeschieden war, lieferte die filtrirte Flüssigkeit
durch Abdampfen einen Rückstand, der sich in Alkohol
gänzlich auflöste und sich wie ein Gemisch von kry-
stallisirbarem nebst wenig unkrystallisirbarem Zucker
verhielt.

Resultat des Versuchs *c.* Die Flüssigkeit blieb während der langen Digestion ganz klar. Abgedampft stellte
sie eine gelbe brüchige Masse dar, wovon ein Theil
mit verdünnter Schwefelsäure destillirt weder Essigsäure
noch Ameisensäure lieferte. Mit Schwefelsäure genau
neutralisirt, abgedampft und mit 80° Alkohol behandelt,
darauf der Alkohol abdestillirt, wurde eine Flüssigkeit
im Rückstande erhalten, die von brauner Farbe war.
Dieselbe wurde mit Bleiessig niedergeschlagen und weiter wie bei Versuch *a* geprüft. Die Reactionen ergaben
auch hier, daſs sich nur Zuckersäure und Melasinsäure
gebildet hatte. Die überstehende Flüssigkeit abgedampft,
löste sich der Rückstand gänzlich in Alkohol, enthielt
also keinen gummiartigen Stoff, sondern es ergab sich,

daſs nur neben krystallisirbaren Zucker noch unkry-
stallisirbarer Zucker vorhanden war.

Aus der Art, wie ich die Versuche angestellt habe,
geht hervor: daſs ich meine Hauptprüfung auf die muth-
maſsliche Veränderung eines Theils Rohrzucker in Oxalsäure, Apfelsäure, Essigsäure, Ameisensäure und Gummi
richtete, indem bekanntlich schon D a n i e l l durch längere Einwirkung des Kalks auf Rohrzucker eine Umwandlung des letzteren gefunden haben will, so daſs
die Mischung zuletzt nur noch aus kohlensaurem Kalk
und Schleim bestände. Ferner hat B r a c o n n o t in einer
Auflösung von Kalksaccharat eine sich abgelagerte Substanz gefunden, die neben oxalsaurem und apfelsaurem
Kalk noch Essigsäure, und einen Stoff mit den Eigenschaften des Gummis enthielt. W ö h l e r hat die Bildung
von Ameisensäure bei der Einwirkung der Alkalien auf
ein Gemisch von Indigo und Rohrzucker beobachtet.

Ich muſs die Entscheidung über diesen Gegenstand
weiteren Untersuchungen überlassen, und stelle es zur
Beurtheilung, ob vielleicht durch die lange fortgesetzte
Digestion bei meinen Versuchen die Möglichkeit vorhanden ist, daſs meine Resultate die Folge einer weiteren oder noch nicht weit genug gegangenen Zersetzung
des Rohrzuckers sind: da ich weder Oxalsäure, Apfelsäure, Essigsäure oder Gummi, und nur Zuckersäure
und Melasinsäure (wenigstens Materien, welche die chemischen Eigenschaften der Zuckersäure und Melasinsäure
besitzen) nebst unkrystallisirbaren Zucker habe finden
können. Daſs D a n i e l l Gummi oder Schleim gefunden
zu haben glaubt, in welchem sich zuletzt aller Rohrzucker verwandelt haben soll, kann davon herrühren,
daſs sich eine concentrirte Lösung von Kalksaccharat
wirklich im Anfange des Hineinleitens von Kohlensäuregas nicht gleich zersetzt, sondern erst nach längerem
Hineinleiten; dann aber läſst sich, wie ich oben gezeigt
habe, aller Kalk, der an Rohrzucker gebunden ist, *rein*
ausfällen. Auch hat eine zur Trockne abgedampfte
Kalksaccharatlösung wirklich im Ansehen Aehnlichkeit
mit Gummi und behält diese auch längere Zeit, da die
Kohlensäure der Luft nur langsam zersetzend einwirkt.
Ob Braconnot, da er in seiner Abhandlung: über das
im Absatze aus einer Kalksaccharatlösung gefundenen
gummiartigen Stoffes etc. sagt: „Eine Substanz, die das
Ansehen, aber nicht die Eigenschaft des Gummis hat"
es ebenfalls nur mit Kalksaccharat zu thun hatte, was
dem Sedimente anhing, darüber müssen weitere Erfah-

rungen, ob es möglich ist, dafs sich rückwärts Rohrzucker in Gummi verwandeln könne, entscheiden.

Setzt man zu einer Kalkmilch eine concentrirte
Auflösung von Rohrzucker in Wasser, so findet eine
Temperaturerhöhung von mehren Graden statt. Setzt
man so viel hinzu, bis aller Kalk aufgelöst ist und
giefst zu der durch Hinstellen klar gewordenen Flüssigkeit Alkohol von 85°, so erhält man Anfangs keinen
Niederschlag. Erst bei starkem Zusatze von Alkohol
schlagen sich weifse käsige Flocken nieder. Ist die
Kalksaccharatauflösung sehr concentrirt, indem sehr
dicker Kalkbrei mit dickem Zuckersaft bis zur klaren
Auflösung zugesetzt ist, so scheidet sich nach Zusatz
von Alkohol, die chemische Verbindung des Rohrzuckers
mit Kalk in weifsen zähen Klumpen aus. Diese wurden mit Alkohol gewaschen und wie das Kalisaccharat
über concentrirte Schwefelsäure getrocknet, nachdem
sie durch Pressen zwischen Druckpapier von dem gröfsten Theile des Alkohols befreiet waren.

Ganz dieselbe Verbindung des Rohrzuckers mit Kalk
erhält man, wenn das Kalisaccharat in einer wässrigen
Chlorcalciumauflösung gelöst, durch Alkohol gefällt, dann
mit Alkohol gewaschen und darauf über Schwefelsäure
getrocknet wird.

Das Kalksaccharat löst sich, frisch niedergeschlagen,
leicht in kaltem Wasser, auch in verdünntem Alkohol
auf; aber noch leichter wie in letzterm ist dies in einer alkoholischen Rohrzuckerlösung der Fall. Bei erhöhter Temperatur sowohl, als auch bei gewöhnlicher
Temperatur getrocknet, löst es sich langsam in Wasser
auf. Es läfst sich zum feinen weifsen Pulver reiben,
schmeckt kalkartig und reagirt alkalisch. Ueber Schwefelsäure getrocknet ist es gelblich, durchsichtig und hat
einen muschlichen Bruch. Die wässrige Auflösung scheidet beim Kochen das Aufgelöste wieder aus, so dafs eine
concentrirte Auflösung die Consistenz einer Gallerte erhält. Setzt man aber Rohrzucker zur heifsen Gallert
hinzu, so wird alles wieder zur klaren Flüssigkeit aufgelöst. Eben so beim Erkalten. Auch durch Zusatz von
Stärkezucker, Milchzucker oder Mannit wird alles wieder aufgelöst, nur darf bei den beiden ersteren die Temperatur nicht über 50 bis 60 Grad sein, weil der Kalk
auf beide sonst zersetzend wirkt und die Flüssigkeit
braun wird. Getrocknet und an einem Ende angezündet,
verglimmt das Kalksaccharat wie Zunder und hinterläfst kohlensauren Kalk. Ueber Schwefelsäure getrocknet

enthält das Kalksaccharat 14,3 Procent Kalk, also ein
Atom Kalk und ein Atom wasserfreien Rohrzucker,
was nach der Rechnung giebt:

14,84 Kalk
85,16 wasserfreien Rohrzucker.

100,00.

Wurde ein inniges Gemisch von gleichen Theilen
pulverisirten kaustischen Kalk und Rohrzucker mit einem halben Theile Wasser von derselben Temperatur
wie das Gemisch (16° C.) besprengt und umgerührt, so
fand eine Temperaturerhöhung von nur 40° statt. Das
Ganze gestand zu einer körnigen harzigen Masse. Kaltes Wasser löste leicht davon auf. Zu einer solchen
Auflösung Alkohol von 85° gegossen, scheidet dieser eine
körnige, weifse, zähe Masse aus. Diese mit Alkohol
gewaschen und über Schwefelsäure getrocknet, enthält
18,5 Procent Kalk. In, selbst verdünnten, Alkohol ist
diese Verbindung wenig auflöslich, theilt sonst die Eigenschaft des gewöhnlichen Kalksaccharats. Ist diese
Verbindung so stark getrocknet, dafs sie hellbraun geworden ist, und erhitzt man sie dann schnell stark, so
verbrennt sie so schnell und funkensprühend, wie ein
feuchter Teig von Schiefspulver.

Das merkwürdige Verhalten beider Kalksaccharate,
sich aus der erhitzten wässrigen Masse auszuscheiden,
so wie deren allmählige Auflöslichkeit in Wasser, nachdem sie bei einer erhöhten Temperatur getrocknet oder
auch aus einer alkoholischen Auflösung durchs Erhitzen
ausgeschieden sind, veranlafst mich zu dem Schlusse,
dafs diese Verbindungen mit chemisch gebundenem Wasser in der wässrigen Auflösung enthalten sind. Beim
Erhitzen verlieren sie dies und nehmen es beim Erkalten wieder auf.

Erhitzt man die Kalkverbindungen des Rohrzuckers
gleich sehr stark, so entwickelt sich nur Geruch nach
verbrennendem faulen Holze. Unterbricht man nun
die Erhitzung, so bleibt ein brauner pulvriger Rückstand, der mit Wasser behandelt, dieses stets gelblich
färbt. Sättigt man diesen Rückstand genau mit destillirtem Essig und wäscht ferner mit Wasser aus, so
wird dasselbe beständig gelblich gefärbt. Nachdem so
eine Zeit lang ausgesüfst war, wurde das ferner gelb
gefärbte Wasser gelinde abgedampft. Hierbei schied
sich ein schwarzbraunes Pulver ab. Das gelbgefärbte
Wasser wurde mit salzsaurem Zinnoxydul, basisch-essig-
saurem Blei, salzsaurem Eisenoxyd und schwefelsaurem

Eisenoxydul geprüft und gab damit Reactionen, wie eine wässrige Moderauflösung. Alkohol färbte sich mit dem schwarzbraunen Pulver wenig, aber Alkalien lösten dasselbe mit schwarzbrauner Farbe und wurden dadurch neutralisirt. Diese Auflösungen gaben mit Säuren einen dunkelbraunen voluminösen Niederschlag, und die überstehende Flüssigkeit wurde farblos. Nur bei Anwendung von Essigsäure blieb die Flüssigkeit ein wenig gefärbt. Die Auflösungen liefsen sich zu schwarzbraunen unkrystallisirbaren Massen eintrocknen, deren wässrige Auflösungen sich ganz wie Auflösungen der Moderalkalien verhielten.

Beide beschriebene Kalkverbindungen des Rohrzuckers gaben, nachdem sie mit verdünnter Schwefelsäure zersetzt, die etwa überschüssig zugesetzte Schwefelsäure mit kohlensaurem Kalk gesättigt, das Ganze zur Trockne gebracht und mit Alkohol digerirt wurde, nur krystallisirbaren Rohrzucker an den Alkohol ab. Leitet man in die wässrigen Auflösungen Kohlensäuregas, so präcipitirt sich kohlensaurer Kalk ohne chemisch gebundenes Wasser. Läfst man hingegen eine verdünnte wässrige Auflösung an der Luft bei gewöhnlicher Temperatur stehen, so setzt sich kohlensaurer Kalk in kleinen glänzenden rhombischen Krystallen ab, die zwischen Fliefspapier bei einer Temperatur von 0° getrocknet wurden. Diese verloren bei 100° 48 Procent Wasser.

Eine alkoholische Auflösung durch die Kohlensäure der Luft zersetzt, läfst wasserfreien kohlensauren Kalk fallen.

Ist aller Kalk auf die eine oder die andere Art durch die Kohlensäure gefällt worden, so enthält die abfiltrirte Flüssigkeit nur aufgelösten krystallisirbaren Rohrzucker.

Verhalten des Rohrzuckers gegen Baryt.

Die längere Einwirkung des Barythydrats auf Rohrzucker wurde in drei, fast ein Jahr lang fortgesetzten, Digestionen von 6 Unzen Rohrzucker in 24 Unzen destillirtem Wasser gelöst, mit Barythydrat ganz in der Art angestellt, wie die Versuche *a. b.* und *c.*, bei der Einwirkung des Kalkhydrats auf Rohrzucker.

Sie lieferten folgende Resultate:

Der Bodensatz bei Versuch *a.* von ungelöstem Barythydrat war durch niedergeschlagene kleine Krystalle von Barytsaccharat etwas vergröfsert worden.

Bei Versuch *b.* hatte sich ein kleiner Bodensatz

von kleinen Krystallen, die Barytsaccharat waren, ausgeschieden.

Die klare Flüssigkeit des Versuchs *c.* blieb ganz unverändert.

Die weitere Untersuchung des Abfiltrirten und des Bodensatzes bei diesen Versuchen wurde ganz auf die Weise bewerkstelligt, wie bei den drei Versuchen, die längere Einwirkung des Kalks auf Rohrzucker betreffend.

Es wurde aber auch hier weder Oxalsäure, Apfelsäure, Essigsäure, Ameisensäure noch Gummi gefunden.

Ein Theil des krystallisirbaren Rohrzuckers war auch hier nur in unkrystallisirbaren Rohrzucker, in Melasinsäure und Zuckersäure verwandelt.

Werden gleiche Theile Rohrzuckersyrup und krystallisirtes Barythydrat zusammen gerieben, so findet eine geringe Temperaturerhöhung statt.

Eine concentrirte wässrige Auflösung von Barythydrat mit Rohrzuckerauflösung vermischt bleibt klar, auch wenn man bis zum Kochen erhitzt. Läfst man aber erkalten, so scheiden sich sehr kleine perlmutterartig glänzende, körnig blättrige Krystalle ab. Diese Krystalle sind eine Verbindung des Rohrzuckers mit Baryt. Ich will sie neutral nennen, zum Unterschiede einer Verbindung des Rohrzuckers mit weniger Baryt, die weiter unten abgehandelt wird. Das neutrale Barytsaccharat löst sich schwer in kaltem Wasser auf. In kochendem Wasser ist es unauflöslich. Eben so in Alkohol. In wässriger Zuckerauflösung löst es sich auf. Es reagirt alkalisch und schmeckt wie Aetzbaryt, dabei nicht süfs. Ueber Schwefelsäure getrocknet, verliert es bei 100° getrocknet nichts am Gewichte. Bis zur Zersetzung erhitzt, bläht es sich nicht auf. An einem Ende entzündet, verglimmt es nicht so wie das Kalksaccharat. Beim Verbrennen verliert der zurückbleibende kohlensaure Baryt schwer die letzten Antheile Kohle. Es wurden darin 31,2 $\frac{0}{n}$ Baryt gefunden, besteht also aus 1 Atom Baryt und 1 Atom wasserfreiem Rohrzucker, was nach der Rechnung giebt:

> 31,90 Baryt
> 69,10 wasserfreien Rohrzucker.
> _____
> 100,00.

Giefst man zu obigem Gemisch von Rohrzucker und Barytwasser, statt zu erhitzen, Alkohol, so schlägt sich Anfangs nichts nieder. Giefst man mehr hinzu, so fällt eine Verbindung des Rohrzuckers mit Baryt in weißen Flocken nieder. War das Gemisch ganz concentrirt und der Alkohol sehr stark, so scheidet sich die Verbindung in weißen harzigen Klumpen aus.

Diese so erhaltene Verbindung mit Alkohol gewaschen und über concentrirte Schwefelsäure getrocknet, enthielt 18,5 % Baryt, ist also aus 1 Atom Baryt und 2 Atom wasserfreiem Rohrzucker zusammengesetzt; was nach der Rechnung giebt:

$$18,98 \text{ Baryt}$$
$$81,02 \text{ wasserfreien Rohrzucker.}$$
$$\overline{100,00.}$$

Frisch präcipitirt löst sich diese Verbindung leicht in kaltem Wasser, auch in verdünntem Alkohol auf. In der Wärme getrocknet löst sie sich schwer darin auf. Sie reagirt und schmeckt stark alkalisch.

Beide Verbindungen des Rohrzuckers mit Baryt geben, durch verdünnte Schwefelsäure zersetzt und wie bei den Kalkverbindungen, die etwa überschüssige Säure durch kohlensauren Kalk neutralisirt und mit Alkohol behandelt, an letzteren nur krystallisirbaren Rohrzucker ab. Sowohl eine concentrirte wie eine verdünnte wässrige Auflösung derselben durch hineingeleitete Kohlensäure oder durch Stehen an der Luft, von der Kohlensäure derselben zersetzt, enthalten in der überstehenden Flüssigkeit nur krystallisirbaren Rohrzucker, während der als feines Pulver niedergefallene kohlensaure Baryt bei gewöhnlicher Temperatur zwischen Druckpapier getrocknet, in der Wärme nichts am Gewichte verliert. Nimmt man krystallisirtes Barythydrat, Rohrzucker und einige Theile Wasser, erhitzt zum Kochen und läfst alsdann erkalten, so gesteht das Ganze zu einer krystallisirten Masse.

Beide Verbindungen des Rohrzuckers mit Baryt schnell stark erhitzt, dann die Erhitzung unterbrochen und, wie bei den Kalkverbindungen angeführt, behandelt, liefern dieselben Resultate, nämlich: der Zucker wird zu Moder zersetzt.

II. Verhalten des Stärkezuckers gegen Kali, Natron, Kalk und Baryt.

Die Untersuchungen über die längere Einwirkung der Alkalien auf Stärkezucker, wurden von mir vor

$1\frac{1}{2}$ Jahren angestellt, ehe mir die Untersuchungen von
Peligot: „Ueber die längere Einwirkung des Kalks
und Baryts auf den Stärkezucker" bekannt waren. Ich
führe deshalb unten nur noch die von meinen Versuchen an, die sich auf die Zusammensetzung des Stärkezuckers mit Alkalien beziehen, indem durch Peligot Aufschlüsse gegeben sind, die die Veröffentlichung
meiner Versuche unnütz machen.

Wird nämlich nach Peligot eine mit Kalk oder
Baryt gesättigte Lösung des Stärkezuckers in einer verschlossenen Flasche bei gewöhnlicher Temperatur einige
Wochen sich selbst überlassen, so verliert die Flüssigkeit ihre alkalische Reaction, und die Basen können
durch hineingeleitetes Kohlensäuregas nicht mehr abgeschieden werden. Setzt man nun basisch-essigsaures
Bleioxyd hinzu, so erhält man einen weifsen voluminösen Niederschlag, welcher durch Schwefelwasserstoffgas zersetzt, Glucinsäure in Verbindung mit Wasser
liefert. Dieselbe ist aufserordentlich löslich und stellt,
im Vacuo getrocknet, eine nicht krystallinische dem
Gerbstoffe ähnliche Masse dar, die mit Begierde Wasser aus der Luft anzieht, deutlich sauer schmeckt und
die Pflanzenfarben röthet. Alle ihre Salze, bis auf das
Bleisalz, scheinen löslich zu sein. Nach Peligot's Analyse enthält das Bleisalz 69,3 bis 70,5 Bleioxyd, 14,2
bis 14,8 Kohlenstoff und 1,9 Wasserstoff, woraus die
Formel:

$$C_{24} H_{30} O_{15} + 6 PbO,$$

im hypothetischen wasserhaltigen Zustande

$$C_{24} H_{30} O_{15} + 6 Aq.$$

sich berechnen läfst. Die Säure in diesem Salze würde
sich hiernach bilden, indem von 2 Atom Stärkezucker
die Elemente von 7 Atom Wasser abgeschieden werden.

Ferner wird nach Peligot durch Einwirkung von
Alkalien auf Stärkezucker in der Wärme *Melasinsäure*
erzeugt. Mischt man nämlich eine warm gesättigte
Lösung von Barythydrat, Kali oder Natronlauge mit
geschmolzenem Stärkezucker, so löst er sich mit hefti-
ger Wärme und Wasserdampfentwicklung auf. Die
Mischung nimmt eine braune Farbe an, die bei fernerer
Erhitzung noch dunkler wird. Es entsteht Anfangs
Glucinsäure, als deren Zersetzungsproduct Melasinsäure
auftritt. Die tiefbraune wässrige Auflösung läfst, mit
überschüssiger Salzsäure versetzt, die Melasinsäure in
Gestalt eines schwarzen flockigen Absatzes fallen, welcher

anfänglich mit sehr verdünnter Salzsäure, zuletzt mit Wasser ausgewaschen, rein erhalten wird. Durch die Analyse dieser Materie erhielt Peligot 62 bis 62,9 Kohlenstoff, 5,3 bis 5,4 Wasserstoff, und Dumas berechnet hieraus die Formel:

$$C_{24} H_{24} O_{10}.$$

Neben der Melasinsäure findet sich mit den Alkalien eine nicht flüchtige Materie verbunden, welche die Silbersalze mit außerordentlicher Leichtigkeit reducirt. (Zuckersäure?) Liebig.

Ich lasse nun meine Untersuchungen über die Verbindungen des Stärkezuckers mit Alkalien folgen. Bei den Versuchen wurde ein Stärkezucker, welcher mittelst Schwefelsäure bereitet, und durch Umkrystallisiren aus Alkohol gereinigt war, angewandt.

Gleiche Theile Kali und Wasser mit 2 Theilen Stärkezucker vermischt, geben eine Temperaturerhöhung von mehren Graden.

Kalilauge (aus 1 Theil trocknem Kali und 3 Theilen Wasser bereitet) löst fast sein gleiches Gewicht Stärkezucker *schnell* auf. Die so erhaltene syrupsdicke Flüssigkeit wird selbst bei Ausschluß der Luft schnell gelblich und ist in wenigen Tagen dunkelbraun. Sie schmeckt und reagirt stark alkalisch. Die alkalische Reaction vermindert sich in dem Maße, als die Flüssigkeit dunkler wird, auch wird diese dünnflüssiger. Von schwachem Alkohol entsteht kein Niederschlag. Starker Alkohol bringt darin einen weißen Niederschlag hervor.

Setzt man zu einer starken alkoholischen Stärkezuckerauflösung eine eben solche Kaliauflösung, so erhält man einen weißen Niederschlag, der sich bald gelb, zuletzt braun färbt. Wäscht man hingegen den Niederschlag sogleich mit absolutem Alkohol und zuletzt mit wasserfreiem Aether, so verändert sich dessen Farbe unter absolutem Alkohol nicht merklich. Dieser so gewaschene Niederschlag wurde unter einer mit Quecksilber abgesperrten Glasglocke, mittelst concentrirter Schwefelsäure zur Trockne gebracht, wobei er sich ein wenig gelb färbt. Es war eine Verbindung des Stärkezuckers mit Kali. 11,9 Procent Kali wurden darin gefunden. Es ist also eine Verbindung von 1 Atom Kali mit 2 Atom wasserfreiem Stärkezucker. Das Atomgewicht des wasserfreien Stärkezuckers = 2237,84, giebt dies nach der Rechnung:

11,64 Kali
88,36 wasserfreien Stärkezucker.

———————

100,00.

Das Stärkezuckerkali schmeckt stark alkalisch nicht
süfs, reagirt stark alkalisch und ist in jedem Verhältnifs in Wasser leicht löslich. Die Auflösung wird selbst
bei Ausschlufs der Luft bald braun. In verdünntem
Alkohol ist es ebenfalls auflöslich. Beim Erhitzen wird
es selbst unter 85° Alkohol braun. An der Luft zieht
es Kohlensäure an. Beim Verbrennen bläht es sich
aufserordentlich stark auf, noch stärker wie das Rohrzuckerkali.

Eine wässrige Auflösung verhält sich gegen Reagentien folgendermafsen:

Zu schwefels. Kupferoxydauflösung getröpfelt, entsteht
ein grüner Niederschlag, der in überschüssig zugesetztem Stärkezuckerkali vollkommen zu einer blauen Flüssigkeit aufgelöst wird. Aber schon nach ganz kurzer
Zeit wird dieselbe grün; dann erscheint eine grüne
Trübung, die immer mehr zunimmt, bald darauf sich
in gelb verändert, dann roth, und nach einiger Zeit
fällt Kupferoxydul und metallisches Kupfer zu Boden.
Erwärmt man gleich Anfangs die Flüssigkeit nur bis
zu ungefähr 60 Grad, so geht diese Reduction äufserst
schnell vor sich, indem die blaue Flüssigkeit sogleich
braunroth wird und Kupferoxydul und metallisches
Kupfer ausscheidet. Salpetersaures Silber und salpetersaures Quecksilberoxydul werden nach kurzer Zeit reducirt. Sublimat giebt einen rothen Niederschlag, dann
wird das Quecksilberoxyd reducirt. Auf eine Auflösung
von zweifach-chromsaurem Kali wirkt das Stärkezuckerkali auch reducirend. Die Flüssigkeit wird grün —
es bildet sich chromsaures Chromoxydul.

Verhalten des Stärkezuckers gegen Natron.

Natronlauge löst noch mehr Stärkezucker in der
Kälte *schnell* auf als Kalilauge. Die Auflösung verhält
sich ganz wie die Auflösung der Kaliverbindung des
Stärkezuckers.

Durch starken Alkohol wurde aus einer solchen
Auflösung die Natronverbindung genau in der Art, wie
die Kaliverbindung erhalten, und auch wie diese zur
Trockne gebracht.

Das Stärkezuckernatron enthält 8,3 Procent Natron,
ist also eine Verbindung von 1 Atom Natron und 2
Atom Stärkezucker, was nach der Rechnung giebt:

8,03 Natron
91,97 wasserfreien Stärkezucker.

100,00.

Verhalten des Stärkezuckers gegen Kalk

Löst man in einer Kalkmilch Stärkezucker auf, so findet eine Temperaturerhöhung von einigen Graden statt. War die Kalkmilch concentrirt, so gesteht das Ganze zu einer steifen körnigen harzartigen Masse, die in kurzer Zeit im Innern eine citronengelbe Farbe annimmt. Giefst man zu der frischbereiteten filtrirten Auflösung von Stärkezucker in Kalkmilch sogleich absoluten Alkohol, so wird die Verbindung des Stärkezuckers mit Kalk als eine zähe weifse Masse niederschlagen, wenn die Auflösung concentrirt war. War diese verdünnt, so erscheint der Niederschlag in käseartigen Flocken, und löst sich, wenn nicht Alkohol zugesetzt wird, durchs Schütteln vollkommen wieder auf. Der erhaltene Niederschlag wurde mit absolutem Alkohol und zuletzt mit wasserfreiem Aether gewaschen, durch allmähliges Pressen zwischen Druckpapier und zuletzt unter einer mit Quecksilber abgesperrten Glasglocke über concentrirter Schwefelsäure zur Trockne gebracht.

Der Stärkezuckerkalk enthält 19 Procent Kalk, besteht daher aus $1\frac{1}{4}$ Atom Kalk und 1 Atom wasserfreiem Stärkezucker, was nach der Rechnung giebt:

19,26 Kalk
80,74 wasserfreien Stärkezucker.

100,00.

Der Stärkezuckerkalk konnte mit aller Vorsicht nur von gelblicher Farbe erhalten werden. Zerrieben war er weifs. Er ist glänzend, etwas durchsichtig, im Wasser und verdünnten Alkohol leicht auflöslich. An der Luft zieht er Kohlensäure an. Unter Aether oder absolutem Alkohol, ja sogar für sich, kann man ihn bis 100° erhitzen, ohne dafs er sich viel dunkler färbt. Ist er aber feucht oder der Alkohol wasserhaltig, so färbt er sich braun beim Erhitzen, doch widersteht er dieser Zersetzung durch Wasser besser, als die Kali- und Natronverbindungen. Beim Verbrennen bläht er sich auf.

Zersetzt man eine wässrige frischbereitete Lösung des Stärkezuckerkalks durch Neutralisation mittelst verdünnter Schwefelsäure, und digerirt die zur Trockne abgedampfte Masse mit Alkohol, so erhält man den Stärkezucker unverändert wieder. Ebenso wenn man Kohlensäure in die Auflösung leitet, zur Trockne abdampft und die trockne Masse mit Alkohol behandelt. Der hierbei präcipitirte kohlensaure Kalk ist wasserfrei und der wiedererhaltene Stärkezucker ein wenig gefärbt. Läſst man aber die verdünnte wässrige Auflösung in einer Schale stehen, so krystallisirt der kohlensaure Kalk in mehren Linien langen glänzenden rhomboedrischen Krystallen heraus, die zwischen Flieſspapier bei gewöhnlicher Temperatur völlig getrocknet, dann wieder bei 100° erhitzt 48 Procent Wasser verloren.

Eine alkoholische Auflösung des Stärkezuckerkalks durch die Kohlensäure der Luft zersetzt, setzt nur wasserfreien kohlensauren Kalk ab.

Es wurden gleiche Theile pulverisirter Kalk und Stärkezucker zusammengerieben und mit $\frac{1}{2}$ Theil Wasser besprengt und umgerührt. Die Masse erwärmte sich allmählich von 18 bis auf 78° C. und erstarrte zu einer gelbbraunen zähen körnigen Masse.

Statt $\frac{1}{2}$ Theil Wasser wurden nun vier Theile Wasser zugesetzt, gut gemischt und filtrirt. Das Abfiltrirte wurde mit absolutem Alkohol zersetzt, worauf sich eine basischere Verbindung des Stärkezuckers mit Kalk in harzigen weiſsen Klumpen niederschlug. Dieser basische Stärkezuckerkalk mit Alkohol, dann mit Aether gewaschen und über Schwefelsäure getrocknet, enthielt 26,96 Procent Kalk. Er ist in verdünntem Alkohol schwerer auflöslich, als der oben beschriebene Stärkezuckerkalk, und erhitzt bläht er sich weniger auf als dieser. Sonst verhält er sich diesem in seinen Eigenschaften gleich.

Verhalten des Stärkezuckers gegen Baryt.

Eine Auflösung von Stärkezucker in concentrirtem Barytwasser bleibt klar, färbt sich aber wie die Auflösung der Kalkverbindung, selbst bei Ausschluſs der Luft, dunkelbraun.

Wird zu einer alkoholischen Auflösung des Stärkezuckers eine Auflösung des Barythydrats in schwachem Alkohol gesetzt, so erhält man einen weiſsen flockigen Niederschlag, der mit Alkohol und zuletzt mit Aether gewaschen, wie die Kalkverbindung des Stärkezuckers getrocknet wurde. Er enthielt 39,4 Baryt, bestand daher

aus 1½ Atom Baryt und 1 Atom wasserfreien Stärkezuckers, was nach der Rechnung giebt:

39,07 Baryt
60,93 wasserfreien Stärkezucker.
─────────────
100,00.

Der Stärkezuckerbaryt wurde von gelblicher Farbe
erhalten, schmeckt ätzend und löst sich in Wasser leicht
auf. Auch in verdünntem Alkohol ist er auflöslich,
erleidet überhaupt durchs Erhitzen dieselben Veränderungen wie die Kalkverbindung des Stärkezuckers. Sowohl die frischbereiteten wässrigen, als auch alkoholischen Auflösungen des Stärkezuckerbaryts, durch die
Kohlensäure der Luft zersetzt, liefern wasserfreien
kohlensauren Baryt und etwas gefärbten, sonst unverändert gebliebenen Stärkezucker. Zersetzt man die frisch
bereitete Auflösung mit verdünnter Schwefelsäure wie
beim Kalksalze, so erscheint der erhaltene Stärkezucker
ungefärbt.

─────────

III. Verhalten des Milchzuckers gegen Kali, Na- tron, Kalk und Baryt.

Der Milchzucker ist in seinem Verhalten zu Kali,
Natron, Kalk und Baryt dem Stärkezucker sehr ähnlich.
Es bildet sich nämlich in gewöhnlicher Temperatur bei
Einwirkung der Alkalien auf den Milchzucker eine
Säure, welche die Eigenschaften der Glucinsäure, wie
sie P e l i g o t beschreibt, fast alle besitzt. Bei höherer
Temperatur bildet sich aus der Glucinsäure die Melasinsäure. Der Silberoxyd auf Zusatz von Ammoniak
reducirende Stoff (Zuckersäure? L i e b i g) bildet sich
sowohl bei gewöhnlicher, als bei erhöhter Temperatur,
so daſs die Glucinsäure nie rein davon erhalten werden
konnte, da beide durch Bleiessig gefällt werden. Auch
war es nicht gut möglich, die letzten Antheile Essigsäure, vom Fällungsmittel herrührend, zu entfernen,
so daſs die organischen Analysen mir die Identität dieser Säuren mit der Glucin-, Melasin- und Zuckersäure
bestätigen konnten.

Es wurde nun

1) In einer Auflösung von 1 Unze Kali in 24 Unzen Wasser so viel durch Umkrystallisiren gereinigter
Milchzucker aufgelöst, als sich bei gewöhnlicher Temperatur darin klar aufzulösen vermochte.

2) Derselbe Versuch mit kaustischem Natron,

3) Derselbe Versuch mit kohlensäurefreiem zur Kalkmilch mit Wasser angerührtem Kalke,

4) Derselbe mit kohlensäurefr. Barythydrat angestellt.

Alle vier Versuche wurden in gut verschlossenen Glasgefäfsen angestellt. Nach wenigen Stunden hatten die Gemische schon eine weingelbe Farbe angenommen, die in einigen Monaten in braun übergegangen war. Alle alkalische Reaction war verschwunden. Die Auflösungen hatten während dieser Zeit kein Gas entwikkelt, und dieselben waren auch ganz kohlensäurefrei. Mit keinen der gebräuchlichen Reagentien konnte nun ein Niederschlag in den Versuchsflüssigkeiten erhalten werden (mit Ausnahme der auf Kali, Natron, Kalk und Baryt wirkenden Reagentien und mit Bleiessig), wodurch ein geringer brauner Niederschlag erhalten wurde. Wurde aber zu der mit Bleiessig versetzten und abfiltrirten Flüssigkeit etwas Ammoniakflüssigkeit gesetzt, oder eine Mischung von Bleiessig mit Ammoniakflüssigkeit hinzugethan, so erschien sogleich ein voluminöser Niederschlag, der schnell aufs Filter gebracht, gut ausgesüfst, in Breiform mit Schwefelwasserstoffgas zersetzt wurde. Die vom Bleiniederschlage abfiltrirte Flüssigkeit wurde in gelinder Wärme vom überschüssigen Schwefelwasserstoffgas befreit, wobei sie sich ein wenig dunkler färbte, dann im Vacuo mit Hülfe concentrirter Schwefelsäure eingedickt. Es wurde so ein ziemlich stark saurer gummiartiger röthlichgelber Rückstand erhalten, der auf Essigsäure geprüft wohl Spuren davon enthielt, aber unzweifelhaft seine sauren Eigenschaften derselben nicht verdankte. Das Verhalten gegen Reagentien war das eines Gemisches von Glucinsäure und Zuckersäure. Der Rückstand zog nämlich sehr leicht Feuchtigkeit an, löste sich in wenig Alkohol auf, und wurde durch Alkalien dunkelbraun, durch Zusatz von Säuren wieder röthlichgelb. Salpetersaures Silberammoniak wird schon bei gewöhnlicher Temperatur augenblicklich davon reducirt. Bleiessig giebt einen gelbweifsen voluminösen Niederschlag, wenn vorher zum Bleiessig etwas Ammoniak gesetzt ist. Wurde der saure Rückstand mit ein wenig Ammon, Kali oder Natron neutralisirt und im warmen Zimmer an der Luft eingetrocknet, so blieben spröde, schwarzbraune, im Wasser sehr leichtlösliche Verbindungen zurück. Die trockne Bleiverbindung an einem Ende angezündet, verglüht mit Heftigkeit unter Herumspritzen von metallischem Blei. Mit Salpetersäure den sauren Rück-

stand behandelt, zersetzt sich derselbe rasch in Oxalsäure und Kohlensäure. Mit Manganhyperoxyd und
Schwefelsäure erhitzt, entwickelt derselbe Ameisensäure.
Eine Auflösung des von mir aus drei Pfunden Milchzucker dargestellten sauren Rückstandes schimmelte
nach einigen Wochen, die Auflösung, hatte aber ihren
sauren Geschmack behalten. Sie wurde bei gelinder
Wärme bis zur zähen sauren Masse eingedampft. Nach
einigen Monaten war die ganze Masse mit körnigen
kleinen Krystallen durchwachsen, die abgewaschen unzweifelhaft durch Ansehen, Geschmack und chemisches
Verhalten sich als Milchzucker zu erkennen gaben.
Die saure. Reaction der Masse war dabei verloren ge-
gangen.

In Kalilauge, in Natronlauge, in Kalkmilch und
auch in Barytwasser wurde so viel Milchzucker aufgelöst, als sich darin aufzulösen vermochte. Diese Auflösungen wurden in tubulirte Retorten gethan, die mit
ins Knie gebogenen Röhren zum Auffangen von Gas-
arten versehen waren. Nachdem diese Röhren in, mit
Barytwasser drei Viertel gefüllte Flaschen gesteckt
waren, wurden diese Flaschen in Schnee gestellt und
die Auflösungen eine Stunde hindurch im Kochen erhalten. Ganz im Anfange ging nur. Wasser über;
recht bald aber wurde die Flüssigkeit schwarzbraun
(ohne dafs aber im Mindesten sich Krusten von ver-
brannter Mischung an das Glas setzten) und es ging
Kohlensäuregas, Ameisensäure und Essigsäure in hinreichender Menge über, so dafs diese ganz deutlich, wie
folgt, nachgewiesen werden konnten:

Die Kohlensäure, welche sich entwickelte, präcipitirte in Menge den Baryt und war sehr leicht aus dem
Niederschlage des kohlensauren Baryts nachzuweisen.
Auch waren, um jeden Zweifel, dafs etwa die Kohlensäure in dem Wasser enthalten gewesen sei, was zur.
Auflösung gebraucht worden war, oder in der vor der
Destillation in den Retorten befindlichen Luft, mehrere
Versuche angestellt, indem die Milchzuckerauflösung
erst in den tubulirten Retorten eine Zeitlang im Kochen erhalten wurde und darauf die *ganz kohlensäure-
freien* Alkalien erst hinzugeschüttet wurden. Bald darauf nach dem Hinzuschütten der Alkalien entwickelte
sich. dann jedesmal Kohlensäure in hinreichender Menge.
Die Essigsäure und Ameisensäure wurden ebenfalls
leicht in der vom kohlensauren Baryt abfiltrirten Flüssigkeit nachgewiesen; denn nach hinreichendem Ver-

dampfen krystallisirten beim Erkalten nadelförmige Krystalle heraus, wovon ein Theil, mit concentrirter Schwefelsäure übergossen, ganz deutlich die Essigsäure durch den Geruch zu erkennen gab. Alkohol löste einen Theil der Krystalle auf, und die abgedampfte Auflösung hinterliefs ebenfalls mit Schwefelsäure durch den Geruch deutlich zu erkennende, an Bleioxyd gebundene Essigsäure. Die nicht aufgelösten Krystallnadeln reducirten auf Zusatz von etwas verdünnter Schwefelsäure rothes Quecksilberoxyd, und es entwickelte sich Kohlensäure. Die in der Retorte zurückgebliebenen Flüssigkeiten wurden filtrirt und mit Bleiessig versetzt, wo nun ein brauner Niederschlag erhalten wurde, der ausgesüfst und mit Schwefelwasserstoffgas zersetzt, eine dunkelbraune Flüssigkeit lieferte, welche sich wie ein Gemisch von Zuckersäure, Glucinsäure und Melasinsäure (?) verhielt. Denn wenn man die filtrirten Flüssigkeiten, welche bei den eben angeführten Versuchen in den Retorten zurückblieben, mit überschüssiger Salzsäure versetzt stehen läfst, so lagert sich nach einiger Zeit ein gelbbraunes Pulver ab, was ausgewaschen einen bitteren Geschmack hat, in ungefähr 140 Theilen Wasser und in 40 bis 50 Theilen 80° Alkohol sich auflöst. Die Auflösung reagirt deutlich sauer. In Alkalien löst es sich mit stark färbender dunkelbrauner Farbe auf. Mit ein wenig Alkali neutralisirt, trocknet es zu spröden, glänzenden, im Wasser leicht löslichen Massen ein. Da nun unter diesen Umständen P e l i g o t aus dem Stärkezucker eine Säure von ähnlichen Eigenschaften erhalten hat, die Melasinsäure, so schliefse ich, dafs die eben beschriebene ebenfalls Melasinsäure sei; was die organische Analyse wahrscheinlich bestätigen wird. Die aus dem Bleiniederschlage erhaltene dunkelbraune Flüssigkeit reducirte ferner salpetersaures Silberammoniak und gab dabei dunkelbraune Niederschläge mit den Salzen der schweren Metalle. Abgedampft zog sie leicht Feuchtigkeit an.

Eine Auflösung von 1 Theil kaustischem Kali in 3 Theilen Wasser, löst 7 Theile gestofsenen Milchzucker vollständig zu einem dicken und klaren Fluidum schnell auf. Aus dieser mit noch etwas Wasser verdünnten Auflösung wurde durch Zusatz von starkem Alkohol das Milchzuckerkali gefällt. Es war dem Stärkezuckerkali ganz ähnlich in seinen Eigenschaften und enthielt 12,4 Procent Kali, war also eine Verbindung von 1 Atom Kali mit 2 Atom wasserfreiem Milchzucker. Dies

giebt (das Atomgewicht des wasserfreien Milchzuckers
= 2154,5316 angenommen) nach der Rechnung

12,41 Kali
87,59 wasserfreien Milchzucker.

100,00.

Der Milchzucker läfst sich durch Säuren aus der
frisch bereiteten Auflösung des Milchzuckerkalis unverändert abscheiden. Ist die Auflösung concentrirt, so
setzt sich beim Zersetzen durch die Kohlensäure der
Luft der Milchzucker unverändert in krystallinischen
Krusten an den Wänden der Schale ab.

Eine Auflösung von 1 Theil kaustischen Natron in
3 Theilen Wasser, löst 20 bis 21 Theile gestofsenen
Milchzucker vollkommen und schnell zu einem dicken,
klaren Fluidum auf. Durch Zusatz von starkem Alkohol wurde aus dieser mit noch etwas Wasser verdünnten Auflösung das Milchzuckernatron gefällt. Es war
dem Stärkezuckernatron in seinen Eigenschaften ganz
ähnlich und enthielt 8,3 $\frac{o}{o}$ Natron. Bestand also aus 1
Atom Natron und 2 Atom wasserfreiem Milchzucker,
was nach der Rechnung giebt:

8,31 Natron
91,69 wasserfreien Milchzucker.

100,00.

Kalkmilch löst Milchzucker schnell auf. Die Auflösung setzt an der Luft rhomboedrische Krystalle von
kohlensaurem Kalk ab, die 48 Proc. = 3 Atom Wasser
enthalten. Diese Krystalle wurden nicht von solcher
Gröfse erhalten wie vom Stärkezuckerkalke. Ist die
Auflösung concentrirt, so scheidet sich zugleich eine
dicke Kruste krystallisirter Milchzucker ab. Eine alkoholische Auflösung setzt an der Luft wasserfreien
kohlensauren Kalk ab.

Der Milchzuckerkalk wurde erhalten, indem Kalkmilch mit Milchzucker so lange versetzt wurde, bis
der Kalk fast gänzlich aufgelöst war; darauf wurde
die filtrirte Auflösung mit starkem Alkohol präcipitirt,
zwischen Fliefspapier geprefst und unter einer mit
Quecksilber abgesperrten Glasglocke über concentrirter
Schwefelsäure zur Trockne gebracht.

Der dem Stärkezuckerkalke in seinem physischen
und chemischen Verhalten gleiche Milchzuckerkalk enthielt 11,2 $\frac{o}{o}$ Kalk. Eine basischere Verbindung, ähnlich
wie die des Stärkezuckers mit dem Kalk dargestellte,
lieferte 15,76 $\frac{o}{o}$ Kalk.

Die Barytverbindung wurde dargestellt, indem Milch-

zucker mit etwas überschüssigem krystallisirten Barythydrat und Wasser zusammengerieben, filtrirt und
durch starken Alkohol niedergeschlagen wurde. Der Niederschlag ist in seinen Eigenschaften dem Stärkezuckerbaryt ganz ähnlich. Derselbe enthielt 40,1 Procent Baryt,
bestand also aus $1\frac{1}{2}$ Atom Baryt und 1 Atom wasserfreiem
Milchzucker, was nach der Rechnung giebt:

$$39,98 \text{ Baryt}$$
$$\underline{60,12 \text{ wasserfreien Milchzucker.}}$$
$$100,00.$$

Bei der Behandlung des Milchzuckers mit Kali,
Natron, Kalk oder Baryt finden, wie beim Stärkezucker,
Temperaturerhöhungen statt.

Kohlensaures Kali und kohlensaures Natron wirken in gewöhnlicher Temperatur weder auf Stärkezucker noch auf Milchzucker ein. Kocht man aber,
so werden beide Zuckerarten so zersetzt, als wenn kaustisches Kali oder Natron damit gekocht wird, indem
die Kohlensäure langsam entweicht.

IV. Verhalten des Mannazuckers gegen Kali, Na- tron, Kalk und Baryt.

Zu diesen Versuchen wurde aus sehr guter Röhrenmanna mittelst Alkohol der Mannazucker (Mannit) auf
die gewöhnliche Weise krystallisirt erhalten und nochmals durch Umkrystallisiren aus heifsem Alkohol gereinigt. 12 Unzen Manna lieferten beinahe 8 Unzen
Mannit.

Verhalten des Mannazuckers gegen Kali.

Zwei Theile Kalilauge (aus 1 Theil Kali und 3
Theilen Wasser bereitet) lösen einen Theil Mannit
vollkommen und schnell auf. Die Auflösung ist farblos und klar. Kocht man, so verändert sie sich nicht.
Kocht man bis zur Syrupsconsistenz ein und setzt etwas einer Säure zu, so scheidet sich Mannit weifs und
unverändert aus.

Auch die vorzüglichste Röhrenmanna wird durch
Kochen mit kaustischem Kali dunkelbraun gefärbt. Wird
zu einer nicht zu stark alkoholischen Auflösung derselben
eine wässrige Kaliauflösung gesetzt, so bleibt das Mannit
an Kali gebunden, in der Flüssigkeit beim Erkalten
aufgelöst. Es setzt sich aber ein schwarzbrauner Niederschlag von Kali, mit den übrigen Stoffen der Manna

verbunden, am Boden ab. Die überstehende Flüssigkeit wird mit der Zeit wasserhell.

Löst man 1 Theil Mannit in 6 Theilen heifsen 85° Alkohol auf und läfst erkalten, so erstarrt das Ganze zu einer Krystallmasse. Wendet man aber statt des blofsen Alkohols eine concentrirte Auflösung des Kalis in Alkohol an, so erhält man nach dem Erkalten zwei Schichten und es krystallisirt kein Mannit heraus.

Die untere dickflüssige Schicht ist eine Verbindung des Kalis mit Mannit, die obere eine Auflösung dieser Verbindung mit überschüssigem kaustischen Kali.

Um das Mannitkali rein zu erhalten, wurde eine Auflösung von 1 Theil kaustischem Kali in 6 Theilen 85° Alkohol angewendet, und in diese 1 Theil Mannit in der Wärme aufgelöst, dann die nach dem Erkalten ausgeschiedene untere Schicht mit heifsem absoluten Alkohol gewaschen und bei einer Temperatur von 100° schnell zur Trockne gebracht.

Es enthält 25,1 Procent Kali und stellt eine stark alkalisch schmeckende und eben so reagirende weifse Salzmasse dar. Diese läfst sich zum feinen weifsen Pulver zerreiben, zieht aus der Luft Feuchtigkeit und Kohlensäure an und verträgt einen höheren Hitzgrad, ohne zersetzt zu werden, als das Rohrzuckerkali. In absolutem Alkohol ist es etwas auflöslich. In 50° Alkohol löst es sich gut auf. Wird eine concentrirte stark alkoholische Auflösung der Luft ausgesetzt, so krystallisirt das Mannit unverändert heraus. Säuren scheiden dasselbe als weifses Pulver sogleich daraus ab. Eine Auflösung des Mannitkalis verhält sich gegen Reagentien ähnlich wie das Rohrzuckerkali.

In schwefelsaure Kupferoxydauflösung getröpfelt, erhält man einen blaugrünen Niederschlag, der sich im Uebermafs zugesetzten Mannitkalis zu einer blaugrünen Flüssigkeit auflöst, die gekocht etwas Kupfersalz reducirt, doch bleibt die überstehende Flüssigkeit bläu.

Beim Verbrennen des Mannitkalis setzt sich viel Rufs an den kälteren Theil des Tiegels ab, und verbreitet neben dem brenzlichen Geruch einen auf Augen und Nase wie ein sich verflüchtigendes kamphorartiges ätherisches Oel wirkenden Dampf. Bei der Verbindung des Mannits mit Kalk wird das Nähere darüber gesagt werden.

Verhalten des Mannits gegen Natron.

Ein Theil Natronlauge (aus 1 Theil Natron und 3 Theilen Wasser bereitet) löst fast $^3/_4$ Theile Mannit schnell zu einer klaren Flüssigkeit auf. Das Mannit verhält sich übrigens im Wesentlichen gegen Natron wie gegen Kali.

Das Mannitnatron wurde deshalb wie das Mannit-kali vermittelst einer gesättigten alkoholischen Natron-auflösung dargestellt. Es fiel als weifse Masse nieder, die mit heifsem Alkohol gewaschen und wie die Kali-verbindung getrocknet, 21,6 Procent Natron enthielt.

Das Mannitnatron ist in seinen Eigenschaften von der Kaliverbindung nur so unterschieden, wie sich im Allgemeinen Natronverbindungen von Kaliverbindungen unterscheiden.

Verhalten des Mannits gegen Kalk.

Mannit und Kalkmilch zuammengerieben, lösen sich zur klaren Flüssigkeit auf, wobei eine Temperatur-erhöhung von einigen Graden statt findet. Die filtrirte Auflösung mit absolutem Alkohol versetzt, schlug sich die Verbindung des Mannits mit Kalk in weifsen käsi-gen Flocken nieder. Die Auflösung darf aber nicht zu verdünnt sein, weil sich der Mannitkalk gut in ver-dünntem Alkohol auflöst. Der Niederschlag wurde ab-filtrirt, zwischen Druckpapier geprefst und über con-centrirte Schwefelsäure unter einer mit Quecksilber abgesperrten Glasglocke zur Trockne gebracht. Der Mannitkalk löst sich gut in Wasser auf. Die concen-trirte Auflösung bis zum Kochen erhitzt, erstarrt zur dicken Gallerte, und diese löst sich beim Erkalten wie-der auf. Sowohl Mannit als auch Rohrzucker der ko-chendheifsen, zur Gallerte erstarrten Auflösung zuge-setzt, bewirken, dafs sich diese sogleich wieder klar auf-löst und bei fernerem Kochen nicht wieder erstarrt. Ist der Mannitkalk durch starkes Erhitzen, statt über Schwefelsäure, zur Trockne gebracht, so löst er sich nur langsam auf. Eine wässrige Auflösung des so ge-trockneten Mannitkalks zum Kochen erhitzt, verliert beim Erkalten die gallertartige Beschaffenheit nur langsam, aber durch Zusatz von Milchzucker oder Stärkezucker löst sich die Gallerte augenblicklich dann auf. Dieses sind auch die Eigenschaften des Rohrzuckerkalks und auch Reaction und Geschmack sind diesem gleich, aber in Alkohol ist der Mannitkalk leichter löslich, als der

Rohrzuckerkalk. Es wurden 18 Procent Kalk darin gefunden.

Für sich erhitzt, verhält er sich eigenthümlich. Er bedarf nämlich einer gröfseren Hitze, ehe er sich zersetzt, als der Rohrzucker. Dabei wird er erst ziegelroth, stärker erhitzt verbreitet er einen starken Geruch nach kamphorartigem ätherischen Oele, wie das Mannitkali, und bläht sich dabei wenig auf. Es wurde nun die Erhitzung in einer Retorte vorgenommen. Zuerst destillirte neutral reagirendes Wasser und ein fast ungefärbtes, dünnflüssiges, neutral reagirendes Oel über, welches einen sehr starken Geruch, ähnlich einem Gemische von Reinfarrn und Wermuthöle hatte. Durch Erhitzen mit concentrirter Salpetersäure wurde dasselbe zersetzt und angezündet brennt es mit sehr heller Flamme.

Darauf ging etwas braungefärbtes brenzliches Oel mit über, und der in der Retorte befindliche Kalk war gröfstentheils kohlensauer geworden.

An der Luft zieht der Mannitkalk leicht Kohlensäure an. Eine wässrige verdünnte Auflösung desselben setzte an der Luft Krystalle von kohlensaurem Kalke ab, die 48 Procent gleich 3 Atom Wasser enthielten. Ist die Auflösung concentrirt, so setzt sich das Mannit dabei über der Flüssigkeit in krystallinischen Krusten an. Mit Säuren zersetzt erhält man das Mannit unverändert wieder.

Verhalten des Mannits gegen Baryt.

Wenn man Mannit in Barytwasser auflöst, zum Kochen erhitzt und erkalten läfst, so scheidet sich nichts aus der Auflösung aus. Werden gleiche Theile ziemlich trocknes Barythydrat und Mannitpulver trocken zusammengerieben, so wird das Ganze dadurch zum Brei. Dieser wurde in seinem gleichen Gewichte Wasser aufgelöst und die Auflösung filtrirt. Aus dem Abfiltrirten erhält man durch Zusatz von viel absolutem Alkohol einen weifsen Niederschlag, der in harzartigen Klumpen zusammenbackt, und eine Verbindung des Mannits mit Baryt ist. Derselbe wurde mit heifsem absoluten Alkohol gewaschen und schnell getrocknet. Er enthält 23,2 Procent Baryt.

Der Mannitbaryt reagirt und schmeckt stark alkalisch, ist im Wasser und verdünnten Alkohol leicht auflöslich, und auch in absolutem Alkohol löst er sich etwas auf. Er zieht leicht Kohlensäure aus der Luft an, und es wird das Mannit unverändert wieder erhalten, nachdem er dadurch zersetzt ist. Der dabei gebildete kohlensaure Baryt ist wasserfrei.

Der Mannitbaryt verträgt einen höheren Hitzgrad als der Rohrzuckerbaryt, ehe er dadurch zersetzt wird. Dabei wird er erst ziegelroth wie der Mannitkalk, stärker erhitzt bläht er sich auf und verglimmt sehr schnell, indem er einen Haufen Asche zurückläßt. Der Dampf, welcher dabei entsteht, riecht wie der, welcher bei den andern durch Hitze zersetzten Mannitverbindungen sich entwickelt, und brennt gleichfalls mit heller leuchtender Flamme.

Behufs der *längeren* Einwirkung der Alkalien auf Mannit wurden Kali, Natron, Kalk und Baryt mit in Wasser gelöstem Mannit zusammen fast ein Jahr lang digerirt, und zwar in dem Verhältnisse und der Art, wie die Digestionsversuche mit dem Rohrzucker vorgenommen waren. Nämlich theils mit Ueberschuß von Kalk und Baryt, theils die kalt und theils die heiß gesättigten klaren Lösungen. Nur die Quantitäten der Versuchsflüssigkeiten waren weniger, als bei den Versuchen mit Rohrzucker, indem dieselben nur den vierten Theil betrugen.

Um nun die etwaigen Veränderungen, welche durch die Digestion mit den Alkalien das Mannit erfahren haben konnte, zu erforschen, wurden dieselben Prüfungen mit den Versuchsflüssigkeiten angestellt, wie sie beim Rohrzucker beschrieben sind.

Alle Versuche ergaben aber (was wohl überflüssig ist detaillirt anzuführen), daß das Mannit unverändert geblieben war.

***

Einige Notizen und Erfahrungen über die inländische Zuckerfabrikation;

von
Dr. *L. F. Bley*
in Bernburg.

Nachdem vor fast 100 Jahren durch den Apotheker **Marggraf** in Berlin der Zuckergehalt der Runkelrüben zuerst nachgewiesen worden war, fing man am Ende des 18ten Jahrhunderts in Deutschland zuerst an,

der fabrikmäßigen Darstellung dieses inländischen Zuk-
kers einige Aufmerksamkeit zu schenken und Professor
Lampadius in Freiberg war der erste, welcher eine
Fabrik anlegte. Er gewann indeß damals nur 2, bis
2,5 $\frac{0}{0}$ Rohzucker. Achard und Hermbstädt in Berlin sahen bessere Resultate, indem sie bis 5,5 $\frac{0}{0}$ Zucker
erhielten. J. B. Trommsdorff in Erfurt und das
Nationalinstitut, so wie Parmentier in Paris hielten,
auf Versuche gestützt, die Fabrikation des Rübenzuckers
nicht für vortheilhaft, da die Kosten gegen die geringe
Ausbeute sich zu hoch stellten. Die französische Politik
unter Napoleon legte der Einfuhr des Colonialzuckers
hohe Steuern auf und begünstigte dadurch die inländische Fabrikation bedeutend. Nicht allein in Frankreich
entstanden mehre Fabriken, sondern auch in Norddeutschland, die in Krayn in Schlesien, in Altheldensleben und
Quedlinburg. In Frankreich sollten im Jahre 1812 viele
Musterfabriken auf kaiserlichen Befehl angelegt und die
Fabrikation in möglichst großartigen Betrieb gesetzt
werden, als die für jenes Land und seine damalige Regierung unglückliche Katastrophe eintrat, wodurch diese
Angelegenheit ins Stocken gerieth, doch hielten sich
einzelne Fabriken, als jene zu Arras, auch unter den
ungünstigsten Umständen noch mehre Jahre lang, indem
sie bekanntlich einer bessern Zukunft entgegen sahen.
Auch die letztgenannten deutschen Fabriken arbeiteten
selbst nach geschlossenem Frieden und dadurch sehr ge-
sunkenen Zuckerpreisen noch mehre Jahre fort, bis sie
etwa im Jahre 1818 ihre Arbeit einstellten.

Dubrunfaut gab im Jahre 1825 ein neues Werk,
denen bald mehre andere folgten, über Darstellung des
Rübenzuckers heraus, welches in Frankreich diesem Fa-
brikzweige wieder neue Gunst zuwendete. Schnell hob
sich dort und in Belgien derselbe, es entstanden neue
Fabrikanlagen, und während die französischen Fabriken
im Jahre 1829 nur 8 Millionen Pfund Rübenzucker dar-
stellten, wurde 6 Jahre später schon das Zehnfache gewonnen. Dieses schnelle Emporblühen ließ das damalige

Ministerium Nachtheile für die Zucker liefernden Co-
lonien fürchten, so daſs es eine Besteuerung des Rübenzuckers vorschlug. Nach den günstigen Vorgängen der
französischen Fabriken und der dadurch sehr gestiege-
nen Rente des Rüben erzeugenden Bodens, begann auch
in Deutschland dieser Gewerbszweig wieder neu zu entstehen, und in Böhmen, Oestreich, Mähren, Ungarn,
Sachsen, Preuſsen, Baiern, Hannover, Würtemberg,
Baden, Hessen und Anhalt entstanden viele zum Theil
groſsartige Fabriken. Auch Ruſsland wandte dem neuen
Fabrikationszweige seine Gunst zu, und gerade dort
macht derselbe sehr gute Fortschritte. Während in
Oestreich die Fabriken durch höhere Besteurung des
Colonialzuckers begünstigt wurden, fing in den deutschen
Zollvereinsstaaten der Ausfall für die verminderte Einfuhr an Bedenken zu erregen, und kaum, zum Theil
noch nicht einmal, hatten die neuen Fabriken die darauf verwendeten ansehnlichen Kapitalien einigermaſsen
gesichert durch günstige Resultate, als eine weit geringere Besteurung eingeführt ward. Die Fabriken arbeiteten fort, man legte hier und da noch neue an, nicht
nur mit gehöriger Prüfung über die Tauglichkeit des Bodens zum Rübenbau, sondern auch über die vorhandliche
und erforderliche Menge der Arbeiter, als die Vergünstigung gegen Holland zur Einführung seines Colonialzuckers eintrat, welche noch durch die von der holländischen Regierung auf die Ausfuhr gelegten Prämien
um so drückender für die inländischen Fabriken wurde.
Schon hatte die Landwirthschaft in denjenigen Ländern,
deren Boden der Rübenerzeugung günstig war, eine ansehnliche Erhöhung der Bodenrente erfahren, als diese
Neurungsmaſsregel nothwendig einen Wendepunct für
die inländische Zuckerfabrikation begründen muſste.
Der Bedarf an Zucker betrug während den letzten Jahren in Deutschland jährlich etwa 1,100,000 Centner, die
Menge des daselbst erzeugten Rohzuckers aber höchstens
300,000 Ctr., mithin blieben der Einfuhr noch 800,000 Ctr.
Der deutsche Rübenzucker kostet den Fabriken im

Durchschnitte etwa 10 Rthlr. der Cent., der holländische Zucker kann aber für 8 höchstens 9 Rthlr. in die Vereinsstaaten gelangen. Hierdurch werden nothwendig die Fabriken, wo nicht zu Grunde gerichtet, doch einer kläglichen Zukunft entgegen geführt, welches um so eher bei denjenigen der Fall sein wird, wo der Boden der Rübenerzeugung minder günstig, wo der Ackerzins, das Arbeitslohn und der Preis des Feuermaterials sich hochstellt, und wo man weniger sorgfältig bei der Cultur der Rüben und der Fabrikation des Zuckers zu Werke geht.

Es wäre aber sehr zu bedauren, wenn der neue wichtige Erwerbszweig für Deutschland, welchen die Darstellung des Rübenzuckers ausmacht, wieder verloren gehen sollte, weil derselbe manche sehr beachtenswerthe Vortheile gewährt. Denn erstens giebt er der Landwirthschaft eine sehr ansehnliche Rente, indem bei uns der Magdeburger Morgen einen Reinertrag von 16 Rthlr. giebt. Zweitens gewährt er einer grofsen Anzahl Menschenhänden Arbeit, in einer Zeit, wo diese, wie in den Monaten der Campagne, als von der Mitte des September bis Mitte Februars in vielen Gegenden fehlt. Auch die Cultur beschäftigt viele Arbeiter, da die Spatenkultur grofse Vortheile vor der mittelst des Pfluges zeigt. Hierdurch aber trägt derselbe zur gröfsern Wohlhabenheit der Gegend bei.

Die Furcht, durch die gröfsere Ausbreitung der inländischen Zuckerfabriken am Handel mit den Zucker erzeugenden Ländern aufserhalb Europa zu verlieren, ist wohl deshalb ungegründet, weil Deutschland von daher viel mehr bezieht, als es dahin ausführt und selbst, wenn es seinen ganzen Zuckerbedarf im Lande gewönne, dennoch ein ansehnlicher Ueberschufs der Einfuhr jener ausländischen Producte gegen die Einfuhr von deutschen Producten und Waaren bleiben würde. Wenn es also sehr wünschenswerth scheint, dafs die inländische Zuckerfabrikation unter dem Schutze zweckmäfsiger Gesetze sich noch mehr heben müfste, so scheint es mir nicht überflüssig auf einige Erfahrungen aufmerksam zu machen, welche diesem Gewerbszweige Nutzen gewähren können, und welche ich bei Untersuchung diesjähriger Zuckerrüben und daraus gewonnenem Fabrikate gemacht habe.

In den diesjährigen Runkelrüben fand ich alle Bestandtheile, welche Pelonze darin nachgewiesen hat, nämlich: krystallinischen Zucker, Aepfelsäure, Kleesäure, Eiweiſs, Gallert, Ferment, ätherisches und fettes Pflanzenöl, Chlorophyll, Gummi, Faserstoff, schwefelsaures und kleesaures Kali, salzsaures und kleesaures Ammoniak, kleesauren Kalk, Thonerde, Eisen und Manganoxyd, Schwefel und Wasser, auſserdem aber noch salpetersaures Kali.

Die Menge des Zuckers beträgt in diesjährigen Rüben hiesiger Gegend bis zu 3 Pfund. Schwere 9,50 $\frac{g}{v}$, in den gröſsern nur 7,25 $\frac{g}{v}$, obschon letztere ansehnlich mehr Saft liefern.

Die gröſsern Rüben erhalten einen ansehnlichen Ueberschuſs an Gummi und Gallerte. In denselben ist eine ammoniakalisch bittere Substanz enthalten, welche dem aus diesen Rüben gewonnenen Zucker einen geringern Werth giebt.

Diese Substanz hat sich wahrscheinlich durch Einfluſs der nicht verwesenden Düngstoffe in den Rüben erzeugt. Sie hat ihren Sitz mehr am Kopfe der Rübe, daher ein weiteres Abschneiden des oberen Theiles rathsam scheint.

Auffallend ist es, daſs der Läuterungsproceſs bei dem Safte der gröſsern Rüben schwieriger, als bei dem Safte der kleinern (von $\frac{1}{4}$—3 Pf.) ist, auch bei wesentlich vermehrtem Kalkzusatze, bei erstern dennoch nicht so gut gelingt, als bei letztern. Der Zucker aus den gröſsern Rüben ist daher auch mehr bräunlich gefärbt, als der der kleinern.

Die Reinigung des zu stark mit Kalk versetzten Zuckers gelingt recht gut durch Zusatz von saurem phosphorsaurem Kalk, bis zum geringen Vorwalten des Kalkes, welches man mittelst geröthetem Lackmuspapiere, welches aber noch bläulich gefärbt werden muſs, erkennt.

Die Reinigung des schmierigen Zuckers, der viel Kalk, Gummi, Farbstoff und salpetersaure Salze enthält, gelingt am Besten durch Auflösen in Wasser, Zusatz von saurem phosphorsauren Kalk bis zur starken Säurung, warmgestellt mit frisch ausgeglühetem Holzkohlenpulver, nicht mit Thierkohle, Sättigen des filtrirten Saftes mit Kalkmilch, abermaligem Filtriren und Eindampfung.

Auf gleiche Weise gelingt die Reinigung der geringen Melasse, bei der zuvor Aufkochen mit Eiweiſs oder Blut zweckmäſsig ist.

Ein sehr gutes Reinigungsmittel von Farbstoff ist das Thonerdehydrat, welches man darstellt, indem man Alaun in Wasser löset und so lange kohlensaures Natrum zusetzt, bis noch ein weiſser Niederschlag erfolgt, den man auf einem Filtrirbeutel sammelt und aussüſst. Wegen seiner Kostspieligkeit aber eignet es sich mehr zu Versuchen im Kleinen, als zu fabrikmäſsiger Verwendung.

Für die Fabriken würde es nützlich sein, zuweilen Proben mit den Rüben auf Zuckergehalt anzustellen, was nach meiner Methode am Besten so geschieht, daſs man den fein geriebenen Rübenbrei mit starkem Weingeist von 90 $\frac{0}{0}$ übergieſst, in gelinder Wärme einige Stunden stehen läſst, öfters umschüttelt, dann auspreſst, der Flüssigkeit ein wenig Kalkhydrat zusetzt, aufkocht, filtrirt und abdunstet, den Zucker aber zwischen Filtrirpapier trocknet und wägt, wodurch man schnell den Zuckergehalt nachweisen kann.

In Hinsicht der Cultur der Rüben möchte es vortheilhaft für die Fabriken sein, den Landwirthen die Anwendung des frisch gedüngten Ackers zum Rübenbau zu untersagen.

Ebenso würde es für die Fabriken nützlich sein, die kleinern Rüben von ½—3 Pfund Schwere den gröſsern vorzuziehen und die letztern mit geringern Preisen zu bezahlen.

Sodann möchte es in solchen Jahren wie das vorige, wo das erste Frühjahr trocken und warm ist, späterhin aber feuchte Witterung eintritt, gut sein, die Rüben-ernte nicht vor Mitte September, wo möglich aber noch später zu beginnen.

Hinsichtlich des Reinigungsprocesses des Rohzuckers kann den Fabriken nicht genug die gröfste Sorgfalt beim Auswaschen der schon gebrauchten Kohle empfohlen werden, da beim Unterlassen dieser Mafsregel eine Menge von Unannehmlichkeiten für die Fabrikanten eines Zuckerbereitungsprocesses entstehen, deren nachherige Beseitigung schwierig und kostspielig ist.

Ueber Fremy's Eisensäure.

Mein Freund und Schwager H. Trommsdorff in Erfurt, welcher durch Privatmittheilung Kenntnifs von der Entdeckung Fremy's über die Eisensäure erhielt, theilt mir darüber Folgendes mit:

Mit der Säure selbst ist der Entdecker noch beschäftigt.

Eisensaures Kali erhielt Trommsdorff auf folgende Weise:

Er mengte 2 Drachmen sehr fein gepulverte Eisenfeile mit 4 Drachmen gepulverten salpeters. Kali, trug dieses Gemenge in einen schwach dunkelroth glühenden Tiegel von 8—10 Unzen Inhalt auf einmal ein, während der Tiegel noch inmitten glühender Kohlen ständ. Sobald die Verbindung nach Art einer Explosion, unter starker Lichtentwicklung und Ausstofsen eines weifsen Dampfes an einem Ende der Masse beginnt, nimmt man den Tiegel aus dem Feuer. Die Verpuffung verbreitet sich schnell durch die ganze Masse, und sobald sie aufgehört hat, stöfst man mit Hülfe eines eisernen Spatels die Masse aus dem Tiegel auf ein kaltes Blech.

Die dunkelröthlich. schwarze. Masse. (eisensaures Kali)
löset sich mit prächtiger kirschrother Farbe im Wasser. — Der Sauerstoff ist jedoch in dieser Säure so
schwach gebunden, dafs aus der filtrirten dunkelrothen
Flüssigkeit an der Luft ohne Erwärmung nach kaum
einer halben Stunde alles Eisen als Oxyd gefällt ist und
die überstehende Flüssigkeit farblos erscheint. Dasselbe
geschieht durch längeres Aussetzen der trocknen Verbindung an die Luft, so wie, wenn bei der Darstellung
die Hitze nur wenig höher ist als zur Verpuffung erforderlich.

Es scheint höchst merkwürdig, dafs man diese durch
so auffallende Farbenerscheinung ausgezeichnete Oxyda-
tionsstufe des Eisens bis jetzt übersehen hat. Es mag
übrigens diese Säure wohl zuweilen zur Annahme eines
Mangangehalts verleitet haben. Nach Fremy soll man
das Eisen zuerst in den Tiegel thun und, nachdem es
glühet, den Salpeter zusetzen; auf diese Weise gelang
die Herstellung Trommsdorff weniger gut, als nach
dem vorstehend beschriebenen Verfahren.

Ich habe diesen interessanten Versuch wiederholt
und mich von dem leichten Gelingen nach Trommsdorff's Angabe überzeugt.

Dr. B l e y.

Dritte Abtheilung.

Physiologie und Toxikologie.

Die Aufsuchung des Arsens in den zweiten Wegen;

von
Dr. *Meurer* in Dresden.

(Fortsetzung des Aufsatzes in diesem Archiv 2. R. Bd. XXVIII. 92).

Um die am Schlusse meines vorigen Aufsatzes gestellten Fragen zu beantworten, ob man nämlich mehr Arsen

im Blute finde, wenn man die Untersuchung schneller
nach der letztgenommenen Gabe vornimmt? ob nicht
auch andere Excretionen als der Harn, den Arsen enthalten und besonders ob nicht auch die Fäces den Arsen ausführen? ferner um den Arsen in den entfernten
Organen nachzuweisen, erhielten noch zwei Pferde den
Arsenik auf dieselbe Weise, wie im ersten Aufsatze
angegeben *). Die Pferde, die sich ebenfalls recht wohl
dabei befanden, wurden aber schon 6 Stunden nach der
letzten Gabe getödtet.

Es wurden von denselben sowohl Arterien- als Ve-
nenblut, Magenhaut, Harn, Leber, Niere, Gehirn, Lunge,
Herz, Schweifs, Mucus von der Nasenschleimhaut und
Fäces untersucht.

Im Allgemeinen wurde hier immer durch Verkohlen
mit Hülfe der Salpetersäure zerstört, nur mit dem Unterschied, dafs wir immer die dreifache Menge derselben anwandten. Wir hatten nämlich gefunden, dafs
eine unvollkommene Zerstörung leicht so kleine Mengen
Arsen zu erkennen verhindere. Die Auffindung des Arsens wurde immer durch den Marsh'schen Apparat
erzielt.

In den Magen der Pferde, welche 6 Stunden nach der
letzten d. h. der 4. Gabe Arsen getödtet wurden, fanden wir

---

*) Man hat mir den Vorwurf gemacht, dafs die den Pferden
  gegebenen Mengen Arsen sehr, ja sogar zu grofs gewesen
  seien; es findet hier aber offenbar ein Verkennen des Le-
  bensprocesses statt. Sieht man aber auch nur auf die Masse
  des Pferdes, welches circa 7 Centner wiegt, und vergleicht
  hiermit die Gaben, welche Orfila den Hunden reicht,
  mit denen er experimentirt, so wird man zugeben, dafs
  die Pferde nicht mehr erhielten: hierzu kommt aber noch,
  dafs die Pferde 4 Tage dabei lebten, dafs also, wie ebenfalls Orfila's Versuche darthun, die ersten Gaben schon
  wieder ausgeschieden waren. Ferner ist die ungleiche
  Vertheilung in der Körpermasse zu beachten, wo dann,
  wenn der Arsen im Blute auch noch $\frac{1}{10}$ Gran im Pfunde
  beträgt, er im Gehirn nicht $\frac{1}{100}$ ausmacht.

immer noch etwas Arsen, d. h. ohne die Magenhaut
selbst zu zerstören.

Im Blute, sowohl im Arterien- als Venenblute, wurde
derselbe wiederum aufgefunden, jedoch nicht in bemerkbar gröfserer Menge als da, wo wir das Pferd erst
36 Stunden darnach tödteten. Man sieht hieraus recht
deutlich wie schnell die ausscheidenden Organe thätig
sind und in welchem gleichmäfsigen Verhältnisse dieselben arbeiten.

Im Harn und in der Leber war er in weit gröfserer Menge als im Blute darzuthun.

In der Niere, wo wir ihn das erste Mal nicht fanden,
ergab sich doch diesmal eine, wenn auch nicht der von
ihr ausgeschiedenen Flüssigkeit analoge, Quantität, doch
war des aufgefundenen Arsens eben so viel als in den
andern nun folgenden Organen. Bei der ersten Untersuchung war offenbar zu wenig Salpetersäure zur Zerstörung angewandt worden, diesmal nahmen wir die
3fache Menge, und erreichten so unsern Zweck vollkommen.

In der Lunge, dem Herzen und Gehirn, welche alle
vorher möglichst vom Blute durch Ausspülen im Wasser befreit waren, fanden wir Spuren von Arsen, zwar
sehr gering, doch so, dafs sie keinen Zweifel übrig
liefsen.

Im Schweifs konnte ich nichts entdecken, der erhaltene wog freilich nur 22 Gran; doch lag es wohl
weniger an der geringen Menge, sondern vielmehr daran,
dafs derselbe nicht durch die eigentliche Lebensthätig-
keit abgesondert, sondern nur beim Act des Todes ab-
geflossen war. Das Pferd wurde zwar um Schweifs zu
erhalten an der Longe eine Stunde herumgetrieben, es
kam aber nicht zum Schwitzen, nur erst als es schon
getödtet, erschienen am Bauche mehre Tropfen, welche
gesammelt wurden.

In dem Schleim aus der Nasenschleimhaut des rotzi-
gen Pferdes, welches Arsen erhalten, der circa zwei

Drachmen betrug, und der vollkommen zerstört war, wurde nicht die geringste Spur Arsen entdeckt.

Nun untersuchte ich noch zwei Exremente (Pferdeäpfel) und fand, wie ich erwartet hatte, hier den Arsen in sehr reichlicher Menge. Es war der Arsen hierher nicht direct aus dem Magen gekommen, sondern es hatte der hier aufgefundene Arsen den Weg durch das Blut und die Leber genommen, und war durch die Galle hierher geführt worden. Zu welchem Zweck wäre auch die Ausscheidung des Arsens in der Leber, wenn er nicht auf diesem Wege fortgeschafft werden sollte?

Obgleich nun die unter Aufsicht der französischen Academie angestellten Versuche nicht der Bestätigung eines deutschen Apothekers bedürfen und es mich umgekehrt nur freuen kann, daß meine Untersuchungen damit übereinstimmen, so kommen wir doch in der Behandlung dadurch, daß ich den Arsen in den Fäces, welche von Orfila nicht untersucht wurden, so reichlich fand, einen Schritt weiter; wir sehen, daß da, *wo schon eine Aufsaugung statt gefunden hat, nicht bloß Diuretica, wie Orfila sagt, sondern auch abführende Mittel sehr an Platze sind; denn hierdurch wird nicht allein das aus der Leber in den Darmkanal Gelangte ausgeschieden, sondern auch die Thätigkeit der Leber noch vermehrt.*

Schließlich erwähne ich noch, daß ich auch Leber, Herz und Gehirn von Pferden, die keinen Arsen erhalten, auf dieselbe Weise, mit gleicher Sorgfalt, aber ohne allen Erfolg untersucht habe.

In dem 4. Hefte des XXIV. Bandes des Journals für Chemie von Erdmann und Marchand sind von Reinsch blanke Kupferbleche als Prüfungsmittel auf Arsen anempfohlen. Man soll diese Kupferbleche in die arsenhaltige Flüssigkeit, welche mit Salzsäure etwas angesäuert ist, stecken, worauf sich dann der Arsen an die Bleche absetzen soll. Ich habe auch dies sofort versucht, fand es aber eigentlich nur anwendbar bei Auflösungen der arsenigen Säure in reinem Wasser, nicht

da, wo sie durch Zerstörung organischer Stoffe immer
noch mit einem Theile der Producte derselben verbunden war. Daß dieses Reagens an Schärfe den Marsh'-
schen Apparat übersteige, ist durchaus unwahr, wie sich
auch recht deutlich aus den Versuchen der französischen
Academie ergiebt. Reinsch sagt, sein Reagens wirke
noch bei 200,000facher Verdünnung, während Orfila
behauptet, daß der Marsh'sche Apparat noch bei
2,000,000facher Verdünnung den Arsen anzeige, und somit wird auch meine Erfahrung durch den Ausspruch
der Academie gerechtfertigt.

Ueber die Wirksamkeit des Eisenoxyd-hydrates gegen Arsenik in Vergiftungs-fällen;

vom
Apotheker *F. vom Berg*
in Kerpen.

Folgender Fall dürfte vielleicht als eine Bestätigung
der auffallenden Wirksamkeit des Eisenoxydhydrats gegen Arsenikvergiftung der Aufnahme in das Archiv der
Pharmacie nicht unwerth erscheinen.

Der Kaminfeger Kaulartz aus dem eine Stunde
von hier gelegenen Dorfe Blatzheim hatte ein Gemenge
aus weißem Arsenik und Mehl, wovon er sich zur Vertilgung der Ratten mit Erfolg bedient hatte, an einem
seiner Meinung nach sichern Ort in einer offenen Schüssel aufgestellt. Am Abend des 23. April 1841 baten, bei
Abwesenheit des K. und seiner Frau, die Kinder desselben die fremd angekommene Schwester des K. um Bereitung eines Mehlbreies zum Abendbrode, und holten das
Mehl jener verhängnißvollen Schüssel herbei. Nachdem
das Mahl bereitet, aßen gegen 8 Uhr Abends die 3
Kinder (2 Knaben von 10 und 13, und ein Mädchen
von 11 Jahren) zur Genüge davon, und den Rest ver-
zehrte die ältere K. selbst. Nicht lange nachher spür-

ten die Kinder ein Unwohlsein, und eilten zu Bette,
klagten aber bald über heftige Bauchschmerzen und ein
stark zusammenschnürendes Gefühl in der Magengegend;
eben so erging es der älteren K. Unter fortwährender
Zunahme obiger Symptome trat bald nachher bei allen
Vieren ein heftiges und anhaltendes Erbrechen ein. Um
diese Zeit (nach 10 Uhr) kam der Kaminfeger K. nach
Hause, sah das Leiden der Seinigen, und sich nach dem
am Abende Genossenen erkundigend, erfuhr er zu seinem Schrecken die Ursache des Uebels, und hoffte durch
reichliches Milchtrinkenlassen die Symptome beschwich-
tigen und den ganzen Vorgang geheim halten zu können. Als aber bei anhaltend starkem Erbrechen und
bei den sich fortwährend steigernden fürchterlichen
Magen- und Unterleibsschmerzen der Tod aller Leidenden in kurzer Zeit vorauszusehen war, schickte er zu
dem hiesigen Arzte, Herrn Dr. Krafft, welcher auf
die Relation des Boten 8 Unzen *Liquor ferri oxydati hy-
drati* verordnete, die gegen 2 Uhr Nachts aus meiner
Officine abgeholt wurden. Es waren also seit dem Ge-
nusse des Giftes beinahe 7 Stunden verflossen, als das
Gegenmittel bei den Leidenden ankam. Auf Verordnung des Arztes wurde jedem der Kinder halbstündlich
ein halber Efslöffel, der ältern Person aber eben so oft
ein ganzer Efslöffel verabreicht. Das Mädchen und der
jüngste der Knaben lagen bei Ankunft des Gegenmittels
nach den fürchterlichsten Krämpfen erschöpft, steif und
mit hintenübergezogenem Körper da, Hände und Gesicht kalt, mit kaltem Schweifs bedeckt, dem Tode nah;
die beiden andern waren, unter anhaltendem Würgen
und Erbrechen, ebenfalls beinahe erschöpft, aber sobald
Alle nach der obigen Verordnung zweimal genommen
hatten, kehrte das beinahe erloschene Leben allmählig
wieder zurück, und die Besserung schritt nach jedem
genommenen Löffel des Arzneimittels auffallend fort.
Der Magenschmerz wich zwar langsam, aber das Erbrechen hörte gleich auf; statt dessen traten aber häufige dünnflüssige Stuhlentlerungen und bei den Kindern

gegen Morgen ein ruhiger Schlaf ein, worauf sie später, freilich wohl ermattet, übrigens aber ganz wohl erwachten. Die ältere K. hatte sich freilich nicht so schnell erholt; der Arzt verordnete ihr 10 Blutegel auf die Magengegend und innerlich eine Oel - Emulsion, worauf sie sich sehr wohl befand und keiner weitern Arznei bedurfte.

Ueber den angeblichen Arsenikgehalt der Knochen.

Dr. Pfaff in Kiel hat dem Vorkommen des Arseniks in den Knochen auch gesunder Menschen, welches Orfila gefunden haben wollte, auf Versuche gestützt, bestimmt widersprochen *).

Ueber eine eigenthümliche Methode der Behandlung fester organischer Materien, denen kleine Mengen von Arsenichtsäure beigemischt sind;

von
J. L. Lassaigne.

Für die Bestimmung kleiner Mengen Arsenichtsäure in festen organischen Materien hat man bis jetzt zwei verschiedene Methoden befolgt.

Diese Mittel, welche Orfila zugleich und mit grofsem Erfolg bei seinen letzten Versuchen über diesen Gegenstand anwandte, bestehen bekanntlich in der Verkohlung der festen organischen Substanz durch Salpetersäure, oder durch Calciniren mit Salpeter **). Hierdurch und mittelst des Marsh'schen Apparates hat dieser Che-

---

*) Buchn. Repertor. XXIV, 1. 1841.

**) Die Calcination der organischen Substanzen ist bekanntlich auch schon früher in diesen Fällen angewandt worden; vergl. namentlich Ficinus in dieser Zeitschrift I. R. Bd. S. Br.

miker die Gegenwart der Arsenichtsäure in der Leber, dem Herzen, der Milz u. s. w., in Folge von Absorption dargethan, bei Thieren, die theils durch Einbringen des Giftes in den Magen, theils durch Anwendung desselben auf das Zellgewebe der Haut getödtet waren.

Das von mir angewendete Verfahren unterscheidet sich von dem vorstehenden durch seine gröfsere Einfachheit und raschere Ausführbarkeit. Es gründet sich auf die Beobachtung, dafs die *arseniksauren* und die *arsenichtsauren Alkalien* durch Kohle nur bei dunkler Rothglühhitze zersetzt werden, bei einer niedrigeren Temperatur, die jedoch hinreichend ist, die damit vermengten organischen Substanzen *zu rösten oder zu verkohlen*, aber wenig oder gar nicht angegriffen werden. Dieses Verfahren gründet sich sonach, wie man sieht, auf das von Orfila angewandte für die Extraction des Arseniks aus den Knochen, und ist nur eine Ausdehnung desselben Princips auf die weichen oder festen Materien, welche kleine Mengen Arsenichtsäure enthalten.

Die nachfolgenden, nach diesen Ansichten angestellten Versuche werden dieses bestätigen.

1. Am 26. Oct. v. J. liefs ich ein Gemenge von 4 Grm. Alantpulver und 15 Grm. Harn mit 2 Tropfen einer Auflösung von Arsenichtsäure, die 1 Milligrm. dieser Säure enthielten, und 6—8 Tropfen einer Auflösung von reinem Kali versetzen. Das Ganze wurde in einem eisernen Löffel zur Trockne abgeraucht und verkohlt bis zum Ansehn des gerösteten Kaffee. Bei dieser langsamen Verkohlung mufs man das Gefäfs sogleich vom Feuer nehmen, wenn man bemerkt, dafs einige schwarze Puncte sich entzünden möchten. Um weiter das Erglühen dieses pyrophorischen Products zu vermeiden, bedeckt man das Gefäfs und läfst es erkalten, indem man es in eine Schale mit kaltem Wasser stellt.

Die Masse wurde hierauf mit einer gläsernen Pistille zerrieben und mit einem halben Deciliter Wasser 3—4 Minuten lang gekocht. Man liefs die Flüssigkeit, die eine helle kaffeebraune Farbe besafs, filtriren und brachte sie mit etwas Oel (zur Verhinderung des Schäumens), reinem Zink und verdünnter Schwefelsäure in den Marsh'schen Apparat. Durch Verbrennen des entwikkelten Gases erhielt man eine grofse Menge glänzender und spiegelnder Arsenikflecken.

Da dieser Versuch ein genügendes Resultat gab, so wurde derselbe wiederholt mit folgender Abänderung, um über den Grad des Vertrauens zu dieser Methode Gewifsheit zu haben.

2. Es wurden 15 Grm. in Scheiben zerschnittener roher Kartoffeln mit einem halben Deciliter Wasser, dem man 8—10 Tropfen einer Auflösung von reinem Kali zugesetzt hatte, in dem sauberen eisernen Löffel gekocht und den Rückstand liefs man dann verkohlen, wie oben angeführt, mit Sorgfalt jede Entflammung zu vermeiden. Der kohlige Rückstand wurde gepulvert und mit einem halben Deciliter Wasser ausgekocht, und das bräunliche Filtrat in dem Marsh'schen Apparate behandelt; es wurde aber *keine Spur Arsenik* erhalten.

3. Ich liefs jetzt 15 Grm. in Scheiben zerschnittene Kartoffeln mit einem halben Deciliter Wasser und Zusatz von 1 Milligr. Arsenichtsäure und 8 Tropfen Kalilösung einkochen, den Rückstand verkohlen und dann weiter wie oben behandeln. Es wurde im Marsh-schen Apparat eine grofse Menge metallisch glänzender Arsenikflecken erhalten.

4. Derselbe Versuch wurde wiederholt, mit dem Unterschiede, dafs nur $\frac{1}{2}$ Milligrm. Arsenichtsäure gewonnen wurde. Es wurden zwar weniger Arsenik-flecken erhalten, die aber nicht minder deutlich die Gegenwart des Arseniks bewiesen.

5. Zu einem Deciliter Harn setzte ich $\frac{1}{2}$ Milligrm. Arsenichtsäure, und darauf so viel einer Auflösung von reinem Kali, dafs der Harn sehr alkalisch reagirte, worauf die Flüssigkeit eingedampft, der Rückstand verkohlt und mit Wasser ausgelaugt wurde. Das ziemlich braun gefärbte Filtrat gab im Marsh'schen Apparate eine grofse Menge Flecken von metallischem Arsenik,

der durch die Umwandlung in Arseniksäure durch Salpetersäure leicht zu erkennen war.

6. 15 Grm. reines Mehl wurden mit einem Viertel-
deciliter Wasser unter Zusatz von 8—10 Tropfen Kali-
solution in dem eisernen Löffel erhitzt, die entstandene
kleisterartige Masse eingetrocknet, der Rückstand verkohlt, die Kohle mit Wasser und das Filtrat darauf im
Marsh'schen Apparate behandelt. Es zeigte sich keine
Spur von Arsenik.

7. Derselbe Versuch wurde wiederholt, mit dem
Unterschiede, daß man dem Wasser, womit man das
Mehl einrührte, ½ Milligrm. Arsenichtsäure zusetzte. In
diesem Falle wurden mittelst des Marsh'schen Verfahrens *kleine Mengen Arsenik* erhalten, in Form wohlbe-
grenzter glänzender Flecken.

8. 15 Grm. in kleine Stücken zerschnittenes Kalb-
fleisch wurden mit ¼ Deciliter Wasser, dem 1 Milligrm.
Arsenichtsäure zugesetzt war, und 8—10 Tropfen reiner Kalilösung, bis zur Trockne in dem eisernen Löffel
eingedampft, und der Rückstand leicht geröstet. Das
Product ließ man mit einem halben Deciliter Wasser
3—4 Minuten lang kochen und die braune Flüssigkeit
im Marsh'schen Apparate wie oben behandeln; es
wurden kleine und deutlich umgrenzte Flecken von
metallischem Arsenik erhalten.

9. Derselbe Versuch wurde wiederholt, mit dem
Unterschiede jedoch, daß man nur ½ Milligrm. Arsenichtsäure zusetzte; auch jetzt wurden unzweifelhafte Flecken
von metallischem Arsenik erhalten, aber in geringerer
Menge als im vorigen Versuche.

10. Endlich wiederholte man diesen Versuch nochmals, aber ohne Zusatz von Arsenichtsäure. Jetzt wurde
keine Spur von Reaction auf Arsenik mittelst des Marsh-
schen Apparates erhalten.

Bei der Anstellung dieser Versuche ist wohl zu beachten, daß das Rösten nicht so weit getrieben werde,
daß die organische Materie verkohlt; denn alsdann,
wie ich in mehren Versuchen fand, ist die Auslaugung

der Kohle nicht gefärbt, wie zu erwarten, und giebt auch in dem M a r s h'schen Apparate keine Spur von Arsenik mehr zu .erkennen.

Schlufsfolgerungen.

Die vorstehenden Thatsachen zeigen:

1. Dafs es möglich ist, durch ein vorsichtiges, langsames und allmähliches Rösten weicher oder fester organischer Materien Arsenichtsäure, wenn sie solche enthalten, auf die beschriebene Weise darin zu entdecken, wenn die Arsenichtsäure auch nur $\frac{1}{15000}$ und selbst nur $\frac{1}{30000}$ beträgt.

2. Die nothwendige Bedingung dazu ist, die organische Masse vor dem Eintrocknen und Rösten durch etwas Kali zu alkalisiren, um die Arsenichtsäure durch diese Verwandlung in arsenichtsaures Kali fixer zu machen.

O r f i l a hat auf diese Weise in dem Harn eines durch Arsenichtsäure vergifteten Thieres die Gegenwart dieser Säure nachgewiesen; auch C h e v a l l i e r hat sich von dem Erfolg dieser Methode überzeugt *).

Vierte Abtheilung.

Literatur und Kritik.

Handbuch der theoretischen Chemie von L e o p o l d G m e l i n, Geheimen Hofrath und Professor in Heidelberg. Vierte bedeutend vermehrte und verbesserte Aufl. Bd. 1. Lief. 1. Heidelberg. 1841. Universitätsbuchhandlung von Carl Winter.

Wir können nicht unterlassen, unsere Leser auf diese neue Auflage des berühmten chemischen Werkes schon jetzt beim Erscheinen der ersten Lieferung aufmerksam zu machen. Es kann unsere Absicht dabei nicht sein, dieses streng systematische, durch eine merkwürdige Consequenz in der Behandlung des immensen Stoffes ausgezeichnete, in der sorgsamen Beachtung und Anführung der Quellen einzige und, wie allbekannt,

---

*) Journal de Chim. med. 2. Ser. **VI**, 683.

mit gröfster Gelehrsamkeit verfafste chemische Werk empfehlen zu wollen. Wir können nur unsere Freude darüber zu erkennen geben, dafs das in der 3. Auflage vor 15 Jahren begonnene und vor 12 Jahren beendigte Werk nunmehr zeitgemäfs
vervollkommnet in einer neuen Auflage uns dargeboten wird.
Sehr wünschenswerth mufs es ein Jeder unserer Wissenschafts-
genossen finden, das bänderreiche Werk rasch zu Ende geführt
zu sehen, damit es der getreue Abrifs der Wissenschaft in der
flüchtigen Gegenwart bleibe. Besitzt doch die Chemie eigentlich
nur eine Vergangenheit und eine unermefsliche Zukunft! Der
um die Erscheinung und Verbreitung der werthvollsten chemischen und pharmaceutischen Werke höchst verdiente Herr Ver-
leger wird auch jetzt nichts verabsäumen wollen, was der Fortsetzung und Beendigung eines Werkes förderlich sein mag, in
welchem uns das Gesammtgebiet der Chemie mit einer tiefen
Gründlichkeit ausgeprägt erscheint, die ich nur deshalb nicht
eine deutsche zu nennen wage, weil man damit den Nebenbe-
griff von Langweiligkeit zu verbinden angefangen hat.

Wenn wir uns erlauben, unsern ganzen Beifall zu zollen
einem Werke, aus dem wir früher mit vielen Andern tausend-
fältige Belehrung dankbar empfangen haben, so ist doch keinesweges unsere Meinung die, als mache Gmelin's Handbuch
auch in seiner neuen Gestalt alle die wichtigen, schätzbaren
Werke überflüssig, die uns die neuere und neueste Zeit geliefert hat und noch liefert. Wir wünschen uns vielmehr Glück
dazu, dafs die Wissenschaft von mehrerlei Standpunkten aus
bearbeitet wird. Der erzählend didaktische Styl unsrer meisten
neueren Hand- und Lehrbücher hat seinen anerkannten Werth,
besonders für die Erlernung der Wissenschaft und ihre Verbreitung in weiteren Kreisen. Gleichwohl wird die eigentlich gelehrte und darum in gewisser Hinsicht starre Form eines
Lehrbuchs der Chemie ihre Wichtigkeit und ihren Werth ewig
behalten. Sie ist das Hypomochlion, auf welchem die Wissenschaft gleich dem Züuglein der Wage schaukelnd sich bewegt.
Eine im gewöhnlichen Wortverstande unterhaltende chemische
Lectüre kann daher Gmelin's Buch nicht sein. Der hohe
Werth desselben besteht vielmehr in der unerschöpflichen gelehrten Vollständigkeit, die dem Werke anerkannt den Charakter eines der vortrefflichsten chemischen Repertorien ertheilt.

Die vorliegende 1. Lief. umfafst 128 Seiten, im Ganzen von
derselben, jedoch auch häufig, namentlich auch im Druck verbesserten Einrichtung der letzteren Ausgabe. — Die kurze Einleitung führt, wie früher, die sämmtlichen Veränderungen in
der Körperwelt auf drei Kräfte zurück, auf die Repulsion, Attraction und Lebenskraft. Es ist unmöglich, diese Vorstellungsweise nicht als eine einfache, unsern Wahrnehmungen und Begriffen völlig zusagende, und darum ansprechende anzuerkennen.
— Hierauf folgt ein kurzer geschichtlicher Ueberblick der
Chemie. — Sodann wird von der Cohäsion und der Adhäsion
gehandelt, die Gravitation aber, als die dritte Art der mechanischen Attraction, stillschweigend übergangen. Obwohl der
Verf. alles rein Physikalische zu übergehen für zweckmäfsig
befunden hat, so kann man doch den Wunsch nicht unterdrücken,
es möchte ihm gefallen haben, auch die auf die Schwerkraft

sich beziehenden Lehren der Physik mit aufzunehmen, hauptsächlich in Anbetracht des Wägens und des Gewichts der Körper. — Mit der Lehre von der Affinität schliefst dieses erste
Heft. Während in der 3. Aufl. 57 Octavseiten dazu ausreichten,
genügen in der gegenwärtigen noch nicht 121 Seiten. Wir
müssen abwarten, wie vielen Raum der Verfasser noch für erforderlich hält, um dieses wichtigste Thema unserer Wissenschaft zu erschöpfen und als Blüthe derselben zu entfalten.

Unmöglich kann man an einem so gediegenen Werke häkeln
und mäkeln. Dennoch mufs man der Beurtheilung Raum lassen,
und sicher wird der berühmte Verf. einen Austausch der Ansichten viel lieber genehmigen, als eine überschwängliche Lobes-
erhebung, deren Physiognomie ebenso unschön ist, als die Lob-
hudelei selbst. Deshalb mag ich auch einige Bemerkungen nicht
zurückhalten, die nach Vollendung des ersten Bandes, der wir
mit Begierde entgegen sehen, zu einer weiteren Besprechung
sich wohl ausdehnen könnten, selbst auf die Gefahr hin, in
der Minorität zu bleiben, immer aber zum Beweise unserer lebendigen Theilnahme an dem gediegenen Werke. — S. 26 ist
von der Adhäsion elastischer Flüssigkeiten an feste Körper die
Rede. Es wird das feste Anhängen einer dünnen Schicht von
Luft und Wasserdampf an die Wandungen von Glasröhren erwähnt. Daraus folgt von selbst die gewöhnliche Ansicht von
dem Leichterwerden der Gefäfse, insbesondere der Glasgefäfse
bei der Erwärmung und vermeintlichen Abtrocknung derselben.
Nun ist aber diese für die Anstellung der chemischen Analysen,
insbesondere der Elementaranalysen organischer Körper folgen-
reiche Meinung unrichtig, wie ich in Bd. XIX. H. 3. p. 270
dieses Archivs theils durch Rechnungen, theils durch Versuche
nachzuweisen gesucht habe. — Der von dem Verf., wie ich glaube,
zuerst gebrauchte Ausdruck »Mischungsgewicht« ist in der neuen
Auflage seines Buchs gegen »Atomgewicht« vertauscht worden.
Man kann dieses zur Beseitigung unnöthiger *termini technici*
allerdings bequem finden. Indessen involviren beide Ausdrücke
bestimmte und einander ausschliefsende Begriffe, und können
daher nicht ohne Weiteres einander substituirt werden. Das Atomgewicht der Körper ist weit mehr, als das Mischungsgewicht,
von einer conventionellen Uebereinkunft abhängig, in so fern
man dasselbe nach theoretischen Voraussetzungen um ein Mehrfaches zu vergröfsern oder zu verkleinern die Freiheit hat. In
allen Fällen, wo kein Zahlenunterschied zwischen beiden Gewichten statt findet, bleibt dennoch ein Unterschied in dem Principe bestehen. Aequivalent hingegen, dürfte den Begriff von
Mischungsgewicht vollkommen mit einschliefsen. Die Incon-
venienzen, die aus der Reduction der Atomgewichte auf Aequi-
valente und umgekehrt hervorgehen, bestehen einmal in der
Wissenschaft, und vorläufig scheint ihnen, wenigstens in gröfseren Werken, nur dadurch begegnet werden zu können, dafs
man beiderlei Zeichen und Zahlenwerthe neben einander her-
laufen läfst. — Der Verf. setzt H, d. h. 1 Aequivalent Wasserstoff $= 1$, wie dieses auch in seinem früheren Buche geschehen
ist. Weil hierbei eine rein subjective Vorstellung der Sache
obwaltet, die Jedermann mit Recht für sich in Anspruch nehmen kann, so gebührt es sich, diese Vorstellungsweise zu achten.

Indessen erscheint andererseits der Wunsch nicht unbillig, es möchte der Herr Verf. im weiteren Verlaufe seines Werkes sich dazu verstehen, neben seinen Atomgewichten oder vielmehr Aequivalenten auch die eigentlichen Atomgewichte, wie sie namentlich von B e r z e l i u s ausgegangen und in vielfältigem Gebrauche sind, mit anzuführen. Es würde dadurch eine Menge unnützer Mühen, die aus der Reduction der Zahlen hervorgehen, erspart und leicht möglichen Versehen vorgebeugt werden. Wenn der Verf. S. 44. die Annahme des H $=$ 1 dahin motivirt, daſs die Atomgewichte der übrigen Körper alsdann kleiner und für das Festhalten im Gedächtnisse geeigneter werden, so stimme ich ihm zwar im Grundsatze vollkommen bei, glaube aber, daſs dieselben Vortheile erreicht werden, wenn man den O $=$ 10 setzt, und nicht $=$ 100. Abgesehen von dem Umstande, daſs die Zehn die nächste dekadische Einheit nach der 1 ist, werden die Atomgewichte, wie sie am meisten üblich sind, weder abgekürzt und dadurch ungenauer, noch sonst irgendwie anders verändert, als durch Verringerung der ganzen Zahlen und Vermehrung der Decimalstellen. Man wird dadurch der zuweilen erschreckend groſsen Atomgewichte los, und handlicher ist z. B. die Zahl 5590,512 für das *Albumin*, als das Atomgewicht von 55905,12 nach M u l d e r. — Auch hinsichtlich der Nomenclatur unsers Verf. will ich meine unmaſsgebliche Meinung äuſsern, obwohl ich vollkommen zugestehe, das L. G m e l i n Meister der Sprache und schon oft genug für uns Muster und Vorbild gewesen' ist. In einem groſsen Werke, welches der Wissenschaft eine Haltung und Festigkeit geben soll, sind dergleichen Nebendinge keinesweges bedeutungs- und wirkungslos, wie mich dünkt. Der Verf. behält das y da bei, wohin 'es gehört, z. B. in Oxyd, Baryum; er bildet die Adjective richtiger mit ig, als icht, wie schweflige, arsenige Säure u. dgl. m. Hierzu muſs jeder Unbefangene seine Zustimmung geben, und auch die einfache Schreibart der chemischen Formeln, in denen nach der ursprünglichen schönen Weise die Zahl der Atome über der Linie steht, wird Vielen angenehm auffallen. Auſserdem aber könnte man zur Erleichterung unserer furchtbar gewordenen Synonymik wünschen, es möchte dem Herrn Verf. genehm sein, die Endung *ür* und *id* zu acceptiren. Die Ausdrücke Quecksilberbromür und Quecksilberbromid z. B. dürften von der Mehrzahl der künftigen Leser seines Buches leichter und besser aufgefaſst und gesprochen werden, als Einfach- und Halb-Brom-Quecksilber. Jene Entdeckungen selbst bei den Schwefelmetallen anzuwenden, scheint eine Anforderung der Consequenz in unserer gegenwärtigen Nomenclatur zu sein. Die Namen Hydrocyan, Hydrobrom, Hydrothion u. s. w. dürften ebenfalls weniger allgemein Anklang finden, als die jetzt mehr üblichen bekannten. — Diese wenigen Notizen mögen das Interesse beurkunden, welches auch wir der neuen Auflage des G m e l i n'schen Handbuchs nothwendig zuwenden muſsten.

H. Wackenroder.

Zusammenstellung der allgemein wichtigsten in der
Natur beobachteten und künstlich erzeugten Tem-
peraturgrade. Stuttgart, 1841. J. F. Steinkopf'sche
Buchhandlung. S. 8. in 4.

Diese Zusammenstellung ist nach den Naturreichen geordnet, sie umfaßt die Temperaturverhältnisse, die sowohl ein all-
gemeines Interesse haben, als die, welche durch ein besonderes
specielles Interesse sich auszeichnen; sie gewährt eine nützliche
und interessante Uebersicht.

Die Elemente der Pharmaceutik von P. A. Cap und
R. Brandes, Hannover. Im Verlag der Hahn'schen
Hofbuchhandlung, 1841. S. XXI. u. 642. in gr. 8.

Es ist nicht die Absicht eine ins Detail gehende Kritik dieses einzig in seiner Art dastehenden Werkes zu geben, sondern
der Unterzeichnete will nur den Standpunkt, welchen dasselbe
nach seiner individuellen Ueberzeugung demnächst in der pharmaceutischen Literatur einnehmen wird, näher beleuchten, und
den aus dem Gebrauche desselben in der ihm nach der Absicht
seiner Verfasser angewiesenen Sphäre resultirenden Nutzen mit
kurzen Worten hervorheben. Namen, welche in der pharmaceutischen Welt einen so guten Klang haben, wie die von Cap
und Brandes, sind die beste Empfehlung für die geistigen
Producte der Inhaber, und der Unterzeichnete kann daher dreist
seine Ansicht über den literarischen Werth dieses Buchs aussprechen, da die Befürchtung, daß diesen Worten die Absicht
einer Empfehlung untergelegt werden könnte, als Arroganz
erscheinen würde. — Welchen Antheil jeder der beiden Herren
Verfasser an dem vorliegenden Werke hat, erhellt aus der Vorrede und ergiebt sich aus einem Vergleiche der französischen
mit der deutschen Ausgabe, sowie der Verhältnisse der Pharmaceuten in Frankreich mit denen der Apotheker in Deutschland.

Schon der Titel, Elemente der Pharmaceutik, wenn man
damit die in dem Buche gegebene Definition des Wortes Pharmaceutik zusammenstellt, so wie die in der Vorrede angegebene
Tendenz des Werks, zum Selbststudium für die Jünger der Pharmacie und zum Leitfaden bei dem Unterrichte derselben zu
dienen, verheißen die Ausfüllung einer bis jetzt in der pharmaceutischen Literatur sehr fühlbar gewesenen Lücke, und jeder
gebildete Pharmaceut wird, wenn er das Buch mit Aufmerksamkeit gelesen hat, mit lebhaftem Danke gegen die Verfasser em-
pfinden, daß diese den Anforderungen, zu denen der Titel und
die Tendenz berechtigen, vollständig genügt haben.

In der That verdient die Ausführung dieses Werkes die
größte Anerkennung, und obgleich ich voraussetzte, daß wir
in demselben etwas sehr Gediegenes zu erwarten hätten, so bin
ich doch durch die Behandlung des Gegenstandes ungemein über-
rascht.

Es ist für den angehenden Pharmaceuten von der höchsten

Wichtigkeit, dafs er die Pflichten, welche ihm der erwählte
Beruf auferlegt, möglichst schnell kennen lerne, dafs er die
Wichtigkeit und Bedeutung des Standes, dem er sich gewidmet, einsehe, die ihm übertragenen Geschäfte mit Sorgfalt ver-
richte, und sich die zu diesem nöthigen Vorkenntnisse erwerbe.
Zur Ausbildung des angehenden Pharmaceuten genügt aber nicht
die Unterweisung des Principals und der Gehülfen, sondern der
Lehrling mufs durch Selbststudium nicht nur den Bemühungen
seiner Vorgesetzten zu Hülfe kommen, sondern sich selbst den
bei weitem gröfsten Theil der nöthigen Kenntnisse verschaffen,
zumal bei einem lebhaften Geschäfte dem Principal nur wenig
Zeit zum ungestörten Unterrichte übrig bleibt. Von dem für
das Selbststudium während der Lehrzeit gewählten Buche hängt
aber, da die in der Lehre erworbenen Kenntnisse das Fundament
sind, auf welchen der Gehülfe und Principal nachher weiter
bauen mufs, die solide Beschaffenheit der wissenschaftlichen
Ausbildung gröfstentheils ab, und es ist deshalb eine passende
Auswahl unter den Lehrbüchern von der gröfsten Wichtigkeit.
Es ist aber nicht die eigentliche Pharmacie die einzige Wissenschaft, welche der Apotheker kennen mufs, sondern die Kenntnifs
der Physik, Chemie, Mineralogie, Botanik, Zoologie ist ihm
eben so unentbehrlich, und nur durch ein vereintes Studium
sämmtlicher Zweige der Pharmaceutik kann der Standpunkt eines wissenschaftlichen Apothekers erreicht werden.

Es leuchtet ein, dafs bei dieser Concurrenz so vieler Naturwissenschaften in einem Fache der neu Eintretende, wenn er
gleich in die einzelnen Wissenschaften tiefer eindringen wollte,
von der Masse des Materials erdrückt werden würde; es ist
daher Hauptbedingung eines zum Selbststudium für den Anfänger tauglichen Lehrbuchs der Pharmaceutik, dafs nur die Elemente der gedachten Wissenschaft und zwar in einem concisen,
jedoch fafslichen Style darin vorgetragen, so wie dafs die für
den Apotheker hauptsächlich interessanten Theile jener Wissenschaften vorzugsweise abgehandelt werden, versteht sich, so
weit solches ohne Unterbrechung des Zusammenhangs und un-
beschadet der Deutlichkeit geschehen kann. Das vorliegende
Werk entspricht diesen Anforderungen vollkommen und damit
zugleich auch denen, welche an ein Buch, das zum Leitfaden
beim Unterrichte gebraucht werden soll, gemacht werden müssen; denn der Lehrer soll den Schülern die in dem Leitfaden
kurz gefafsten Begriffe erklären, durch Beispiel und Hinweisung
auf den praktischen Nutzen die richtige Anwendung derselben
möglich machen, denselben Anleitung zur weiteren Fortbildung
der gegebenen Ideen und auf diese Weise Stoff und Gelegenheit zu eigenem Nachdenken und selbstständigem Forschen geben. Es gab bis zu dem Erscheinen dieses Werks kein Lehrbuch der Pharmaceutik, dieses Complexus der für den Apotheker
nöthigen Wissenschaften, in welchem die Elemente derselben
in einer so vortrefflichen Auswahl zusammengestellt waren und
der Anfänger war sehr häufig genöthigt, einzelne Wissenschaften ausschliefslich zu bearbeiten. Der Nachtheil, welchen solche
einseitige wissenschaftliche Ausbildung hatte, liegt klar zu Tage,
und es ist hauptsächlich diesem Umstande zuzuschreiben, dafs
so viele Gehülfen und Principale in der Pharmacie und phar-

maceutischen Chemie, — denn dieses sind die Kenntnisse, welche sich der Apotheker vorzugsweise anzueignen pflegt, — sich eine gute Ausbildung erworben haben, von der Physik, Mineralogie, Zoologie, in seltenen Fällen auch wohl von der Botanik kaum die Elemente kennen. Hätten diese Männer bei dem Anfange ihres Studiums ein Buch wie das vorliegende benutzen können, sie würden gewiß alle Zweige der Pharmaceutik mit Sorgfalt bearbeitet, wenigstens sich Kenntniß der Grundprincipien angeeignet haben; ist diese vorhanden, so mag immerhin der Pharmaceut in späteren Jahren eine Wissenschaft mit Vorliebe betreiben, die Bildung desselben wird doch immer vollständig zu nennen sein. Das Lehrbuch, welches in der neuesten Zeit hauptsächlich bei der Unterweisung der Pharmaceuten zum Leitfaden und auch zum Selbststudium benutzt wurde, ist das Handbuch der Pharmacie von Geiger, ein ausgezeichnetes Werk, dem wohl Niemand seinen unendlich großen wissenschaftlichen Werth abstreiten wird; aber man braucht nur das Volumen desselben anzusehen, um zu fühlen, daß dasselbe zur Unterweisung des Anfängers nicht geeignet ist; denn es ist selbst eine Aufgabe für den schon vollständig ausgebildeten Apotheker, den ganzen Stoff, welcher in demselben enthalten ist, zu beherrschen; der Gebrauch desselben bei dem ersten Unterrichte hat daher häufig den oben angegebenen Nachtheil, die Begünstigung der einen Wissenschaft auf Kosten der andern, zur Folge.

Die Wahrheit der obigen Behauptung, daß das vorliegende Werk eine fühlbare Lücke in der pharmaceutischen Literatur ausfülle, wird schon aus dem bisher Gesagten erhellen, indeß nicht allein wegen der zweckmäßigen Bearbeitung und Zusammenstellung des für den angehenden Pharmaceuten theoretisch Wissenswürdigen, ist dieses Buch ausgezeichnet, sondern dasselbe enthält in Bezug auf die praktische Thätigkeit des Apothekers vieles ganz Neue und Eigenthümliche, was in den bisherigen Lehrbüchern ungern vermißt wurde. Der Leser findet darin Belehrung über die Pflichten des Pharmaceuten während der Lehrjahre, seiner Gehülfenzeit und der Zeit der eignen Verwaltung der Apotheke, eine genaue Unterweisung in den während dieser verschiedenen Perioden vorkommenden Arbeiten, so wie eine Anweisung über die zweckmäßige Einrichtung seines Studiums, eine neue Nomenclatur der Arzneimittel, ein Reglement für den Dienst einer Apotheke und im Anhange die pharmaceutische Literatur, kurz Alles, was in theoretischer und praktischer Beziehung dem Lehrling zu wissen nöthig ist; man darf daher mit Gewißheit behaupten, daß der Schüler, welcher dieses Buch mit Aufmerksamkeit durchgelesen, sich die darin enthaltenen Kenntnisse angeeignet hat und die Vorschriften desselben genau befolgt, nicht nur ein musterhafter Lehrling sein wird, sondern auch in der Folge, wenn er der ertheilten Anweisung gemäß seine Ausbildung fortsetzt, auf den Namen eines in jeder Beziehung achtungswerthen und gebildeten Apothekers gegründeten Anspruch machen kann.

Die in dem Werke enthaltene neue Nomenclatur wird zwar wohl in der nächsten Zukunft, so lange nicht auch bei den Pharmakopöen dieselbe zum Grunde gelegt wird, noch nicht in's Leben treten; jedoch wäre die Einführung derselben wün-

schenswerth, da es für den¦Lernenden eine sehr grofse Erleich-
terung ist, aus dem Namen zugleich die Zusammensetzung des
Mittels zu erfahren; für diesen Zweck aber die angeführten
Namen sehr passend erscheinen.

Der im Verhältnifs zu dem Inhalte und auch dem äufseren
Volumen des Buchs-sehr niedrige Preis von 3 Rthlr., so wie
die elegante äufsere Ausstattung, wie man solche von der Verlagshandlung gewohnt ist, dürften zu der allgemeinen Verbreitung desselben auch das ihrige beitragen.

. **Dr. H . . . . g.**

Handbuch der im Königreich Württemberg geltenden·
Gesetze und Verordnungen in Betreff der Medicinal-
Polizei, nach dem Stande am Schlusse des Jahres
1840. Stuttgart, Verlag der Metzler'schen Buch-
handlung. 1841. S. VIII. und 365 in 8.
Das Medicinalwesen des Grofsherzogthums Hessen, in
seinen gesetzlichen Bestimmungen dargestellt von
Dr. Frd. A. M. Fr. v. Ritgen, Ritter des Gr. Hess.
Ludwigsordens, Geheimen Medicinalrathe, Professor u. s. w. Erster Band. Darmstadt. Druck und
Verlag von C. W. Leske. S. XX. u. 723. in gr. 8.
Die Medicinalordnung im Grofsherzogthum Mecklen-
burg-Schwerin, kritisch erörtert von Dr. A. L. Dorn-
blüth, Grofsh. Mecklenb.-Schwer. Hofrath u. s. w.
Güstrow 1840. S. 631 in 8.
Beleuchtung der Verhältnisse der teutschen Apotheken
zum Staate, zur Gesetzgebung und zum Arzte. Ge-
legentlich des Entwurfs einer neuen Medicinalord-
nung für Baden, unter Mitwirkung des Ausschusses
des badischen Apothekervereins, im Auftrage der
Plenarversammlung des Vereins verfafst von Dr.
J. M. A. Probst, Grofs. Bad. General-Apotheken-
Visitator, Professor der Pharmacie an der Universität Heidelberg. Heidelberg, 1841. Akademische
Buchhandlung von J. C. B. Mohr. S. VIII. u. 138.
Ueber Apotheker-Taxen. Vom Hofapotheker Krüger zu Rostock. Rostock, 1841.

Wir müssen uns vorläufig begnügen auf vorstehende für die
Medicinal-Polizei ¡wichtigen Schriften aufmerksam zu machen,
da für den Augenblick Mangel an Raum uns verhindert, in das
Detail derselben speciell einzugehen. In Bezug auf des trefflichen Krüger's Schrift über die Taxe, bemerken wir nur, dafs
darin wesentlich eine entsprechende Arbeitstaxe in Betracht gezogen wird, worauf auch Brandes öfters schon aufmerksam
gemacht hat. Dieser Gegenstand verdient die genaueste Beachtung und für die Erörterung desselben sind wir Hrn. Krüger
sehr dankbar.

Anleitung zur qualitativen chemischen Analyse, oder systematisches Verfahren zur Auffindung der in der Pharmacie, den Künsten und Gewerben häufiger vorkommenden Körper. Für Anfänger bearbeitet von Remigius Fresenius. Bonn. Verlag von Henry und Cohen. 1841. S. VI. und 82. in gr. 8.

Der Titel dieser Schrift giebt den Zweck derselben genau an und die Ausführung ist rühmenswerth und der Absicht des Verf. entsprechend. Die einleitende Prüfung, die Auflösung der Körper nach ihrem Verhalten zu gewissen Lösungsmitteln, die eigentliche Untersuchung und die Bestätigung der durch sie erhaltenen Resultate durch controlirende Versuche bilden die Hauptpunkte, die der Verf. bei der Abfassung dieser Anleitung im Auge hatte. Die gedrängte, aber doch sehr übersichtliche Bearbeitung so wie die systematische Durchführung der Schrift, die consequente Befolgung des Plans, nur das, was in den Kreis der Schrift gehört, darin aufzunehmen, und entferntere Gegenstände derselben nicht zu berühren, machen diese Anleitung für Anfänger in der analytischen Chemie zu einem sehr nützlichen Führer.

Handbuch der medicinisch-pharmaceutischen Botanik, mit circa 200 naturgetreuen Abbildungen der in der *Pharmacop. Austr., Bavaric., Borussica, Saxonica* und andern neuen Pharmakopöen aufgenommenen officinellen Pflanzen, nebst Beschreibung derselben in medicinischer, pharmaceutischer und botanischer Hinsicht, von Dr. E. Winkler. 1. Lief. Zweite verbesserte Aufl. Leipzig, 1841. Verlag v. Polet.

Von diesem sehr zeitgemäfsen Unternehmen erstatten wir mit Vergnügen Bericht. Die erste Auflage, zu wenig Lieferungen fortgeschritten, fand eine so grofse Theilnahme, dafs eine zweite Auflage alsbald nöthig geworden ist. Von dieser ist die erste Lieferung erschienen, und was sehr angemessen ist, das kleine Format der Kupfertafeln ist verlassen, und dafür ein Quartformat gewählt, wodurch die Abbildungen gröfser und charakteristischer und die Analyse der Blumentheile besser wieder gegeben werden können. Sehr rühmend ist es überdies anzuerkennen, da das Werk nun ganz in diesem Format fortgeführt wird, dafs Hr. Polet die bereits in der ersten Auflage in kleinem Format erschienenen Hefte gratis gegen die neuen Lieferungen der zweiten Auflage umtauscht. Der Subscriptionspreis der Lieferung mit 5 Tafeln und Text ist äufserst billig zu 7¼ Sgr. gestellt. Die Abbildungen sind für diesen äufserst billigen Preis vortrefflich, die Illumination wie die Zeichnung lobenswerth. Für die Zweckmäfsigkeit des Textes bürgt der Name des Verf. Möge dieses Werk einer steigenden Verbreitung sich erfreuen, namentlich wird es für die, die keine grofse Kupferwerke sich anschaffen können, eine willkommene Erscheinung sein.

Fünfte Abtheilung.

Allgemeiner Anzeiger.

I. Anzeiger der Vereinszeitung.

Notizen aus der Generalcorrespondenz des Directoriums.

Se. Excellenz der Herr Minister und General - Postmeister Freiherr von Nagler in Berlin: Die Portovergünstigung für den Verein und für die Kreise St. Wendel und Emmerich insbesondere betreffend. Se. Excellenz der Hr. Minister Eichhorn das.: Die Portovergünstigung für den Verein betreffend. — Hr. Vicedirector Dr. Fiedler in Cassel, Hr. Kreisdir. Blaſs in Felsberg: den Kreis Medebach betr. — Hr. Vicedir. Posthoff in Siegen: Uebernahme des Vicedirectoriums Arnsberg. — Hr. Vicedir. Dugend in Oldenburg: Ueber Angelegenheiten des dortigen Kreises. — Hr. Vicedir. Dreykorn in Bürgel: Die Kreise Jena und Saalfeld betr. — Hr. Kreisdir. Bolstorf in Eimbeck: Ueber den Anschluſs der Mitglieder des Kreises Eimbeck an die Kreise Hildesheim und Andreasberg. — Hr. Vicedir. Sehlmeyer in Cöln: Das neue Vicedirectorium Trier und den Kreis Bonn betr. — Hr. Postmeister Runnenberg in Detmold: Ueber Angelegenheiten der Portovergünstigung. — Hr. Vicedir. Dr. Müller: Ueber das neue Vicedirectorium Emmerich. — Hr. Vicedir. Bucholz in Erfurt: Das Vermächtniſs vom Hrn. Regierungsrath Fischer für die Gehülfenunterstützungskasse betr. — Hr. Kreisdir. Lipowitz in Lissa: Die Einrichtung eines neuen Kreises Posen und eines neuen dortigen Vicedirectoriums betr. — Hr. Kreisdir. Sparkuhl in Andreasberg und Schultz in Conitz: Die Bücher der dortigen Lesezirkel und das Verzeichniſs der dortigen Mitglieder. Die Herren Kreisdirectoren Weber in Schwelm, Müller in Arnsberg, Becker in Peina: Den Lesezirkel betr. — Hr. Kreisdirector Dr. Riegel in St. Wendel: Ueber Ausbreitung des Vereins in dortiger Gegend. — Hr. Vicedir. Löhr in Trier: Uebernahme des Vicedirectoriums Trier. — Hr. Vicedir. Dr. Meurer in Dresden: Uebersendung eines Verzeichnisses der Mitglieder der sächsischen Kreise, und über die Bewilligung der Portovergünstigung. — Hr. Vicedir. Dr. Bucholz in Gotha: Ueber den Kreis Coburg. — Hr. Vicedir. Dr. Bley in Bernburg: Den Kreis Luckau betr. — Hr. Apoth. Bethe in Clausthal: Die Gehülfenunterstützungskasse betr.

Dankschreiben für die Ehrenmitgliedschaft des Vereins gingen ein: von Hrn. Paeſsler in Schmolln.

Gesuche um Unterstützung: Von Hrn. Feldapotheker Sydow in Berlin; von Hrn. Apoth. Schwarz in Bernburg; von Hrn. Vicedir. Dr. Bley das. für Hrn. Apoth. Meiſsner in Ziesar; von Hrn. Apoth. Koch in Höxter, von Hrn. Kreisdir. Schultz in Coniz, für Hrn. Gehülfen Pollack; von Hrn. Director Dr.

Aschoff für Hrn. Drees in Tecklenburg; von Hrn. Möhring in Wernigerode.

Beiträge zum Archiv gingen ein: Von Hrn. Vicedir. Dr. Bley in Bernburg; von Hrn. Apoth. Schmidt in Altenkirchen; von Hrn. Apoth. Triboulet in Waxweiler; von Hrn. Regierungsrath Dr. Levisseur in Posen.

Handelsnotizen.

Bergen, den 15. Dec. 1841. Thran sehr gefordert, brauner ist nicht mehr zu 11 Species zu haben, blanker ohne Vorrath, vor Anfang der neuen Zufuhren im Mai sind keine Aufträge auszuführen.

Berlin, den 4. Januar. Rüböl 14$\frac{1}{6}$ Rthlr. Leinöl 11$\frac{5}{6}$—12 Rthl.

Hamburg, den 31. Dec. Die Zufuhr von *Zucker* hat im Jahr 1841 an 78 Millionen Pfund betragen, 1840 betrug sie 100$\frac{1}{4}$ Millionen Pfund. *Kaffee* sind 1841 circa 70$\frac{1}{4}$ Millionen Pfund zugeführt worden, 1840 ca. 61 Millionen Pfund.

— *den 7. Jan.* Die Geschäfte in *Zucker* haben sich noch wenig gebessert. Hiesige raffinirte Zucker fanden zu niedrigen Preisen mehr Kauflust. Auch in *Thee* haben keine Umsätze von Belang statt gefunden. *Baumöl* desgl., von den 140,000 Pfund Malagaer, die den ganzen hiesigen Vorrath bilden, würde zu 36 Mark zu kaufen sein. *Pottasche* preishaltend, Vorrath besteht in nur 160 Fässern.

Leipzig, den 1. Jan. Rüböl 14$\frac{1}{4}$—14$\frac{1}{2}$ Rthlr. Leinöl 13 Rthlr. Mohnöl 19 Rthlr.

Neapel, den 29. Dec. 1841. Die Nachricht, dafs die engl. Regierung den Eingangszoll auf unsre *Oele* 4 L. pr. Tonne herabgesetzt hat, veranlafste einen Aufschlag der *Oel*preise. *Gallipoli* wird 29 D. 65 Gr. notirt.

Anzeige über das pharmaceutische Institut in Jena.

In dem *pharmaceutischen Institute zu Jena* beginnen bald nach Ostern 1842 die Vorlesungen und praktischen Uebungen für das nächste Sommersemester. Ueber die Einrichtung des Instituts, welches seit 13 Jahren ohne Unterbrechung wirksam gewesen ist und gegenwärtig 19 Mitglieder zählt, giebt der *sechste* öffentliche Bericht (*Arch. der Pharm. Jan. 1841*) Aufschlufs. Etwa gewünschte nähere Auskunft ertheilt der unterzeichnete Director des Instituts, an den auch die Anmeldungen zur Theilnahme möglichst frühzeitig zu richten sind.

Jena, den 3. Januar 1842.

Dr. H. Wackenroder,
Hofrath und Professor.

Apothekenverkauf.

Eine Apotheke im Reg.-Bez. Marienwerder ist zu verkaufen, und sind die nähern Bedingungen zu erfragen beim Hrn. Apotheker Lentz in Kowalewo bei Gollub in Westpreufsen.

Für Freunde der Botanik.

Zu verkaufen:

Ein Herbarium von circa 5000 verschiedenen phanerogamischen,. theils wild wachsenden, theils cultivirten Pflanzen, gut erhalten und nach natürlichen Familien geordnet, fast sämmtlich in weißem Schreibpapier aufbewahrt, zu dem billigen Preise von 15 Thlrn. per 1000 Pflanzen.

De Candolle's Organographie 2 Bde. zu 3 Thlr.
De Candolle's Prodromus 7 Bde. zu 24 Thlr.
Persoon's *Enchiridium bot.* 2 Bde. zu 3 Thlr.
Röhling's Deutschlands Flora 3 Bde. zu 3 Thlr.
Sprengel's Anleitung zur Kenntniß der Gewächse 8 Bde.
zu 3 Thlr.
Willbrand's Handbuch der Botanik. 2 Bde. zu 2 Thlr.
Auf frankirte Anfragen besorgt das Nähere
der Hofapotheker **Sehlmeyer** in Cöln.

Verkauf pharmaceutischer Herbarien.

In Beziehung meiner frühern Annonce, die Bekanntmachung der pharmaceutischen Herbarien betreffend, verfehle ich nicht, hiemit ergebenst anzuzeigen, daß ich diesen verflossenen Sommer wieder mehre Sammlungen, jede zu 400 Species, nach dem natürlichen Systeme aufgelegt habe, welche mit vollständigen und schönen Exemplaren versehen sind. Der Preis ist für die Centurie 2 Thlr. 12 Gr. — Bestellungen erbitte ich franco.
Göttingen, im Decbr. 1841.

J. Voß,
Universitätsgärtner.

II. Anzeiger der Verlagshandlung.

(Inserate werden mit 1½ Ggr. pro Zeile mit Petitschrift, oder für den Raum derselben, berechnet.)

Auf Veranlassung des Apothekervereins in Norddeutschland ist erschienen und durch jede Kunst- und Buchhandlung von uns zu beziehen:

Das wohlgetroffene Bildniss des Herrn Hof- und Medicinalraths Ritters *Rudolph Brandes.*

Der Verein hat dasselbe seinem Stifter und Begründer gewidmet, und von der Meisterhand Hanfstängl's lithographiren lassen. Der Ertrag ist für die Wohlthätigkeits-Anstalten des Vereins bestimmt, und wird auch aus diesem Grunde um fernere zahlreiche Bestellungen ersucht. Preis 1 Thlr.

Hahn'sche Hofbuchhandlung in Hannover.

Hannover im Verlage der Hahn'schen Hofbuchhandlung ist so eben erschienen und durch alle Buchhandlungen zu beziehen:

Geschichte der Mässigkeits-Gesellschaften

in den norddeutschen Bundes-Staaten,

oder

General-Bericht

über den Zustand der Mäßigkeits-Reform bis zum Jahre 1840. (Erster Jahres-Bericht über Deutschland.) Mit juridischen u. medic. Gutachten u. a. Documenten, statist. u. tabell. Zugaben und einem literarischen Anhange. Vom Pastor **J. H. Böttcher.** 45½ Bogen in gr. 8. 1841. geh. Ladenpr. 1½ Thlr.

Im Verlage der Hahn'schen Hofbuchhandlung in Hannover ist so eben **vollständig** erschienen und durch alle Buchhandlungen zu beziehen:

Die

Elemente der Pharmaceutik.

Von

P. A. Cap, Mitgliede der Königl. Akademie der Medicin in Paris, der Königl. Akademie der Wissenschaften in Lyon, u. s. w.

und

Dr. R. Brandes, Hofrathe und Medicinalrathe, Ritter des K. Preuß. roth. Adlerordens dritter Klasse m. d. Schleife, Oberdirector des Apothekervereins in Norddeutschland, u. s. w.

41½ Bogen in gr. 8. 1841. Preis 3 ℳ.

Das Werk, dessen Erscheinen wir hiermit dem Publikum anzeigen, darf der Aufmerksamkeit desselben vorzugsweise empfohlen werden.

Die beiden rühmlichst bekannten Herren Verfasser, welche sich zur Herausgabe desselben verbunden haben, sind durch ihre Stellung aufs genaueste mit den Anforderungen an ein Werk vertraut, welches, wie dieses, dazu dienen soll, die Elemente der wissenschaftlichen und praktischen Pharmacie, so wie die Dienstverhältnisse des Apothekers vom Beginn seiner Laufbahn an, zu umfassen.

Vorzugsweise ist es bestimmt, ein Leitfaden für den Schüler der Pharmacie zu sein, der ihn auf eine faßliche und lichtvolle Weise durch das ganze Fach führt, dem er sich gewidmet hat. Aber auch für den Lehrer ist es ein Leitfaden, wonach er seine Schüler nach einer folgerechten Weise und in einer erprobten Ordnung unterrichten kann.

Es sind hauptsächlich drei Richtungen, welche dieses Werk verfolgt:

1) Die Verhältnisse des Apothekers vom Beginn seiner Lehre bis zu der selbständigen Verwaltung einer Apotheke. Die Lehrjahre, die Gehülfen-, die Studienzeit, die Zeit der eigenen Verwaltung, sind in ihren wesentlichsten Beziehungen hier auseinander gesetzt, und sowohl die Pflichten als die vorzüglichsten Arbeiten, die jede dieser Perioden der pharmaceutischen Laufbahn mit sich führt, genau darin bezeichnet.

2) Die Arbeiten des innern und des öffentlichen Dienstes der Officin, des Laboratoriums und diejenigen, welche die übrigen Magazine betreffen, sind mit aller Umsicht und der Anordnung darin

beleuchtet, welche biese, für bie richtige Verwaltung einer Apotheke
so wichtigen Arbeiten bedingen.

3) Die Elemente der sämmtlichen Zweige der Naturwis=
senschaften, welche die Basis der Pharmacie ausmachen, sind
sodann auf eine eben so präcise als leichtfaßliche Weise entwickelt
und von Uebersichten der Arzneimittel begleitet, welche jedem
Zweige dieser Wissenschaft angehören.

So ausgestattet dürfte dieses Werk dem Zwecke, für welchen es bestimmt
ist, auf eine höchst vollständige Weise entsprechen, nämlich eine Einleitung,
ein Leitfaden für das ganze Gebiet der Pharmacie zu sein. Kein
anderes Werk dürfte sich wie dieses eignen, dem Schüler der Pharmacie
sogleich beim Eintritte in dieses Fach, als Lehrbuch übergeben zu
werden. Ueberall sieht man in demselben die erfahrenen von der Wichtig=
keit ihres Berufs durchdrungenen Männer, bie mit festem aber liebevollem
Ernste den Schülern ihres Fachs die Bahn vorzeichnen, bie als bie ange=
messenste sich ihnen bewährt hat, um dasselbe **gründlich zu erlernen
und zu betreiben.**

Die nachfolgende Inhaltsanzeige der einzelnen Kapitel dieses
Werkes wird eine nähere Uebersicht über dasselbe gestatten.

Einleitung. Allgemeine Bemerkungen. Ordnung und Dauer der phar=
maceutischen Lehre und des weitern Studienganges.

Erstes Buch. Erste Epoche der Lehrperiode. **Erstes Kapitel.**
Eintritt in die Officin. Allgemeine Geschichte, Nomenclatur und Clas=
sification der Arzneimittel. — **Zweites Kapitel.** Operationen der
ersten Ordnung. Operationen der zweiten Ordnung. Producte der ersten
Ordnung. Producte der zweiten Ordnung. — **Drittes Kapitel.**
Besondere Pflichten des Schülers in der ersten Periode der Lehre.

Zweites Buch. Zweite Epoche der Lehrperiode. **Erstes Kapi=
tel.** Medicamente der dritten Ordnung. Operationen und Producte.
— **Zweites Kapitel.** Arbeiten des Laboratoriums. Conservation
der Arzneimittel. — **Drittes Kapitel.** Elementarsätze aus der Physik.
— **Viertes Kapitel.** Von den chemischen Medicamenten oder den
Arzneimitteln der vierten Ordnung. Elementare Bemerkungen über bie
Chemie. Classification der Producte dieser Ordnung. — **Fünftes Ka=
pitel.** Besondere Pflichten eines Eleven erster Klasse. Magistraltechnik.

Drittes Buch. Studienperiode. **Erstes Kapitel.** Studienord=
nung in dieser Periode. — **Zweites Kapitel.** Allgemeine Verhältnisse
der Naturkörper. Elementarsätze der Mineralogie. — **Drittes Kapi=
tel.** Elementarsätze der Botanik. — **Viertes Kapitel.** Elementar=
sätze der Zoologie. — **Fünftes Kapitel.** Naturgeschichte der Dro=
guen. Chemische Manipulationen. Eramen. — **Sechstes Kapitel.**
Moralität des Fachs. Moralität des Apothekers. Schluß.

Anhang. I. Pharmaceutische Bibliothek. — II. Reglement für den
Dienst einer Apotheke. — III. Vergleichung der Thermometerscalen von
Fahrenheit, Celsius und Reaumur.

Register.

№ 2.　Geiger'sches Vereinsjahr.　1842.

Februar.

ARCHIV
DER PHARMACIE,
eine Zeitschrift
des
Apotheker-Vereins in Norddeutschland.

Zweite Reihe.　Neunundzwanzigsten Bandes zweites Heft.

Erste Abtheilung.

Vereinszeitung,
redigirt vom Directorio des Vereins.

1) Biographie.

Skizze
über
Dr. Philipp Lorenz Geiger's, weiland Professors der Pharmacie an der Universität Heidelberg, Leben und Wirken;
als Vortrag
in der Generalversammlung des Apothekervereins in Norddeutschland, gehalten zu Braunschweig am 20. September 1841;
von
Dr. *L. F. Bley*,
Vicedirector des Vereins.

Es ist ein schöner Gebrauch in unserm Vereine, die Hauptversammlungen und Jahre desselben mit den Namen um Naturwissenschaft und Menschenwohl hochverdienter Gelehrter zu schmücken. Nachdem bereits die Namen eines Bucholz, Hagen, Rose, Trommsdorff, Gehlen, Klaproth, Linné, Hermbstädt, Scheele, Berzelius, Davy, Biltz, Wurzer, Döbereiner, Vauquelin, Lavoisier, Jussieu und

Humboldt unsere Versammlungen und Vereinsjahre geziert haben, so soll nach der Bestimmung des Directorii die heutige den Namen des ausgezeichneten G e i g e r tragen. Mir ward der ehrende Auftrag, Ihnen ein Bild von den Leistungen dieses trefflichen Gelehrten aufzustellen. Mögen Sie es mit Nachsicht aufnehmen. Nicht unerwähnt darf es bleiben, dafs von mir bei dieser Skizze Hrn. Prof. Dr. D i e r b a c h's Aufsatz »Biographische Nachrichten, dem Andenken G e i g e r's gewidmet,« benutzt worden ist.

Philipp Lorenz Geiger war geboren zu Freinsheim, unweit Frankenthal, am 30. August 1785. Sein Vater, ein Geistlicher, hielt sich später einige Zeit in Heidelberg auf und ward dann als Pfarrer in Mittel-Schefflenz, im jetzigen Grofsherzogthum Baden, angestellt, wo er bis zu seinem im Jahre 1816 erfolgten Tode wirkte. Von acht Söhnen war unser G e i g e r der zweite. Nur drei Brüder haben ihn überlebt. Die Grundlage zu seiner Ausbildung legte theils der Unterricht seines Vaters, theils eines gewissen Pfarrers J o s e p h, welcher, durch die französischen Revolutionsunruhen aus seiner Stellung vertrieben, sich in Dallen, unweit Schefflenz, niederliefs und sich daselbst mit dem Unterrichte junger Leute beschäftigte, von welchen der junge G e i g e r einer dieser Zöglinge wurde.

Durch einen Freund seines Vaters, den Apotheker A r m b r e c h t aus Adelsheim, welcher bei seinen Besuchen den jungen Mann lieb gewann, der für sein Alter ansehnliche Kenntnisse sich erworben hatte, wurde dieser bestimmt, sich der Pharmacie zu widmen, wefshalb er zu gedachtem A r m b r e c h t nach Adelsheim ging, doch fand er daselbst nur spärliche Gelegenheit zu seiner Unterweisung, und als nach einem halben Jahre der Principal starb, kehrte G e i g e r ins Vaterhaus zurück, bis sein Vater im Anfange des neuen Jahrhunderts Gelegenheit fand, ihn dem Apotheker H e i n z e in Heidelberg als Zögling zu übergeben. So waren günstige Verhältnisse eingetreten zur genügenden Ausbildung in seinem Berufe, da H e i n z e nicht allein als ein sehr rechtschaffener, sondern auch als ein streng wissenschaftlich gebildeter Mann galt, welcher sowohl in der Chemie als Botanik eifrig fortschritt. G e i g e r erfreute sich einer freundlichen Behandlung und benutzte das ihm gefallene glückliche Loos, um in den Grundkenntnissen seines Fachs tüchtig zu werden, und dankbar rühmte er stets den liebevollen pflichttreuen Lehrer, in dessen Officin er nach wohlbestandener vierjähriger Lehrzeit noch längere Zeit verweilte und dann eine Gehülfenstelle in Rastadt annahm, wo er bald ein inniges Freundschaftsverhältnifs mit seinem Nebengehülfen, S t e i n, nachmaligem Apothekenbesitzer in Frankfurt a. M., knüpfte, welcher ein höchst eifriger Botaniker war. In dieser Stellung verweilte er 1½ oder 2 Jahre, und benutzte die reiche Flora der Umgegend zur Vermehrung seiner Kenntnisse in der Pflanzenkunde, so wie seinen spätern Aufenthalt zu Lindau am Bodensee, von wo er seine botanischen Excursiónen nach der gegenüberliegenden Schweiz ausdehnen konnte. Hier war es, wo sein künftiges Schicksal sich entschied. Seine unermüdliche Thätigkeit, verbunden mit grofser Rechtschaffenheit, und sein gediegenes Wissen konnten nicht unbemerkt bleiben. Die Erben des verstorbenen Apothekers **Sachs** in Karlsruhe suchten ihn für die Verwaltung ihrer Apotheke zu gewinnen. Er ließ sich hierzu bereit finden, bestand die Prüfung rühmlichst und trat im Jahre 1808 in diese neue Stellung ein. Die Besitzerin, Wittwe **Sachs**, erfreut durch die treffliche Verwaltung ihres Geschäfts, gewann den jungen Mann lieb, so daß sie ihm drei Jahre später ihre Hand zum Ehebündniß reichte, nachdem er erst eine Zeit lang in Heidelberg gelebt hatte, um durch Benutzung von Vorlesungen dortiger Professoren über Pharmacie, Physik, Chemie und Mineralogie sich weiter auszubilden. In diesem Jahre, 1811, trat **Geiger** zuerst als pharmaceutischer Schriftsteller auf, indem er im Taschenbuche für Scheidekünstler einen Apparat angab zur Bereitung des Schwefeläthers, dessen auch **Bucholz** in seiner Theorie und Praxis gedenkt, worin es jedoch durch einen Druckfehler **Geyer** statt **Geiger** heißt. Karlsruhe sollte indeß nicht lange der Schauplatz seiner Thätigkeit bleiben. Seiner Gattin Sohn aus der frühern Ehe, welcher sich der Pharmacie gewidmet hatte, wuchs zum selbstständigen Alter heran, und wünschte, wie natürlich, des Vaters nachgelassenes Geschäft zu übernehmen. **Geiger** mußte, damals noch nicht 30 Jahre zählend, einen andern Wirkungskreis suchen. Verschiedene Pläne, sich anderswo anzukaufen und zu besetzen, als in Lörrach und in Heidelberg, wo er die Henking'sche Hofapotheke zu kaufen wünschte, mißlangen in soweit, daß er die in Lörrach schon angekaufte Officin, eingetretener Verhältnisse wegen, wieder abgab und dagegen des Professors und Universitätsapothekers **Mai** in Heidelberg Officin käuflich übernahm, was im zweiten Semester des Jahrs 1814 geschah. Die Gelegenheit, seinen Trieb nach Vervollkommnung zu befriedigen, konnte nicht günstiger gefunden werden, und **Geiger** wußte selbige trefflich zu benutzen. Er faßte den Plan, sich dem Lehrfache an dortiger Hochschule zu widmen und trat im Jahre 1816 als Privatlehrer auf. Anfangs lehrte er Botanik, besonders medicinische, die er jedoch zu Gunsten seines Freundes, des jetzigen rühmlichst bekannten Professors Dr. **Dierbach**, der damals eben als Privatdocent sich habilitirt hatte, aufgab, sich dagegen dem Unterrichte über Pharmakognosie und pharmaceutische Chemie zuwandte. Nichts desto weniger blieb er seinem Fache, der praktischen Pharmacie, getreu und gab im folgenden Jahre, 1817, sein erstes selbstständiges Werkchen heraus:

> Beschreibung der Real'schen Auflösungspresse und Anleitung zum einfachen Gebrauche derselben zur Bereitung sehr wirksamer Extracte für Aerzte und Apotheker. Nebst einem Abrisse eines sehr nützlichen ökonomischen Ofens in Verbindung mit einer Dörre. Mit 1 Kupfertafel. Heidelberg, in Commission bei Mohr und Winter.

Im Jahre 1818 ertheilte ihm die dasige Universität den Grad eines Doctors der Philosophie und nahm ihn unter die Zahl der Privatdocenten auf, wobei er folgende Probeschrift erscheinen ließ:

> *Dissertatio pharmaceutica chemica de Calendula officinali quam illustris philosophorum ordinis auctoritate in Academia Ruperto - Carolina pro facultate legendi publico eruditorum*

examini submittit auctor Ph. L. Geiger. Heidelbergae typis Josephi Engelmanni, MDCCCXVIII.

Diese Arbeit ist sowohl hinsichtlich des darin herrschenden Styles, als der Gründlichkeit der chemischen Prüfung musterhaft zu nennen. Der Verfasser macht darin auf ein ehemals sehr geschätztes Arzneimittel, die Ringelblume, wieder aufmerksam.

Der gesetzlichen Form zu genügen, mußte derselbe zur Gewinnung der Erlaubniß, Vorlesungen zu halten, mehre selbst gewählte Sätze in lateinischer Sprache öffentlich vertheidigen, was am 1. April 1818 geschah. Der Sätze waren folgende:

1) *Attractio chemica plerumque eo majore vi apparet quo magis corpora se conjugentia sibi invicem opposita sunt.*

2) *Rationes stoechiometricae partium corpora constituentium novissimis corporibus detectae, multas pharmaceutico chemicorum praeparatorum praescriptiones (principis vindelicet stoechiometricis convenienter immutandas.corrigendi necessitatem imponunt.*

3) *Pharmacopoeae Borussicae praescriptio, acetum saturninum ope aceti destillati et minii parandi, non plane probanda est, melius et utilius acetum crudum et lythargyrum purum, seu plumbum oxydatum citrinum adhibetur.*

4) *Ratio cuprum sulphurico ammoniatum parandi, quae praescribitur in pharmacopoea Borussica, non plane est conveniens, et sine necessitate per ambages rem ad exitum perducit.*

5) *Extracta proelo Realeano parata quam maxime praeferenda sunt iis, quae.coctione parantur, atque hanc ob causam digna, quae legitime introducentur.*

6) *Extractum ferri pomatum digestione ferri cum pulte pomorum tritorum, minime cum eorum succo expresso, parandum est.*

7) *Liquor Ammonii acetici, seu Spiritus Mindereri semper aceto concentrato, nunquam aceto destillato simplici parandus.*

8) *Materia illa glutinosa, in Calendula nuperrime a me detecta nondum in plantis reperta est et pro nova plantarum peculiari principio habenda est.*

9) *Albumen vegetabilium induratum, principio animalium fibroso simillimum, principium vegetabilium fibrosum nominari potest.*

10) *Separatio principii extractivi vegetabilium a salibus deliquescentibus, praesertim malicis praecipitatione per plumbum aceticum neutrum et tunc digestione praecipitati cum acido acetico optime procedit.*

11) *Immutatio nominum plantarum novissimis temporibus tantopere frequentato, aeque ac disjunctio unius generis in plura nova magis moderanda est, quippe qua utraque plus confusionis quam utilitatis exoriatur.*

12) *Lycopsis arvensis non recte ad genus Anchusae transfertur, quia partis, quae in flore inprimis respicienda est, nulla ratio habetur;*

welche Themata sowohl aus der Theorie als der Praxis der Chemie und Pharmacie, als aus der Botanik gewählt waren, um damit gleichsam anzudeuten, daß er nicht bloß einzelne Zweige der Pharmacie, sondern den ganzen Umfang derselben beherrschen und darin als Lehrer auftreten wollte. Auf Geiger's

Wunsch trat sein Freund Dr. Dierbach als Opponent bei der Vertheidigung auf.

So hatte er das Recht, öffentliche Vorlesungen zu halten, auf eine ehrenvolle Weise erlangt und säumte nicht, dasselbe auf eine für seine Zuhörer erspriefsliche Art auszuüben. Im Herbst desselben Jahrs erschienen seine:

»Ideen über eine Apothekertaxe. Heidelberg, 1819.«

Derselbe zeigte darin, dafs der Apotheker von den meisten Regierungen gebildeter Staaten seinen Rang unter den Staatsdienern angewiesen erhalten, dafs sein Geschäft mit strengen Pflichten verbunden sei und die Taxe ihm als Gehaltsbestimmung dienen solle. Er fand es nothwendig, die Taxe so zu stellen, dafs sie dem Apotheker bei gleichbleibendem Geschäft unter allen Umständen eine gleiche Gewinnsumme abwerfen müsse, was bei einer blofs auf die Rohwaarenpreise procentmäfsig gegründeten Taxe niemals der Fall sein könne. Er hielt es also für nothwendig, dafs man, um alles Schwankende und Unsichere zu vermeiden, auf ein bestimmtes Gewicht der Waare einen bestimmten Gewinn zugestehe, dafs der Apotheker eben so gut bei wohlfeilen wie theuren Arzneien gleichen Gewinn habe, wobei das Publikum nicht im Nachtheile sich befinde. Diese sehr umsichtig entworfene Arzneitaxe hat gleichwohl nirgends vollkommene Anwendung gefunden, zum Zeichen, dafs die Medicinalbehörden, welche damals in der Regel nur aus Aerzten bestanden und zum Theil noch bestehen, wenig Notiz von dem nahmen, was in dieser Angelegenheit von fähigen sachkundigen Männern aufgestellt wurde. Man blieb gröfstentheils beim frühern Herkommen der procentischen Taxe. In demselben Lande erschienen ferner ebenfalls andere sehr durchdachte Taxentwürfe, von Razen, Hänle, kürzlich von Dr. Probst, ohne dafs indefs auch diese zur vollkommnen Anwendung gekommen wären, und so wird es ferner sein, wenn nicht die Apotheker in ihrer eignen Sache, die kein Anderer gründlich zu würdigen versteht, zu Vertretern werden bestellt werden.

Im Jahre 1819 erschienen seine, zum Theil von seinem Freunde Stein in Frankfurt herrührenden Mittheilungen über Verfälschung des *Sem. Cynae* mit *Sem. Tanaceti*, des *Ol. Anisi* mit *Spermaceti*, des *Ol. Cinnamomi* mit *Ol. Laurocerasi* (?), des *Resin. Jalappae* mit *Resin Guajaci*, des *Argentum nitric.* mit Spiefsglanzkönig, ferner über das Blauwerden des *Spiritus nitric. aeth.* mit *R. Guajaci*, wobei er zur Darstellung des Salpeterätherweingeistes die Black'sche Methode der Salpeterätherdarstellung empfahl. (*Buchn. Repert. für die Pharm. VI, 254.*)

Ferner Bemerkungen über den krystallinischen Ueberzug der Vanille, die fragliche Wirksamkeit des Opiumwassers, Gehalt an blausaurem Ammoniak im *Liq. Amm. pyro oleosus*, über Sementini's Phosphorkali, Bereitung von geschmolzenem Aetzkali, des Schwefeläthers, Aetzammoniaks, über Grünfärbung eines Chinarinden- und Nelkenwurzeldecocts durch Salpeterätherweingeist.

Im Jahre 1820 gab er eine Vorschrift zur vortheilhaften Bereitung reiner Salpetersäure selbst aus rohem Salpeter bei Anwendung concentrirter Schwefelsäure ohne Wasser, und eine Vorschrift zur Darstellung des ätzenden und des milden Quecksilbersublimates.

Er empfahl die Anwendung einer Schwammmaske gegen schädliche Ausdünstungen, nach Borse's in Genf Angabe. Fernere Arbeiten von ihm sind: Anwendung von Brugnatelli's Methode, den Quecksilbersublimat von Arsenik mittelst blauer Jodstärke zu unterscheiden, wobei er fand, daſs man der durch Arsenik entfärbten Jodstärke mindestens halb so viel, als die Mischung beträgt, concentrirte Schwefelsäure zumischen müsse, wobei dann die blaue Farbe beim Arsenik, niemals beim Sublimat erscheine. (*Buchn. Repert. Bd. VIII.*)

Analyse des Ricinussamens in »Trommsdorff's Taschenbuch für Scheidekünstler, 1820, p. 311.«

1821 lieferte er: Ueber Zerlegung des essigsauren Bleies durch weinsteinsaures Kali. (*Buchn. Repert. Bd. IX.*)

Chemisch-pharmaceutische Versuche und Bemerkungen über Schwefeläther und Hyposchwefelsäure, so wie über *Mercurius dulcis* auf nassem Wege, über Chinin und Cinchonin, deren beider Gegenwart in der grauen Chinarinde G. zuerst nachwies, was später Pelletier bestätigte, wobei G. eine neue Methode zur Darstellung des Cinchonins angab.

Im Jahre 1822: Berichtigung des Verhältnisses der Mischung zum chlorsauren Kali. (*Trommsd. Taschenb. 1821.*)

Geiger gab in einem Vortrage in der Gesellschaft für Naturwissenschaft und Heilkunde eine Uebersicht der bis jetzt entdeckten organischen Salzbasen. (*Buchn. Repert. XIII, 3.*)

Er unternahm Versuche zur Darstellung eines mit gröſstmöglichster Menge Chloreisen im *Maximo* verbundenen Salmiaks durch Krystallisation und Ausmittlung seiner Bestandtheile. Daselbst.

Ueber Mangandoppelsalze, wobei er von schwefels. Manganoxydul - Natron drei verschiedene Arten fand, eins mit zwei, mit vier und fünf Mischungsgewichten Wassers.

Bemerkungen über *Aethiops mineralis* und über salzsaures Eisenoxyd. Daselbst XII, 2. — G. schrieb einen Zusatz von *Liq. Ammonii hydrothionici* vor.

1823 erschien von ihm: Chemische Versuche mit *Lycopus europaeus*, aus welchen er auf die medicinische Wirksamkeit der Pflanze schloſs. (*Buchn. Repert. XV, 1.*)

Erfahrungen bei der Bereitung des chlorsauren Kali. Er fand das Hinstellen der Lauge mit den bereits ausgeschiedenen Krystallen auf einige Zeit an einen kühlen Ort zur Gewinnung einer gröſsern Menge und eines reinern Salzes nothwendig. Daselbst.

Widerlegung der Angabe Prandt's und Berzelius's, daſs das Antimon auf nassem Wege in Antimonsäure umgewandelt werde, und Vorschlag zur Bereitung eines zur Darstellung des Brechweinsteins vorzüglich tauglichen Antimonoxyduls aus Antimonmetall und Schwefelantimon.

Ueber das Verhalten des Brechweinsteins gegen Hydrothionsäure. Berichtigung der Angaben Runzler's über Darstellung reiner Salpetersäure und Robiquet's Prüfung des Jodkaliums, zu welchem Behufe Geiger Sublimatlösung empfahl.

Im Jahre 1824: Versuche über die Entfärbung der zuletzt bei der Bereitung des Cinchonins und Chinins erhaltenen braunen und krystallinischen Masse, und Zerlegung eines neuen problematischen Alkalis in der braunen China. Er fand diese Masse bestehend aus schwefelsaurem Cinchonin und Chinin, und einer braunfärbenden Substanz, welche ihr die Eigenschaft benimmt, mit Säure krystallinische Salze zu bilden. (*Geig. Magaz. für Pharm. VII, 1824.*)

Ueber *Valeriana officinalis* und deren Abarten. Daselbst.

Versuche mit zwei im Handel vorkommenden gefärbten Opiumsorten? — Untersuchung des Saftes von unreifen Trauben. Daselbst. Er fand keine Citronensäure, wohl aber Weinsteinsäure und Aepfelsäure, nebst mehren Salzen.

Fernere Erfahrungen über die Bereitung des Brechweinsteins und über einige bis jetzt in diesem Salze und dem weinsteinsauren Eisenoxydulkali noch nicht beobachteten chemischen Eigenschaften. Daselbst S. 260.

Er empfahl die Anwendung eines Bades von salzsaurem Kalk beim Abdunsten und bei Destillationen. Daselbst S. 266.

Untersuchung eines als Augenmittel gerühmten Arcanums (*Laeysons odorus powder*). Daselbst.

Gegenbemerkungen gegen Robiquet's Anmerkungen über die von Geiger beobachteten Erscheinungen bei Bereitung des chlorsauren Kalis. Daselbst

Vergleichende Analyse von *Galeopsis villosa* und der Lieberschen Auszehrungskräuter, wodurch die Identität des Lieber'schen Arcanums und der *Galeopsis villosa s. grandiflora* sich ergab. — Praktische Handgriffe über das Austrocknen und Abwiegen der Filter. Das. Bd. 9.

Mit diesem Jahre, 1824, hatte Geiger die Herausgabe des früher vom Medicinalrath und Apotheker Hänle in Karlsruhe angefangenen »Magazins für Pharmacie« übernommen, nachdem Hänle mit Tode abgegangen war, welche Zeitschrift er später unter dem Titel »Annalen der Pharmacie« in Verbindung mit Liebig, u. eine kurze Zeit noch mit Trommsdorff, Brandes, Mohr und Merck herausgab.

Ueber *Aeth. mineralis* durch Reiben bereitet. Daselbst Bd. 9. — Untersuchung zweiter Varietäten von doppelt-schwefelsaurem Kali. Daselbst.

Im Jahre 1825 lieferte er: Bemerkungen über die Real'schen und Romershausen'schen Pressen.

Bemerkungen über das essigsaure Morphin und Bereitung desselben, wobei er auf die Nothwendigkeit der vollkommenen Sättigung des Morphins mit Essigsäure aufmerksam machte, welches Salz viel stärker wirke, als das basisch-essigsaure.

Ueber Sömmering's Versuche, geistige Flüssigkeiten mittelst Verdunsten durch thierische Häute zu entwässern. Daselbst.

Versuche und Bemerkungen über die Perlen. Das. Bd. XI.

Beschreibung des Koch- und Destillirapparates des Herrn Beindorff. Das. Bd. XI.

Beschreibung einer falschen *Sassaparilla.* Daselbst.

Ueber den Hollunderschwamm, *Fungus Sambuci*, und dessen Verwechselung mit *Boletus versicolor.* Daselbst XI.

Ueber die Buccoblätter, ein neues Arzneimittel. Daselbst.

1826 schrieb er über Bablah, eine gerbende Substanz. Das. Bd. XII.

Chemische Untersuchung eines in der Nähe von Heidelberg

vorkommenden Thoneisensteins, Bohnenerzes und Brauneisensteins.

Chemische Untersuchung einiger Farben, Unterlagen und Decken aus Pompeji, Herculanum und Tusculum. Daselbst.

Versuche mit inländischem Opium. Das. Bd. XV.

Ueber Chlorboron und Chlorbrom und mehre Fluormetalle.

Beschreibung und Untersuchung des Schwefelbades zu Langenbrücken bei Heidelberg. Das. Bd. XII.

Prüfung eines verfälschten käuflichen Borax, welcher als schwefelsaures Kali erkannt wurde.

Bemerkungen über Krystalle in rectificirtem Terpentinöl.

Bromgehalt der Salzsoole zu Rappenau.

1827 machte er Versuche über die Wirkung der reinen und kohlensauren Magnesia auf Sublimat. Daselbst.

Analytische Versuche mit der Wurzel des männlichen Farrnkrautes und Darstellung des Oels. Das. XVII.

Versuche über die Darstellung und Natur einiger Spiesglanzpräparate, angestellt in Verbindung mit Reimann. Das. XVII.

Ueber englische und französische Rhabarber. Daselbst.

Eine neue Art Bildung von Essigsäure. Daselbst.

Berichtigung einiger Angaben über die Eigenschaften des Morphiums und Opiums.

Ueber die Existenz hydrothionsaurer schwerer Metalloxyde in Verbindung mit Reimann.

Ueber die Verwechselung der Fallkrautwurzel, *Rad. Arnicae*, mit andern Wurzeln. — Versuche mit dem Milchsafte des Feigenbaums. Das. XX.

Chemische Untersuchung einer Stahlquelle bei Weinheim an der Bergstrafse.

Bemerkung über die Selbstdarstellung chemischer Präparate durch die Apotheker, worin er die Meinung ausspricht, dafs die Apotheker die zum Arzneigebrauch bestimmten Präparate selbst bereiten sollen.

Neue und einfache Methode, den Schwefel auf Arsenik zu prüfen, und Ausscheidung der Arseniksäure aus natürlich vorkommenden arsenikhaltigem Eisenoxydulhydrat. (*Magazin für Pharm. XIX.*)

Untersuchung mehrer Erdarten und Wein aus dem Rheinthale.

1828 gab er eine Beschreibung und Untersuchung eines Bisambeutels und des darin enthaltenen Bisams in Verbindung mit Reimann, welche Arbeit uns über die Zusammensetzung des Moschus am genauesten Kenntnifs gegeben hat. Das. XXI.

Beiträge zur genauen Kenntnifs der schwarzen Niefswurzel und deren Verwechselung mit andern Wurzeln.

Ueber ein chemisches Unterscheidungszeichen der russischen Rhabarber von der chinesischen.

Versuche mit verdächtigem Bisam in Verbindung mit Reimann. Das. XXI.

Ueber ostindische Sennesblätter. Er gab diesen vor den alexandrischen den Vorzug, was mit meinen Versuchen übereinstimmt. Bd. XXII.

Chemische Untersuchung steinartiger Concremente, welche

bei einem periodischen halbseitigen Kopfschmerz durch die
Nase entleert wurden. Bd. XXI.

1829 schrieb er über eine wenig bekannte Verwechselung
des rothen Fingerhutes, *Digitalis purpurea.* Das. Bd. XXIII.

Ueber die Pflanze, welche als ächter blauer Eisenhut für
die Apotheken zu sammeln ist.

Fortgesetzte Versuche über die blaublühenden Aconiten.
Das. XXIV.

Ueber die Copalchirinde. Das. XXIV.

Ueber den Gerbestoff. XXV.

Die Preſsmaschine für Decocte des Hrn. Beindorff und
dessen kleiner Koch- und Destillirapparat. Das. XXVI.

1830 — 1836 lieferte er: Beschreibung eines Moschusfells.
Das. Bd. XXIX.

Versuche über die Bildung der Kleesäure aus Papier mittelst Aetzkali. Das. XXX.

Vergleichung der Rinde von *Brucea ferruginea* mit *Cortex
Anguturae spurius.* Das XXXIV.

Versuche mit *Aconitum Napellus,* über die beste Bereitungsart des Extracts und über die Isolirung des scharfen Princips.
Das. XXXIV.

Versuche mit *Conium maculatum.* Das. XXXV.

Versuche über die Darstellung des Cyankalium aus Cyan-
eisenkalium, und Bildung von Ameisensäure bei Zerlegung des
wässrigen Cyankaliums in der Hitze. (*Annal. der Pharm. Bd. I.*)

Versuche über die Bereitung der medicinischen Blausäure
aus blausaurem Eisenoxydulkali. Das. Bd. III.

Darstellung des Atropins. Bd. V.

Ueber einige giftige organische Alkalien: Atropin, Hyoscya-
min, Daturin, Colchicin, Aconitin. Das. VII.

Blausäuregehalt des aus rohem Weinstein durch Verkohlung
desselben erhaltenen kohlensauren Kali. Das. VII.

Vergleichende Versuche mit einigen Rhabarberarten. Bd. VIII.

Ueber den Rhabarberstoff oder das Rhabarbergelb. Bd. IX.

Weitere Erfahrungen über das Rhabarberin und Auffindung
eines sehr ähnlichen oder identischen Stoffes, Rumicin, in der
Wurzel von *Rumex patientia.* Das. IX.

Ueber die Bereitung und Prüfung des concentrirten Bitter-
mandelwassers. Das. XIII.

Ueber Bereitung der officinellen Spieſsglanzbutter. Das. XIV.

Einige Versuche mit der Wurzelrinde von *Cornus florida,*
besonders zur Darstellung eines angeblich organischen Alkalis,
Cornin. Das. XIV.

Ueber Pharmakopöen überhaupt und die neu zu bearbeitende
Pharmacopoea Badensis insbesondere. (*Annal. der Pharm. XVI.*)

So war Geiger nach allen Seiten hin bemühet für die
Ausbildung der verschiedenen Zweige der Pharmacie thätig zu
sein. Seine Arbeiten tragen das Gepräge der praktischen Tüchtigkeit und Musterhaftigkeit.

Aber mehr noch als durch diese Arbeiten, welche jeden
Falls höchst schätzbar sind und Geiger's Namen in dankbarem
Andenken bei den Pharmaceuten und Chemikern erhalten wer-
den, hat er sich verdient gemacht durch die Bearbeitung seines
»Handbuchs der Pharmacie, zum Gebrauche bei Vorlesungen und

zum Selbstunterrichte für Aerzte, Apotheker und Droguisten.
Heidelberg 1824', wovon in dem genannten Jahre der erste
Band, 1828 die erste Hälfte des zweiten Bandes, 1829 die zweite
Hälfte erschien, während vom ersten Theile schon 1827 die
zweite, 1830 die dritte Auflage und 1833 die vierte Auflage erschien; die spätere Auflage des ganzen Werkes ist nach Geiger's Tode von Liebig, Marquart und Dierbach besorgt.
Jeder gebildete Pharmaceut kennt das Geigersche Werk und
ich habe nicht nöthig, hier mehr zu seinem Lobe zu erwähnen. Der schnelle Absatz hat über seinen grofsen Werth hinlänglich entschieden. Vor dem Erscheinen dieses Werkes besafs die deutsche Literatur kein so umfassendes Werk auf dem
Gebiete der Pharmacie von dieser Vollständigkeit und durch
dasselbe ist der edle Verfasser der Lehrer fast aller jüngern
deutschen Pharmaceuten geworden, und wenn wir mit unserm
verewigten Freunde Biltz das Leopold Gmelin'sche Werk
über Chemie eine chemische Bibel nennen können, so mufs das
Geiger'sche Handbuch die pharmaceutische Bibel heifsen.

Längst war unter den deutschen Aerzten und Pharmaceuten
der Wunsch rege geworden, eine allgemeine deutsche National-
Pharmakopöe zu besitzen und Herr Geheimerath und Professor
Harless in Bonn hat den Wunsch und die Nothwendigkeit
der Ausführung mehrmals bei den Versammlungen deutscher
Aerzte und Naturforscher zur Sprache gebracht. Die Verschiedenheit der deutschen Landestheile in Regierungen, Ansichten,
Bedürfnissen haben leider den Wunsch noch nicht zur Ausführung kommen lassen.

Geiger, welcher im Jahre 1829 Antheil nahm an der
Versammlung der Naturforscher und Aerzte in Heidelberg,
sowie 1830 an jener zu Hamburg, (wo der Verfasser dieses
Abrisses Gelegenheit fand, des hochgeschätzten Mannes längst-
gewünschte persönliche Bekanntschaft zu machen), 1834 an der
zu Stuttgart und 1835 zu Bonn, sprach bei dieser letzteren in
einer Rede seine Grundsätze aus über die Anordnung einer
Universal-Pharmakopöe, deren Ausführung er sich längst zum
Vorsatze gemacht hatte. Die ihm übertragene Ausarbeitung
einer Pharmacopoea Badensis brachte den Entwurf zur Ausführung und Geiger ging an die Bearbeitung, zu welcher er
längst mit Vorarbeiten sich mufste beschäftigt haben, von der
sehr bald der erste Theil erschien. Auch der zweite Theil
sollte bald folgen, der Verfasser war unermüdet thätig an der
Vollendung desselben, doch die Vorsehung hatte es anders beschlossen.

Er zog im Januar 1836, als er mit einem ihn besuchenden
Verwandten spazieren ging, sich eine Erkältung zu, er ward
bettlägerig, es trat ein nervöses Fieber hinzu und seine sonst
kräftige, doch durch zu angestrengte Arbeiten geschwächte
Natur unterlag der Krankheit. Geiger verliefs am 19. Januar
diese Zeitlichkeit, um zu einem rein geistigen Wirken einzugehen in ein höheres Sein. Schon im kaum angetretenen
50. Lebensjahre mufste er in der Kraft des rüstigen Mannes-
alters von dem Schauplatze seiner unermüdlichen Thätigkeit
abtreten, welche ihm von früh an zum Bedürfnisse geworden
war, wie er denn nach seines Freundes Dierbach Zeugnisse

als Zögling der Pharmacie beim Wurzelschneiden Werke von
Linné und Trommsdorff studirt hatte. Gleich Bucholz und
Biltz mufste er, der ausgezeichnete und tüchtige Mann, früh
aus diesem Leben scheiden, gleich erstem, dem er ähnlich war an
Gediegenheit und Eifer für das Beste seines Faches, wie er dem
zweiten gleich war in seinem bescheidenen geräuschlosen Auftreten, wie in seiner äufserlichen Gestalt. Geiger hinterliefs eine
trauernde Wittwe, geborne Rinck aus Karlsruhe, mit welcher
er in einer glücklichen, noch nicht 10jährigen Ehe gelebt
hatte, und vier noch unerzogene Knaben, welche den grofsen
Verlust eines solchen Vaters noch nicht zu würdigen verstan-
den: denn der älteste zählte noch nicht 8 Jahre. Es war sehr
natürlich, dafs die ausgezeichneten Leistungen des seltenen
Mannes anerkannt wurden. Im Grofsherzogthum Baden hatte
ihm die Regierung das Ehrenamt eines Revisors der Apotheken
übertragen, welches bei ihm ein ächtes Ehrenamt war: da er
es mit der Ehre der Meisterschaft bekleidete. Die Universität
Marburg sandte ihm *honoris causa* die medicinische Doctor-
würde, zahlreiche gelehrte Gesellschaften wählten ihn zu
ihrem Ehren- und correspondirenden Mitgliede, als die Wet-
terauische für die gesammte Naturkunde zu Hanau, die Gesellschaft für Naturwissenschaft und Heilkunde zu Heidelberg, die
mineralogische zu Jena, die Senkenbergische naturforschende zu
Frankfurt am Main, die Gesellschaft zur Beförderung der gesammten Naturwissenschaften zu Marburg, die Société de pharmacie zu Paris, die Apotheker-Vereine in Baiern, Baden und
auch unser norddeutscher Verein beeilte sich ihm durch Ertheilung seines Ehrendiploms seine Mitgliedschaft zu versichern.

Dr. Griesselich nannte Geiger zu Ehren eine Pflan-
zengattung aus der Familie der Compositen *Geigeria*.

Mitglied der medicinischen Facultät, deren Zierde er gewesen sein würde, war er indefs nicht. Eben so wenig wie
solche Mitgliedschaft der verewigte Schweigger-Seidel in
Halle erlangt hatte. Ob die medicinischen Facultäten durch
das, wie es scheint, beharrliche Ausschliefsen ausgezeichneter
Lehrer der Pharmacie sich selbst ehren, ist sehr zweifelhaft,
sie begeben sich selbst eines trefflichen Gewinns: denn die
Pharmacie soll ja doch, wie ein bekannter Professor der Medicin
sich ausdrückt, das Herz der Medicin sein; und indem Fürsten
und hochgestellte Corporationen ausgezeichnete Männer ehren,
ehren sie sich nur selbst: denn wahrhafte Meisterschaft, wie
sie sich unser Geiger angeeignet hatte, berechtigt zu Ansehn
und Würde, ja sie verleihet solche allen denen, welche wahre
Wissenschaftlichkeit mit der höchsten Blüthe sittlicher Bildung,
mit reiner Humanität verbinden und was ist alle hohe Bildung
des Geistes, was alles tiefe Forschen im Reiche des Wissens, wenn
jene schöne duftende Blume, die höchste Zierde der Menschheit, welche ihr allein wahrhaften Adel verleihen kann und sie erhebet zum
Ebenbilde des Urquells der Geister, fehlt? Es fehlet dann das
wahrhaft Beglückende, über das Irdische und Vergängliche hinaus
erhebende Princip: denn die Vorzüge des Verstandes verleihen
wohl Schimmer, aber der schönste Ruhm des Menschen vor dem
Allweisen und Allreinen, welcher allein die Quelle des innern
Friedens ist, bleibt ein reines Gemüth, ein hoher Sinn für alles

Edle und Schöne, ein Inbegriff der Demuth, wie sie den Menschen ziemt vor der Allweisheit des Herrn, der die Kräfte des Geistes verlieh, der die Gaben verschiedentlich austheilte, ein Sinn, der in dieser Demuth seiner eigenen Mängel sich bewußt bleibt, trotz aller äußerlichen Erhebungen, der da anerkennt die Leistungen Anderer in Kunst und Wissenschaft, wie in Thätigkeit um menschliche Wohlfahrt: denn nicht nach Summen von Jahren und Tagen, nicht nach Summen von Ehrenstellen und Würden und nicht nach Summen von Gütern, sondern nach Summen edler und schöner Thaten zählet der Menschenfreund sein Leben, darum ist das kurze schnell verrauschte Dasein oft das längste und ehrenwertheste, so ist es bei dem, zu dessen Gedächtnißfeier diese einfache schmucklose Darstellung dienen soll, darum freuen wir uns seiner Leistungen, seiner Verdienste, darum weihen wir ihm ein Gedächtniß in unserm Herzen, das dauernd bleibt über das Grab hinaus, bis zu dem Tage, wo das irdische Dunkel vergangen ist, und unser Blick erhellet wird in voller Klarheit, wo wir wiederfinden die Trefflichen, welche vor uns abberufen wurden zu höherer Vollendung, der sie frühe entgegen gereift waren, als die ächten Blüthen der Unsterblichkeit!

2) *Vereinsangelegenheiten.*

Eintritt neuer Mitglieder.

Hr. Apoth. **Hentschel** in Salzwedel ist, nach Anmeldung durch Hrn. Kreisdir. **Treu**, als wirkliches Mitglied des Vereins in den Kreis Stendal aufgenommen worden.

Desgl. Hr. Apoth. **Gerlach** in Crossen, nach Anmeldung durch Hrn. Kreisdir. Dr. **Tuchen**, in den Kreis Naumburg.

Desgl. Hr. Apoth. **Rude** in Gostyn, Hr. Apoth. **Kretschmar** in Bomst, Hr. Provisor **Geisler** in Ostrowo und Hr. Ap. **Ernst** in Jarocin, nach Anmeldung durch Hrn. Vicedir. **Lipowitz**, in den Kreis Lissa.

Desgl. Hr. Apoth. **Kanneberg** in Palplin und Hr. Apoth. **Diehrberg** in Jastrow, nach Anmeldung durch Hrn. Kreisdir. **Schultz**, in den Kreis Conitz.

Desgl. Hr. Apoth. **Reis** in Baumholden, nach Anmeldung durch Hrn. Kreisd. Dr. **Riegel**, in den Kreis St. Wendel.

Desgl. Hr. Apoth. **Dörffel** in Mitweida und Hr. Apoth. **Eichler** in Glaucha, nach Anmeldung durch Hrn. Kreisdir. **Kirsch**, in den Leipzig-Erzgebirgischen Kreis.

Desgl. Hr. Apoth. **Frey** in Königstein, nach Anmeldung durch Hrn. Kreisdir. **Ficinus**, in den Kreis Dresden-Altstadt.

Desgl. Hr. Apoth. **Hennig** in Kötschenbroda, nach Anmeldung durch Hrn. Kreisdir. **Dorn**, in den Kreis Dresden-Neustadt.

Desgl. Hr. Apoth. **Facius** in Königswartha, nach Anmeldung durch Hrn. Kreisdir. **Jässing**, in den Kreis Lausitz.

Desgl. Hr. Apoth. **Walther** in Priebus, nach Anmeldung durch Hrn. Kreisdir. **Jacob**, in den Kreis Luckau.

Desgl. Hr. Apoth. J ä n e k e in Freren, nach Anmeldung durch Hrn. Kreisdir. U p m a n n, in den Kreis Osnabrück.

Hr. Apoth. B ä d e c k e r in Witten, bereits früher Mitglied, ist, nach Anmeldung durch Hrn. Kreisdir. W e b e r, in den Kreis Schwelm wieder eingetreten.

Desgl. Hr. Apoth. S c h m i d t in Brotterode, nach Anmeldung durch Hrn. Vicedir. Dr. B u c h o l z, in den Kreis Gotha.

Unser verehrter Hr. College, Dr. R a b e n h o r s t, früher in Luckau, ist, nach Verlegung seines Wohnortes nach Dresden, in den Kreis Dresden - Neustadt wieder eingetreten.

Hr. Prof. Dr. K ü h n und Hr. Stadtrath Kaufmann L a m p e in Leipzig sind als aufserordentliche Mitglieder des Vereins, nach Anmeldung durch Hrn. Vicedir. Dr. M e u r e r und Hrn. Kreisd. R o h d e, in den Kreis Leipzig aufgenommen worden.

Hr. Chemiker Dr. R o s e n t h a l ist, nach Anmeldung durch Hrn. Vicedir. Dr. M e u r e r, als aufserordentliches Mitglied des Vereins in den Kreis Lausitz aufgenommen worden.

Salzuflen, den 24. Jan. 1842.

Der Oberdirector des Vereins.

B r a n d e s.

Vicedirectorium Trier.

Für die pünctliche Verwaltung der Vereinsangelegenheiten ist es für angemessen erachtet worden, die Kreise Trier und St. Wendel zu einem besondern Vicedirectorium zu vereinigen und ist Hr. College L ö h r in Trier, der um die Begründung des Vereins in dortiger Gegend so viele Verdienste sich erworben hat, zum Vicedirector dieses neuen Vicedirectoriums erwählt worden, welches wir insbesondere den geehrten Herren Mitgliedern der Kreise Trier und St. Wendel hiermit anzeigen.

Salzuflen, den 18. Jan. 1842.

Der Oberdirector des Vereins.

B r a n d e s.

Vicedirectorium Posen.

In Folge des Zutritts mehrer neuer Mitglieder zum Kreise Lissa ist dieser so angewachsen, dafs es für angemessen erachtet wurde, ein besonderes Vicedirectorium im Posenschen zu begründen. Dieses wird aus den Kreisen Posen und Lissa bestehen. Hr. College L i p o w i t z ist zum Vicedirector des Vicedirectoriums im Grofsherzogthum Posen u. Hr. College S c h n e i d e r zum Kreisdirector des Vereinskreises Posen erwählt worden. Wir ersuchen die Herren Mitglieder dieses Kreises, die wir freundlich willkommen heifsen, in allen Vereinssachen an Hrn. Kreisdirector S c h n e i d e r gefälligst sich zu wenden. Die Mitglieder dieses neuen Kreises sind:

Hr. Apoth. S c h n e i d e r in Posen, Kreisdirector.
» » S t o c k m a r daselbst.
» » K r ü g e r in Schwersenz.
» » K r ü g e r in Stenschewo.
» » K o h l f e l d in Obornick.

Hr. Apoth. Richter in Pinne.
»   »   Nähring daselbst.
»   »   Sasse in Rogasan.
Salzuflen, den 20. Jan. 1842.

Der Oberdirector des Vereins.
Brandes.

Die Einzahlung der Beiträge zur Generalkasse von 1842 betreffend.

Diejenigen Mitglieder, welche ihren Beitrag zur Generalkasse für das laufende Jahr noch nicht entrichtet haben sollten, werden um dessen Einsendung an den Kreisdirector nochmals dringend ersucht.

Die Direction der Generalkasse.
Overbeck.

Die Abrechnungen von 1841 betreffend.

Um die baldigste Einsendung der noch nicht eingegangenen Abrechnungen von 1841 werden die betreffenden Herren Vicedirectoren und Kreisdirectoren recht sehr ersucht.

Die Direction der Generalkasse.
Overbeck.

Generalkasse.

Abschlägliche Zahlungen auf die Abrechnungen de 1841 gingen ein: von Hrn. Vicedir. Bucholz in Erfurt, von Hrn. Vicedir. Dreykorn in Bürgel, von Hrn. Kreisdir. v. Senden in Emden, von Hrn. Kreisdir. Dr. Schmedding in Münster, von Hrn. Vicedir. Weifs in Bromberg, von Hrn. Viced Bolle in Angermünde, von Hrn. Vicedir. Dr. Bucholz in Gotha.

Die Abrechnungen de 1841 sind eingegangen: von Hrn. Vicedir. Dr. Fiedler in Cassel, von Hrn. Vicedir. Dr. Bley in Bernburg, von Hrn. Kreisdir. Gieeke in Eisleben, von Hrn. Vicedir. Dugend in Oldenburg, von Hrn. Kreisdir. Müller in Driburg, von Hrn. Kreisdir. Jonas in Eilenburg, von Hrn. Kreisdir. Bolstorff in Eimbeck, von Hrn. Kreisdir. Dr. Tuchen in Naumburg, von Hrn. Kreisdir. Treu in Stendal, von Hrn. Vicedir. Lipowitz in Lissa, von Hrn. Vicedir. Klönne in Mühlheim a. d. Ruhr.

Die Direction der Generalkasse.
Overbeck.
Hölzermann.

3) *Medicinalwesen und Medicinalpolizei.*

In wiefern dürfen die in den Pharmakopöen gegebenen Vorschriften zur Zubereitung von Heilmitteln für die Apotheker nicht bindend sein?

Vortrag, gehalten in der Geiger'schen Versammlung
zu Braunschweig am 20. Sept. 1841;
von
Dr. *Geiseler,*
Apotheker zu Königsberg in der Neumark.

———

In einer Zeit, wie in der jetzigen, welche gleichsam an der
Grenze zwischen einer alten und neuen Welt stehend, durch
Auflösung und Scheidung eine veränderte Gestaltung aller bisherigen Zustände heraufzubeschwören scheint, in einer solchen
Zeit dürfen wir uns gewifs nicht wundern, wenn auch die pharmaceutischen Verhältnisse von früher ungekannten und ungeahnten Einflüssen berührt werden. Wie verschiedenartig diese
Einflüsse aber auch sein mögen, wie mannichfaltig sie sich auch
in der jetzigen Zeitperiode gestalten und formen mögen, mehr
oder minder ist doch ihr Walten zuzuschreiben der Einwirkung der Macht, der nichts im Leben widerstehen kann, dem
Fortwälzen des Stromes, dem umsonst Wälle und Dämme entgegengesetzt werden, dem immer helleren Leuchten der Fackel,
deren unauslöschbare Flamme mit immer gröfserem Glanze
erstrahlt, der immer weiteren Verbreitung der Herrschaft, welche die zunehmende allgemeine Bildung ausübt. Während im
Laufe des vergangenen Jahrhunderts die Pharmacie mehr von
Innen aus sich vervollkommnete und ihre rohen empirischen
Bekenner in wissenschaftlich beobachtende Praktiker umwandelte, sind es in neuer Zeit mehr die äufseren Verhältnisse, welche die Pharmaceuten freier und selbstständiger machen. Es
würde mich zu weit von dem meinem heutigen Vortrage zu
Grunde liegenden Zwecke ablenken, wenn ich die Behauptung,
dafs die äufseren Verhältnisse unseres Standes in einer regen
Beziehung zu der allgemeinen Bildung stehen, näher begründen
wollte, ich begnüge mich daher mit der Hinweisung auf den
Ausdruck derselben in diesem Betracht, mit der Hinweisung
auf die pharmaceutische Gesetzgebung in den Staaten des intelligenten Deutschlands. Wer könnte es in Abrede stellen,
dafs in den Gesetzen überhaupt der vernünftigere allgemeine
Wille sich kundgeben mufs, und wer könnte es leugnen, dafs
der wahre Gebrauch der Vernunft als des höheren Erkenntnifsvermögens durch Bildung bedingt wird? Wenn wir also durch
weise Medicinalverfassungen das Blühen der Pharmacie befördert sehen, wenn wir sehen, dafs Stürme, die unsere Kunst und
Wissenschaft bedrohen, glücklich vorüber geführt werden, dann
dürfen wir gewifs den Einflufs der allgemeinen Bildung auf
unsere Verhältnisse rühmend hervorheben. Und dazu haben
wir unzweifelhaft vielfache Veranlassung, denn wenn sich auch
Manches vorfindet, was bei einer genaueren Betrachtung einer
Verbesserung oder Abstellung noch bedürftig ist, der Fortschritt

zum Bessern ,springt beim Vergleiche mit der Zeit von kaum
5 Decennien zu sehr in die Augen, als daſs er hinweggeleugnet
werden könnte, und immer wird man ja bedenken mussen, daſs
Mängel allen menschlichen Einrichtungen ankleben und daſs
gerade in der jetzigen Entwickelungsperiode in jeder Hinsicht
neue und gewiſs verbesserte Zustände werden herbeigeführt
werden. Dafür spricht Alles, dafür sprechen insbesondere die
Institute, die in dieser Zeit der mehr und mehr sich verbreitenden allgemeinen Bildung öffentlich über ihr Thun zur Beförderung besonderer Zweige menschlichen Wissens Rechenschaft
geben und die klare Einsicht in Verhältnisse eröffnen, welche
sonst ungekannt und verschlossen oft schiefen, den Fortschritt
hemmenden Urtheilen preis gegeben waren.

Auch der Apothekerverein in Norddeutschland hat sich seinerseits die schöne und groſse Aufgabe gestellt, zur Vervollkommnung der Pharmacie nach Kräften zu wirken. Wie aber
sein Gedeihen und Blühen durch die fortschreitende allgemeine
Bildung bedingt ist, so kann sie es auch nur sein, welche seine
Wirksamkeit fördert, so können im Vertrauen auf sie auch nur
die Directoren des Vereins ein Unternehmen ausführen, von
dem sie sich die heilsamsten Folgen versprechen. Sie sind nämlich im Begriff, eine Denkschrift auszuarbeiten über den jetzigen Zustand der Pharmacie in Deutschland, um so dem allgemeinen Urtheile die wichtigsten Lebensfragen der Pharmacie
zu unterstellen, um durch genaue Darlegung der pharmaceutischen Verhältnisse auch ein richtiges Urtheil herbeizuführen
und um so auch auf die pharmaceutische Gesetzgebung günstig
einzuwirken. Ein wichtiger Theil der pharmaceutischen Gesetzgebung besteht aber in den Vorschriften, welche die Pharmakopöen geben, und in Bezug auf sie erlaube ich mir heute
eine Frage in Betracht zu ziehen, die schon bei der vorjähri-
gen Generalversammlung des Vereins von Hrn. Prof. Kühn
beiläufig berührt wurde, die Frage nämlich, in wiefern die
in den Pharmakopöen gegebenen Vorschriften für die Apotheker nicht bindend sein dürften?

Die Staaten geben in den Landespharmakopöen die Vorschriften, wie die Arzneimittel in den Officinen zubereitet werden und beschaffen sein sollen, und wer möchte nicht einsehen,
daſs eine solche gesetzliche Vorschrift durchaus nothwendig ist?
Ohne sie würde das ganze ärztliche Wirken erfolglos sein, ohne
sie würde keine einzige richtige medicinische Erfahrung gemacht werden können.

Wenn wir nun aber in den Pharmakopöen auf solche Wi-
dersprüche stoſsen, in denen die angeordnete Bereitungsmethode
eines Präparats dasselbe nicht von der Beschaffenheit liefert, von
der es die Pharmakopöe verlangt, wie soll sich da der Apotheker verhalten? in welcher Weise soll er da den Ansprüchen
genügen, die ein Gesetz an ihn macht, durch dessen genaue Befolgung der Zweck nicht erreicht wird, um dessenwillen das
Gesetz doch gegeben ist? In welchem Falle wird man ihn einer Pflichtverletzung zeihen können, in dem, in welchem er
die Vorschrift befolgt und den Zweck nicht erreicht, oder in
dem, in welchem er die Vorschrift nicht befolgt und den Zweck
erreicht? Lassen Sie uns als Beispiel das *Zincum oxydatum via*

humida paratum der Preufs. Pharmakopöe betrachten! Wer ist im Stande, wenn er nicht chemisch reines, sondern nach derselben Pharmakopöe bereitetes schwefelsaures Zinkoxyd (welches etwas Eisen enthalten darf) anwendet, bei Befolgung der gegebenen Vorschrift ein eisenfreies Zinkoxyd darzustellen? und dennoch sagt die Pharmakopöe von dem genannten Präparate: *sit ferri expers.* Wenn nun hier der Apotheker von der Vorschrift abweicht, das schwefelsaure Zinkoxyd, ohne es vorher mit Salpeter zu glühen, in Wasser auflöst, der Auflösung etwas kohlensaures Natron zusetzt, Chlor hindurchleitet, sie nach einiger Zeit filtrirt, präcipitirt, dann weiter, wie bekannt, verfährt und nun ein eisenfreies reines Zinkoxyd erhält, begeht er da einen Fehler? Man wird sagen müssen, er thut Recht, und dennoch handelt der preufsische Apotheker, wenn er so verfährt, schnurstracks den Staatsgesetzen entgegen, denn in der revidirten Preufs. Apothekerordnung (Tit. III.) heifst es: »Bei Anfertigung der chemischen und pharmaceutischen Präparate hat er sich genau an die Vorschriften der *Pharmacopoea Borussica* zu halten und darf er sich dabei keine willkürlichen Abweichungen erlauben,« und die Vorrede der fünften Auflage der Preufs. Pharmakopöe enthält den Satz: *»Omnia praeparata secundum nostram, nec secundum aliam praescriptionem, parentur necesse est.«*

Dürfte es nun in Fällen, wie in dem angeführten, wünschenswerth erscheinen, dafs dem Apotheker ein weiterer Spielraum gegeben würde, so wäre es gewifs eben so angemessen, dafs die allegirte Beschränkung auch da wegfiele, wo die fortschreitende Wissenschaft zur Darstellung eines Präparats einen Weg aufgefunden hat, auf dem dasselbe in der durch die Vorschriften der Pharmakopöen zwar erstrebten, aber nicht ganz zu erreichenden gröfseren Reinheit erhalten wird. Um auch hier ein Beispiel anzuführen, hebe ich das *Kali carbonicum e Tartaro* der Preufs. Pharmakopöe heraus. Wer könnte es dem Apotheker wohl zum Vorwurf machen, wer müfste ihn nicht sogar rühmen, wenn er das genannte Präparat nicht nach der Pharmakopöe aus rohem, sondern nach Wackenroder's trefflicher Vorschrift aus gereinigtem Weinstein darstellte? Es soll nach unserer Pharmakopöe fast, also möglichst, frei sein von fremdartigen Salzen; nun enthält aber das aus rohem Weinstein bereitete Kali aufser Kalk und Magnesiasalzen immer noch Cyankalium, während das aus gereinigtem Weinstein dargestellte von den ersten nur Spuren und das zweite gar nicht enthält; der Vortheil, den eine Aufhebung jener Beschränkung gewährt, dürfte also auch in diesem Falle einleuchten.

Räumt man dem Apotheker aber ein, ja, verlangt man sogar, und das mit vollem Rechte, von ihm, dafs er mit der Wissenschaft fortschreitend bessere und zweckmäfsigere Bereitungsarten der Arzneimittel auszuführen und aufzufinden im Stande ist, dann mufs man auch nothwendig noch weiter gehen, dann mufs man ihm auch gestatten, in der Anwendung der Mittel zur Erreichung des gegebenen Zweckes frei wählen zu dürfen, dann darf man nicht die Vorschrift zur Bereitung eines Arzneimittels, sondern den Zweck, der eben darin besteht, dafs das Arzneimittel das ist, was es sein soll, als die Hauptsache betrachten. Hieraus ergiebt sich denn, daſs es dem Apotheker überlassen werden muſs, nach Belieben diese oder jene Methode zur Darstellung eines Präparats anzuwenden, wenn das Präparat, was daraus hervorgeht, nur das ist, welches die Pharmakopöe verlangt. Es muſs sonach dem Apotheker gestattet sein, z. B. abweichend von den Vorschriften der Preuſs. Pharmakopöe, den Aether auch mittelst des Geiger'schen Apparates zu bereiten, das antimonschweflige Schwefelnatrium behufs Darstellung des Goldschwefels auch auf nassem Wege zu bereiten, sich zur Herstellung des Spieſsglanzoxydes nach der zweckmäſsigen Methode von Brandes des Königswassers zu bedienen, die Verbindung des Schwefels mit Kalium auch auf trocknem Wege zu bewirken, um aus der Auflösung die Schwefelmilch niederzuschlagen, die neuen Erfahrungen bei Darstellung der Alkaloide zu benutzen u. s. w.

So sind es denn drei Fälle, in denen es wünschenswerth erscheinen möchte, den Apotheker von der strengen Befolgung der in den Pharmakopöen gegebenen Vorschriften zu befreien, und so wäre denn die Antwort auf die aufgeworfene Frage die, daſs die Vorschriften zur Bereitung von Heilmitteln in sofern für die Apotheker nicht bindend sein dürfen, als sie diese Heilmittel auch auf andere Weise von derjenigen Beschaffenheit und Zusammensetzung, von der sie die Pharmakopöen verlangen, darzustellen im Stande sind.

Diese so im Allgemeinen gegebene Beantwortung könnte indessen manche Miſsverständnisse veranlassen, darum scheint es mir nöthig, noch eine nähere Erklärung hinzuzufügen.

Es giebt zubereitete Arzneimittel, die eine stets gleiche Zusammensetzung haben, es giebt aber auch solche, deren Zusammensetzung nach Umständen variirt, die ersten könnte man pharmaceutisch sichere, die zweiten pharmaceutisch unsichere nennen, wie ich mich hierüber auch schon früher im *Archiv der Ph. 2, R. XVI, 1. etc.* weitläuftiger ausgesprochen habe. Nur bei Bereitung der ersteren, also derer, deren Bestandtheile qualitativ und quantitativ genau ermittelt werden können, scheint mir eine Aufhebung der oft erwähnten Beschränkung wünschenswerth, wo dagegen der leiseste Zweifel über die Zusammensetzung eines Arzneimittels obwaltet, wo dessen Bestandtheile qualitativ und quantitativ nicht genau zu ermitteln sind, da darf eine Abweichung von der in der Landespharmakopöe zur Darstellung desselben gegebenen Vorschrift niemals statt finden, da hier nur durch eine ganz genaue Befolgung der Vorschrift die gröſstmögliche Gleichheit des in verschiedenen Officinen und wiederholt dargestellten Präparats zu erlangen ist. Es müssen daher z. B. unter Anwendung des Opiums Opiumtincturen und Opiumextract genau nach der Vorschrift der Pharmakopöe bereitet werden, wogegen die Abscheidung des Morphins aus dem Opium nach einer von der Wahl des Apothekers abhangenden Methode muſs geschehen dürfen.

Daſs die Pharmakopöen übrigens unter solchen Umständen eine genauere Beschreibung der Präparate und eine qualitative Angabe der Bestandtheile derselben enthalten müſsten, versteht sich von selbst. Es müſste dann natürlich auch denjenigen Arzneimitteln, deren Darstellung in vollkommner chemischer

Reinheit nicht verlangt wird, bei ihrer Aufführung in den Pharmakopöen die Bemerkung hinzugefügt werden, welche und wie
viel fremde Bestandtheile sie höchstens enthalten dürften, wobei
derselbe freie Spielraum gelassen werden könnte, der schon
jetzt bei Bestimmung des specifischen Gewichts mancher flüssigen Heilmittel in den Pharmakopöen gegeben ist. Wenn es
daher vom *Kali carbonic. e Tart.* z. B. in der Preuß. Pharmakopöe heißt, daß es möglichst frei sein soll von fremdartigen
Salzen, so müßte man dafür sagen, daß es aus gleichen Atomen
Kali und Kohlensäure bestehen müsse und höchstens 0,5 Procent
Chlorcalcium und Chlormagnesium enthalten dürfe.

Ob zu der Bereitung derjenigen Arzneimittel, deren Darstellungsweise der Willkür der Apotheker überlassen wird,
überhaupt aber in den Pharmakopöen eine oder mehre, oder
gar keine Vorschrift gegeben werden soll, auf diese Frage, die
mit der bereits beantworteten im engen Zusammenhange steht,
möchte ich Folgendes erwiedern: Die Aufgabe eines jeden Ge-
setzbuches ist die, in zweifelhaften Fällen zu entscheiden; aus
diesem Grunde muß auch eine Pharmakopöe wenigstens eine
Vorschrift zur Darstellung eines jeden Arzneimittels enthalten.
Da aber diese Vorschrift nicht allein den Principien der Wissenschaft entsprechen, sondern auch darauf Rücksicht nehmen
muß, daß schon durch sie selbst möglichst jeder Verunreinigung vorgebeugt und die Anwendung complicirter vielleicht
nur zu diesem einen Zwecke brauchbarer Apparate vermieden
würde, da ferner bei Entwerfung der Taxe sie die Grundlage
sein und da endlich die Angabe mehrer Vorschriften immer
wieder als eine Beschränkung angesehen werden muß, die der
Benutzung der Fortschritte der Wissenschaft Schranken setzt,
so dürfte die Ertheilung nur einer Vorschrift in jeder Beziehung zweckmäßig erscheinen.

Wollte ich jetzt noch von dem Nutzen sprechen, den die
Aufhebung der Beschränkung, Arzneimittel von bestimmter Zusammensetzung nur nach einer Methode bereiten zu dürfen,
gewährt, so würde ich Sie ermüden; dieser Nutzen, der in dem
Einfluß auf die fortschreitende Ausbildung der Pharmaceuten
und deren Berufswissenschaften tief begründet ist, liegt zu sehr
auf der Hand, als daß ich denselben hier noch hervorheben
dürfte. Eben so groß, wie er, ist aber nach meinem Dafürhalten auch der Vortheil, den die Verschiedenheit der Pharmakopöen überhaupt und namentlich in Deutschland gewährt. Diese
Verschiedenheit allein ist es, durch welche es möglich
wird, diejenigen Arzneimittel, deren qualitative und quantitative Zusammensetzung nicht unter allen Umständen gleich ist
oder nicht mit Sicherheit bestimmt werden kann, nicht nur
medicinisch, sondern auch pharmaceutisch immer genauer kennen zu lernen und so auch in dieser Beziehung allmälig der
Vollkommenheit näher zu treten, zu deren Erreichung die
jetzige schöne Entwickelung der organischen Chemie so ge-
gründete Hoffnungen macht. Erst, wenn wir zu der Erkennt-
niß gekommen sein werden, daß nur solche organische Stoffe,
die als wirkliche chemische Verbindungen aus den rohen organischen Naturkörpern abgeschieden sind, wirkliche und sichere
Arzneimittel sein können, nicht aber Wurzeln, Blätter und

10*

Blumen, nicht Rinden, Früchte, Säfte und thierische Secretio-
nen, erst dann wird nach meiner Ansicht auch der norddeut-
sche Apothekerverein darauf hinwirken dürfen, die von dem
Manne, dessen ruhmwürdiges Andenken wir heute segnend feiern,
mit Liebe umfaßte Idee der Aufstellung einer allgemeinen deutschen Pharmakopöe zu verwirklichen. Für jetzt wird man des
Vereins Bestrebungen gewiß auch in dem Plane der Ausarbeitung einer Denkschrift über den Zustand der Pharmacie erkennen und wenn auch ich mir erlaubt habe, gerade heute in dieser ansehnlichen Versammlung vor den Männern der Wissenschaft einen in dieser Beziehung vielleicht nicht ganz unwich-
tigen Gegenstand in Betracht gezogen zu haben, so ist es nur
in der Absicht geschehen, um auch über ihn ein allgemeineres
Urtheil hervorzurufen.

Und so komme ich denn auf den Punct zurück, von dem
ich ausgegangen war. Wie über alle, so wird auch über die
pharmaceutischen Zustände das allgemeine Urtheil oft ein un-
richtiges sein, weil nicht die Verhältnisse berücksichtigt werden. Diese Verhältnisse offen darzulegen und klar auszusprechen, das erscheint darum als die Aufgabe, deren Lösung unser
verehrtes Directorium in der Ausarbeitung einer Denkschrift
über den Zustand der Pharmacie beabsichtigt, zu deren Lösung
sich aber gewiß auch sämmtliche Vereinsmitglieder verpflichtet fühlen müssen.

Die fortschreitende allgemeine Bildung verlangt überall
Wahrheit und Klarheit, hört aber, wo diese gefunden sind, auch
nicht auf, ihren wohlthätigen Einfluß in jeder Beziehung fort
und fort auszuüben. Ihr dürfen wir daher vertrauen, sie wird
das, was der großen Gesammtheit wahrhaft nützt und frommt,
wenn auch nicht immer sogleich, doch im Laufe der Zeit um
so sicherer im Einzelnen herausfinden, je mehr überall die eindringliche Sprache der Wahrheit geführt wird, je mehr durch
mannichfaltige Beleuchtungen sowohl die Mängel, als auch die
Mittel zu deren Abhülfe erkannt sind.

Einige Bemerkungen über die Herzoglich-Sachsen-Meiningensche Apothekerordnung;
von
Dr. Bley.

ad Art. 41. Die Apotheker sollen gehalten sein, bemerkte
Fehler ihrer Collegen dem Physikus anzuzeigen. Der Apotheker,
welcher nicht im Medicinalcollegio sitzt, kann nicht wohl Con-
troleur seiner Collegen sein, dieses ist Sache des Physikus und
der Medicinalbehörden.

ad Art. 57. Den Verschluß des Kellers, des Materialzim-
mers und Kräuterladens, soll der Besitzer oder Verwalter der
Apotheken selbst haben und an die zur Aufbewahrung der Vorräthe dienenden Geräthe soll er Jahr und Tag schreiben, wo
er die Arzneien gesammelt, bereitet und bezogen hat. Das
heißt den Apothekern eine große unnöthige Last aufbürden.

Auch den Gehülfen müssen die Schlüssel anvertraut werden

dürfen, da ja ihnen alles in der Apotheke Nothwendige ánver-
trauet werden muſs. Statt des Anschreibens an die Gefäſse ist
es zweckmäfsiger über die Anschaffung und Bereitung ein Buch
mit Rubriken zu führen.

ad Art. 62. Starkwirkende Arzneien sind nur durch die Apo-
thekenvorsteher oder den Gehülfen und nirgends durch Lehrlinge anzufertigen.

Wie sollen denn die Lehrlinge lernen vorsichtig mit solchen Stoffen umzugehen und wie sollen sie sich überhaupt vollständig in der Praxis ausbilden, wenn sie nicht alles arbeiten
dürfen? Es muſs dem Apotheker überlassen bleiben, die Fertigkeit seiner Lehrlinge zu beaufsichtigen und zu verwenden! Man
verlange nur nichts, was nicht ausführbar ist, sonst giebt man
Veranlassung zu nothwendiger Uebertretung gesetzlicher Bestimmungen.

ad Art. 71. Die monatlichen Recepte sollen in einem Re-
ceptenbuch aufbewahrt werden.

Es ist zweckmäfsiger im Receptirtische eine Schublade mit
24 Fächern anzubringen und sie daselbst aufzuheben.

ad Art. 72. Das Eintragen der Recepte ist eine unnütze
Arbeit. Wenn sie sorgfältig aufbewahrt werden, können die
Rechnungen von den Recepten geschrieben werden.

ad Art. 74. Der Apotheker soll nicht über und unter der
Taxe verkaufen, aber an Staatsanstalten einen Rabatt, der auch
über 25 Procent gehen kann, geben. Wie schon vielfach erwähnt, ist es unbillig, den Apothekern mehr Last als allen übrigen Staatsbürgern aufzubürden. Der Staat muſs keinen Rabatt
verlangen.

ad. Art. 88. Die Physiker sollen die Apotheker nöthigen-
falls belehren. Ein tüchtiger Apotheker, und solche sollen doch
wohl nur angestellt werden? bedarf schwerlich der Belehrung des
Physikus, der gröſstentheils von der praktischen Arzneibereitung
keine genügende Kenntniſs besitzen möchte.

ad Art. 94. Ist es sehr rühmlich, daſs in der Landesregie-
rung ein Medicinalrath Sitz und Stimme haben soll. Dieses vereinfacht den Geschäftsgang, nur wäre erwünscht, daſs auch die
Apotheker durch ein Paar Mitglieder vertreten sein möchten.

Ueber einige Miſsbräuche im Debit der Arznei-
mittel im Oldenburgischen;
von einem Apotheker im Oldenburgischen.

Vor einiger Zeit kam ein Mann aus einem benachbarten
Dorfe zu mir, der mich ersuchte, ihm ein Paar Loth von einem
englischen Wund- und Fluſspflaster zu verkaufen. Ich theile
ihm mit, daſs ich weder ein solches vorräthig habe noch kenne,
und erkundige mich zugleich bei ihm, welchen Gebrauch er
davon zu machen beabsichtigte. Seine Antwort war die, daſs
er sehr an Gicht leide, deſshalb schon verschiedene Aerzte
consultirt, und nie von den ihm verordneten Mitteln Wirkung
gespürt habe, er wollte nun zu diesem Pflaster seine Zuflucht

nehmen, und solches auf die leidenden Stellen legen. Auch hätte seine Frau häufig mit Kopfschmerzen zu kämpfen, und auch dieser würde das erwähnte Pflaster helfen. Sein Nachbar ferner habe sich dieses Pflasters mit gutem Erfolg bei Magendrücken bedient, nach dem Gebrauche desselben seien diese gänzlich gewichen, dabei habe er Kümmelöl in Rum gelöst, gebraucht; der Nachbar habe ihm ferner mitgetheilt, daſs dieses Pflaster ein Mittel wäre, dessen Gebrauch fast bei jeder Krankheit zu empfehlen sei, er hätte dieses mit einer gedruckten Gebrauchsanweisung von einem Freunde aus Oldenburg bezogen, woselbst solches bei einem Kaufmann zu haben sei, und da er sich endlich in seiner Erwartung, das Pflaster bei mir vorräthig zu finden, getäuscht sehe, auch dasselbe in der benachbarten Stadt auf keiner Apotheke zu haben sei, so sehe er sich gezwungen, dieses Wundermittel von Oldenburg kommen zu lassen, und verließ mich mit der Bemerkung, daſs es sehr zu bedauern sei, daſs man solche wirksame Mittel nicht mal auf einer Apotheke bekommen könne!

Daſs Kaufleute in Oldenburg seit längerer Zeit öffentlich allerhand Arcana, als Zahnperlen, Tincturen um Leberflecken und Sommersprossen zu vertreiben, Zahnpulver, Zahntinctur, Haarpomaden und Haaröle öffentlich zu hohen Preisen ausboten, und daſs darin ein groſser Wetteifer statt findet, war mir nicht neu, (man hat es bis zur Perle des Macassaröls gebracht, welche man als nur erst vollkommenes vegetabilisches Mittel, das einzig und allein den Haarwuchs erzeugt und herstellt, herauszustreichen sich bemüht), daſs aber auch Kaufleute nicht allein Gesundheitssohlen gegen Rheumatismus, Gicht und Podagra, sondern auch Wunderbalsam, Gichtbalsam, und wie diese Mittel alle heiſsen mögen, öffentlich empfehlen, erfuhr ich erst kürzlich. Noch mehr nahm es mich Wunder, als ich hörte, daſs man die Aufmerksamkeit des Publikums auf die Wirksamkeit des oben erwähnten Wund- und Fluſspflasters durch einen, dazu einzig und allein gedruckten Bogen Papier zu lenken sucht; diese Zettel sucht man in's Publikum zu bringen, und der Inhalt derselben ist ganz dazu geeignet, den leichtgläubigen Theil der Menschheit zum Ankauf zu bewegen.

So werden also auch in unserm Lande Geheimmittel zu erstaunend hohen Preisen ausposaunt, die daraus entstehenden Nachtheile für Publikum, Arzt und Apotheker liegen auf der Hand, der Pfuscherei wird hierdurch Bahn gebrochen, dem Apotheker ein groſser Theil seines Debits entzogen, und das Publikum wird, wenngleich nicht an Gesundheit, doch wenigstens an Geld geprellt für Sachen, die keiner Beachtung werth *).

Berücksichtigt man nun die Vorzüge, welche die Kaufleute und Krämer unseres Landes im Vergleiche mit ihren Collegen des Auslandes genieſsen, daſs sie nämlich den bestehenden Ge-

---

*) Kürzlich war ich in Oldenburg und wollte mir von dem Kaufmanne, der das Wunderpflaster feil hat, etwas kaufen, um es näher kennen zu lernen; der Commis aber (der mich kannte) betheuerte, daſs es vergriffen sei, sobald jedoch ein neuer Vorrath angelangt, versprach er mir, davon schicken zu wollen, welches indeſs noch nicht geschehen.

setzen zufolge Quecksilber *), Grünspan *), Scheidewasser *), grauen, blauen und weifsen Vitriol*), Vitriolöl*), Lorberöl, Alaun, Bolus, Borax, Gummi elastic., — arab., — tragac., Gummigutt**), Alaun, Safran, Salmiak, Salpeter, Schwefel, Soda, Spiesglanz könig, rohen Weinstein, Zinnober etc. verkaufen dürfen, dafs viele Krämer, namentlich solche, die auf dem Lande wohnen, noch aufserdem *unerlaubter Weise* Rhabarber, Aloë, Heiligbitter, Zittwersamen, Sennesblätter, Glaubersalz, Lakritzensaft debitiren, dafs es ferner angestellte Thierärzte giebt, die gesetzwidrig Hoffmannstropfen, Salmiakgeist und Camillenblumen *ad libitum* verkaufen, und endlich, dafs auch Olitätenkrämer das Land durchziehen, so wird man, unter Berücksichtigung aller dieser Puncte daraus entnehmen können, dafs der Apotheker aufser seinen Collegen, noch Concurrenten hat, mit denen er, da solche Krämer mehr auf billige Preise als auf eine gute Beschaffenheit solcher Waaren selbst sehen (die meisten sind auch wohl nicht im Stande, sie zu beurtheilen!) nicht concurriren kann, und schamlos werden mit unter die deshalb bestehenden Gesetze verspottet!!

Zwar bleibt es auch hier im Lande, wie überall, den Apothekern unbenommen, solches unbefugtes Verfahren bei den Behörden zur Anzeige zu bringen, doch es dürfte zur Genüge bekannt sein, wie sehr leicht der Apotheker dadurch von dem Publikum verkannt wird und welche Unannehmlichkeiten er so häufig dadurch erndtet, gar oft hat die Praxis dieses, leider! gelehrt.

Königlich griechische Verordnung, die Erlaubnifs zur Ausübung der Arzneikunde, Wund-, Zahn-, Thier-Arzneikunde, Apotheker- und Hebammenkunst betreffend.

Otto, von G. G. König von Griechenland.

Nach Vernehmung unsers Staatsministeriums des Innern haben Wir beschlossen, und verordnen wie folgt:

§. 1. Diejenigen, welche in Griechenland die Arzneikunde, Wund-, Zahn-, Thier-Arzneikunde, Apotheker- und Hebammenkunst ausüben wollen, müssen von nun an mit einem Diplom des Medicinalcomités versehen sein, kraft dessen ihnen die Ausübung der benannten Künste gestattet ist.

---

*) Diese Mittel wird kein *gewissenhafter Apotheker* verkaufen, ohne die Person, die sie verlangen sollte, zu kennen, und ohne dafs ihm der Gebrauch, den man davon zu machen beabsichtigt, mitgetheilt wird, und nachdem er sich überzeugt hält, dafs der fragliche Artikel zum technischen Gebrauche dienen soll, dann erst wird er die gewünschte Sache mit einer Signatur, worauf dringend Vorsicht empfohlen wird, versehen, verabreichen. — Kann man von einem Kaufmann ein solches Verfahren verlangen? — gewifs nicht!

**) *Drastica* darf *der Apotheker* hier im Lande, und mit Recht, ohne Verordnung eines Arztes nicht debitiren, wozu doch *Gummi gutti* gehört.

§. 2. Derjenige, der ein solches Diplom besitzt, kann mit Recht das Fach der Arzneikunst, das er versteht, ausüben und wird auf gleiche Weise gegen die, die keine solche Erlaubniß haben, von den Behörden geschützt. Aber er muß auch genau alle bestehenden ärztlichen Gesetze und Verordnungen befolgen, bereitwillig in gerichtsärztlichen und medicinisch-polizeilichen Vorfällen dienen, so oft er dazu von der betreffenden Behörde aufgefordert wird, und wofür er nach Würden entschädigt wird; er darf ferner seine Kunst nicht zum Schaden der Gesundheit oder zu unerlaubten Zwecken gebrauchen, und soll sich sowohl durch Rechtlichkeit und Verschwiegenheit, als auch durch Verträglichkeit und Eifer in der ärztlichen Hülfeleistung gegen Reiche und Arme auszeichnen.

§. 3. Wer immer wünscht, das Fach der Arzneikunde, wofür er mittelst Diploms die Erlaubniß erhält, auszuüben, muß dasselbe dem Gouverneur des Orts, wo er sich niederlassen will, vorzeigen, und die Eintragung in das Verzeichniß der zur Praxis Berechtigten verlangen, und daß ihm die Erlaubniß gegeben werde, in der Gemeinde, die er sich auswählte, seine Kunst auszuüben. Der Gouverneur hat bei der Prüfung eines solchen Verlangens das Recht und die Pflicht zu sorgen, daß sich die Bewilligung auch im Verhältniß zu den verschiedenen Provinzen und Bedürfnissen der verschiedenen Orte befinde. Er soll insbesondere die Apotheken so vertheilen, daß jede derselben bei hinlänglichem Absatz immer gute und frische Arzneimittel halten kann; aber in jedem Falle muß die Erlaubniß des Gouverneurs schriftlich gegeben werden.

§. 4. Wer das Diplom der Arzneikunde erhielt, kann die Arzneikunde, Wundarzneikunde und Geburtshülfe ausüben, sobald er sein Diplom und die Erlaubniß des Gouverneurs dem Bürgermeister des Orts zeigt, wo er bleiben will; er darf jedoch kein Arzneimittel verkaufen, sobald sich am Orte selbst, oder eine Stunde entfernt, eine Apotheke befindet.

§. 5. Bloß der wissenschaftlich und in allen Theilen der Arzneikunde gebildete Arzt darf Augenkrankheiten curiren und operiren.

§. 6. Der berechtigte Wundarzt hat das Recht, Wundarzneikunde und Geburtshülfe auszuüben, sobald er den erwähnten Behörden die benannten Erlaubnißscheine gezeigt hat; die innerliche Arzneikunde darf er jedoch nicht ausüben, außer wo im Bereiche einer Stunde Aerzte fehlen, oder in dringenden Fällen. Es ist ihm auch verboten, Arzneimittel zu verkaufen, wo sich im Umfange einer Stunde eine Apotheke befindet.

§. 7. Der zur Praxis berechtigte Zahnarzt hat das Recht, wenn er die nöthigen Papiere den betreffenden Behörden gezeigt hat, seine Kunst auszuüben und die verschiedenen Arzneimittel gegen Zahnkrankheiten zu verkaufen, muß sich aber der Ausübung der Medicin und Chirurgie enthalten, wenn er dazu nicht eine eigene Erlaubniß erhalten hat.

§. 8. Der berechtigte Thierarzt, wenn er die erwähnten Papiere den betreffenden Behörden zeigt, kann seine Kunst ausüben und die zur Heilung von Thierkrankheiten nöthigen Arzneimittel verkaufen, darf aber weder Medicin noch Chirurgie an Menschen ausüben.

§. 9. Der berechtigte Apotheker, sobald er die betreffenden

Papiere den Ortsbehörden, wo er beordert wurde sich nieder-
zulassen, gezeigt hat, darf daselbst eine Apotheke errichten und
halten, muſs sie aber immer in gutem Stande erhalten, genau
die Pharmakopöe, Arzneitaxe, und die andern ärztlichen Verordnungen befolgen, die nöthigen Arzneimittel immer in hinläng-
licher Menge und Güte bereit halten, genau die Vorschriften
(Recepte) bereiten, welche ein Arzt oder, wo sich im Umkreise
einer Stunde kein Arzt befindet, und in offenbarer Nothwendigkeit selbst ein Wundarzt verschrieb, alle ärztlichen Recepte
ohne Unterschrift eines berechtigten Arztes oder Wundarztes
zurückschicken, die Gifte in besondern Gefäſsen und Schränken
bewahren, beim Verkauf und der Abgabe von Giften der Verordnung darüber folgen, keine Contracte mit Aerzten zum Schaden
anderer Apotheker machen, endlich niemals Arznei- oder Wundarzneikunde ausüben.

Im Handverkauf d. h. ohne ärztliche Vorschrift, darf er
nur die einfachen und als unschädlich bekannten Arzneimittel
verkaufen.

§. 10. Die Hebammen, sobald sie die erwähnten Papiere
den betreffenden Behörden gezeigt, dürfen da, wo sie beordert
wurden, ihre Kunst ausüben, aber sobald die Zange oder Wendung erforderlich ist, oder überhaupt sobald die Geburt nicht
auf natürliche Weise vorschreitet, müssen sie zeitig einen Arzt,
oder wo kein solcher ist, einen Wundarzt zu Hülfe rufen.

Sie müssen auf gleiche Weise den Ortspolizeibehörden alle
unehelichen Geburten anzeigen und sich der Ausübung der
Medicin und Chirurgie enthalten. Endlich dürfen sie auſser
der Hebammenkunst kein Gewerbe treiben.

§. 11. Fremde oder durchreisende Aerzte, Wund-, Thier-,
Zahnärzte, Apotheker und Hebammen dürfen nirgends ihre
Kunst ausüben, wenn sie dem Gouverneur nicht das Diplom des
Med. Comités zeigen und von diesem die Erlaubniſs erhalten;
haben sie diese erlangt, so unterliegen sie allen oben genann-
ten Bestimmungen und müssen insbesondere den Behörden des
Orts, wo sie hingelangen, diese Papiere vorweisen.

§. 12. Wer die in dieser Verordnung enthaltenen Bestimmungen übertritt, wird auſser der gesetzlichen Strafe, wenn er
das zweite Mal in demselben Fehler verfällt, mit zeitlicher oder
beständiger Untersagung der Praxis bestraft.

§. 13. Unser Staatsministerium des Inneren ist mit der
Bekanntmachung und Ausführung gegenwärtiger Verordnung
beauftragt.

Athen, den 7. (19). December 1834.
Im Namen des Königs, die Regentschaft.
Der Staatsminister des Inneren.
J. Kolettis.

Beobachtungen und Notizen, mitgetheilt an Dr. Bley in Bernburg, von André, Pharmaceut in Gröbzig.

1) *Ueber Giftgehalt des Wachses.*

Im *Cera alb.* habe ich einmal einen ansehnlichen Gehalt von
arseniger Säure wahrgenommen, der in einem Civilpfunde 2 bis

3 Drachmen betrug. Gelegentlich machte ich die Erfahrung, daſs ein Wachsbleicher alle 3 bis 4 Wochen mehre Pfund Arsenik bezog. Nachdem ich dieses erfahren, wurde mir der Grund des Verlustes der Bienenzüchter an Bienen klar, welchen dieselben zwar einer nahe gelegenen Zuckerfabrik zuzuschreiben geneigt waren, in welcher ihre Bienen zu Grunde gingen, von dem ich aber mit vieler Wahrscheinlichkeit die Vergiftung durch Arsenik annehme, welche durch das mit demselben behandelte Wachs bewirkt wird.

2) Mängel an Aufsicht über die Kramläden.

a. Bei einem Landkrämer bemerkte ich, daſs derselbe in ein und derselben Wage erst Grünspan, hernach, ohne sie zu reinigen, Kaffee wog. Auf meine Erinnerung wegen seiner Unvorsichtigkeit äuſserte derselbe, das habe nichts zu sagen, er säubere die Wage nie, wenn er etwas abwiegen wolle.

b. Im *Semen Anisi* fand ich Stücke von *Cuprum sulphuricum,* was eben so oder doch ähnlich gewiſs schon mehrern Apothekern vorgekommen ist und für die Unvorsichtigkeit der Droguerie- und Materialhändler spricht. Feuer und Schieſspulver verwahrt Niemand, ohne Tollhäusler zu sein, neben einander, warum aber Gegenstände wie Bleiglätte, Mennige, Bleizucker, Bleiweiſs, blauen und weiſsen Vitriol und andere schädliche Stoffe unter Nahrungsmitteln, als Kaffee, Zucker, Nudeln, Gewürzen. Oftmals werden die schädlichen Folgen bemerkbar, man findet den Grund auf, aber wie oft mag er nicht ermittelt und die entstehenden Krankheiten andern Einflüssen beigemessen werden?

In der That scheint es nothwendig, mehr und mehr auf das dringende Bedürfniſs der Sonderung der Handverkaufs-Artikel aufmerksam zu machen. Man sondere diese in 2 Klassen: 1) in solche, welche der Gesundheit nachtheilig sind und 2) in solche, welche dieses nicht sind. Die erstere stelle man unter Aufsicht von solchen Personen, welche deren Natur kennen und vorsichtig sind, wozu sich in kleinen Orten namentlich die Apotheken vorzüglich eignen möchten.

3) Mängel der Arzneitaxen.

Diese Taxen müssen, wenn sie zweckmäſsig sein sollen, in 3 Abtheilungen gestellt werden:

a. Für die Arzneien der kranken Menschen, welche besser als bisher aufzustellen sind, wenn der Apotheker bei einer kleinen Praxis als ehrlicher Mann und seinem wissenschaftlichen Standpuncte angemessen bestehen soll.

b. Für die Arzneimittel der Veterinärheilkunde, welche für diejenigen Stoffe, die in gröſserer Menge verordnet werden, billiger, und für solche, welche nur in kleiner Menge verordnet werden, als *Tart. stibiat, Calomel, Sulphur aurat.* etc. etwas höher zu stellen sind. Durch eine einsichtsvoll entworfene Taxe wären hier leicht die Quacksalbereien und Pfuschereien der Hirten und Thierärzte abzustellen.

c. Für die Artikel zum technischen Gebrauche, wofür man bei den gangbaren einen geringern Preis, als bei den seltener begehrten zu stellen haben würde *).

---

*) Herr A n d r é hat hier auf Mängel aufmerksam gemacht,

Gesogene Blutegel sind nicht mehr wegzuwerfen;
vom
Apoth. *Hedrich* in Moritzburg bei Dresden.

Dr. **Wagner** in Schlieben giebt uns in No. 257. des allgemeinen Anzeigers der Deutschen 1841 Vorschläge, dem Blutegelmangel abzuhelfen. In der Kürze läfst sich die ganze Abhandlung auf folgende zwei Sätze zurückführen:

1) die jetzt so theuren Blutegel, nachdem sie, gesogen haben, künftig nicht mehr wegzuwerfen, sondern sie ein Jahr lang in Teichen vor dem Wiedergebrauch ausruhen zu lassen;

2) dafs nur solche vollgesogene Egel in ihrer Brut eine kräftige Nachkommenschaft geben etc.

Der erste Satz ist durchaus gut und verdient überall anempfohlen zu werden, ist übrigens schon von Mehren ausgesprochen worden und wird bei der hiesigen Anstalt seit sechs Jahren, wenngleich in untergeordnetem Verhältnifs, angewandt. Dr. W. räth jedem Arzt, sich, wo irgend thunlich, zwei solche Teiche anzulegen; allein Aerzte in den Städten sind selten in der Lage, sich Teiche halten zu können, eher Landärzte; von letzteren würde sich vielleicht Mancher dazu bereitwillig finden, aber auf die Schwierigkeit stofsen, seine Teiche nicht immer unter Aufsicht zu haben, sie wären daher dem Diebstahl ausgesetzt. Apotheker möchten sich wohl kaum mit der Zurücknahme gesogener Egel befassen, weil das Publikum leicht mifstrauisch ist und in manchen Fällen glauben würde, nur erst kürzlich gesogene Egel erhalten zu haben, wenn gerade einzelne beim Ansetzen nicht saugen wollen. Selbst Wundärzte sind der Meinung, dafs sie aus demselben Grunde die gesogenen Egel nicht gern mit nach Hause nehmen. Einige bekannte Fälle, dafs gesogene Egel, bei ansteckenden Krankheiten, z. B. *Syphilis* etc., sobald sie nur kurze Zeit vorher gesogen hatten, durch Wiederansetzen angesteckt haben, sind hier wohl weniger geltend zu machen, sobald sie ein Jahr in einem Teich gelebt haben; ich führe es nur an, falls Mifsbrauch durch zu zeitigen Wiedergebrauch getrieben würde, indem man ihnen das Blut durch Kochsalz oder Ausdrücken entzieht. Aufser in den Krankenhäusern, wüfste ich unter den obwaltenden Umständen nicht, wo sie gesammelt werden sollen, und diese sind nur in gröfseren Städten. Wollte man nun die gesogenen Egel allseitig wiederhaben, so wäre, um dies Vorurtheil zu heben, vorher von Seiten der obern Medicinalbehörde erst eine erklärende Bekanntmachung für das Publikum nöthig, dafs man das fernere Stei-

---

welche vor ihm schon öfters zur Sprache gebracht sind, meistens leider vergeblich. Beispiele dafür finden sich nicht allein in kleinern Ländern, wo oftmals die Sorgfalt für die medicinische Polizei sehr gering ist, sondern selbst in grofsen Staaten, welche theilweise vortreffliche Medicinalgesetze haben, deren sorgfältige Ausführung indefs noch nicht streng genug überwacht wird, und die theilweise aber ebenfalls der Verbesserung noch bedürfen. Bl.

gen des Blutegelpreises nur dadurch aufhalten könne, indem man die gesogenen nicht mehr als unnütz wegwürfe, sondern sie durch die Apotheker an Besitzer von Zuchtteichen zum einjährigen Ausruhen zurückgeben lassen solle.

Der zweite Wagner'sche Satz: »nur vollgesogene Blutegel geben in ihrer Brut eine kräftige Nachkommenschaft, und sind nicht solche Jämmerlinge, wie die aus künstlichen Zuchtteichen,« sieht aus als wäre er wahr und ist es doch nicht, und der Nachsatz ist ganz irrig. Angenommen, er wäre wahr, so hilft er uns nicht viel, so lange wir die Feinde der Brut nicht hinreichend kennen oder nicht abwehren können; denn die viele Brut stirbt sicher nicht vor Hunger in den Teichen, wo so viele Tausende von Thieren niederer Stufe leben, er ist aber nicht wahr, weil vollgesogene Egel so träge sind, daß sie Monate lang ausruhen, ehe sie aus der Tiefe der Teiche hervorgehen und sich kümmern, was auf dem Wasserspiegel passirt. Nach neun Beobachtungen, die ich hier in den ersteren Jahren vornahm, gaben mir 100 frische Egel aus der Wildniß 130 Cocons, während frisch gesogene ausgesucht grofse Egel nur 80 bis 85 Cocons gaben, und sicher ist anzunehmen, dafs die Begattung schon vor dem Säugen vollzogen war, sonst wäre auch dies Resultat nicht erlangt worden. Verhältnismäfsig sehr merkbar weniger Brut findet sich auch in den Teichen, wo die gesogenen eingebracht wurden. Bei Anlagen, wo die Wassermenge nach 8 bis 12 Kubikzollen für jeden Blutegel ängstlich berechnet ist, mag es wohl vorkommen, dafs die Egel auch in den Teichen erkranken, unkräftig werden und sammt der Brut wegsterben, dies ist hier aber nicht der Fall, eher Wasserüberfluß. Naturgemäfs ist es auch nicht, wenn Blutegel sich nur von warmblütigen Thieren nähren und nur dadurch fortpflanzen sollen, es gab und giebt noch eine Menge Gegenden mit kräftigen Egeln, jung und alt, wo keine warmblütigen Thiere hinzukommen, mit Ausnahme der Wasservögel, die übrigens mehr Schaden als Nahrung bringen.

Dr. W. beschreibt nun ferner den Herren Aerzten, wie solche Teiche eingerichtet sein müssen, zählt auch die Feinde der Egel auf, vergafs aber zu erwähnen, wie die Teiche vor ihren vielen Feinden zu hüten sind, auch wie selten Boden und Wasser dazu geeignet ist; denn der blofse Sandwall um solche Teiche schützt nicht genug von aufsen, von innen noch weniger; sobald den Egeln das Wasser nicht behagt, so wandern sie aus und kommen lieber um, ehe sie zurückkehren. Auch hier waren die ersten zwei Jahre aufser dem Geflügel keine Feinde, wo sich aber Nahrung zusammengedrängt findet, kommen diese ungeladen und unverhofft; so fing ich im Herbst 1840 zwei anderthalbpfündige Hechte in zwei Zuchtteichen, die nur als Laich durch wilde Enten eingebracht sein können, da nirgends Wasser zufliefsen kann; der Schade, den auch nur ein paar solcher Thiere verursachen, ist grofs genug.

Auch einer Zurechtweisung entgeht Dr. W. nicht, wenn er weiterhin von theuren, oft unkräftigen Apothekenegeln spricht. Gerade der Blutegel bringt in den meisten Fällen dem Apotheker keinen Gewinn, öfters aber Verlust, und nur weil er Heilmittel ist, hält oder ist der Apotheker gezwungen, ihn zu halten, sonst würde er den Gewinn und die Vertheuerung dieses Wurms gern Andern überlassen. Der Apotheker kann die Blutegel blofs von Zuträgern oder aus Niederlagen und Zuchtteichen kaufen, sie brauchen dann blofs hungrig zu sein, so schwach, dafs sie nicht saugen, sind sie wohl nie oder krank, und dann wird er sie nicht weggeben. Nicht Mangel an Saugkraft, sondern vorhergegangene ammoniakalische Einreibungen, die nicht gehörig abgewaschen sind, theils die Ausdünstung mancher Kranken selbst, sind die Ursachen, wefshalb sich der Egel ringend wegwendet, öfters auch Mangel an Appetit, eben weil er noch zu kräftig, d. h. nicht hungrig genug ist. Der Apotheker ist dabei wohl ganz unschuldig, oder man weise ihn an, wo solche Egel zu erhalten sind, die unter allen Umständen saugen.

Wer daher dem gutgemeinten Vorschlag des Dr. W., gesogene Blutegel aufzuwahren, folgen und nicht Teiche dazu hat, aber doch sie sammeln will, bis mindestens 100 Stück zum Zusenden in die Teiche beisammen sind, der gebe ihnen blofs frisches Wasser, sobald es farbig wird, und entziehe den Egeln das Blut nicht gewaltsam durch Kochsalz oder durch Druck.

Bemerkung zu vorstehendem Aufsatze.

Es ist unangemessen und kann keineswegs den Aerzten zugemuthet werden, Blutegel selbst zu halten; ich bin überzeugt, es würde auch von sehr schlechtem Erfolge sein, und noch mehr, wenn sie selbst Blutegelteiche halten sollten. Dagegen finde ich es ganz in der Ordnung, dafs der Apotheker die Blutegel vorräthig halten mufs, aber ihm dafür ein angemessener Verkaufspreis festgestellt werde. Durchaus mufs ich mich gegen die Ansicht erklären, dafs der Apotheker die an das kranke Publikum abgegebenen Blutegel wieder annehmen solle. In einzelnen besonderen Fällen mag dieses dem Apotheker nach seinem Ermessen erlaubt sein, als allgemeine Regel aber scheint mir eine solche Mafsnahme unzulässig. Auch dürfte sie mit dem Rufe des Apothekers unvereinbar sein, da das Publikum, wenn es Blutegel bekommt, die nicht gleich saugen, ihm zur Last legen wird, gebrauchte verkauft zu haben, anderer Nachtheile nicht zu gedenken. **Brandes.**

Zur Warnung.

Wie oft kleine Ursachen grofse Gefahren und böse Folgen mit sich führen, dürfte das Nachstehende aufs Neue beweisen.

In der Apotheke des Collegen S. zu K. in unserm Grofsherzogthum hatte der Lehrling desselben, Paul H., Sohn eines Predigers in Schlesien, das Versehen begangen, statt Veilchensaft Schwefelsäure zu verabreichen. Aus Furcht vor den Folgen dieses Mifsverständnisses und der ihm drohenden Strafe entfloh derselbe. Es erwies sich aber später, dafs das Kind, welches den Veilchensaft erhalten sollte, wofür Schwefelsäure gegeben war, diese nicht einbekommen hatte, sondern in Folge einer schon mehre Tage anhaltenden Brustentzündung am folgenden Tage gestorben war. Der Lehrling Paul aber, welcher entflohen, wurde sechs Wochen später in einem entfernten Walde, an einer unzugänglichen dichten Stelle desselben, nachdem vorher eine Prämie auf dessen Zurückbringen gesetzt war, im Zustande der Verwesung gefunden. Aus einem in seiner Rocktasche aufgefundenen Zettel ist es nicht zu bezweifeln, daſs er sich selbst den Tod gegeben, am wahrscheinlichsten durch eine Vergiftung, welche aber, da vom Gerichte nur eine Obduction und keine chemische Untersuchung für nöthig erachtet worden, nicht festgestellt ist.

Möge die jungen Genossen unsers Standes dieses traurige Beispiel zur gröfsesten Aufmerksamkeit und Vorsicht veranlassen. Es scheint mir gleichzeitig bei dieser Gelegenheit aufs Neue der Erinnerung werth, daſs man Schwefelsäure und Analoga aus Apotheken nie ohne genaue Erkundigung der Verwendung, weder in offnen Töpfen noch Tassen, sondern stets in mit einem bezeichneten Zettel beklebten Flaschen expedirt. Seit vier Jahren sind in hiesiger Gegend mehrfache Vergiftungen und Unglücksfälle mit Schwefelsäure vorgekommen, und manche wären vielleicht verhindert worden, wenn stets eine genaue Controle bei der Expedition statt fände.

Lissa, im November 1841.

A. Lipowitz, Kreisdirector des Vereins.

Anfrage.

Die allgemeine Anwendung der Phosphorlatwerge beweist hinlänglich ihren Nutzen zur Vertilgung der Ratten, aber die Entdeckung dieses Mittels hat noch einen andern grofsen Werth, nämlich den, daſs hierdurch ein Mittel gefunden ist, den weiſsen Arsenik, durch den, weil er ohne Farbe und fast geschmacklos ist, absichtlich und unbewuſst so leicht Schaden geschieht, den Händen des unwissenden und unvorsichtigen Publikums zu entziehen: daher wäre es in historischer Hinsicht wünschenswerth, *den Namen des Entdeckers dieses Mittels* und vielleicht die Art und Weise, wie er auf diese Anwendung des Phosphors gekommen, kennen zu lernen. Es wird daher jeder, der hierüber Auskunft geben kann, ersucht, dies in dieser Zeitschrift mitzutheilen.   D. Meurer.

3) *Personalnotizen.*

Durch den Tod des Geh. Medicinalraths Prof. D. E. Osann hat die Universität Berlin kürzlich einen ihrer bedeutendsten Lehrer der Medicin verloren.

Am 4. Dec. 1841 starb der rühmlichst bekannte Dr. C. G. Fricke aus Hamburg in Neapel an der Schwindsucht.

Am 9. Sept. 1841 starb in Genf der ausgezeichnete und berühmte Botaniker Aug. Pyram. de Candolle.

Zweite Abtheilung.

Chemie und Physik.

Versuche über die Zusammensetzung des Gehirns;

von

Edmund Fremy.

Da die ausgezeichnetsten Physiologen jetzt zugeben, dafs die organische Chemie der thierischen Physiologie grofse Dienste leisten kann, so hielt ich es für interessant, die Materie des Gehirns einer neuen Untersuchung zu unterwerfen.

Es war mir nicht möglich, in einer einzigen Abhandlung alle die Puncte abzuhandeln, welche sich auf diese wichtige physiologische Frage beziehen.

In dieser ersten Arbeit wollte ich allein die Elemente isoliren, aus welchen das Gehirn besteht, indem ich dessen unmittelbaren Bestandtheile von den verschiedenen Substanzen trennte, welche die Reinigung und das Studium erster so sehr erschweren; ich habe endlich, auf die Eigenschaften dieser Bestandtheile mich stützend, versucht, die wahre Natur der Gehirnmaterie zu bestimmen.

Den analytischen Theil dieser Arbeit werde ich für eine besondere Abhandlung zurückhalten, und werde zeigen, dafs er nur in soweit interessant wird, als er von exacten physiologischen Forschungen begleitet ist. Die angeführten Analysen haben mehr den Zweck, den vorausgesetzten Thatsachen zur Stütze zu dienen, als die Zusammensetzung der Bestandtheile des Gehirns kennen zu lehren.

Ich glaube, dafs die Resultate, welche ich hier vorlege, auf die Physiologie unmittelbar sich anwenden lassen. Kennt man in der That die Zusammensetzung des Gehirns und die Eigenschaften seiner Bestandtheile,

so können die Physiologen die verschiedenen Theile der
Gehirnmasse für sich studiren und die Modificationen,
welche diese durch Krankheiten erleiden, erkennen. Hierauf gestützt, werden sie in den verschiedenen Theilen
des Nervensystems die Gehirnmaterie aufsuchen und alsdann eine positive Beziehung zwischen dem Gehirn und
den davon abhängenden Organen festsetzen können.

Ehe ich zu den Resultaten meiner Arbeit übergehe,
will ich die bisher über diesen Gegenstand bekannten
Untersuchungen kürzlich anführen.

Es ist bekannt, dafs wir Vauquelin die Entdeckung
einer eigenthümlichen phosphorhaltigen fetten Materie
verdanken; Fourcroy, John, Gmelin und Kühn
haben interessante Thatsachen über die Zusammensez-
zung des Gehirns bekannt gemacht, und in neuester Zeit
hat Couerbe eine ausgedehnte Arbeit über diesen Gegenstand erscheinen lassen. Er hat zuerst gezeigt, dafs
die perlmutterglänzende Materie des Gehirns Cholesterin sei und diese Entdeckung ist für die Physiologie von
hohem Interesse; aufserdem erhielt er aus dem Gehirn
vier fette Materien, die er *Stearoconot, Cephalot, Eleencephol* und *Cerebrot* nennt.

Weil ich die Schwierigkeiten einer zoochemischen Arbeit vollkommen kenne, so bin ich auch der erste, um
alle die Sorgfalt und Geduld anzuerkennen, die die Isolirung und Untersuchung dieser verschiedenen Materien
erforderte. Da ich aber glaube, dafs die von Couerbe
studirten Substanzen keine unmittelbaren Bestandtheile
sein können, so meine ich, wird es mir auch erlaubt
sein, freimüthig einige Theile der Abhandlung Couerbe's zu discutiren. Ich bin überzeugt, dafs er mit mir
der Meinung ist, wie nützlich zoochemische Versuche
unter verschiedenen Gesichtspuncten sein können; denn
weit entfernt, diesen Gegenstand als abgeschlossen zu
betrachten, hat er selbst die Chemiker eingeladen, seine
Versuche zu wiederholen und weiter zu führen.

Ich werde zuerst die Gründe angeben, die mich
verhinderten, dem Verfahren Couerbe's zu folgen.

Die Beobachtungen Thenard's, in seinem *Traité de Chemie*, wo er von der Arbeit Couerbe's redet, und die wichtigen Beobachtungen Chevreul's, in seinen *Recherches de Chimie organique*, haben mir stets als Richtschnur gedient.

Couerbe hat sich zur Isolirung und Reinigung der Bestandtheile des Gehirns bekanntlich nur des Alkohols und Aethers bedient. Da aber das Gehirn ein Gemenge von fettähnlichen Substanzen enthält, die also ähnliche Eigenschaften besitzen und sich gegenseitig auflösen, so ist nicht anzunehmen, dafs Aether und Alkohol allein eine vollständige Scheidung hier bewirken können. Wenn Chevreul durch Aether und Alkohol die Bestandtheile der fetten Körper isolirte, so war er immer bemüht, sie der entscheidenden Probe der Auflösungsmittel zu unterwerfen; diese Vorsicht hat Couerbe nicht berücksichtigt, denn in seiner Abhandlung spricht er nicht davon. Die physischen Eigenschaften einer Substanz können oft auch einige Garantie für ihre Reinheit darbieten; aus Couerbe's Abhandlung aber sieht man, dafs die von ihm entdeckten Körper gefärbt, zähe und weich wie Wachs sind; bekanntlich aber stellen sich die unmittelbaren Bestandtheile im Allgemeinen nicht unter solchem Ansehen dar.

Ich werde im Verlauf dieser Abhandlung beweisen, dafs die fetten Materien des Gehirns eine unwiderlegliche Analogie mit den Seifen darbieten, und dafs sie unter dem Einflufs der Auflösungsmittel wie diese eine Zersetzung erleiden. Dieser Umstand, welcher Couerbe entgangen zu sein scheint, zeigt, wie wichtig es bei solchen Versuchen ist, die Bestandtheile, welche man isolirt hat, der Wirkung einiger Reagentien zu unterwerfen, um ihre Natur richtig zu erkennen. Niemandem ist es unbekannt, dafs man der Analyse sich oft bedient, um die Reinheit eines organischen Körpers zu erkennen. Ein unmittelbarer Bestandtheil, nach verschiedenen Methoden bereitet, mufs bei der Analyse eine unveränderliche Zusammensetzung zeigen. Couerbe hat

nun die Körper, welche er aus dem Gehirn erhielt, analysirt und ihre Zusammensetzung veränderlich gefunden; dieses ist einigermafsen ein Beweis ihrer Unrein-
heit. Diesen Schlufs aber hat er nicht daraus gezogen;
er hat unter den fetten Bestandtheilen des Gehirns eine
Art Beweglichkeit der Elemente angenommen und darüber gewissermafsen ein Gesetz aufgestellt, indem er
diese auf physiologische Betrachtungen zurückführt; bekanntlich hat er eine Beziehung zwischen der Intelli-
genz eines Menschen und dem Phosphorgehalte seines
Gehirns angenommen.

Die Eigenthümlichkeit der angeführten Resultate,
die mit den Ideen der Physiologie und den Principien
der Chemie im Widerspruch sind, hat mich zu einem
eigenthümlichen Analysir-Verfahren bestimmt, welches
die folgenden Resultate ergeben hat.

Die Gehirnmasse besteht bekanntlich aus einer albuminösen Materie, mit vielem Wasser verbunden und mit
einer eigenthümlichen fetten Materie gemengt. Das Gehirn des Menschen enthält 7 Th. Eiweifs, 5 Th. fetter
Materie und 80 Th. Wasser.

Die Untersuchung der albuminösen Materie des Gehirns bietet keine Wichtigkeit dar; sie ist unlöslich in
Wasser, Alkohol und Aether. Wir haben wenig Mittel, einen derartigen Körper zu studiren; die anatomi-
sche Untersuchung ist das einzig Nützliche in diesem
Falle.

Alle meine Sorgfalt richtete sich dagegen auf das
Studium der fetten Materie, welche man dem Gehirn
durch Alkohol oder Aether entziehen kann. Meine Versuche wurden mit dem Gehirn verschiedener Thiere,
vorzüglich aber mit dem des Menschen angestellt.

Behufs der Analyse des Gehirns beginnt man, dasselbe in kleine Stücke zu zerschneiden, mehrmals mit
kochendem Alkohol zu behandeln und zuletzt einige Tage
mit demselben in Berührung zu lassen. Der Zweck dieser
Operation ist, dem Gehirn die grofse Menge Wasser, die es
enthält, zu entziehen, und die die Einwirkung des Aethers

auf die Masse verhindern würde. Ist diese erste Behandlung gut ausgeführt, so muſs der albuminöse Theil des Gehirns coagulirt sein, er hat seine Elasticität verloren und läſst sich leicht zusammendrücken; man preſst ihn jetzt aus und behandelt ihn, nach Zertheilen in einem Mörser, mit Aether. Nach der Behandlung des Gehirns mit Alkohol muſs man dasselbe nicht zu lange der Luft ausgesetzt lassen, weil sonst der Rückhalt von Alkohol schwächer wird, und die wässrig gewordene Masse mit Aether sich nicht mehr erschöpfen läſst.

Die Ausziehung mit Aether geschieht anfangs kalt, nachher warm; die Auszüge werden der Destillation unterworfen und hinterlassen einen klebrigen Rückstand, welchen ich *Aetherproduct* nenne.

Der Alkohol läſst nach Erkalten eine weiſse Substanz absetzen, welche Phosphor enthält, wie Vauquelin entdeckt hat; der Alkohol enthält nur noch fette Materien aufgelöst, und zeigt gewöhnlich eine saure, von Phosphorsäure herrührende Reaction, deren Gegenwart ich im Verfolg dieser Abhandlung erklären werde.

Das Product des Aetherauszuges ist es, in welchem Couerbe das Cholesterin, die weiſse Materie nach Vauquelin, gefunden hat, das er *Cerebrot* nennt, und überdem drei fette Materien, die er als neutral betrachtet und *Cephalot*, *Stearoconot* und *Eleencephol* nennt.

Die von mir erhaltenen Resultate weichen in allen Stücken von denen Couerbe's ab, denn ich habe in den von ihm erhaltenen Substanzen nichts gesehen als Gemenge fetter Säuren in seifenartigen Verbindungen.

Um die Auseinandersetzung der Thatsachen zu erleichtern, werde ich zuerst die Zusammensetzung des Gehirns angeben, dann von den Eigenschaften seiner Bestandtheile reden, und endlich meine Resultate mit denen von Couerbe vergleichen.

Die unmittelbaren Bestandtheile, welche ich durch Alkohol und Aether aus dem Gehirn erhalten habe, sind:

- 1) eine weiſse Materie, die ich *Cerebrinsäure* (*Acide cerebrique*, Hirnsäure) nenne;

11*

2) Cholesterin;
3) eine eigenthümliche fette Säure, die ich *Oleophos-*
   phorsäure nenne;
4) Spuren von Olein, Margarin und fetten Säuren.

Diese Bestandtheile finden sich nicht immer im isolirten Zustande im Gehirn; so ist die Cerebrinsäure
häufig mit Natron oder phosphorsaurem Kalk verbunden. Die Oleophosphorsäure findet sich gewöhnlich als
Natronsalz.

Wenn man die fetten Substanzen unberücksichtigt
läfst, die sich in den übrigen thierischen Materien finden, so sieht man, dafs das Gehirn durch die Gegenwart
des Cholesterins und zweier fetten Säuren charakterisirt
wird. Diese Zusammensetzung ist einfacher als die von
Couerbe angegebene. Ich werde jetzt die Eigenschaften dieser fetten Körper beschreiben.

Cerebrinsäure.

Dieser Körper wurde schon von Vauquelin gefunden, er hat ihn aber nie im reinen Zustande erhalten.
Dieser berühmte Chemiker stellte die weifse Materie
bekanntlich durch Behandeln des Gehirns mit kochendem Alkohol dar, und hielt die Substanz, welche beim
Erkalten sich ausschied, für rein. Nun enthält aber das
Gehirn Oleophosphorsäure und Cholesterin, die in kaltem Alkohol fast unlöslich sind und also auch in der
weifsen Materie Vauquelin's sich finden müssen; auch
war diese Substanz stets fettig und weich wie Wachs,
während die Cerebrinsäure pulverförmig und krystallinisch ist.

Couerbe hat die Cerebrinsäure weit reiner erhalten als Vauquelin; ich glaube aber nicht, dafs er durch
die in seiner Abhandlung beschriebenen Methoden diese
Säure absolut rein erhalten konnte; denn die Cerebrinsäure ist oft mit Natron oder phosphorsaurem Kalk verbunden. Unter den von Couerbe angeführten Umständen habe ich stets einen Körper erhalten, der nach Verbrennen mit Salpeter ein Kalksalz hinterliefs. Endlich

weichen auch die physischen Charaktere der Cerebrinsäure von denen der von Co u er b e Cerebrot genannten
Materie ab.

Zur Darstellung der Cerebrinsäure muſs man die
von der Verdunstung des Aetherauszuges erhaltene Masse
in vielem Aether wieder aufnehmen; man fällt dadurch
eine weiſse Substanz, die man durch Abgieſsen isolirt,
und die an der Luft in eine wachs- und fettähnliche
Masse sich verwandelt. Dieser Niederschlag enthält Cerebrinsäure, häufig mit phosphorsaurem Kalk oder Natron
verbunden, Oleophosphorsäure mit Kalk oder Natron
vereinigt, und etwas Eiweiſs, mittelst der erwähnten
Körper zurückgehalten. Man behandelt nun den Niederschlag mit kochendem absoluten Alkohol, dem man
etwas Schwefelsäure zusetzt. Es bleiben dann schwefelsaurer Kalk und schwefelsaures Natron, mit Eiweiſs
vermischt, in Suspension, die man durch Filtriren sondert, die Cerebrinsäure und Oleophosphorsäure bleiben
in Auflösung und setzen sich nach Erkalten ab. Man
wäscht diesen Niederschlag mit Aether aus, welcher
kalt die Cerebrinsäure nicht auflöst, die Oleophosphorsäure aber aufnimmt. Endlich muſs man die Cerebrinsäure in kochendem Aether auflösen und mehrmals krystallisiren lassen.

Die so gereinigte Cerebrinsäure ist weiſs, vom Ansehen kleiner krystallinischer Körner, in kochendem Alkohol völlig löslich, in kaltem Aether fast unlöslich, in
kochendem löst sie sich auf. Sie besitzt die merkwürdige Eigenschaft, mit kochendem Wasser wie Amylum
sich aufzublähen, scheint indeſs in Wasser unlöslich zu
sein. Sie schmilzt bei einer hohen Temperatur, die der
ihrer Zersetzung sehr nahe ist. Beim Verbrennen verbreitet sie einen sehr charakteristischen Geruch, mit
Hinterlassung einer schwer verbrennlichen Kohle, die
merklich sauer reagirt. Durch Schwefelsäure wird die
Cerebrinsäure geschwärzt, durch Salpetersäure wird sie
nur langsam zersetzt.

Durch Verbrennen mit Salpeter und kohlensaurem

Kali giebt sie nie Veranlassung zur Entstehung von schwefelsaurem Kali, aber von einer bestimmten Menge phosphorsaurem Kali. Dieser Körper enthält also keinen Schwefel, dies hat Vauquelin angegeben; es ist aber bekannt, dafs Couerbe Schwefel im Cerebrot gefunden hat, dieser liegt im Eiweifs, welches dieses Product immer enthält.

Die Cerebrinsäure enthält Stickstoff, dessen Gegenwart man beim Erhitzen dieser Säure mit einem Ueberschufs an Kali erkennt, wobei sich bemerkliche Mengen Ammoniak entwickeln. Die Analyse der Säure wurde auf die gewöhnliche Weise angestellt, den Phosphor bestimmte ich im Zustande des phosphorsauren Baryts, mit Vermeidung der Gegenwart von Carbonaten, oder im Zustande des phosphorsauren Eisens.

Zur Bestimmung des Kohlenstoffs und Wasserstoffs habe ich bei mehren Analysen Zahlen erhalten, die mit folgenden übereinstimmen:

Substanz 0,523
Wasser 0,500
Kohlensäure .... 1,280.

Für die Bestimmung des Stickstoffs wandte ich das folgende Verfahren an und die verschiedenen Analysen gaben mir stets 2,3 bis 2,5 $\frac{0}{0}$ Stickstoff.

Ueber die Bestimmung des Phosphors führe ich hier einen Versuch an, welcher durch Verbrennen von Cerebrinsäure mit einem grofsen Ueberschufs von Salpeter und kohlensaurem Kali angestellt wurde, mit der Vorsicht, das Gemisch stets nur in kleinen Portionen in den rothglühenden Tiegel zu geben. Das Product der Verbrennung wurde in Salpetersäure aufgenommen, genau mit Ammoniak neutralisirt und durch ein Barytsalz gefällt. 0,697 Grm. Cerebrinsäure gaben 0,046 Grm. phosphorsauren Baryt, welches 0,9 Procent Phosphor entspricht.

Nach diesen Thatsachen läfst sich die Zusammensetzung der Cerebrinsäure folgendermafsen angeben:

Kohlenstoff.........66,7
Wasserstoff........10,6
Stickstoff........... 2,3
Phosphor 0,9
Sauerstoff..........19,5
100.

Ich glaubte lange Zeit, dafs die kleine Menge Phosphor, welchen die Cerebrinsäure enthält, von einem Rückhalt von Oleophosphorsäure herrührte, womit sie gemengt bliebe; nachdem ich aber auch die Cerebrinsäure allen Reactionen unterworfen habe, wodurch vorhandene Oelsäure hätte entzogen oder zerstört werden müssen, habe ich doch stets Phosphor gefunden.

Die Cerebrinsäure kann sich mit allen Basen verbinden und mufs als eine wahre Säure betrachtet werden. Von den gewöhnlichen organischen Säuren unterscheidet sie sich aber durch ihre Unlöslichkeit in Wasser und ihre übrigen physikalischen Eigenschaften. Durch ihre Löslichkeit in Alkohol und kochendem Aether nähert sie sich den fetten Säuren, aber durch ihren hohen Schmelzpunct und durch die Wirkung des Wassers, wodurch sie zu Hydrat wird, entfernt sie sich sehr davon. Durch Erhitzen der Cerebrinsäure mit verdünnten Lösungen von Kali, Natron oder Ammoniak wird sie nicht aufgelöst, aber sie verbindet sich mit diesen Basen. Man kann diese Verbindungen darstellen, wenn man eine alkoholische Lösung von Cerebrinsäure mit diesen Basen in Berührung bringt; es bildet sich unmittelbar ein in Alkohol fast unlöslicher Niederschlag, welcher als eine Verbindung von Cerebrinsäure mit der angewandten Base angesehen werden mufs. Kalk, Baryt und Strontian verbinden sich direct mit der Cerebrinsäure, und sie verliert dadurch die Eigenschaft, mit Wasser eine Emulsion zu bilden. Ich habe eine dieser Verbindungen dargestellt, um die Sättigungscapacität der Cerebrinsäure zu bestimmen.

Zur Darstellung des cerebrinsauren Baryts liefs ich zuerst Cerebrinsäure mit Wasser kochen, um das

Hydrat zu erhalten; ich gab dann in die Flüssigkeit einen Ueberschufs von Barytwasser und liefs alles einige Minuten erhitzen, unter Vorsorge, einen Zutritt von Kohlensäure zu vermeiden. Es bildete sich ein weiſser flockiger Niederschlag, welcher vorsichtig getrocknet, folgende Zusammensetzung zeigte:

Salz 0,141.

Baryt 0,011

Cerebrinsäure..0,130.

Dieses giebt 7,8 % Baryt.

Da die Cerebrinsäure die Eigenschaft hat, mit allen Basen sich zu verbinden, so muſs sie als eine wahre Säure betrachtet werden; doch ist sie eine schwache Säure, und muſs zwischen die fetten Säuren und die thierischen Substanzen gestellt werden, welche die Eigenschaft haben, mit den Basen sich zu verbinden, wie Eiweiſs und Fibrin.

Oleophosphorsäure.

Wir haben oben gesehen, daſs bei Behandlung des Aetherproducts mit Aether die Cerebrinsäure präcipitirt wird; es bleibt dann eine zähe Substanz aufgelöst, welche die Oleophosphorsäure enthält, oft mit Natron verbunden. Man muſs daher dieses Salz mit einer Säure zersetzen und die Masse in kochendem Alkohol auflösen, welcher die Oleophosphorsäure aufnimmt und beim Erkalten wieder fallen läſst. Diese Säure enthält immer etwas Olein, welches man durch wasserleeren Alkohol wegnimmt, und Cholesterin, von welchem man sie durch Alkohol und Aether befreit, welcher das Cholesterin leichter löst als die Oleophosphorsäure. Diese Säure aber völlig rein darzustellen, ist mir jetzt nicht gelungen, sie enthält stets Spuren von Cholesterin und Cerebrinsäure, doch habe ich ihre Eigenschaften hinreichend studiren können. Die Zersetzungsweise, die sie unter dem Einflusse chemischer Agentien erleidet, macht sie zu einem der interessantesten Stoffe der thierischen Organisation.

Die Oleophosphorsäure besitzt gewöhnlich eine gelbliche Farbe, wie Olein, ist unlöslich in Wasser. Sie hat eine zähe Consistenz, und blähet sich etwas auf, wenn man sie in kochendes Wasser bringt. In kaltem Alkohol ist sie unlöslich, in heifsem aber löst sie sich leicht; in Aether ist sie löslich.

Mit Kali, Natron und Ammoniak bildet sie unmittelbar seifenartige Verbindungen, welche alle Eigenschaften der Masse wieder besitzen, die man ursprünglich durch Behandeln mit Aether aus dem Gehirn erhielt. Mit anderen Basen bildet sie in Wasser unlösliche Verbindungen. Die Oleophosphorsäure brennt erhitzt an der Luft und hinterläfst eine sauer reagirende Kohle, welche Phosphorsäure enthält.

Bei meinen zahlreichen Analysen über die Gehirnmaterie habe ich gefunden, dafs die flüssigen fetten Substanzen, welche man vom Gehirn erhält, nicht immer constante Eigenschaften besitzen; oft erschienen sie flüssig wie Olein, oft zähe; in einigen Fällen enthielt diese fette Materie Phosphor, in anderen nicht die geringste Spur.

Diese Schwierigkeiten hielten mich lange Zeit auf, und würden mich verhindert haben, meine Versuche bekannt zu machen, wenn ich nicht glücklich genug gewesen wäre, in einer eigenthümlichen Eigenschaft der Oleophosphorsäure die Erklärung dieses sonderbaren Verhaltens zu finden.

Wenn man die Oleophosphorsäure einige Zeit mit Wasser oder Alkohol kochen läfst, so verliert sie nach und nach ihre zähe Beschaffenheit, und wird zu einem flüssigen Oele, welches reines Olein ist, die Flüssigkeit aber reagirt sehr sauer, was von Phosphorsäure herrührt.

Diese Zersetzung, welche sehr langsam erfolgt, wenn man die Oleophosphorsäure mit reinem Wasser oder mit reinem Alkohol kochen läfst, findet sehr rasch statt, so wie man die Flüssigkeit etwas sauer macht. Sie geht auch bei der gewöhnlichen Temperatur vor

sich, aber sehr langsam. Uebrigens habe ich mich überzeugt, daſs die Luft bei dieser Zersetzung nicht mit-
wirkt.

Es läſst sich durch viele Versuche beweisen, daſs
die Oleophosphorsäure nicht als ein Gemenge von Olein
und Phosphorsäure anzusehen ist; ich will nur eins
anführen. Das Olein ist in kaltem absoluten Alkohol
löslich, die Oleophosphorsäure ist aber darin ganz unlöslich. Man kann diese Unlöslichkeit vor der Zersetzung der Oleophosphorsäure durch die Auflösungsmittel prüfen; hat man sie aber einige Zeit mit ange-
säuertem Wasser kochen lassen, so sieht man, wie sie
ihre Natur ändert und daſs sie, in Olein umgewandelt,
von kaltem absoluten Alkohol nun aufgelöst wird.

Man sieht also, daſs die Oleinsäure ein wenig beständiger Körper ist, welcher unter schwachen Einflüssen
schon in Olein und Phosphorsäure zersetzt wird. Die
in Zersetzung begriffenen animalischen Substanzen können eine ähnliche Transformation bewirken; ich habe
oft gefunden, daſs ein frisches Gehirn Oleophosphorsäure enthielt, während ein sich selbst überlassenes und
in Zersetzung begriffenes viel Olein und freie Phosphorsäure giebt.

Die Beweglichkeit der Elemente, welche Couerbe
den fetten Körpern des Gehirns zuschrieb, läſst sich
jetzt einsehen; sie liegt in der unvollständigen Zersetzung, welche die Oleophosphorsäure unter dem Einflusse der Auflösungsmittel erleidet, welchen die Gehirnmaterie unterworfen wird. Wohl aber ist hier der Ort,
auf das ganze Gewicht aufmerksam zu machen, was die
Physiologie aus den analytischen Versuchen über das
Gehirn ziehen kann.

Die Eigenschaften der Oleophosphorsäure machen
es unmöglich, anzunehmen, daſs sie bestimmt sei, in der
thierischen Organisation eine wichtige Rolle zu spielen;
in vielen Fällen muſs sie sich in Olein und Phosphorsäure zersetzen, die bekanntlich einen Bestandtheil der
Knochen ausmacht. Es würde wohl interessant sein, zu

wissen, ob die Oleophosphorsäure schon im Gehirn eine vom Alter oder Krankheiten abhängige derartige Veränderung erleidet.

Ich habe einige Analysen über die Oleophosphorsäure angestellt, die ich aber nicht anführe, weil ich glaube, dafs die Substanz, womit sie ausgeführt wurden, noch nicht rein war. Aus dem Vorstehenden kann man hinreichend die Schwierigkeiten ermessen, welche die Reinigung der Oleophosphorsäure mit sich führt, die stets mit in Alkohol und Aether gleichlöslichen Körpern gemengt ist. Ich halte die Analyse dieser Säure nicht für unmöglich, da aber die Oleophosphorsäure kein beständiger Körper und sie sich in der Organisation oft in Phosphorsäure und Olein zersetzt, so ist begreiflich, dafs die Analyse derselben nur interessant wird, wenn sie von physiologischen Forschungen begleitet ist.

Die Oleophosphorsäure wird von rauchender Salpetersäure leicht angegriffen; es bildet sich in Auflösung verbleibende Phosphorsäure und eine auf der Flüssigkeit schwimmende fette Säure.

Die Menge Phosphor, welche die Oleophosphorsäure enthält, ist nach mehren Analysen 1,9 — 2 Procent.

Ein Ueberschufs von Alkalien verwandelt die Oleophosphorsäure in Phosphate, Oleate und in Glycerin.

Es ist mir bis jetzt unmöglich gewesen, eine Oleophosphorsäure durch Reaction von Phosphorsäure auf Olein zu bilden. Bekanntlich kann die Schwefelsäure mit dem Olein sich verbinden zu einer Säure, die nicht ohne Analogie ist, mit der Oleophosphorsäure. In Bezug auf den Werth dieser Hypothese bemerke ich nur, dafs Chevreul in einem Artikel im *Dict. des Scienc. natur.* die Meinung aufgestellt hat, dafs die fette Materie des Gehirns als das Resultat einer Verbindung von Olein und Phosphorsäure angesehen werden könnte. Die von mir angeführten Versuche bestätigen in einer Rücksicht die Voraussicht Chevreul's.

Nach Erforschung der Zersetzungsweise, welche die Oleophosphorsäure durch Auflösungsmittel erleidet, wollte ich auch die Cerebrinsäure denselben Einflüssen unterwerfen; ich hoffte sie auf diese Weise in Phosphorsäure und einen festen fetten Körper umzubilden; in diesem Falle aber würde die Zersetzung complicirter gewesen sein, denn die Cerebrinsäure enthält Stickstoff. Alle meine desfallsigen Versuche waren erfolglos; die Cerebrinsäure wird nur unvollständig zersetzt, und hält immer Phosphor zurück.

Da ich eine Elementaranalyse der Oleophosphorsäure nicht anstellen konnte, so wollte ich wenigstens die Zusammensetzung der Producte, zu welchen sie Veranlassung giebt, erforschen. Ich habe schon von der Phosphorsäure gesprochen, und werde jetzt das Olein des Gehirns näher betrachten.

Olein des Gehirns.

Alle Chemiker, welche mit der Analyse des Gehirns sich beschäftigt haben, haben die Gegenwart einer öligen Materie darin erkannt, solche aber nicht rein erhalten.

Das Gehirn enthält oft Olein im isolirten Zustande, welches ohne Zweifel von Zersetzung der Oleophosphorsäure herrührt. Man kann das Olein des Gehirns in beträchtlicher Menge erhalten, wenn die Oleophosphorsäure durch Alkohol oder saures Wasser zersetzt wird.

Man stellt hierzu Oleophosphorsäure nach dem oben bemerkten Verfahren dar, und läfst sie mit Alkohol oder ungesäuertem Wasser kochen, wodurch sie ihre Syrupsconsistenz verliert und in ein flüssiges Oel verwandelt wird. Man wäscht sie mehrmals aus und behandelt sie mit absolutem Alkohol, welcher das Olein auflöst und die Cerebrinsäure und das Cholesterin zurückläfst, welche sich auch bei der Cerebrinsäure befanden. Durch Verdunsten des Alkohols erhält man das Olein, welches folgende Eigenschaften besitzt.

Es ist flüssig, im Anfühlen fettig, gelb, brennt mit

weifser Flamme und ohne kohligen Rückstand zu hinterlassen. Bei der Analyse gab es folgende Resultate:

Substanz .. 0,204.
Wasser.............. 0,220.
Kohlensäure .... 0,390.

Hieraus ergiebt sich die Zusammensetzung zu

Kohlenstoff........... 79,5.
Wasserstoff........... 11,9.
Sauerstoff .... 8,6.
———————
100.

Die Vergleichung dieser Resultate mit denen von
Chevreul über die Analyse des Menschenfetts zeigen
die Identität beider.

Das Olein des Gehirns wird durch Alkalien leicht
verseift und in Oleat und Glycerin umgeändert.

Ehe ich das Olein der Analyse unterwarf, habe ich
dasselbe mit Alkohol von 34° ausgewaschen, dem etwas
Kali zugesetzt war, um Spuren von Oelsäure und Margarinsäure, die das Olein oft zurückhält, zu entfernen.
Das Olein, welches ich als rein betrachtete, gab beim
Verbrennen keine sauer reagirende Kohle, ein Beweis,
dafs es keine Oleophosphorsäure mehr enthielt, und
liefs sich verseifen zu einer in Wasser völlig löslichen
Seife, was die Abwesenheit des Cholesterins beweist.

Cholesterin.

Die Entdeckung des Cholesterins im Gehirn verdanken wir Couerbe. Ich erlaube mir hier ein Verfahren anzugeben, wornach man eine bemerkliche Menge
Cholesterin aus dem Gehirn erhalten und auch dessen
Menge bestimmen kann, wenn dieses für die Physiologie einst nützlich werden sollte. Man läfst die durch
Ausziehen mit Aether erhaltene Materie mit Alkohol,
dem ein ziemlicher Theil Kali zugesetzt worden ist,
kochen, wodurch cerebrinsaures, ölsaures und phosphorsaures Kali sich bilden und Glycerin und Cholesterin
sich abscheiden lassen. Der Alkohol läfst beim Erkalten
das cerebrinsaure und phosphorsaure Kali und Chole-

sterin fallen, und durch Behandeln mit Aether nimmt man alles Cholesterin weg, welches man durch Umkrystallisiren völlig reinigt.

Im Gehirn enthaltene fette Säuren.

Das Gehirn enthält bemerkliche Mengen fetter Säuren; dieses läfst sich durch Behandeln des mehrmal erwähnten Aetherauszuges mit Alkohol von 34° B., dem etwas Ammoniak zugesetzt worden ist, darthun, man erhält dann in der Flüssigkeit ein Ammoniaksalz, welches, zersetzt, Oelsäure und Margarinsäure liefert. Die Menge der im Gehirn enthaltenen fetten Säuren ist aber nicht beträchtlich; indessen doch hinreichend, um die Oelsäure gut zu charakterisiren und die Margarinsäure zu erkennen, welche in glänzenden Schuppen krystallisirt und bei 60° schmilzt.

Es giebt einen Umstand, der einen grofsen Einflufs auf die Verhältnisse der fetten Säuren des Gehirns ausübt, und auf einer Art von Reactionen beruht, die für die Physiologie nicht ohne Interesse ist.

Bekanntlich zersetzt sich die Gehirnmaterie sehr rasch und giebt dann alle Zeichen der Fäulnifs. Ich habe schon angeführt, dafs unter solchen Umständen die Oleophosphorsäure in Phosphorsäure und Olein sich zersetzt; aber diese Zersetzung bleibt hierbei nicht stehen, denn bei der Untersuchung von Gehirn in schon begonnener Fäulnifs fand ich stets die Menge der Fettsäure, die ich daraus erhalten konnte, gröfser als die aus frischem Gehirn. Die albuminöse Materie hat bei ihrer Zersetzung mithin die Eigenschaft, Olein mitzunehmen und dasselbe einer wahren Saponification auszusetzen.

Diese Beobachtung stimmt übrigens mit allen von Chevreul über das Leichenfett gemachten überein, die beweisen, dafs wenn ein Fett mit einer in Zersetzung begriffenen thierischen Substanz in Berührung ist, dasselbe stets in Fettsäure umgewandelt wird, die sich mit Kalk oder Ammoniak verbinden. Pelouze und Felix

Boudet haben auch gezeigt, daſs das Palmöl eine Art Ferment enthält, welches dieses Oel in Fettsäuren und Glycerin verwandeln kann.

Ich erinnere hier an eine interessante Thatsache, die man Boudet verdankt, und die beweist, daſs das Gehirn bisweilen bedeutende Mengen von fetten Säuren enthalten kann. Dieser fand in einer im Gehirn eines Fötus gefundenen Concretion bei 60° C. schmelzende Margarinsäure.

Dieses ist die Natur der unmittelbaren Bestandtheile, welche der Aether dem Gehirn entziehen kann; man findet in dem Aetherextracte indessen noch eine gewisse Menge Eiweiſs des Gehirns, mittelst der erwähnten fetten Körper aufgenommen. Man kann dieses durch Behandeln des Aetherproducts mit ungesäuertem Alkohol isoliren, welcher das Eiweiſs zurückläſst mit allen seinen Charakteren, und welches, wie bekannt, eine merkliche Menge Schwefel enthält.

Nach dieser Untersuchung der einzelnen Bestandtheile des Gehirns wird es mir jetzt leicht über das Verfahren mich auszusprechen, welches ich zur Erforschung der wahren Zusammensetzung der Gehirnmasse einschlug.

Durch Behandeln der Gehirnmasse mit kochendem Alkohol erhält man zuerst ein Gemenge von Cerebrinsäure, Oleophosphorsäure mit Kalk verbunden und Cholesterin; man isolirt diese Säuren durch die oben angegebenen Mittel, und erkennt, daſs sie oft mit Kalk verbunden durch Verbrennen mit Salpeter. Der durch eine Säure wieder aufgenommene Rückstand bietet alle Charaktere eines Kalksalzes dar.

Daſs die in Aether lösliche Materie fette Säuren enthält, erkennt man durch Behandlung derselben mit leicht alkalisirtem Alkohol, welcher die Oelsäure und Margarinsäure aufnimmt; das Cholesterin isolirt man durch Krystallisiren aus seiner Aetherauflösung; die Cerebrinsäure erhält man durch Wiederaufnehmen des ätherischen Products mit Aether; endlich ergiebt sich, dafs die Oleophosphorsäure und Cerebrinsäure mit Natron und Kalk verbunden sind, wenn man die Masse mit einer Säure behandelt und die filtrirte Flüssigkeit verdunsten und krystallisiren läfst, wodurch man das Kalk - oder Natronsalz erkennt.

Nach meinen Versuchen über das Gehirn des Menschen glaube ich schliefsen zu können, dafs dasselbe enthält

1) Cerebrinsäure frei oder an Natron oder phosphorsauren Kalk gebunden;
2) Oleophosphorsäure frei und an Natron gebunden;
3) Olein und Margarin;
4) Spuren von Oelsäure und Margarinsäure;
5) Cholesterin;
6) Albuminöse Materie;
7) Wasser.

Zur vollständigen Behandlung meines Gegenstandes mufs ich mich in die von Couerbe angezeigten Umstände versetzen, um die von ihm angegebenen Producte darzustellen und mit den meinigen zu vergleichen.

Zuerst bereitete ich Cerebrot nach dem von Couerbe angegebenen Verfahren. Ich erhielt einen weifsen Körper, stets von Wachsconsistenz, der beim Verbrennen mit Salpeter einen kalkhaltigen Rückstand hinterliefs. Das Cerebrot mufs betrachtet werden als ein Gemenge von Cerebrinsäure, mit kleinen Quantitäten von cerebrinsaurem Kalk und Gehirneiweifs. Durch Behandeln mit absolutem Alkohol, dem man etwas Schwefelsäure zusetzte, erhält man einen Niederschlag von Eiweifs und schwefelsaurem Kalk. Couerbe bemerkt, dafs das Cerebrot beim Austrocknen in gelinder Wärme zerreiblich werde und dann sich leicht pulvern lasse. Nach diesem Chemiker ist es augenscheinlich, dafs er die Cerebrinsäure nicht rein erhalten hat, die, wie ich schon sagte, weifs und pulverulent ist und in kleinen krystallinischen Körnern erscheint.

Mit dem Namen *Cephalot* bezeichnet Couerbe eine Materie, die, nach ihm braun und zähe, sich wie Kaut-

schuk ausziehen läfst, in Alkohol unlöslich und in Aether
wenig löslich ist. Bei der Darstellung dieser Materie
nach dem Verfahren von Couerbe hatte ich nie eine
Substanz erhalten, die eine solche Elasticität und ein
solches Ansehn zeigte; da ich aber das Cephalot als ein
Gemenge verschiedener Körper ansehe, so läfst sich
leicht ersehen, dafs seine physischen Charaktere nicht
beständig sein können. Durch Behandeln des Cephalots
mit Alkohol, durch Schwefelsäure angesäuert, präcipitirt man daraus schwefelsauren Kalk, schwefelsaures
Natron und Eiweifs, und Cerebrinsäure mit Spuren von
Oleophosphorsäure wird aufgelöst. Hiernach halte ich
das Cephalot für ein Gemenge von cerebrinsaurem Kalk
oder Natron mit Spuren von Eiweifs und Oleophosphorsäure. Wenn man übrigens in eine alkoholische
Auflösung von Cerebrinsäure und Oleophosphorsäure
einen Tropfen Natron giebt, so erhält man einen Niederschlag, welcher fast alle Charaktere des Cephalots
besitzt.

Das *Stearoconot* ist nach Couerbe eine Substanz,
die sich den fetten Körpern nähert. Es besitzt eine
gelbliche Farbe, ist in Alkohol und Aether unlöslich
und nicht schmelzbar. Ich gestehe, dafs es mir nicht
möglich ist, bei diesem Producte einen Charakter fetter
Körper zu finden; denn man nimmt allgemein an, dafs ein
fetter Körper stets schmelzbar, und in Alkohol und Aether
löslich ist. Nach meinen Versuchen besteht das Stearoconot Couerbe's aus der eiweifsartigen Materie des
Gehirns mit Spuren von cerebrinsaurem und oleophos-
phorsaurem Kalk oder Natron. Durch Behandeln des
Stearoconots mit gesäuertem Alkohol erhält man eine
braune hornartige Materie, die alle Eigenschaften des
Eiweifses besitzt und viel Schwefel enthält.

Dem Oele des Gehirns endlich giebt Couerbe den
Namen *Eleencephol.* Bei der Prüfung des Verfahrens
von Couerbe zur Darstellung dieses Oels findet man
bald, dafs dieses keine reine Substanz liefern kann.
Couerbe nimmt in der That ein Gemenge von Eleen-

cephol und Cholesterin, welches er in Aether löst; er läfst
die Flüssigkeit verdunsten, und wenn das Eleencephol
und Cholesterin daraus sich abgesetzt haben, bringt er
das Gemenge auf ein Filter und scheidet so die feste
Materie von dem flüssigen Theile, welcher das Eleencephol ist. Man sieht ein, dafs das Eleencephol in diesem Falle Olein, Oleophosphorsäure, Cerebrinsäure und
Cholesterin enthalten mufs. Ich habe in der That merkliche Mengen aller dieser Stoffe im Eleencephol gefunden, welches ich nach dem Verfahren Couerbe's dargestellt hatte. Ich mufs selbst sagen, dafs ich durch
Güte des Herrn Guerin Eleencephol erhielt, welches
Couerbe selbst dargestellt hatte, welches alle Charaktere eines Gemenges der genannten Körper und eine
sehr saure Reaction besafs; ich habe das Elain, welches
es enthielt, durch Alkohol isolirt, die Oleophosphorsäure
und das Cholesterin durch kalten Aether; und es blieb
Cerebrinsäure, verbunden mit Spuren von Kalk zurück.

Bekanntlich hat Couerbe das Eleencephol einer
Analyse unterworfen und darnach diese Materie mit
dem Cephalot isomerisch gefunden; er glaubte, dafs
diese Isomerie ein wichtiges physiologisches Phänomen,
die Erweichung des Gehirns, würde erklären können.
Die Thatsachen, welche ich im Vorhergehen auseinander
gesetzt habe, machen es unnöthig, wie ich glaube, das
von Couerbe angegebene analytische Resultat zu discutiren. Ich führe es hier an, weil es mir Gelegenheit
gegeben hat, mit einiger Sorgfalt die Erscheinung der
Erweichung des Gehirns zu studiren. Ich habe gefunden, dafs in diesem Falle die fette Materie keine andere
Veränderung erleidet, als die aus der Zersetzung der
Oleophosphorsäure resultirende, wenn diese mit einer
in Selbstentmischung begriffenen thierischen Materie in
Berührung ist. Ich habe gesehen, dafs die Modification,
welche die Gehirnmasse erleidet, eine wahre Fäulnifs
ist, die durch ihre Wirkung auf die albuminöse Materie deren Consistenz zerstört und sie tief verändert.

Meine Versuche haben bisher, wie man sieht, die

Gehirnmaterie in ihrer Gesammtheit zum Gegenstande gehabt; ich mußte auf diese Weise verfahren, denn die Complication der Producte, welche das Gehirn constituiren, nöthigte mich, mit einer beträchtlichen Masse zu operiren, um positive Resultate erhalten zu können.

Ich wollte aber auch die verschiedenen Theile des Gehirns für sich untersuchen, um deren Zusammensetzung zu erkennen.

Bei der Untersuchung der weißen und grauen Substanz des Gehirns habe ich stets gefunden, daß die fetten Materien fast gänzlich in der weißen Substanz sich befanden, und die graue nur Spuren derselben enthielt.

Wenn man aus der weißen Substanz die fetten Materien abgeschieden hat, so bekommt man einen Rückstand, welcher in chemischer Rücksicht die größeste Analogie mit der grauen Substanz darbietet.

Es würde, wie ich glaube, von großem Interesse für die Physiologie und Anatomie sein, den von den fetten Materien befreiten weißen Theil des Gehirns einer mikroskopischen Untersuchung zu unterwerfen. Vielleicht würde man dann finden, daß die weißen und grauen Materien des Gehirns dieselbe Organisation haben, und daß sie nur durch die fetten Körper sich unterscheiden, die durch ihre Verbreitung in der weißen Substanz die weißen Zonen bilden, welche einige Theile des Gehirns charakterisiren. Ein solches Resultat würde mit allen meinen chemischen Beobachtungen übereinstimmend sein.

Auch das Gehirn einiger Thiere habe ich untersucht, namentlich des Hundes, des Schafs und des Ochsen. Aus meinen Versuchen ergiebt sich, daß man im Gehirn der Thiere dieselben Substanzen findet, wie im Gehirn des Menschen; aber die Proportionen sind verschieden; so habe ich in derselben Menge fetter Materie, durch Aether ausgezogen, weit mehr Cholesterin im Gehirn des Menschen gefunden als in dem des Hundes.

Die zahlreichen Analysen, welche ich mit Gehirn-
massen aus verschiedenen Altern angestellt habe, lieferten bis jetzt kein positives Resultat.

Ich habe versucht, die Gegenwart der Gehirnsubstanzen
in einigen andern Theilen der thierischen Organisation aufzufinden. Ich bemerke hier, dafs Chevreul im Blute fette
Substanzen gefunden hat, welche man im Gehirn findet;
auch hat Felix Boudet die Gegenwart des Cholesterins im Blute nachgewiesen. Da die Leber bei gewissen
Krankheiten bedeutende Mengen Cholesterin absondert,
so hielt ich es für wichtig, in diesem Organe auch die
Gegenwart von Oleophosphorsäure und Cerebrinsäure
aufzusuchen. Bei Behandlung der Leber mit Aether
und Alkohol habe ich in der That daraus gewisse Mengen der Gehirnfette erhalten. Dieses Resultat scheint
mir interessant; es genügt vielleicht, die Physiologen zu
veranlassen, eine Beziehung zwischen dem Gehirn und
der Leber zu finden.

Im Rückenmark habe ich, wie sich das erwarten liefs, eine ziemliche Menge der Gehirnmaterie
gefunden. Dieses Resultat hatte schon Vauquelin angegeben. Auch in den Nerven habe ich bemerkliche
Mengen Hirnsubstanz angetroffen. Es würde gewifs
interessant sein, alle Theile des Nervensystems der Analyse zu unterwerfen, um zu bestimmen, ob die chemische Untersuchung die Nerven erkennen kann, welche
unter Einflufs des Gehirns stehen.

Es ist mir nicht möglich, alle physiologischen An-
wendungen hier anzugeben, die aus der Analyse des
Gehirns resultiren. Indem ich aber Herrn Magendie
meinen Dank abstatte für die von ihm erhaltenen, meiner Arbeit nützlichen Materiale, bemerke ich, dafs er
mir versprochen hat, die physiologischen Fragen zu
untersuchen, welche sich auf den Gegenstand dieser Abhandlung beziehen.

Um endlich die hier aufgeführten Thatsachen zusammen zu fassen, und auf gewisse kürzlich ausge-
sprochenen Behauptungen Couerbe's zu antworten,

begnüge ich mich zu bemerken, daſs es schon lange
Zeit her ist, daſs ich angezeigt habe, die Zusammensetzung des Gehirns sei viel einfacher als Couerbe
angenommen habe, und daſs die darin befindlichen fetten Substanzen charakterisirt würden durch die Gegenwart des Cholestrins und zweier eigenthümlicher fetter
Säuren; und das ist es auch, was ich versucht habe in
dieser Abhandlung zu beweisen *).

Mittheilungen über verschiedene organische Substanzen;

vom
Apotheker *Eduard Simon* in Berlin.

Vom flüssigen Storax (Styrol).

In der Generalversammlung des Apothekervereins
in Norddeutschland in Braunschweig wurden nachstehende
Mittheilungen unter Vorzeigung der betreffenden Präparate gemacht.

Das durch Destillation mit Wasser gewonnene leichte
ätherische Oel, das *Storax*, verharzt in kurzer Zeit zu
einer Caoutchouc ähnlichen Masse und verliert dadurch
seine Löslichkeit in Alkohol. Diese Zersetzung findet
schon im Storax selbst statt, daher die Menge des zu
erhaltenden Oeles sich nach dem Alter dieser Drogue
richtet. Dies ätherische Oel giebt bei der Destillation
mit Salpetersäure ein schön krystallisirendes, nach Zimmt-
und Bittermandelöl riechendes Product von einer Schärfe
des Senföls, das *Nitrostyrol*; es ist dem Mitscherlich'schen *Nitrobenzin* ähnlich.

In dem in dem Destillationsgefäſs zurückbleibenden
Wasser bleibt das *saure zimmtsaure Styracin* gelöst, welches durch Abdampfen, Reinigen mit Thierkohle in sehr
schönen Krystallen erhalten wird, löst man es in Wasser, so präcipitiren Säuren die Zimmtsäure, Alkalien
dagegen das Styracin daraus, und ist diese Verbindung

---

*) Annales de Chimie et de Physique. 3. Ser. II, 463.

in Alkohol sehr schwer löslich (in 60 bis 70 Theilen), während die Bestandtheile desselben, die Zimmtsäure sowohl wie das Styracin, in 8- bis 10 Theilen kalten Alkohols löslich sind.

Die Zimmtsäure.

Diese bereitet man aus dem flüssigen Storax am besten auf folgende Weise: In einer Destillirblase kocht man 2 Theile dieser Drogue mit 12 bis 14 Theilen Wasser und 1 Theil kohlensauren Natron so lange, bis das überdestillirende Wasser kein ätherisches Oel mehr enthält, welches man als Nebenproduct sammelt; hierauf öffnet man die Blase, trennt das darin gebliebene Wasser von dem Harzkuchen, klärt es und präcipitirt die darin enthaltene, an Natron gebundene Zimmtsäure durch verdünnte Schwefelsäure, deren Reinigung ganz der bekannten Reinigung der Benzoesäure analog ist, zuletzt krystallisirt man sie aus Alkohol.

Destillirt man die Zimmtsäure mit Salpetersäure, so giebt sie *ätherisches Mandelöl* und ist der Retortenrückstand bei dieser Destillation sehr schöne *Benzoesäure* und *Picrinsalpetersäure*, die durch Binden an Kali u. s. w., getrennt werden.

Hierauf wurden noch einige andere Verbindungen dieser Säuren, als: Mitscherlich's *Zimmtsäureäther*, *Zimmtsalpetersäure* (krystallisirt) und *Zimmtsalpetersäureäther*, ebenfalls krystallisirt, vorgezeigt.

Eben so wurden *Benzoesäureäther*, *Benzoesalpetersäure* (krystallisirt), *Benzoesalpetersäureäther* (krystallisirt) und *Picrinsalpetersäureäther* (krystallisirt) vorgezeigt. Die Bereitung dieser Gegenstände wurde angegeben.

Kohlensaures Natron trennt also die freie im Storax enthaltene Zimmtsäure von dem Harzkuchen. In diesem Harzkuchen ist aber ebenfalls eine zimmtsaure Verbindung, *Styracin* genannt, enthalten; um diese zu gewinnen, löst man den getrockneten und gewaschenen Harzkuchen in heißem Alkohol, filtrirt die Lösung, und sieht man beim allmäligen Verdunsten des Alkohols Krystalle

sich ausscheiden, die durch Pressen und Umkrystallisiren vom Harz befreit, in schönen weißen Krystallen
erhalten werden.

Um diese Verbindung zu zersetzen, habe ich das
Styracin mit flüssigem Aetznatrum destillirt und hieraus ein ätherisches Oel erhalten, welches ich *Styracon*
,genannt habe, in der Retorte bleibt zimmtsaures Natrum
bei dieser Arbeit zurück. Dies Styracon ist aber das
Product der Zersetzung eines andern Körpers, es fehlt
ihm der constante Kochpunct. Wenn man aber das
Styracin in Alkohol löst und eine spirituöse Lösung
von Aetznatrum im starken Ueberschuſs dazu giebt, so
gerinnt die Masse, es scheidet sich sogleich zimmtsaures
Natrum aus, weil dies in Spiritus schwer löslich ist,
und trennt man das Salz von der spirituösen Mutterlauge, so krystallisirt aus dieser letztern ein anderer
sehr schöner, schon bei 15° R. schmelzbarer, aber immer
wieder in schönen Krystallen erhärtender Körper; es
ist derselbe bereits untersucht und werde ich die Zusammensetzung nächstens mittheilen; so viel ist aber
gewiſs, er verdient nach seinen Bestandtheilen den Namen *Styraxalkohol*, und ich nenne ihn daher *Styracol.*
Ein Zersetzungsproduct, wie das Styracon, erhält man
bei der auf diese Weise geleiteten Arbeit gar nicht.
Man kann also das Styracin nicht mit kohlensaurem
Natrum, sondern nur mit Aetznatrum zersetzen. Fette
Oele kann man bekanntlich auch nur mit Aetznatrum,
nicht mit kohlensaurem Natrum saponificiren; dies ist
aber nicht die einzige Aehnlichkeit, die das Styracin mit
den fetten Oelen hat. Diese letzteren werden bei der Saponification in stearinsaures und margarinsaures Natrum
verwandelt, dabei wird Glycyrrhin ausgeschieden, der
Storax dagegen wird in zimmtsaures Natrum zerlegt
und dabei Styracol ausgeschieden. Styracol und Glycyrrhin sind nach ihren Bestandtheilen beide als Alkohole
der Substanzen, aus denen sie gewonnen sind, zu betrachten, mithin kann man den Storax als eine Harzmasse,
die saures zimmtsaures Styracol enthält, betrachten.

Vom Perubalsam.

Es wurde vorgezeigt:

Aetherisches Perubalsamöl, auf die bekannte Weise gewonnen, *Zimmtsäure,* wie aus dem Storax erhalten, *Cinnamein* und *Peruvin.* Die Bereitung dieser beiden letztern Gegenstände ist durch Plantamour und Fremy's Arbeit bekannt, doch halte ich das Peruvin nicht blofs durch die Art seiner Gewinnung, sondern auch durch seinen nicht constanten Kochpunct für analog mit dem Styracon, also auch für ein Product der Zersetzung.

Das Cinnamein fällt ganz verschieden aus, nachdem man den Abscheidungskörper wählt, kohlensaures Natrum sowohl, wie Aetznatrum, Bleioxyd, und gebrannte Magnesia und noch viele andere basische Körper scheiden Cinnamein aus dem Perubalsum, oder vielmehr jeder Körper, welcher sich mit der freien Zimmtsäure im Balsam verbindet, befreit diesen von einem festen Harz, welches zugleich mit der entstandenen zimmtsauren Verbindung niederfällt; Cinnamein ist daher weiter nichts als ein von Hartharz befreiter Perubalsam, doch ist es mir nicht gelungen, einen dem Styracol entsprechenden constanten oder krystallisirbaren Körper abzuscheiden, daher betrachte ich die Arbeit noch nicht als beendet.

Vom schwarzen Senf.

Der schwarze Senf charakterisirt sich durch folgende Eigenschaften:

Mit Wasser destillirt, giebt er ein schwefelhaltiges ätherisches Oel; zieht man den Samen mit absolutem Alkohol aus, so enthält der ätherische Auszug kein ätherisches Oel, und der hierauf wieder getrocknete Samen giebt bei der Destillation mit Wasser auch kein ätherisches Oel; Bussy hat uns diese auffallende Eigenschaft trefflich erklärt. Senföl entsteht durch die Einwirkung des im Senf enthaltenen schwefelhaltigen Emulsins, *Myrosyn* genannt, auf einen andern Körper. Alkohol macht dies Myrosyn unthätig, daher solcher mit Spiritus behandelter Samen bei der Destillation mit Wasser nicht eher Oel giebt, als bis man ihm neues Myrosyn zuführt, und wirklich verhält es sich so. Senföl verbindet sich mit Ammoniak zu dem bekannten schön krystallisirenden *Senfölammoniak.*

Durch Metalloxyde wird das Senfölammoniak in vegetabilische Basen verwandelt.

Durch Destillation des Senfölammoniak mit Schwefelsäure erhält man Schwefelblausäure.

Senföl mit Aetzkali oder Bleioxyd zersetzt, liefert das schön krystallisirende *Sinapolin.*

Im Senföl ist eine Silber reducirende Säure, *Senfsäure* genannt, enthalten.

Sinapisin ist eine im Senf enthaltene krystallisirbare Substanz.

Vom Löffelkraut.

Das Löffelkraut steht dem Senf so nahe, wie das Kirschlorbeerkraut der bittern Mandel.

Durch Destillation mit Wasser erhält man ein schwefelhaltiges Oel, *Löffelkrautöl.*

Trocknet man das Kraut, so giebt es bei der Destillation mit Wasser kein Oel mehr, weil das Myrosyn unthätig wird; mischt man aber das trockne Kraut mit Myrosyn, so giebt es wieder ätherisches Oel.

Es wurde ein auf diese Weise destillirter *Löffelkrautspiritus* vorgezeigt.

Löffelkrautölammoniak erhält man auf dieselbe Weise wie Schwefelammoniak; die Krystalle sind gleich.

Bei der Destillation mit Schwefelsäure giebt das Löffelkrautammoniak ebenfalls Schwefelblausäure.

Löffelkrautöl mit Aetzkali oder Bleioxyd zersetzt, giebt einen dem Senfsinapolin ganz gleichen Körper, *Löffelkrautsinapolin.*

Löffelkrautsäure verhält sich gegen Silber, wie Senfsäure.

Vom Meerrettig.

Meerrettigöl und *Meerrettigsäure* verhalten sich ganz dem Senfölzersetzungsproducte und den Verbindungen dieses Oeles gleich, auch die Säure wirkt eben so auf Silber.

Das Bleisalz der genannten drei Säuren ist aber durchaus vom ameisensauren Blei verschieden.

Von den weifsen Bohnen.

Die Früchte von *Phaseolus communis* haben im getrockneten Zustande keinen Geruch, entwickeln aber beim Befeuchten einen eigenthümlich unangenehmen Geruch, der von der Bildung eines ätherischen Oels herrührt. Zieht man dies Bohnenmehl mit absolutem Alkohol aus, so verliert die Bohne die Eigenschaft, mit Wasser dies ätherische Oel zu bilden, und da der Geruch in dem abgedampften alkoholischen Extract durch Emulsin von Mandeln wieder erzeugt wird, so sind in dieser Beziehung die Bohnen den bittern Mandeln ganz analog; dies durch Auflösen in Aether vom (krystallisirbaren) Zucker befreite Extract, welches mit Emulsin Bohnenöl erzeugt, wird mit dem Namen *amorphes Phaseolin* belegt.

Verschiedene Aether.

Hierauf wurde vorgezeigt:

Cocosäther aus Cocosfett.

Tilloy's Oenanthäther aus Ricinusöl, durch Salpetersäure zersetzt, hierauf destillirt und Aether daraus gebildet.

Palmöläther aus Palmöl und

Delphinäther aus Thran.

Alle diese Aether riechen ziemlich gleich und dem Oenanthäther sehr ähnlich. Ferner wurde vorgezeigt:

Jervin.

Jervin, eine organische Base, die neben Veratrin in der weifsen Niefswurz enthalten ist; es ist die einzige bis jetzt bekannte Base, die in vegetabilischen Säuren leicht löslich ist, aber durch Schwefel-, Salz- und Salpetersäure als schwefel-, salz- und salpetersaures Jervin daraus niederfällt.

Aloesäure.

Den Beschlufs machte eine Säure, *Aloesäure*, welche erhalten wird, indem man Aloe mit Wasser, wel-

ches durch Schwefelsäure angesäuert ist, destillirt, diese
Säure wirkt auf Silbersalze reducirend, die Bleiverbindung ist aber vom ameisensauren Blei durch die Krystallisation verschieden.

Untersuchung der *Radix Lapathi;*
von
Dr. *E. Riegel.*

(Nach einem mitgetheilten Abdruck aus dem Jahrbuch für praktische Pharmacie und verwandte Fächer. Bd. IV. Heft III.)

Die Kenntnifs der Heilkräfte der *Radix Lapathi*
verdanken wir den alten Griechen; so finden wir schon
in den Hippokratischen Schriften (*De morb. mal.* II, 667)
ein *Lapathon agrion* mit Schwefel und andern Mitteln
gegen räudige Ausschläge empfohlen, und der Name
Grindwurzel deutet unzweifelhaft auf die Anwendung
dieser Wurzel. Die alten griechischen Aerzte machten
in 'sehr verschiedenen Fällen Gebrauch von Lapathon;
Galen empfiehlt es gegen Gelbsucht, Archigenes
brauchte den Samen bei Magenbeschwerden und Kopf-
weh, Aristokrates bei Zahnschmerzen, Scribonius
Largus und Dioskorides empfehlen das wilde Lapathon namentlich gegen Krätze. Die officinelle Grindwurzel, *Radix Lapathi*, wurde bis auf die neueste Zeit
dem *Rumex acutus* Linn. zugeschrieben. Die richtige
Bestimmung dieser Pflanze erzeugte viele Schwierigkeiten, und die Ungewifsheit, was der *Rumex acutus* Linn.
sei, veranlafste eben so viele Zweifel und Irrungen.
Die hierauf bezüglichen Untersuchungen ergaben folgende Resultate:

Rumex acutus Sprengel in der *Flora Halensis* ist
Rumex conglomeratus Schreber;

Rumex acutus Smith in der *Flora Britannica* und
Curtis in der *Flora Londinens.* ist nach Mehrer Zeugnifs *Rumex nemolapathum* Ehrhard;

Rumex acutus Schulz in der *Flora Stargard* ist *R.
maximus* Schreber;

Rumex acutus Pollich, *Flora Palatin.*, ist *R. palustris* Smith;

Rumex acutus Wildenow, *Flora Berolinens.*, ist *R. obtusifolius* Linn.;

Rumex acutus Dierbach, *Flora Heidelbergens.*, ist *R. obtusifolius* Linn., *foliis angustioribus acutioribus.*

Mehre ausgezeichnete Botaniker, wie Bernhardi etc., bemühten sich, die herrschenden Zweifel zu lösen, und Wahlenberg bereicherte uns um ein Bedeutendes durch seine Untersuchungen. Dieser berühmte schwedische Naturforscher erklärte in seiner *Flora Upsaliensis*, daſs *Rumex acutus* Linn. (*Suec.;* No. 316. *herb. upsal. in amoen.* III, 437) *Rumex Hydrolapathum* Willd. (*Spec. plant.*, Woodwille *med. bot.* III, *tab.* 378), und daſs eine Varietät davon, *foliis basi cordatis, Rumex acutus* (Sv. *Bot. tab.* 161) sei. Vor allem aber verdanken wir Dierbach die genaue Bestimmung der Stammpflanze der *Radix Lapathi*; den Arbeiten dieses Botanikers entlehnen wir daher Folgendes: Derselbe citirt eine passende Stelle aus dem berühmten Pflanzenwerke *Stirpium Historiae Pemptodes sex, sive Libri* XXX. *Antverpiae* MDCXVI. Fol. von Rembert Dodonaeus, Seite 647. Dazu gehört, wie Dierbach angiebt, ein Holzschnitt, der S. 648 eingedruckt ist, mit der Ueberschrift: *Lapathum silvestre sive Oxylapathum*, den der genannte Botaniker nebst der angeführten Beschreibung auf *Rumex obtusifolius* Linn. bezieht. In dieser Annahme glaubt sich der Verfasser durch den groſsen Pflanzenkenner Caspar Bauhin bestärkt, der in seinem *Pinax* S. 145 die bezeichnete Pflanze des Dodonaeus zu seinem *Lapathum folio acuto plano* bringt. Diese Pflanze ist nach Hagenbach nichts anderes, als eine Varietät des *Rumex obtusifolius* Linn. mit etwas spitzern und schmälern Blättern. Dierbach ist der Ansicht, daſs die Wurzel dieser Pflanze wahrscheinlich am meisten unter dem Namen *Grindwurzel, Radix Lapathi acuti*, bis jetzt in den medicinischen Gebrauch gezogen worden sei. Ferner betrachtet derselbe den *Rumex obtusifolius* Linn.

als officinelle Pflanze, die auch mehre Pharmakopöen als solche aufgestellt haben. Es wäre daher nach D i e r - b a ch's Aeufserungen zur Vermeidung von Irrthümern wünschenswerth, die officinelle Wurzel des *Rumex ob- tusifolius* L i n n. blofs »*Radix Lapathi*« (ohne den Bei- satz *»acuti«*) oder auch »*Radix Lapathi silvestris*« zu nennen. Obgleich der *Rumex obtusifolius* L i n n. die officinelle Pflanze ist, so werden doch mitunter die Wur- zeln des *Rumex nemorosus* S ch r o e d e r und *Rumex cri- spus* L i n n. eingesammelt, allein das seltenere Vorkom- men dieser Pflanzen wird eine bedeutende Vermischung oder Verwechselung der Wurzeln genannter Rumex- arten mit denen der erstern nicht leicht gestatten.

Rumex obtusifolius L i n n., *stumpfblättriger Ampfer, Grindwurz*, gehört zu L i n n é's VI. Klasse 3. Ordnung, und zur natürlichen Familie der *Polygoneen*, und ist eine ausdauernde, an Bächen, auf Wiesen, in Wäldern etc. sehr häufig vorkommende Pflanze Deutschlands. Auch in Griechenland, namentlich im Peloponnes, und um Con- stantinopel wächst diese Pflanze wild, und wird von den heutigen Griechen noch immer *Lapathü* genannt.

Die ganze Pflanze ist entweder kahl oder mit kur- zen scharfen Härchen besetzt; der Stengel aufrecht, an- derthalb bis vier Fufs hoch, gefurcht, oberwärts eckig, einfach oder nach oben ästig, so wie die Blüthentrauben mehr oder weniger roth angelaufen. Die Blätter sind flach, am Rande klein wellig, eirund, fast spitzig, nur die ersten ganz stumpf, an der Basis herzförmig. Die untern Stengelblätter sind meist eben so gestaltet, die folgenden eiförmig länglich, an der Basis herzför- mig, spitzig oder zugespitzt, die übrigen allmälig schmä- ler. Die kleinen Blüthen bilden lange, gegen die Spitze zu verdünnte blattlose Trauben. Die inneren stehen- bleibenden Kelchblätter sind ein - und dreieckig, kaum herzförmig, netzadrig, zu beiden Seiten mit drei bis fünf pfriemenförmigen, sehr spitzigen Zähnen versehen, der vordere Theil in eine längliche, stumpfe Spitze vor- gezogen und ganzrandig. Auf jedem Kelchblatte befin-

det sich aufserdem eine eirunde, spitz zulaufende Schwiele,
die aber auf den beiden hintern Blättern oft schwächer
erscheint. Die Wurzel ist ausdauernd, dick, spindelför-
mig, wenig ästig, aufsen gelblich braun, innen in Rinde-
und Marksubstanz gelb, mit weifslichem, hartem Holze
und aus dem Stengel übergehendem, allmälig abnehmen-
dem Marke. Getrocknet ist sie aufsen braun, innen
mehr oder weniger gelb, geruchlos, besitzt einen bittern
und adstringirenden Geschmack, und färbt den Speichel
safrangelb.

Chemische Vorversuche.

a) Ein Theil frisch gesammelter, lufttrockener, gröblich zerschnittener Wurzeln von *Rumex obtusifolius* Linn.
ward mit zwölf Theilen destillirten Wassers bei einer
Temperatur von 35 — 40° C. 24 Stunden lang digerirt
und dann bis zum Siedpunct erhitzt. Die Flüssigkeit,
die von dem Rückstand abgepreft worden, besafs eine
braune, etwas ins Grüne sich ziehende Farbe und liefs
nach einiger Zeit einen schmutzigen Bodensatz fallen.
Dieser charakterisirte sich bei der Behandlung mit kochendem Wasser und durch das Verhalten gegen Reagentien als *Stärkmehl* mit etwas *Farbstoff* verbunden.
Die von dem Bodensatz abfiltrirte Flüssigkeit zeigte gegen Reagentien folgendes Verhalten:

Lackmuspapier wurde schwach geröthet; Bleizucker:
starkes, schmutzig gelbes Präcipitat; Bleiessig: starkes,
schmutzig gelbes Präcipität; Aetzkali: dunkelrothe Färbung; Aetzammoniak: dunkelrothe Färbung und Ausscheidung eines nicht bedeutenden Niederschlags; Eisenchlorid: dunkelolivengrüne Färbung und Abscheidung
eines schwachen Präcipitats; schwefelsaures Eisenoxyd:
ebenso; Chlorwasserstoffsäure: Trübung, schwaches flockiges Präcipitat; Schwefelsäure: eben so wie Chlorwasserstoffsäure; Alkohol: trübte dieselbe, nach einiger
Zeit schied sich ein flockiger Niederschlag in Wolken
aus; salpeters. Quecksilberoxydul: starkes, schmutzig-
weifses Präcipitat; Quecksilberchlorid: eben so; Oxalsäure: Trübung und Abscheidung eines schwachen Prä-

cipitats; Kalkwasser: braunrothe Färbung und Abscheidung eines schmutzig braunrothen Niederschlags; Gallustinctur: Trübung, schwaches Präcipitat; Leimsolution: schwache Trübung; Jodtinctur: ziemlich starke,
blaue Färbung.

b) Das durch wiederholtes Auskochen der Wurzel
und vorsichtiges Eindampfen erhaltene Extract wurde
mehre Mal mit Alkohol von 92 ⅔ in der Kochhitze behandelt. Die stark braungelb gefärbten alkoholischen
Auszüge zeigten keine saure Reaction und gaben nach
Verdunsten des Alkohols einen bräunlichgelb gefärbten
Rückstand, der, mit Aether ausgezogen, eine sehr schön
gelb gefärbte Flüssigkeit lieferte. Diese hinterliefs nach
Verdunsten des Aethers eine geringe Menge einer dun-
kelgelben, ins Röthliche sich ziehenden Masse, die sich
in Alkalien leicht und fast vollständig zu einer intensiv
dunkelrothen Flüssigkeit auflöste. Diese Auflösung erhielt durch Zusatz von Säuren ihre ursprünglich gelbe
Farbe wieder; diese Masse zeigte gegen Alkohol, Wasser, zusammengesetzte Aetherarten, fette und ätherische
Oele eine geringe Auflöslichkeit. Die Auflösung in diesen Solventien besitzt eine mehr oder weniger gelbe
Farbe, die durch Alkalien in die erwähnte dunkelrothe
übergeht. Die wässrige Auflösung wird von einigen
Metallsalzen gefällt; aus der ammoniakalischen Auflösung fällt Alaun einen schön rothen Lack. Diese Eigenschaften charakterisiren die in Aether auflösliche Substanz als einen nicht uninteressanten Farbstoff. Der in
Aether unlösliche Theil, den Alkohol von 92 ⅔ aufgenommen hatte, wurde in Wasser aufgelöst und die Auflösung von dem geringen ungelösten Rückstand abfiltrirt.
Diese verhielt sich gegen Reagentien wie folgt:

Lackmuspapier: keine Röthung; oxalsaures Ammoniak: schwache Trübung; phosphorsaures Ammoniak:
in der vom Kalkoxalate abfiltrirten Flüssigkeit, schwaches Präcipitat; Aetzkali: dunkelrothe Färbung; Aetzammoniak: eben so; kohlensaures Kali und Ammoniak:
dunkelrothe Färbung mit einem schwachen Niederschlag;

Kalkwasser: Erhöhung der Farbe; Platinchlorid: schwache Trübung; Weinsteinsäure: sehr schwache Trübung, die sich durch Zusatz von Alkohol vermehrte; Chlorcalcium: keine Reaction; salpetersaures Silberoxyd: starke, in verdünnter Salpetersäure verschwindende Trübung.

Diese Versuche zeigen die Anwesenheit einer geringen Menge eines Magnesiasalzes und Spuren von Kali- und Kalksalzen an. Der durch Verdampfen der wässrigen Auflösung erhaltene Rückstand gab, mit etwas concentrirter Schwefelsäure behandelt, einen Geruch nach Essigsäure, und ein darüber gehaltener, mit Aetzammoniak befeuchteter Glasstab weiße Nebel zu erkennen.

c) Der in Alkohol von 92 ⅔ unlösliche Rückstand des wässrigen Extracts wurde wiederholt mit Alkohol von 50 ⅔ in der Wärme behandelt, wodurch eine bräunliche Tinctur erhalten, die beim Verdampfen eine geringe Menge einer bräunlich gefärbten Masse zurückließ. Dieselbe löste sich in Wasser vollständig auf; in der Auflösung bewirkten salpetersaures Silberoxyd einen weißen flockigen, in verdünnter Salpetersäure unlöslichen, und Weinsteinsäure einen geringen krystallinischen Niederschlag. Außer dem durch erwähnte Reagentien angezeigten Chlorkalium konnte kein anderes Salz in derselben aufgefunden werden.

d) Der von Alkohol ungelöste Rückstand gab bei der Behandlung mit Wasser eine fast vollständige, stark gefärbte Auflösung, die nach dem Filtriren mit folgenden Reagentien geprüft wurde:

Aetzende Alkalien: Erhöhung der Farbe mit schwacher Trübung; kohlensaure Alkalien: Erhöhung der Farbe und schwaches Präcipitat; Kalkwasser: Erhöhung der Farbe und schwache Trübung; Oxalsäure: starke Trübung; Weinsteinsäure: nach Entfernung des Kalks keine Reaction; phosphorsaures Ammoniak: nach Entfernung des Kalks schwache Trübung; Chlorbaryum: starkes, durch Salpetersäure verschwindendes Präcipitat; neutrales und basisch-essigsaures Bleioxyd: star-

kes schmutziggelbes Präcipitat, das bis auf eine geringe
Menge in Essigsäure sich löste; Alkohol: starkes, schmutziges Präcipitat; salpetersaures Quecksilberoxydul:
schmutziges Präcipitat; Kupfersalmiak: grünliche Färbung.

e) *Destillation.* Sechs Pfund der gröblich zerschnit-
tenen lufttrocknen Wurzel wurden mit der achtfachen
Menge Wassers in einem kupfernen, gut verzinnten De-
stillirapparate der Destillation unterworfen. Das Destillat war farblos, besaß einen sehr schwachen, etwas süß-
lichen Geruch und Geschmack, und zeigte keine Spuren
eines ätherischen Oels. Dasselbe wurde über eine neue,
gleich große Menge der Wurzel rectificirt. Das durch
Cohobation erhaltene Destillat zeigte keine auffallende
Verschiedenheit von demjenigen der ersten Destillation
und ließ ebenfalls kein ätherisches Oel wahrnehmen.
Geruch und Geschmack waren dieselben, nur unbedeutend verstärkt. Das Destillat veränderte Lackmus- und
Curcumäpapier nicht; Chlorbaryum, Kalkwasser, basisch
essigsaures Bleioxyd, salpetersaures Silberoxyd und Gold-
chlorid brachten keine Veränderung darin hervor. Ein
mit concentrirter Chlorwasserstoffsäure befeuchteter Glasstab über dasselbe gehalten, erzeugte keine weißen, die
Gegenwart des Ammoniaks andeutenden Nebel. In den
Helm wurde bei der Destillation ein mit essigsaurer
Bleiauflösung getränktes Papier gebracht; eine Färbung
desselben konnte nicht beobachtet werden.

Bei der trocknen Destillation gab die *Radix Lapathi* die gewöhnlichen Producte; zuletzt entwickelten sich
Schwefeldämpfe, die sich durch die Färbung eines Pa-
pierstreifens, der mit essigsaurer Bleiauflösung bestri-
chen war, zu erkennen gaben.

Quantitative Analyse.

a) 1000 Gran der frisch gesammelten, lufttrocknen
Wurzel wurden bei einer Temperatur von $40 - 50^\circ$ C.
so lange erwärmt, als noch eine Gewichtsabnahme statt
fand; hiedurch verloren dieselben 170 Gran.

b) Behandlung mit Aether. 1000 Gran gröblich zerschnittener Wurzeln wurden in einem verschlossenen
Glase mit 6 Unzen Aethers 24 Stunden lang bei einer
Temperatur von 18 — 20° C. digerirt. Die schön gelbgefärbte ätherische Tinctur ward abgegossen und der Rückstand abermals mit derselben Menge Aethers behandelt.
Da auch hierdurch derselbe noch bedeutend gefärbt
wurde, mußte die Digestion des Rückstandes mit Aether
noch zweimal wiederholt werden, bis dieser nicht mehr
gefärbt und der Rückstand erschöpft erschien. Die vereinigten Auszüge wurden zur Entfernung des Aethers
einer Destillation unterworfen, so daß nur ein geringer
Theil Aethers bei dem Rückstand verblieb. Die in der
Retorte befindliche Flüssigkeit ließ nach gänzlichem Verdunsten einen Rückstand von 21 Gran zurück, worin
man deutlich hellgelbe Flocken bemerkte, die in einer
dunkeln rothbraunen Substanz befindlich waren. Alko-
kol von 75 $\frac{0}{0}$ in der Kälte damit behandelt, erhielt eine
schwach bräunlichgelbe Färbung; die Auflösung gab nach
Verdunsten des Alkohols 3,5 Gran einer bräunlichen,
harzartigen Masse, die, im Platinlöffel erhitzt, sich wie
ein Harz verhielt, und, aus seinen Eigenschaften zu
schließen, zu den sogenannten Halbharzen zu rechnen
ist. Der in Alkohol von 75 $\frac{0}{0}$ unlösliche Rückstand wurde
gesammelt; derselbe besaß eine gelbe, schwach ins Bräunliche sich ziehende Farbe, matt glänzend, zeigte unter
dem Mikroskop keine krystallinische Form. Diese flocken-
artige Masse fühlte sich weich an, kaltes und kochendes Wasser zeigten eine geringe auflösende Kraft darauf, Weingeist von 65 $\frac{0}{0}$ löste in der Kälte sehr wenig,
etwas mehr in der Siedhitze. Absoluter Alkohol und
Aether lösten etwas mehr, aber noch immer eine geringe
Menge davon auf, die Auflösung besaß eine schöne gold-
gelbe Farbe. Die geistige concentr. Auflösung schmeckte
bitter, etwas adstringirend, und röthete schwach Lackmuspapier, Aetzkali- und Aetzammoniakflüssigkeit lösten
diese Substanz leicht und vollständig zu einer intensiv
dunkel purpurrothen Flüssigkeit auf. Aus dieser Auflö-

sung ward sie durch Säuren mit ihrer ursprünglichen Farbe gefällt; dieselbe gab mit mehren Metallsalzen ver.. schieden gefärbte Niederschläge. In einem Platintiegel schmolz diese Substanz bei einer Hitze, die die des ko.. chenden Wassers nicht bedeutend überstieg, wobei sich gelbe Dämpfe, welche einen eigenthümlichen Geruch be.. sitzen, entwickelten. Bei stärkerer Hitze verdampfte dieselbe gänzlich und eine geringe Menge von Kohle blieb zurück, die beim Glühen verschwand. — Aus dem Angeführten geht zur Genüge hervor, daſs diese Sub.. stanz nichts anders, als das von Geiger in der Wur.. zel von *Rumex Patientia* aufgefundene *Rumicin* ist, das eine auſserordentlich groſse Aehnlichkeit mit dem gelben Farbstoff der Rhabarber, dem sogenannten Rha.. barberstoff (Rhabarbergelb, Rhabarberin), besitzt.

Behandlung mit Alkohol. Der bei der Extraction mit Aether gebliebene Rückstand wurde mit Alkohol von 92 ⅔ während 24 Stunden in einer Temperatur von 20° C. behandelt; derselbe nahm durch diese Operation eine braungelbe Farbe an.

Die Ausziehung mit Alkohol wurde bis zur Erschöpfung des Wurzelrückstandes mehre Male wiederholt, wobei zuletzt Siedhitze angewandt wurde. Die verei.. nigten geistigen Auszüge hinterlieſsen nach Entfernung des Alkohols durch Destillation und Verdunsten in ge.. linder Wärme ein braunes Extract, dessen Menge 95 Gran betrug. Dieses wurde zur weitern Behandlung mehre Mal mit Aether in gelinder Wärme digerirt, wo.. durch eine schön gelbe Auflösung erhalten wurde. Die.. selbe gab nach Entfernung des Aethers einen röthlich.. gelben, 4 Gran schweren Rückstand, der sich durch sein Verhalten gegen Alkohol, Aether, Wasser, Alkalien und Säuren als der oben erwähnte gelbe Farbstoff, Rumicin, mit einer Spur Harz charakterisirte. Dieses Rumicin ward, in Aether gelöst, mit Bleioxydhydrat geschüttelt, wodurch das Oxyd sich schmutzigroth, endlich grau.. schwarz färbte. Hierdurch zur Vermuthung der Gegen-

13*

wart von Schwefel geleitet, wurde, in der Absicht, denselben aufzufinden, das Rumicin mit Salpetersäure versetzt und langsam erhitzt. Es entwickelten sich hierbei
gelbe Dämpfe, aber eine Verpuffung konnte nicht wahrgenommen werden. Der Rückstand, in Wasser gelöst,
ward mit einer Auflösung von salpetersaurem Baryt versetzt; bald zeigte sich eine Trübung und ein Niederschlag von Schwerspath. 10 Gran Rumicins auf diese
Weise behandelt, gaben 1,5 Gran schwefelsauren Baryts,
somit für die ganze Menge 3,22 Gran schwefelsauren
Baryts. Diese entsprechen 0,45 Gran Schwefels; es bleiben also für das Rumicin 21,05 Gran übrig.

Der in Aether unlösliche Rückstand, dessen Menge
91 Gran betrug, war dunkelbraun, geruchlos, schmeckte
zusammenziehend bitter, löste sich in Weingeist und
Wasser. Die Auflösung gab mit Leimsolution einen gelbbraunen, mit Eisenchlorid und schwefelsaurem Eisenoxydul einen starken dunkelgrünen, mit Säuren einen
flockigen bräunlichen Niederschlag, und mit Metallsalzen verschieden gefärbte Niederschläge. Diese Substanz
ist demnach als ein dem Gerbstoffe sich nähernder (ähn-
licher) Extractivstoff zu betrachten. Die eine Hälfte
davon, in Wasser gelöst, liefs auf Zusatz von Platinchlorid eine schwache Trübung, und mit Weinsteinsäure
und Alkohol behandelt, ebenfalls eine geringe Trübung,
so wie auf Zusatz von oxalsaurem Ammoniak Spuren
von Kali und Kalk erkennen. Die von dem oxalsauren
Kalk abfiltrirte Flüssigkeit gab mit phosphorsaurem Ammoniak einen weifsen Niederschlag von phosphorsaurer
Ammoniak-Magnesia, die nach gehörigem Aussüfsen und
Trocknen 2,85 Gran, also für die ganze Menge 5,7 Gran
betrug. Diese 5,7 Gran des Doppelsalzes enthalten 1 Gr.
Magnesia, und dieser entspricht 3,5 Gran essigsaurer
Magnesia. Werden diese 3,5 Gran essigsaurer Magnesia von den oben erhaltenen 91 Gran abgezogen, so bleiben 87,5 Gran für den Extractivstoff übrig.

Behandlung mit Wasser. Die nach Behandlung mit

Aether und Alkohol rückbleibende Wurzel, deren Menge
884 Gran betrug, wurde mit destillirtem Wasser digerirt, zuletzt das Gemisch eine kurze Zeit der Siedhitze
ausgesetzt. Diese Operation ward so oft wiederholt, bis
die Flüssigkeit nicht mehr gefärbt und der Wurzelrückstand erschöpft erschien. Dieser Rückstand, gesammelt,
bei gelinder Wärme getrocknet und einige Tage der
Luft ausgesetzt und dann gewogen, betrug 733 Gr. Die
vereinigten wässrigen Auszüge waren dunkelbraun, etwas grünlich gefärbt, dabei trübe, und setzten nach längerem ruhigen Stehen einen schmutzig grünlichbraunen
Bodensatz ab. Dieser, von der überstehenden Flüssigkeit mittelst eines Filtrums getrennt, ward mit kaltem
Wasser ausgesüfst, getrocknet und gewogen; er betrug
10,25 Gran. Mit einigen Unzen Wassers gekocht, auf
einem Filter gesammelt und mit kochendem Wasser ausgesüfst, hinterliefs er eine unwägbare Menge eines schmutzigen Rückstandes. Die Flüssigkeit, in der durch Jod
die Gegenwart des Stärkmehls nachgewiesen wurde, gab
nach dem Verdunsten eine bräunliche, trockne, glänzende, dem Dextrin ähnliche Masse, die als Stärkmehl
mit etwas braunem Farbstoff verbunden anzusehen ist.
Ihr Gewicht betrug 9,25 Gran. Die von dem Amylon-
präcipitat abfiltrirte Flüssigkeit wurde in einer porcel-
lanen Schale völlig zur Trockne verdunstet; der erhaltene Rückstand wog 140 Gran. Dieser ward mit einigen Unzen Alkohols von 50 % übergossen und digerirt,
nach Abgiefsen der schwach gefärbten alkoholischen Flüssigkeit die Digestion mit derselben Menge Alkohols wiederholt. Die Auflös. gab nach Verdunstung bei gelinder Wärme
einen schwach gefärbten salzigen Rückstand, der sich in
destillirtem Wasser leicht und vollständig löste. Diese
wässrige Auflösung wurde mit salpetersaurem Silberoxyd versetzt, das ein in verdünnter Salpetersäure unlösliches, weifses, flockiges Präcipitat erzeugte. Dasselbe
gab, gehörig ausgesüfst, getrocknet und in einem Porcellantiegel geschmolzen, 3,5 Gran Chlorsilbers, die 1,8
Gran Chlorkaliums entsprechen.

Der in Alkohol von 50 ⅟ unlösliche Rückstand wurde mit kaltem, reinem Wasser übergossen und dann gelinde erwärmt, wodurch eine vollständige Auflösung erfolgte, die, stark gefärbt, etwas trüblich war. Sie wurde mit Oxalsäure versetzt, die eine geringe Menge von oxalsaurem Kalk daraus fällte. Derselbe, mit Wasser ausgesüfst und scharf getrocknet, wog 2,5 Gran; diese 2,5 Gran Kalkoxalate entsprechen 3,35 Gran wasserfreien, äpfelsauren Kalks. Die eine Hälfte der vom oxalsauren Kalk abfiltrirten Flüssigkeit ward mit Ammoniak im Ueberschufs versetzt und dann mit Phosphorsäure neutralisirt, wodurch ein Präcipitat von phosphorsaurer Ammoniak - Magnesia erfolgte, das, ausgesüfst, getrocknet und gewogen, 1,25 Gran betrug. Das doppelte Gewicht desselben, 2,5 Gran, entspricht 1,51 Gran wasserfreier, äpfelsaurer Magnesia.

Die andere Hälfte der vom Kalkoxalat abfiltrirten Flüssigkeit ward zur Trockne verdampft und der Rückstand so lange mit Alkohol von 60 ⅟ behandelt, bis derselbe keine saure Reaction mehr zeigte und die vorhandene Oxalsäure aufgelöst hatte. Der so behandelte Rückstand wurde in destillirtem Wasser gelöst und die Auflösung (da die mit neutralem, essigsaurem Bleioxyd gefällte Lösung nach Abfiltriren des Präcipitats mit basisch essigsaurem Bleioxyd keinen Niederschlag mehr gab) sogleich mit basisch essigsaurem Bleioxyd so lange versetzt, als noch ein Präcipitat erfolgte. Dieses, eine Verbindung von Pflanzenschleim und Bleioxyd, wog 36,5 Gran und ward nach gehörigem Aussüfsen und Trocknen in einem Porcellantiegel verkohlt und die Kohle mit kochender Salpetersäure einige Mal ausgezogen. In die salpetersaure Auflösung ward, nachdem sie vorher mit Ammoniak neutralisirt worden, so lange ein Strom von Schwefelwasserstoff geleitet, als sich noch ein Niederschlag von Schwefelblei bildete. Dieses betrug nach hinlänglichem Aussüfsen und Trocknen 13,5 Gran und machte somit für die ganze Menge 27 Gran. Diese 27 Gran Schwefelbleies entsprechen 27 Gran Bleioxyds; das

Präcipitat bestand demnach aus 25 Gran Bleioxyds und 48 Gran Schleims.

In die von dem Schwefelblei abfiltrirte Flüssigkeit wurde zur Entfernung des überschüssigen Bleioxyds so lange Schwefelwasserstoff geleitet, als dieses noch ein Präcipitat von Schwefelblei bewirkte. Die von demselben abfiltrirte Flüssigkeit wurde bei gelinder Wärme zur Trockne verdampft. Der Rückstand war bräunlich, glänzend, ähnlich dem Dextrin, Reagentien wiesen die Gegenwart von Amylon darin nach. Das Gewicht desselben betrug 86,25 Gran.

Behandlung mit Säuren. Der nach Behandlung mit Aether, Alkohol und Wasser gebliebene, 733 Gran betragende Rückstand der Wurzel wurde mit 12 Unzen Wassers, das mit 2 Unzen Chlorwasserstoffsäure versetzt worden, einige Zeit hindurch gekocht. Die saure Flüssigkeit ward abgegossen und der Rückstand wiederholt mit einer gleichen Menge der Mischung kochend behandelt. Der Rückstand wurde von der Flüssigkeit getrennt, dann so lange mit reinem Wasser ausgesüßt, als dieses Lackmuspapier nicht mehr merklich röthete. Hierauf wurde derselbe gesammelt, getrocknet und gewogen; seine Menge betrug 553 Gran. Die vereinigten sauren Auszüge, bis auf ein geringes Volumen eingedampft, gaben mit Ammoniak versetzt einen Niederschlag. Dieser mit verdünnter Schwefelsäure und dann mit Alkohol behandelt, lieferte Krystalle, die aus Oxalsäure bestanden. Der mit Ammoniak neutralisirte Rückstand wurde zur Trockne eingedampft und die erhaltene Salzmasse so lange geglüht, bis der gebildete Salmiak sich vollständig verflüchtigt hatte. Die geglühte Masse, die ein Gewicht von 141 Gran besaß, wurde mit Essigsäure im Ueberschuß versetzt; es erfolgte eine nicht vollkommene Lösung unter starkem Aufbrausen. Diese ward zur Trockne verdampft und die rückständige Masse mit Alkohol von 92 $\frac{0}{0}$ in der Hitze ausgezogen. Die in Alkohol unlösliche Substanz wog nach dem Aussüßen mit Wasser und trocken 2,75 Gran und verhielt sich bei der Prüfung als phosphorsaurer Kalk. In der essigsauren Lösung konnten aufser Kalk, der durch die gewöhnlichen Reagentien darin nachgewiesen wurde, keine andere Basen aufgefunden werden. Diese Lösung lieferte demnach 138,25 Gran kohlensauren Kalks, die 177,24 Gran oxalsauren Kalks entsprechen.

Behandlung mit Alkalien. Der nach Behandlung mit verdünnter Chlorwasserstoffsäure gebliebene Wurzelrückstand wurde zwei Mal mit einer verdünnten Aetzkalilauge einige Zeit hindurch gekocht, die Flüssigkeit von dem Ungelösten durch Coliren getrennt und dieses bis zur unmerklichen alkalischen Reaction mit heifsem, reinem Wasser ausgesüfst. Der Rückstand ward, gesammelt bei einer Temperatur von 70—80° C., so lange getrocknet, als noch eine Gewichtsabnahme statt fand. Derselbe wurde, keiner Zersetzung mehr fähig, als Faserstoff betrachtet; sein Gewicht betrug 341 Gran.

Die alkalischen Auszüge wurden sammt dem Aussüfswasser bis auf ein geringes Volumen verdampft und dann bis zur Neutralisation des Kalis mit Essigsäure versetzt. Hiebei schied sich ein schmutziges Präcipitat aus, das, gehörig ausgesüfst und getrocknet, 40 Gran wog. Dieses Präcipitat löste sich in Alkalien leicht auf und Säuren fällten dasselbe wieder aus dieser Auflösung. Kochende Salpetersäure löste dasselbe ebenfalls unter Abscheidung einer gelben, sehr bittern Substanz, die unter dem Namen *Welters Bitter* bekannt ist; die Auflösung enthielt Oxalsäure etc. Aus diesem und dem Verhalten gegen das Löthrohr gab sich diese Substanz als verhärtetes Eiweifs zu erkennen. — Es enthalten nach vorstehender Untersuchung 1000 Gran der *Radix Lapathi:*

Wasser......................170,00 Gr.
Harz........................ 3,50 »
Rumicin (gelben Farbstoff)........ 21,05 »
Schwefel.................... 0,45 »
Essigsaures Kali und Kalk .... Spuren

Essigsaure Magnesia................	3,50 Gr.
Gerbstoffähnlichen Extractivstoff...	87,50 »
Stärkmehl......................	95,50 »
Chlorkalium.......................	1,80 »
Aepfelsauren Kalk und Magnesia....	5,30 »
Schleim..........................	48,00 »
Phosphorsauren Kalk...............	2,75 »
Oxalsauren Kalk	177,24 »
Verhärtetes Eiweifs...............	40,00 »
Faserstoff.......................	341,00 »
Verlust...........................	2,41 »
	1000 Gr.

1000 Gran der *Radix Lapathi* gaben 90 Gran Asche, deren in der gewöhnlichen Weise aufgesuchte Bestandtheile sind:

Chlorkalium..........................	1,25 Gr.
Kieselerde..........................	7,50 »
Phosphorsaurer Kalk.................	3,25 »
Thonerde...........................	Spuren
Kohlensaurer Kalk mit etwas schwefels. Kalk	76,00 »
Kohlensaure Magnesia................	1,75 »
Verlust.............................	0,75 »
	90,00 Gr.

Ueber Theobromin;
von
Dr. *L. Fr. Bley.*

Woskresensky hat aus den Cacaobohnen einen eigenthümlichen Stoff obigen Namens dargestellt, indem er die Bohnen mit destillirtem Wasser digerirte, das Decoct seihete, mit Bleizucker versetzte, mit Schwefelwasserstoff die vom Niederschlage filtrirte Flüssigkeit vom Bleigehalte befreite und abdunstete, wobei er ein röthlich-weifses Pulver erhielt, welches das *Theobromin* ist.

Dasselbe ist nach meinen Versuchen auch in den Cacaoschalen enthalten, wiewohl nur in geringer Menge, indem ich aus sechszehn Unzen derselben nur 5 Gran

Medicinalgewicht erhalten konnte. Da indefs diese Scha-
len meistentheils werthlose Abfälle und leicht in grofsen Mengen zu haben sind, so kann man es sich aus
denselben ziemlich wohlfeil darstellen.

Ueber das Bleisuboxyd;
von
J. Pelouze.

Dulong hat angegeben, dafs man durch Zersetzung
des oxalsauren Bleioxyds in der Wärme ein schwarzes
amorphes Pulver erhalte, welches als ein neues Oxyd
des Bleies mit geringerm Sauerstoffgehalt als das gelbe
Bleioxyd zu betrachten sei. Boussignault wiederholte
Dulong's Versuche, erweiterte sie selbst noch und kam
zu denselben Resultaten. Demohngeachtet sahen die
meisten Chemiker den Gegenstand als noch nicht entschieden an. Einige, so namentlich Winkelblech,
bestritten sogar die Existenz eines Bleisuboxyds, und
betrachteten das auf angegebene Weise erhaltene Product als ein Gemisch von Blei und Bleioxyd, selbst in
wechselnden Verhältnissen.

Ich glaube die Ursache dieser Verschiedenheit der
Ansichten bestimmt in der Verschiedenheit der Producte
gefunden zu haben, welche man erhält, je nachdem die
Zersetzung des oxalsauren Bleioxyds bei verschiedenen
Temperaturen bewerkstelligt wird.

In einer Retorte befindliches oxalsaures Bleioxyd
wurde im Oelbade erhitzt. Es gab Anzeichen der Zersetzung bei der Temperatur von ohngefähr 300° C. und
es wurde daher diese Temperatur möglichst gleichblei-
bend erhalten. Gase entwickelten sich äufserst langsam. Sie bestanden aus Kohlensäure und Kohlenoxyd,
und fast während der ganzen Dauer der Operation war
das Verhältnifs zwischen beiden wie 3 : 1; nur gegen
das Ende, nämlich als die Temperatur etwas gesteigert
wurde, vermehrte sich die Menge der Kohlensäure ein
wenig.

Das Verhältnifs von 3 Kohlensäuregas auf 1·Kohlenoxydgas zeigt an, dafs in der Retorte ein Bleisnboxyd von der Formel $Pb_2 O$, oder ein Gemisch aus gleichen Atomen·Blei und Bleioxyd zurückgeblieben sein mufs. Denn:. $2 (Pb O, C_2 O_3) = Pb_2 O$ oder $Pb + Pb O$ und $C_4 O_7$; $C_4 O_7$. ist aber $C_3 O_6 = 6$ Vol. Kohlensäuregas, und $CO = 2$ Vol. Kohlenoxydgas.

Erhitzt man die Retorte mit· dem oxalsauren Bleioxyd direct durch Kohlen oder Weingeist, so wie es Dulong, Boussignault und Winkelblech thaten, so ist man nicht Herr der Temperatur und das Verhältnifs der Gase wechselt unaufhörlich, ein Beweis, dafs die Zersetzung complicirter ist.

Das auf angegebene Weise erhaltene Bleisnboxyd ist eine Verbindung von ganz bestimmter Zusammensetzung, wenn man mit aller Sorgfalt den Zutritt der atmosphärischen Luft zu demselben verhindert hat. Es ist dunkelschwarz, bisweilen matt, bisweilen leicht sammtglänzend. Es enthält kein metallisches Blei, denn weder trocken noch nafs zieht Quecksilber eine Spur von diesem Metalle aus demselben, man erhält nur ein Bleiamalgam, wenn das Präparat bei zu hoher Temperatur dargestellt wurde. Es enthält aber auch kein Bleioxyd, denn unter Ausschlufs der Luft mit einer Auflösung von Rohrzucker gekocht, nimmt diese keine Spur dieses Oxyds daraus auf.

Salpetersäure, Schwefelsäure, Salzsäure und Essigsäure, verdünnt oder concentrirt, bilden keine Salze mit dem Bleisnboxyde, sie ändern es in höchst fein vertheiltes metallisches Blei und in gewöhnliches Bleioxyd um, mit welchem sie sich verbinden. .

Die auflöslichen Basen verhalten sich eben so. Selbst salpetersaures Bleioxyd bewirkt die Zerlegung des Suboxyds in Blei und Bleioxyd; es verschwindet in einer verdünnten Auflösung dieses Salzes und die siedend filtrirte Flüssigkeit läfst ein Gemisch von salpetersaurem und basisch‑salpetrigsaurem Bleioxyd fallen.

Bei Luftzutritt mit einer geringen Menge Wasser

benetzt zeigt das Bleisuboxyd ein eigenthümliches Verhalten, für welches man nur eine vernünftige Erklärung findet, wenn man zugiebt, daß es wirklich eine bestimmte Verbindung sei. Es erwärmt sich dann nämlich beträchtlich, absorbirt rasch den Sauerstoff der Luft und verwandelt sich in ein weißes Pulver, welches Bleioxydhydrat ist. Ein Gemenge von höchst fein vertheiltem Blei und Bleiglätte zeigt nichts Aehnliches.

Bis zum Dunkelrothglühen erhitzt zersetzt sich das Bleisuboxyd in ein Gemisch von Blei und Bleioxyd. Man erkennt diese Zersetzung sowohl durch die Amalgamation, und durch die siedende Zuckerlösung, welche Bleioxyd auszieht, als auch durch schwache Essigsäure, welche Blei zurückläßt, das sich nicht, wie beim Suboxyd, in höchst fein zertheiltem Zustande befindet, sondern das ein Netz darstellt, welches man nur zwischen den Fingern drücken darf, um es in eine compacte Masse von Metallglanz zu verwandeln. Das Gemenge unterscheidet sich auch von der Verbindung sogleich durch seine grünlichgelbe Farbe.

Das dreibasische oxalsaure Bleioxyd wird durch die Wärme wie das neutrale Salz zerlegt, aber das Verhältniß, in welchem die entweichenden Gase zu einander stehen, wechselt während der ganzen Dauer des Processes, und der Rückstand ist ein Gemisch von Suboxyd und Oxyd, wovon ich mich durch eine siedende Zuckerlösung überzeugt habe.

Es war eigentlich nicht nöthig, eine Analyse des Bleisuboxyds anzustellen, nachdem das Verhältniß der Kohlensäure und des Kohlenoxyds, der Gase, welche bei der Zersetzung des oxalsauren Bleioxyds auftreten, bestimmt worden war, indeß wurden doch zum Ueberfluß gewogene Mengen des Suboxyds durch Erhitzen bei Zutritt der Luft in Oxyd umgewandelt. 100 Suboxyd gaben in zwei Versuchen 103,7 und 103,6 Bleioxyd, was der eben gegebenen Formel: $Pb_2 O$ entspricht. Die Oxydation erfolgt äußerst leicht, denn das Suboxyd ist ein

Pyrophor, und wenn man es an einer Stelle erhitzt, so
entzündet sich die ganze Masse.

, Das oxalsaure Zinkoxyd giebt bei der trocknen Destillation gewöhnliches Zinkoxyd und gleiche Volumina
Kohlensäuregas und Kohlenoxydgas.

Das oxalsaure Kupferoxyd zersetzt sich mit der
gröfsten Leichtigkeit, es giebt fast reines Kohlensäuregas aus und hinterläfst metallisches Kupfer in rothen
glänzenden, dehnbaren Blättchen. (*Compt. rendus 1841.*
2me Semestre 1054.)   J. O.

Ueber die Theorie der Bleiweifsfabrikation;
von
J. Pelouze.

Jeder kennt das von Th en a r d vorgeschlagene, zuerst
von R o a r d in seiner Fabrik zu Clichy befolgte Verfahren der
Bleiweifsbereitung, nach welchem man eine Auflösung von
dreibasischem essigsauren Bleioxyd durch Kohlensäuregas
fällt, und welches das französische Verfahren genannt
worden ist, um es von einem andern in Holland gebräuchlichen Verfahren zu unterscheiden. Das dreibasische Bleisalz giebt zwei Drittheile seiner Base an die
Kohlensäure ab, es fällt Bleiweifs nieder, und das entstandene neutrale essigsaure Bleisalz kann durch Digestion mit Bleioxyd immer wieder in basisches Salz verwandelt werden, so dafs also eine sehr kleine Menge
von Bleizucker zur Darstellung einer sehr grofsen Menge
von Bleiweifs hinreicht. Die Menge des Bleiweifses
würde selbst unbegrenzt sein, wenn dasselbe nicht etwas
essigsaures Bleioxyd zurückhielte.

In England ist das Thenard'sche Verfahren modificirt worden, man hat es, um so zu sagen, in ein Verfahren auf trocknem Wege umgeändert. Man mengt
nämlich Glätte mit ohngefähr ein Procent Bleizucker
und läfst über das mit ein wenig Wasser angefeuchtete
Gemenge Kohlensäuregas gehen. In wenigen Stunden.

ist die Bleiglätte in Bleiweifs verwandelt und der Pro-
cefs beendet.

Kohlensäure und Bleioxyd vereinigen sich allein zusammengebracht nur äufserst langsam, man mufs daher
annehmen, dafs die wenigen Tausendtheile Essigsäure,
welche sich in dem Gemische finden, sich allmälig auf
die ganze Menge des Bleioxyds übertragen, dafs dieselben nämlich damit basisches essigsaures Bleioxyd geben,
welches unaufhörlich zersetzt und wieder gebildet wird.

Das sogenannte holländ. Verfahren, welches seit mehren
Jahren zu Lille in ausgedehntem Mafsstabe befolgt wird,
besteht darin, dafs man Bleiplatten den Dämpfen von
Essig und den Ausdünstungen von Pferdemist aussetzt.
Der Essig, welcher benutzt wird, ist Bieressig von nicht
guter Beschaffenheit, welcher nur eine geringe Menge
von Essigsäure enthält. Nach der Untersuchung, welche ich mit diesem Essige angestellt habe, und gestützt
auf die Zahlenangaben der Herren Lefèvre und De-
caster, Bleiweifsfabrikanten zu Lille, ergiebt sich, dafs
das Gewicht der Essigsäure $1\frac{1}{4}$ Procent vom Gewichte
des Bleies nicht überschreitet, und man weifs, dafs bei
gutem Gelingen des Processes das ganze Blei in Bleiweifs
umgewandelt wird. Graham ist zu denselben Resultaten gekommen, ja hat selbst noch weniger Essigsäure
im Verhältnifs zum Gewichte des Bleis gefunden.

Es ist daher unmöglich, dafs die Kohlensäure des
Bleiweifses von der Zersetzung des Essigs herrühren
könne.

Die Bleiweifsfabrikanten wissen ferner, dafs man
kein Bleiweifs erhält, wenn man nicht Sorge trägt, atmosphärische Luft zu dem eben erwähnten Gemenge
treten zu lassen.

Die Theorie des holländischen Verfahrens der Bleiweifsfabrikation ist daher sehr einfach und ähnlich der
Theorie der eben beschriebenen anderen Fabrikations-
methoden.

Die atmosphärische Luft bewirkt die Oxydation,
und der Essig, welcher durch die bei der Gährung des

Mistes freiwerdenden Wärme in Dämpfe verwandelt wird, verbindet sich mit dem Bleioxyd, von dem er aber bald durch die in grofser Menge aus dem Miste entwickelten Kohlensäure wieder getrennt wird. In den nicht gewaschenen holländischen Bleiweifsen findet man eine beträchtliche Menge von Essigsäure.

Ich glaube, dafs dies der Vorgang bei der Bleiweifsfabrikation ist, und seit zehn Jahren der Zeit, dafs ich Lille verlassen habe, wo ich diese Fabrikation studiren konnte, stellte ich immer diese Theorie als die rationellste auf. Damals glaubten fast alle Chemiker, dafs die Kohlensäure durch ihre Elemente zur Bildung des Bleiweifses beitrüge.

Eine Erfahrung, welche ich gemacht habe, zeigt deutlich die Rolle, welche der Essig bei der Bleiweifsbildung spielt. Ich setzte eine künstliche Atmosphäre von Sauerstoffgas und Kohlensäuregas zusammen und brachte in diese eine Bleiplatte über einem Gefäfse, welches Essig enthielt. Nach drei Monaten war die Bleiplatte mit einer Kruste von Bleiweifs überzogen. Die Menge desselben entsprach der Menge des absorbirten Sauerstoffs und der absorbirten Kohlensäure. Der Essig wurde fast ganz wieder erhalten, denn die Menge, welche die Bildung des Bleiweifses veranlafst hatte, war so gering, dafs sie nicht bestimmt werden konnte.

Eine andere Erfahrung von mir zeigt ebenfalls die wahre Rolle der Essigsäure bei der Bleiweifsbildung, und die Nothwendigkeit, bei derselben eine Säure anzuwenden, welche mit dem Bleioxyde ein durch Kohlensäure zersetzbares basisches Salz giebt. Wenn nämlich in dem vorstehenden Versuche an der Stelle des Essigs Ameisensäure genommen wurde, welche bekanntlich basisches Bleisalz bildet, so entstand kein Bleiweifs, wenn auch die Dämpfe der Säure, das Sauerstoffgas und das Kohlensäuregas mehre Jahre lang mit dem Blei in Berührung blieben. Die Ameisensäure steht hinsichtlich ihrer Verwandtschaften und ihrer Flüchtigkeit der Essigsäure sehr nahe, aber sie bildet mit Bleioxyd kein

basisches Salz, und das neutrale ameisensaure Bleioxyd
wird nicht durch Kohlensäure zersetzt, Ursachen, weſshalb sie zur Bleiweiſsfabrikation untauglich ist. (Aus
den *Comptes rendus 1841. 2me Semestre 1057.*)

Die hier mitgetheilte Theorie der holländischen Methode der Bleiweiſsfabrikation ist dieselbe, welche in
Liebig's Bearbeitung des Geiger'schen Handb. Bd. I.
Seite 510 und in Mitscherlich's Lehrb. der Chemie
Bd. II. Abth. 2. Seite 242 ausgesprochen ist, und welcher
auch Graham huldigt. Letzterer sagt: Bei dem alten
holländischen Verfahren der Bleiweiſsbereitung werden
dünne Bleiplatten über Töpfe gelegt, welche sehr schwache Essigsäure (Wasser mit ohngefähr $2\frac{1}{4}$ Procent Essigsäure) enthalten, und diese in gährende Lohe gestellt,
deren Temperatur 60 bis 65° C. beträgt. Die Wirkung
erfolgt oft äuſserst schnell, und das Metall verschwindet
in wenigen Wochen bis zum Mittelpuncte der Platten.
4500 bis 5600 Pfund Blei werden bei diesem Processe
in Bleiweiſs verwandelt, durch eine Quantität Essig,
welche nicht mehr als 50 Pfund Essigsäure enthält, so
daſs also diese Säure weder den Sauerstoff noch die
Kohlensäure geliefert haben kann. Der Sauerstoff muſs
also aus der Luft, die Kohlensäure aus der gährenden
(verwesenden) Lohe herrühren. Ganz ähnlich spricht
sich Mitscherlich a. a. O. über den Gegenstand aus.

J. O.

Ueber die Wirkung des Salmiaks auf Jod-kalium, und eine besondere Art, das Jod als äuſserliches Mittel anzuwenden;

vom

Professor Dr. *Vogel* in München.

Hr. Dr. Breslau, Leibarzt Sr. Majestät des Königs von Baiern, macht viel Anwendung von dem Mine-
ralwasser zu Heilbronn, in welchem ich 1825 eine be-
merkenswerthe Menge Jodnatrium fand; seit einiger Zeit

bedient er sich des Jodkaliums auf eine eigenthümliche
Weise, von der ich oft Zeuge war. Er läfst nämlich
ein Pulver aus Jodkalium und Salmiak, in feine Lein-
wand gegeben, äufserlich auf die leidenden Stellen auf-
legen.

Als ich einst bemerkte, dafs ein leinenes Säckchen,
welches dieses Pulver enthielt, und um den Hals einer
jungen Person gelegt war, nach einigen Tagen braun
gefärbt erschien, so veranlafste mich dieses, die zwischen den beiden Salzen vorgegangene Veränderung zu
untersuchen.

Wenn man 8 Th. trocknen Salmiak und 1 Th. Jodkalium (die Verhältnisse, wie sie Hr. Dr. Breslau anwendet,) mischt, so entwickelt sich Ammoniak, nämlich
mit dem Jodkalium, wie es im Handel vorkömmt, das
meist schwach alkalisch reagirt; wendet man durch
mehrfaches Umkrystallisiren gereinigtes Jodkalium an,
so ist die Ammoniakentwicklung fast unmerklich. Das
Gemenge der Salze bleibt aber stets weifs, wenn es in wohl
verschlossenen Gläsern vor dem Zutritt der Luft verwahrt wird, und ein solches lange aufbewahrtes Gemenge
reagirt eben so wenig auf Stärkekleister als ein frisches.

An der Luft aber verliert das Gemenge bald seine
weifse Farbe, nach 24 Stunden wird es gelb, und um
so schneller, je mehr es mit organischen Substanzen,
Papier u. s. w. in Berührung ist.

Die Auflösung eines der Luft ausgesetzten Gemenges ist nicht farblos, sondern orangegelb, und wird durch
in Wasser verdünnten Stärkekleister indigblau; sie enthält folglich freies Jod.

Wenn man die wässrige farblose Auflösung des frischen Gemenges der Luft aussetzt, so wird solche nach
und nach gelb und wird durch Kleister blau; während
die wässrige Auflösung des frischen Gemenges Monate
lang bewahrt werden kann, ohne die mindeste Abscheidung von Jod zu erleiden. In einer Atmosphäre von
Kohlensäure erleidet das frische Gemenge keine Veränderung; in einer durch Chlorcalcium getrockneten

Atmosphäre von gewöhnlicher Luft hält es sich mehre Tage, ohne gelb zu werden, während es in feuchter Luft bald seine pulvrige Form verliert, gelb und dann durch Kleister blau wird.

Ich brachte ein frisches weifses Gemenge in eine Porcellanschale in den Keller, bedeckte es mit einem Cylinder, der am untern Theile kleine Oeffnungen besafs, um einen Luftstrom zu begünstigen, und belegte den oberen offenen Theil des Cylinders mit einer mit Kleister bestrichenen Papierscheibe. Das Papier, ohngefähr $\frac{3}{8}$ Zoll von der Oberfläche des Kleisters entfernt, wurde nach einigen Tagen blau, was nicht der Fall war, wenn man den Zutritt der feuchten Luft verhinderte.

Das der feuchten Luft des Kellers ausgesetzte Gemenge wurde zum Theil flüssig und kehrte darauf wieder zum trocknen Zustande zurück; es wurden in gewissem Abstande über das Gemenge neue mit Stärkekleister getränkte Papierstreifen angebracht, die während vier Monaten eine blaue Farbe annahmen, ein Zeichen, dafs das Jod lange Zeit sich entwickelt, und dafs das Salzgemenge in ein leinenes Säckchen eingeschlossen in solchen chronischen Krankheiten mit Erfolg angewandt werden kann, gegen welche eine langsame und continuirliche Entwicklung von Jod angezeigt ist. Nach Verlauf von sechs Monaten entwickelte sich kein Jod mehr und die zurückgebliebene Materie bestand aus Salmiak und Chlorkalium.

In einer höheren Temp. wird das Jodkalium durch Salmiak sofort zersetzt. Erhitzt man ein Gemenge beider Salze über der Spirituslampe, so geht in den Recipienten, aufser dem Salmiak, Jod und Ammoniakjodür über; die ganze Menge des Jodkaliums wird aber unter diesen Umständen durch den Salmiak nicht zersetzt, sondern nach der Verflüchtigung des Salmiaks bei der Rothhitze bleibt noch eine kleine Menge Jodkalium unzersetzt.

Wirkung des Aethers auf Jodkalium und Jodblei.

Gut ausgebildete Jodkrystalle ziehen die Feuchtigkeit der Luft sehr wenig an, erleiden aber keine weitere Veränderung; auch die Auflösung dieses Salzes in Wasser wird durch die Einwirkung der Luft nicht zersetzt. Wenn man aber wohl getrocknete und gepulverte Krystalle mit Aether befeuchtet, so nimmt dieser nach einiger Zeit eine gelbe Farbe an und enthält Jod aufgelöst. Ich habe das Salz vier bis fünfmal mit neuen Mengen Aether kochen lassen, und fand jedesmal Jod in Auflösung. Der so behandelte Rückstand war schwach alkalisch geworden, enthielt aber noch viel Jod.

Diese theilweise Zersetzung durch Aether erleiden auch die im Wasser schwerlöslichen Jodverbindungen. Digerirt man z. B. die goldgelben Blättchen von Jodblei mit Aether, so nimmt dieser eine orangegelbe Farbe an und hält Jod in Auflösung, aber kein Blei. Man kann den Versuch mit demselben Jodblei und mit stets neuen Mengen Aether fünf bis sechsmal wiederholen; er nimmt jedesmal eine orange Farbe an und enthält Jod. Der Rückstand, auf welchen der Aether keine Wirkung mehr ausübt, hat nicht mehr seine vorherige goldglänzende Farbe, sondern ist matt und bräunlichgelb, und kochendes Wasser löst kaum noch eine Spur desselben auf. Beim Erhitzen an der Luft und mit concentr. Salpetersäure verhält er sich aber nicht wie reines Bleioxyd, sondern enthält noch Jod, was durch Aether nicht mehr abgeschieden werden kann.

Aldehyd übt keine ähnliche zersetzende Wirkung auf das krystallisirte Jodblei aus, und entfernt sich unter diesen Umständen sehr vom Aether.

Wirkung einiger anderen Chlorüre auf das Jodkalium.

Aufser dem Salmiak scheint kein anderes Chlorür die Eigenschaft zu haben, das Jodkalium bei gewöhnlicher Temp. und an der Luft zu zersetzen. Ein Gemenge von Jodkalium und Chlorkalium erleidet in gewöhnlicher Temp. und an der Luft selbst nach acht Tagen keine Veränderung; es war kein Jod frei geworden. Aus einem Gemenge von Jodkalium und Kochsalz

-entwickelten sich indefs nach einigen Tagen wahrnehm-
.bare Spuren von Jod; diese Zersetzung scheint indefs
-nicht vom reinen Kochsalz herzurühren, sondern viel-
-mehr von fremden dasselbe begleitenden Substanzen, da
das.Kochsalz von den baierschen Salinen Spuren von
'Salmiak enthält. Kochsalz, von dem ich den Salmiak
durch :schwache Rothglühhitze sublimirt hatte, und das
:mit Jodkalium acht Tage lang auf einer Schale der
:Luft ausgesetzt blieb, hatte keine Entwicklung von Jod
bewirkt. Das Jodkalium wird indefs auf eine merk-
·liche Weise zersetzt, wenn es mit Chlornatrium oder
.Chlorbaryum in einer Retorte über der Spirituslampe
:erhitzt wird.

r : , Der Salmiak scheint sonach das einzige Chlorür zu
sein, welches bei gewöhnlicher Temperatur und feuch-
:ter Luft eine Zersetzung des Jodkaliums veranlassen
kann.: ·

:1 > Es ist noch· zu bemerken, dafs der Salmiak die
·Lackmustinctur stets schwach röthet, und bis zu einem
:gewissen Puncte als ein saures Salz wirken könnte, wel-
·ches das jodsaure Kali in dem Falle zersetzt, wenn eine
kleine Menge dieses Salzes sich in dem Jodkalium be-
fände : aber die langsame Entwicklung des Jods findet
auch· in dem Falle statt, wenn das Jodkalium ganz frei
von jodsaurem Kali ist.

Die grofse Menge des Salmiaks (8 Th. auf 1 Th.
Jodkalium) begünstigt augenscheinlich die Entwicklung
des Jods, da das Jodkalium sich zertheilter findet, und
der feuchten Luft eine gröfsere Fläche darbietet; ich
habe wenigstens gefunden, dafs bei einem Gemenge von
2 Th. Salmiak auf 1 Th. Jodkalium die Jodentwicklung
längsamer ist; man mufs sich daher an die hier angezeigten Verhältnisse von 8 Th. Salmiak auf 1 Th. Jodkalium halten.

-· Der Vortheil in der medicinischen Praxis, das Jodkalium mit Salmiak als äufseres Heilmittel anzuwenden,
besteht folglich in der so damit verbundenen Bequem-
lichkeit und in der successiven Entwicklung des Jods.

So wie es frei wird, kann es von den leidenden Theilen absorbirt werden, ohne daſs man zu befürchten braucht, zu groſse Menge Jod auf denselben Punct wirken zu lassen, wodurch für den Kranken mehr oder minder schlimme Folgen entstehen könnten.

Diese successive Zersetzung des Jodkaliums durch Salmiak scheint, wenn diese Vergleichung erlaubt ist, eine Aehnlichkeit mit der Zersetzung der Seifen beim Seifen der Stoffe zu haben; die Soda, die wirksame Substanz der Seife, wird nach und nach frei, es bildet sich doppelt-stearinsaures Natron; würde die Soda plötzlich und in ganzer Menge von der Stearinsäure sich abscheiden, so würde ohne Zweifel eine mehr oder minder gröſsere Zerstörung der Stoffe eintreten.

Resultate.

Aus den vorstehenden Versuchen ergiebt sich:

1) Das mit Salmiak vermischte Jodkalium erleidet in trockner Luft keine Veränderung.

2) Durch feuchte Luft wird das Gemenge zersetzt, es bildet sich Ammoniakjodür, wodurch nach und nach Jod frei wird.

3) Sauerstoff der Luft wird durch das Gemenge nicht absorbirt; die Veränderung, welche es erleidet, rührt von Zersetzung des aus der Atmosphäre langsam absorbirten Wassers her.

4) Nach Verlauf mehrer Monate ist alles Jodkalium zersetzt in Ammoniakjodür, welches sich verflüchtigt, und in Chlorkalium, welches mit dem Ueberschuſs des Salmiaks zurückbleibt.

5) Das getrocknete Jodkalium, so wie das Jodblei, werden durch Aether theilweise zersetzt, der ihnen eine gewisse Menge Jod entzieht.

6) Auſser dem Salmiak besitzt kein anderes Chlorür die Eigenschaft, das Jodkalium bei gewöhnlicher Temp. und an feuchter Luft zu zersetzen, wohl aber in einer hohen Temperatur.

7) Für die praktische Medicin ist es vortheilhaft,

ein Gemenge von Jodkalium und Salmiak als äufser-
liches Heilmittel anzuwenden, wenn man beabsichtigt,
das Jod successiv in kleiner Menge und lange Zeit wirken zu lassen, da die Entwicklung des Jods aus einem
solchen Gemenge ohne Unterbrechung mehre Monate
dauert. (S. *Journ. de Pharm.* XX VII, 163.)

Vergleichende Versuche über Chlorpalladium und salpetersaures Silberoxyd als Reagens auf Jod;

von

H. Baumann aus Meiningen,
d. Z. in Jena *).

Da über die Empfindlichkeit des Palladiums als
Reagens auf Jod noch keine bestimmte Erfahrungen vor-
zuliegen scheinen, so habe ich nachfolgende Versuche
angestellt, aus denen sich ergiebt, dafs das Chlorpalladium in gewisser Hinsicht dem salpetersauren Silberoxyd als Reagens auf Jod vorzuziehen ist. Die Versuche sind in dem Laboratorio des hiesigen pharmaceutischen Instituts, und zwar auf Veranlassung des Hrn.
Geh. Hofrath D ö b e r e i n e r angestellt worden, dessen
Güte ich eine hinreichende Menge sehr reines Chlorpalladium verdanke.

Die Chlorpalladiumsolution wurde so angewendet,
wie ich sie erhielt. Sie reagirte sauer. Es wurde stets

---

*) Die nachstehenden Resultate sind durch exacte Versuche
unter meinen Augen gewonnen worden. Sie zeigen die
Vorzüglichkeit des Palladiums als Prüfungsmittel für das
Vorhandensein von Jod, geben aber noch keine volle Sicherheit hinsichtlich der quantitativen Bestimmung des Jods.
Es wäre auch dieses zu erledigen, und dann weiter zu untersuchen, ob die von mir gewählte Methode zur Ausmit-
telung der Menge des Jods im Leberthran (dies. *Arch. 2. R.
B. 24. H. 2. pag. 145*), oder die von Dr. G r ä g e r (ibid. *B. 26.
H. 1. pag. 60*) vorgeschlagene, aber nicht geprüfte Methode
den Vorzug verdient.   Hr. W.

blofs ein Tropfen davon genommen, welcher eine starke Fällung mit Jodkalium bewirkte. Von einer salpetersauren Silberoxydlösung, wie man sie gewöhnlich als Reagens anwendet, wurde erst durch einige Tropfen ein Niederschlag hervorgebracht, der, dem Volumen nach, dem durch Chlorpalladium hervorgebrachten gleich war.

Das zu den Versuchen verwendete Jodkalium war nach der Methode mit Eisenfeile bereitet, und sehr rein; es reagirte nur sehr schwach alkalisch.

Es wurden davon 0,02 Grm. in 10 Grm. destillirtem Wasser gelöst, welches also die 500fache Verdünnung ist, und bis zu der 500,000fachen Verdünnung fortgefahren. Hierauf wurden die Versuche angestellt, deren Resultate hier folgen.

Jodkaliumlösung:	*Salpeters. Silberoxyd:*	*Chlorpalladium:*
500fache Verdg.,	stark. gelb. Niederschl.,	stark. schwarz. Ng.,
5000 » »	gelblich-weifser Ng.,	schwarz. Ng.,
50000 » »	weifse Trübung,	schwarz. Flock. nach einigem Stehen,
500000 » »	höchst schwach opalisirend u. nur einem geübten Auge bemerkbar.	keine Reaction mehr.

Bei einer noch gröfseren Verdünnung zeigten beide Reagentien keine Reaction mehr.

Aus diesen Versuchen geht also hervor, dafs das Chlorpalladium zwar nicht schärfer reagirt, als das salpetersaure Silberoxyd, dafs aber bei der charakteristischen schwarzen Farbe des Niederschlags, welchen das Chlorpalladium hervorbringt, letzteres dem salpetersauren Silberoxyd häufig doch vorzuziehen sein möchte; denn bei geringem Jodgehalt einer Lösung bringt das Silbersalz eine Trübung hervor, die weniger hervorstechend ist, und daher könnte die Reaction leicht mit einer andern, deren das Silberoxyd so viel mit andern Körpern, namentlich mit Chlor, hervorbringt, verwechselt werden.

Dritte Abtheilung.

Literatur und Kritik.

Lehrbuch der physiologischen Chemie. Von Dr. C. G.
Lehmann, Privatdocenten an der Universität zu
Leipzig. Erster Band. S. xvi u. 379 in gr. 8. Leipzig.
Verlag von W. Engelmann.

Wir haben in den neuesten Zeiten so bedeutende und um-
fassende Arbeiten im Gebiete der Zoochemie erhalten, dafs die
Begründung einer physiologischen Chemie dadurch nothwendig
bedeutende Fortschritte machen mufs; der Einflufs der Chemie
auf die Erklärung der physiologischen Functionen der thierischen Oekonomie hat sich bei allen wahrhaften Physiologen
mehr und mehr geltend gemacht. Mehre wichtige Vorgänge
sind zu einer klaren Anschauung gediehen, seitdem dieselben
in ihren Producten durch die Chemie verfolgt, und die Resultate der Zoochemie darauf angewendet wurden. Hr. Dr. Lehmann, ein eifriger Forscher, hat sich durch die Bearbeitung
des vorliegenden Lehrbuchs ein neues Verdienst um die Wissenschaft erworben. Dieses Werk ist nicht eine blofse Zoochemie, d. h. eine Chemie, die die Stoffe des Thierkörpers in ihren rein chemischen Verhältnissen betrachtet, sondern in der
steten Wechselbeziehung zum Organismus, in dem sie entstehen, und in dem sie sich auf die vielfachste Weise verändern.
Die Einleitung, die Auseinandersetzung der Eigenschaften
der organischen Materie, der Fäulnifs, Verwesung, Vermoderung,
der Lebenskraft und des Chemismus, so wie insbesondere des
Chemismus im Thier- und Pflanzenreiche sind vortrefflich und
interessant, und an der Hand des Versuchs und der Erfahrung
folgen wir gern dem kundigen Verfasser durch diese Expositionen.
Hierauf geht der Verfasser zu den einzelnen anorganischen
und organischen Bestandtheilen über, und hier müssen wir ihm
volle Gerechtigkeit widerfahren lassen, wenn er sein Werk ein
Lehrbuch der *physiologischen* Chemie nennt, denn die einzelnen
Stoffe sind nicht blofs nach ihren chemischen Eigenschaften an
sich, sondern in allen den Verhältnissen berücksichtigt, die sie
für die thierische Oekonomie haben können, in Bezug auf ihr
Vorkommen, auf ihren Nutzen, auf ihre Veränderungen, auf
ihren Ursprung. Nicht unerwähnt dürfen wir lassen, dafs viele
Gegenstände auch Resultate eigener Versuche des Verfassers sind.
Dieses Lehrbuch ist eine möglichst vollständige Darstellung
des ganzen jetzigen Zustandes der physiologischen Chemie,
und darum allen denen unentbehrlich, die mit physiologischen
Forschungen sich beschäftigen. Von dem Fleifse des Verf. dürfen wir hoffen, dafs wir bald mit dem zweiten Theile seines
wichtigen Werkes erfreut werden.

Pharmacopoea universalis auctore Ph. L. Geiger. Post
ejus mortem opus continuavit Fr. Mohr. Partis
secundae fasciculus III. Heidelbergae 1841. Sumtibus
Ch. Fr. Winter.

Die so eben erschienene dritte Lieferung des zweiten Theils der *Pharmacopoea universalis* geht von *Injectio adstringens* bis *Sal Sodae acidatum.* Wir dürfen sonach von dem Fleifse des Hrn. Dr. Mohr hoffen, bald im vollständigen Besitz dieses wichtigen Werkes zu kommen, worüber alsdann auch eine ausführlichere Besprechung in dieser Zeitschrift erfolgen wird.

Pharmacopoea Badensis. Heidelbergae 1841. Sumtibus Chr. Fr. Winter.

Die Absicht Geiger's, mit seiner *Pharmacopoea universalis* eine *Pharmacopoea Badensis* zu verbinden, wurde durch den Tod dieses ausgezeichneten Mannes verhindert, ins Leben zu treten, und deshalb eine besondere *Pharmacopoea Badensis* bearbeitet, die vom 1. Nov. 1841 in den Grofsherzogl. Badischen Landen Gesetzkraft erhielt. Die Ausarbeitung dieser Pharmakopöe ist von Hrn. Prof. Dr. Dierbach in Heidelberg, Prof. Fromenherz in Freiburg, Apoth. Dr. Hänle in Lahr, Apoth. Hesse in Baden und Prof. Probst in Heidelberg besorgt worden. Von diesen Männern liefs sich etwas Tüchtiges erwarten und sie haben ihre Aufgabe trefflich gelöst. Wir werden ausführlich auf dieses wichtige Werk zurückkommen, sobald es der Raum erlaubt, können uns aber nicht enthalten, schon vorläufig das Erscheinen desselben hier anzuzeigen.

Systematische Darstellung der chemischen Heilmittel mit vorzüglicher Rücksicht auf die k. k. österreich. Landespharmakopöe vom Jahre 1836, nebst Angabe der bei den chemischen Heilmitteln häufiger vorkommenden Verunreinigungen, Verfälschungen und Verwechselungen, und einer Uebersicht der wichtigeren chemischen Reagentien auf sechs Plakattabellen. Als Handbuch für angehende und ausübende Aerzte, Apotheker und Chemiker; entworfen von Joseph Netwald, Doctor der Medicin. Wien 1842. In Commission bei Braumüller und Seidel. S. vi und 608 in gr. 8.

Die Gründe, welche den Verfasser zur Herausgabe dieses Werkes bewogen, waren vorzüglich die, ein Werk zu haben, welches als Vorbereitung zu den Staatsprüfungen dienen könne, ferner einen Commentar gewissermafsen für die österr. Landespharmakopöe zu besitzen. Zu seiner Arbeit hat der Verfasser die wichtigsten neuen Werke benutzt und bei dem sichtbar auf die Ausarbeitung verwendeten Fleifs seine vorgesetzten Zwecke sehr gut erreicht. Die Anordnung der Artikel ist nicht eine alphabetische, sondern eine systematische Reihenfolge, was natürlich hier auch angemessen und instructiver ist. Bei den einzelnen Artikeln ist das Zeichen und die stöchiometrische Zahl angegeben, das Vorkommen beschrieben; die Gewinnung, Darstellung und Reinigung, der Vorgang bei der Darstellung, die Eigenschaften und die Prüfungen auf Reinheit sind sachgemäfs erörtert, wenngleich bei einigen Artikeln oft eine weitere wissenschaftliche Entwicklung zu wünschen wäre, so z. B. bei der Phosphorsäure, wo die Verhältnisse derselben nach den Entdeckungen **Graham's** eine genauere Ausführung wünschen lassen. Bei der Schwefelsäure haben wir auch ungern die neueren Versuche über die Bildung derselben vermifst. Bei der Weinsteinsäure hätten deren Verhältnisse zur Traubensäure eine Erörterung verdient; bei dem Brechweinstein vermifsten wir die Ansichten **Liebig's** über die Constitution dieses Salzes; beim Essig eine, wenn auch nur kurze Beschreibung der Schnellessigfabrikation; bei der Citronsäure die Berücksichtigung der neuern Versuche **Wackenroder's** u. s. w. Die Tabellen über die chemischen Reagentien sind nach dem Muster der beliebten Wackenroder'schen Tabellen wesentlich eingerichtet. Es ist zu erwarten, dafs dieses Buch, und namentlich wegen seiner Beziehung auf die österr. Pharmakopöe in Oesterreich, eine willkommene Aufnahme finden, und das Verdienst seines Verfassers dadurch anerkannt werde.

Darstellung der wichtigsten bis jetzt bekannten Verfälschungen der Arzneimittel und Droguen, nebst einer Zusammenstellung derjenigen Arzneigewächse, welche mit andern Pflanzen aus Betrug oder Unkenntnifs verwechselt und in den Handel gebracht werden. Zum Handgebrauche für Aerzte, Pharmaceuten und Droguisten, nach den neuesten und besten Quellen gesammelt und bearbeitet von F. H. Walchner, ausübendem Arzte in Bühl u. s. w. Karlsruhe, Druck und Verlag von C. Macklot. 1842. S. XVII und 215 in gr. 8.

Es ist erfreulich, wenn wir sehen, dafs Aerzte auch um die Prüfung der Arzneimittel sich bemühen. Der Verf. hat früher eine Darstellung der wichtigsten im bürgerlichen Leben vorkommenden Verfälschungen der Nahrungsmittel und Getränke herausgegeben, welche eine gute Aufnahme fand, und ihn deshalb zu der vorliegenden Arbeit über die Prüfung der Arzneimittel veranlafste. Dieses Buch ist in mancher Beziehung, namentlich, wenn man es als ein populaires betrachtet, nicht ohne Verdienst. Für den wissenschaftlichen Apotheker kann es weniger genügen. Die Arzneimittel sind alphabetisch nach ihren deutschen Namen aufgeführt, dieses ist schon ein Mifsgriff, die lateinischen Namen stehen zwar darunter, aber nicht immer die angemessenen; so finden wir z. B. *Pottasche* (*Potassa, Kali vegetabile*). Diese beiden letzten Namen, die in der Apotheke nicht und auch kaum im Droguenhandel noch vorkommen, sind allein angeführt, die currenten Namen *Kali carbonic. crud.* und *Ciner. clavellat.* fehlen dagegen. Der Farbstoff *Orlean* ist *Orleans* geschrieben und dabei steht *Bixa Orellana*, dieses ist die Mutterpflanze, von der dieser Farbstoff stammt, aber nicht der lateinische Name des Farbstoffs. Beim Phosphor findet sich die Angabe, dafs derselbe schon nach **Burdach** mit Schwefel vorgekommen sei; von einem möglichen Arsenikgehalt aber, der in neueren Zeiten darin nachgewiesen wurde, ist nicht die Rede. *Phosphorsäure* haben wir gar nicht aufgeführt gefunden, und doch ist diese gewifs ein wichtiges Heilmittel. Die Prüfungsangabe des *Salmiaks* auf Blei ist sehr mangelhaft. Bei *Apium*

Petroselinum wird angegeben, daſs das Kraut dieser Pflanze mit
Hundspetersilie verfälscht werde, letzte aber auf *Apium gráveo-
lens* (!) bezogen. *Weinsteinsäure, Salzsäure* und *Salpetersäure*
haben wir nicht aufgeführt finden können, auch nicht *Chlorkalk,*
nicht *Chlorwasser* u. s. w. Dieses mag genügen, unser obiges
Urtheil zu belegen. Wer über die Prüfung der Arzneimittel
schreiben will, muſs praktisch damit vertraut sein, wir glauben
nicht, daſs dieses beim Verf. des hier besprochenen Buches der
Fall ist.

Repetitorium und Examinatorium über pharmaceutische
  Chemie. Nebst einem Anhange über den Gebrauch
  der Reagentien. Für Aerzte und Apotheker, die
  sich zum Staatsexamen vorbereiten wollen. Von
  Dr. W. Artus, Professor an der Universität Jena.
  Weimar 1842. Verlag und Druck von B. F. Voigt.
  S. viii und 115 in 4.

Der Inhalt dieses Buchs ist tabellarisch geordnet. Die erste
Columne enthält Namen, Synonyme, Zeichen, Mischungszahl und
Entdeckung des Präparats, die zweite das Vorkommen und die
Darstellung desselben, die dritte handelt von den Eigenschaften
und den möglichen Verunreinigungen des Präparats. Diesen Tabellen vorausgeschickt sind einige Fragen und Antworten über
die allgemeinen Verhältnisse der Körper, und namentlich der
Arzneimittel. Die Uebersicht ist faſslich und deutlich bearbeitet, und in den Tabellen sind die wesentlichsten chemischen
Eigenschaften der Arzneimittel berücksichtigt, ein tieferes wis-
senschaftliches Eingehen in dieselben aber haben wir ungern
vermiſst, auch sind wir der Ansicht, daſs die Anforderungen an
die Examinanden heutiges Tages, denen so viele wichtige Hülfsmittel der Ausbildung zu Gebote stehen, höher gestellt werden
müssen, als sie im Allgemeinen aus diesem Buche hervorgehen
möchten, dem wir indessen durch diesen Einwurf seinen Nutzen
als Repetitorium nicht absprechen wollen.

Leitfaden zur Vorbereitung auf die preuſsische Apo-
  theker-Gehülfen-Prüfung. In Fragen entworfen für
  Eleven der Pharmacie, von Ph. Hanke, Apotheker
  erster Klasse. Berlin 1841. Verlag von H. Schultze.
  S. x und 122 in 8.

Dieses Buch ist in mehre Abschnitte eingetheilt, welche die
wichtigsten Theile der Pharmacie betreffen, und über jeden dieser Theile sehr zweckmäſsig gewählte Fragen aufstellen, ohne
die Antworten dabei zu geben, die der Fragende dann sich selbst
machen muſs, und sie für sich auch schriftlich beantworten oder
als Themata für kleine Ausarbeitungen benutzen kann. Für diesen Zweck ist dieses Buch sehr nützlich und namentlich Lehrlingen zu empfehlen, und Principalen, die ihre Zöglinge gern
wissenschaftlich durch derartige zweckmäſsige Ausarbeitungen
beschäftigen. Der Verfasser beabsichtigte eine systematische Zusammenstellung von verständlichen Fragen, die alles das behandeln, was man durchaus wissen muſs, um sachgemäſsen billigen
Forderungen bei der Prüfung zum Gehülfen entsprechen zu

können, dem Lehrenden eine Erleichterung, dem Lernenden ein
nicht unwillkommner Wegweiser, auch dem Gehülfen zu zeitweiligen Repetitionen brauchbar, und manchem nützlich, welchem
dergleichen Prüfungen von Amtswegen obliegen. Was die Gehülfen-Examina betrifft, so können wir diese Gelegenheit nicht
vorbeigehen lassen, ohne wiederholt auf die gänzliche Unzu-
länglichkeit dieses Examens aufmerksam zu machen, überall da,
wo noch allein der Physikus Examinator ist. Der Werth solcher Examina ist in der Regel rein illusorisch. Es sprechen
dafür eine solche Menge Thatsachen, dafs man dieses nicht verhehlen kann, und die es mehr als wünschenswerth machen, dafs
auch für die Gehülfen-Examina in jedem Kreise oder Bezirke
eine besondere Commission von Sachverständigen gebildet werde,
wie dieses bereits auch in mehren Staaten der Fall ist.

Anleitung zur Conservation des Holzes nach Dr. B o u -
che r i e , wodurch dasselbe den Einflüssen der At-
mosphärilien und Insecten widersteht, seine ursprüngliche Elasticität behält, eben so beim vollkommnen
Trocknen weder schwindet noch reifst, schwer ent-
zündlich und schwer verbrennbar wird; so wie eine
Anwendung, dasselbe durch seine ganze Masse zu
färben. Von A. L i p o w i t z. Mit einer lithograph.
Tafel. Lissa und Gnesen. Druck und Verlag von
E. Günther. 1841. S. 48 in 8.

Dieses Büchlein verdient sorgfältige Beachtung. Bei dem
fast überall zunehmenden Mangel an Holz und der dadurch her-
beigeführten Steigung der Holzpreise mufs die Conservation des
Nutzholzes die gröfseste Aufmerksamkeit auf sich ziehen. Wechsel
von Wärme und Feuchtigkeit, wissen wir, sind unter Einwirkung
der Luft die schlimmsten Feinde des Holzes; man hat sich bemüht, durch Anstriche, Firnisse, Ueberzüge u. s. w. diesem Uebel
vorzubeugen, aber eine völlige Entfernung desselben ist nicht
dadurch zu erlangen, schon aus dem einfachen Grunde nicht,
weil in den Bestandtheilen des Holzes selbst die Elemente der
Verwesung liegen, die so wie diese eintritt, auch die Faser nach
und nach in den Kreis der Zerstörung hineinziehen. Die Absicht
der völligen Conservirung des Holzes mufs daher von dem Gesichtspuncte ausgehen, jene löslichen Bestandtheile, die der Heerd
der Verwesung sind, entweder aus dem Stamme zu entfernen,
oder sie in unlösliche Verbindungen zu verwandeln.

Dieses hat man bisher, namentlich erstes, durch das sogenannte Dämpfen des Holzes und letztes durch das sogenannte
Kyanisiren, Behandlung mit Quecksilberchlorid nach K y a n , zu
erreichen gesucht. Die Kostbarkeit beider Methoden aber ist
die Ursache, dafs sie nur für besondere Zwecke und da, wo das
Holz einen aufserordentlich hohen Preis hat, angewendet werden
können.

Die Methode des Hrn. Dr. B o u c h e r i e, worüber Hr. Li-
p o w i t z in dem oben benannten Werkchen eine allgemein ver-
ständliche Erläuterung giebt, ist dagegen nicht nur wohlfeil,
sondern verbindet damit zugleich die Eigenschaft einer leichten
Ausführbarkeit. Sie beruht nämlich auf der Anwendung der

Depulsion oder Deplacirung. Das etwas in die Höhe gerichtete Wurzelende des Baumstammes umgiebt man desfalls mit einem ¼ — 1 Fuſs breiten in eine Mischung von Pech und Theer getauchten Sack, der an dem oberen freien Ende ebenfalls offen ist, und hier durch ein Bleirohr mit einem Fasse in Berührung steht, in welchem die deplacirende Flüssigkeit sich befindet. Diese tritt nun auf dem bezeichneten Wege in den Stamm und treibt den darin befindlichen Nahrungssaft, so wie die in der Flüssigkeit sonst löslichen Bestandtheile fort; entfernt also damit die wesentlichste Ursache der Verwesung des Holzes. Löst man in dem Wasser der deplacirenden Flüssigkeit zugleich antiseptische Substanzen, holzsaures Eisenoxyd, Chlorkalium, Chlorcalcium, essigsaures Bleioxyd u. s. w. auf, so wird der Zweck um so vollständiger erreicht. Lipowitz hat versucht, der deplacirenden Flüssigkeit zugleich Farbstoffe zuzusetzen und dadurch die Holzmasse durch und durch dauerhaft zu färben. Dazu eignen sich organische Farbstoffe aber wenig, weil diese durch den Einfluſs des Lichtes bekanntlich sehr leiden und endlich verbleichen. Lipowitz wendet daher Farbmateriale an, die in dem Stamme selbst durch Zersetzung der für die gewünschte Farbe geeigneten Metallsalze sich bilden; für Gelb z. B. läſst man erst mit einer verdünnten Auflösung von Bleizucker, dann mit chromsaurem Kali, für Blau erst mit Blutlaugensalz und dann mit schwefelsaurem Eisen, für Schwarz mit holzessigsaurem Eisenoxyd deplaciren. Es ist natürlich hier ein Weg geöffnet, der erst noch seiner weiteren Ausführung und Ausbildung bedarf, aber gewiſs zu sehr nützlichen und belehrenden Resultaten führen wird.

Durch die in Rede stehende Conservationsmethode gewinnt das Holz nicht nur an Dauer, sondern die Ursache seines Werfens und Quellens, die in den löslichen Substanzen desselben wesentlich liegt, ist damit auch entfernt und es wird dadurch zugleich schwerer verbrennbar.

Die Details der Einrichtung zur leichten Ausführung dieser Conservirmethode, so daſs sie jeder Handwerker ausüben kann, hat Hr. Lipowitz in der genannten Schrift sachgemäſs beschrieben, und auch seine eignen so nützlichen Versuche darüber mitgetheilt. Jedem, der für diese wichtige Sache sich interessirt, können wir dieses so verdienstliche Werk bestens empfehlen *).

Der Chokoladefabrikant, oder gründliche Anweisung, alle Sorten Chokolade, vorzüglich Pariser, Bayonner, Barceloneser und Mailänder, ferner homöopathische und endlich die verschiedenen mit Arzneikörpern versetzten Chokoladesorten, so wie auch mehre patentirte Chokolade-Surrogate nach den besten und bewährtesten Recepten sowohl für den Pri-

---

*) Hr. Lipowitz hat die Güte gehabt, mir eine Reihe auf die oben beschriebene Art gefärbter Holzmuster zu übersenden. Diese sind eben so vortrefflich als sie einen Beweis liefern, was diese Methode leistet und noch leisten kann. R. Br.

vatgebrauch im Kleinen als auch fabrikmäfsig im
Grofsen darzustellen, nebst einer genauen Charak-
teristik der verschiedenen im Handel vorkommen-
den Cacaosorten, so wie auch der verschiedenen
Gewürze, Aromata und Satzmehlarten, welche der
Chokolade, je nach dem verschiedenen Zwecke, dem
sie dienen soll, zugesetzt zu werden pflegen. Mit
Benutzung der neuesten Materialien bearbeitet von
Dr. Chr. H. Schmidt. Mit einer Steindrucktafel.
Weimar 1838. Bei B. Fr. Voigt.

Auch unter dem Titel:

Neuer Schauplatz der Künste und Handwerke u. s. w.
Zwanzigster Band. Dr. Chr. H. Schmidt's Chokoladefabrikant.

Dieses Buch entspricht seinem Titel keineswegs. Man findet darin mehr über einzelne Gewürze als über Chokolade.

Homöopathische Literatur.

Hr. Hofrath Dr. Rau in Giefsen sagt in seinem Organon
der specifischen Heilkunst (1838) selbst, dafs die neue Lehre
Hahnemann's gegen die Angriffe einer gerechten Kritik sich
nicht halten könne. Die Methode Hahnemann's sei nur eine
symptomatische, Hahnemann habe sich durch seine Behauptungen selbst getäuscht und sich deshalb später widersprochen,
seine Anhänger haben einen empirischen Schlendrian und viele
sich überklug denkende Laien als Heilkünstler und ärztliche
Schriftsteller eingeführt. (Also eine Charlatanerie getrieben.)
Um die Wirkung von Arzneistoffen in der 1500sten Verdünnung
zu entdecken, erfordert es nach ihm eine rege Einbildungskraft.
Doch will er, dafs der Arzt, dem es um Reinheit seiner Mittel
zu thun, das destillirte Wasser und geruchlosen Spiritus selbst
mache, sich nicht auf fremde verlasse, sondern alle Arzneien so
weit wie möglich selbst bereite. (Da, müssen wir gestehen,
würde etwas Schönes herauskommen!!!)

Dr. Rummel (Hinblick der Geschichte der Homöopathie.
Leipzig 1839) gab Hahnemann Recht, wenn er sagt, dafs das
beste Mittel zur Unterdrückung der Homöopathie das Verbot
des Selbstdispensirens sei, was in Preufsen, Oesterreich, Sachsen,
Braunschweig, Hannover, Anhalt-Dessau, Rufsland und Frankreich gelte, zeigt aber auch, wie leicht das Verbot umgangen
und die Regierungen betrogen werden könnten. (Nobele Grundsätze.)
In Würtemberg, Anh.-Köthen, Sachs.-Meiningen, Anh.-Bernburg,
Baiern, Baden und Hessen-Darmstadt sei es erlaubt. Gelobt wird
der in medicinischer Hinsicht gesetzlose Zustand in England
und Nordamerika. Nachtheile sollten der neuen Lehre erwach-
sen durch strengere Staatsprüfungen, Criminaluntersuchungen,
Gegenschriften, die meistens im blinden Eifer gegen die Homöopathie abgefafst wurden, alle aber mit Vorurtheilen, aber
im Gegentheil, sie verbreitet sich immer mehr, obschon ihre
Anhänger nur rechtlicher Mittel und Wege sich bedienten. Die
Geschichte der Heilungen zeigt jedem Unbefangenen, dafs die

Homöopathie nicht nur allen Krankheitsformen gewachsen ist, sondern überall die gewöhnliche Praxis 'in ihren Leistungen überragt *). (Erstaunliche Zugeständnisse!)

Dr. V a h s e m e y e r zeigt (Die Homöopathie im Jahre 1840, Berlin 1840), daſs die jetzige Homöopathie von der Hahnemann's sich weit entfernt habe, und mehre starre Behauptungen des Stifters als unerweislich, ja irrthümlich, hält selbst die allopath. Heilwege für naturgemäſse. (Das ist einzig!)

An der homöopath. Leipziger Heilanstalt war Hr. Dr. S e i d e l bei deren Entstehen Unterarzt (1833) bis zum Eintritt des Hrn. Dr. N o a k (1839). In seinem Werke »Geschichte der homöopath. Heilanstalt zu Leipzig u. s. w.« (Grimma 1840.) kömmt vor: daſs er vielfach das Getriebe gesehen, wie Männer von Stand, Verdienst und Ruf, oft feindselig sich entgegenwirkten und verläumdeten, um Oberarzt zu werden, die sich vielleicht auch auf ihn ausdehnten, weil er 1838 in der homöopath. Zeitung erklärte, daſs nicht immer das homöopath. Heilverfahren in der Anstalt genügt habe, und man öfter, um nicht das Leben der Kranken auf das Spiel zu setzen, zur allopath. Behandlung habe seine Zuflucht nehmen müssen. F i c k e l, der in seinem Contracte mit der Anstalt versprochen hatte, nie von den Lehren der Homöopathie abzuweichen bei der Behandlung seiner Kranken, habe die ganze Homöopathie doch für eine Chimäre gehalten, in leichten Fällen nur Milchzuckerpulver, in bedeutenden das allopath. Verfahren angewendet. Um nicht mit Leuten zu thun zu haben, die theils nicht blind dem alten H a h n e m a n n i s m u s anhingen, theils die Wahrheit über die Politik stellend, dem Publikum nicht Sand in die Augen streuen helfen wollten, so wurde S e i d e l entlassen.

Hr. Dr. F i c k e l hat nun gar ein Werk geschrieben: Directer Beweis von der Nichtigkeit der Homöopathie als Heilsystem u. s. w. Leipzig 1840. Hr. Dr. F i c k e l war ehemals dirig. Oberarzt an der homöopath. Heilanstalt in Leipzig.

Nach diesen Bemerkungen lassen wir einen Ueberblick über den Zustand der jetzigen Homöopathie folgen von dem trefflichen Dr. B e h r in Bernburg, bei Gelegenheit der Würdigung mehrer homöopath. Schriften in der Hall. Lit.-Zeitung. Er sagt:

»Fassen wir dies Thatsächliche in Bezug auf den Zustand der jetzigen Homöopathie zusammen, vergleichen wir die geläuterten Ansichten ihrer Bekenner mit denen ihres Stifters, so finden wir, *daſs nicht eine Behauptung Hahnemann's* sich als wahr erwiesen und constant geblieben ist. Selbst das *Simile simili* reicht nicht mehr zur Krankheitsheilung hin!«

*) Ein bekannter trefflicher Arzt, Hr. Dr. B e h r in Bernburg, bemerkt hierüber in der Hall. Lit.-Zeitung: »Menschen, die ihren Verstand gebrauchen w o l l e n, und das *post hoc* nicht für *propter hoc* ansehen, erfahren freilich oft genug, daſs die sogenannten rechtlichen Mittel und Wege schlechte Mittel und Schleifwege, die Geschichtchen von Heilungen, Geschichtchen und Mährchen für groſse Kinder sind. In künftigen Zeiten wird man es kaum für möglich halten, auf welche absurde Weise Lug und Trug verbreitet werden konnte.«   Br.

Weiter heißt es: »Merkwürdig bleibt ferner, daß die Anhänger der specifischen Heilmethode schon längst die Potenzirungstheorie Hahnemann's verworfen und gefunden haben, daß die möglichst kleinen Gaben der homöopath. Mittel, in denen Hahnemann und seine Anhänger ein Hauptprincip der Homöopathie fanden, *gar nichts wirken*, und deshalb die niedrigsten Verdünnungen, und zwar nicht wie Hahnemann zu 1 : 100, sondern zu 1 : 10 bereitet, ja häufig die Urtincturen anwenden. Metallische Mittel, vorzüglich Arsenik, gebrauchen die Specifiker häufig in stärkeren Gaben, als die sogen. Allopathen. Was soll man von der Glaubwürdigkeit oder der Beobachtungsgabe solcher Herren denken, welche, auf das Wort ihres Meisters schwörend, früher nur mit billion- ja trillionfach kleineren Gaben und in selteneren Zwischenräumen ihre Kranken behandelten, die kräftigsten Wirkungen dieser Dosen rühmten und in der Heilung von Krankheiten unaussprechlich glücklich waren? Viel Unwürdiges mag vorgefallen sein und noch vorfallen, da immer noch durch das, von den homöopath. Aerzten als *Conditio sine qua non* ihrer Kunstausübung geforderte und leider oft genug erlangte Selbstdispensiren dem Betruge Thür und Thor geöffnet bleibt. Ref. könnte aus seiner Praxis Fälle mittheilen, wo einige Streukügelchen der 6. Verdünnung (?) des *Tartarus emeticus* das kräftigste Erbrechen nicht bloß bei Kranken, sondern bei ganz gesunden Personen hervorbrachten, wo durch die kleinsten homöopath. Gaben des Calomels oder des *Merc. solub.* häufig grüne Stühle entstanden, ohne daß die Leber früher afficirt gewesen wäre u. s. w. Welchen Einfluß das Selbstdispensiren bei Untersuchungen über Giftmord haben könne, erwähnte Ref. schon früher und erlaubt sich hier einen Fall mitzutheilen. Schneider reist mit seinem Freunde Reitinghausen in Frankreich, erkrankt und erhält von dem homöopath. Dr. Laville de la Pleigne 6 Kügelchen Aconit, 4 Arsenik, 20 China, 12 Belladonna und 4 *Rhus Toxicodendron*, die R. dem Kranken eingiebt. Nach einigen Tagen stirbt S., 8 Monat später schöpft man Verdacht und zieht R. in Dijon ein. Die ausgegrabene Leiche enthält Kupfer und Blei, und die vier Experten erklärten sich für Vergiftung. R. entzog sich, nachdem er die Acten an Orfila übersandt hatte, der Schmach der Verurtheilung durch Erhängen. Orfila erklärte die Symptome der Krankheit nicht durch Vergiftung, sondern durch Typhus bedingt, da die gefundenen Substanzen zu einer Vergiftung nicht genügten und wahrscheinlich aus dem Boden des Begräbnißplatzes in den Körper gelangt sein könnten, was sich auch später als richtig erwies. Hätte man in der Leiche Arsenik gefunden, wer könnte bei einem Giftmorde durch Arsenik entscheiden, ob dieser durch den Krankenwärter oder durch den Arzt verursacht wäre? Wie würde der Giftproceß der Lafarge entschieden sein, wenn der Mann in seiner letzten Krankheit mit selbstdispensirten homöopathischen Mitteln behandelt wäre?

Wichtig ist in dieser Hinsicht die vom franz. Minister des Innern der *Acad. roy. méd.* in Paris gestellte polizeil. medic. Frage: Kann man die Stiftung eines homöopath. Dispensatoriums und Hospitals erlauben? — und die verneinende Antwort Adelon's, des Berichterstatters des Comité. Die Akademie fand, daß

diese zu bescheiden und zurückhaltend gewesen sei, und fügt
dem Bericht an den Minister noch hinzu, daß die homöopath.
Heilart eine gefährliche therapeutische Methode sei und als ein
Werk der Charlatanerie zurückgewiesen werden müsse. — Aber
nicht mit ihren specif. Mitteln begnügen sich jetzt die Homöo-
pathiker, sondern sie fügen ihnen noch Calomel in kräftiger
Gabe, *Ol. Ricini* und andere Abführungsmittel hinzu, gebrauchen
Einreibungen, Epipastica, Bäder, Cataplasmen, Klystiere und Blut-
entziehungen (ja, es kommt vor, daß bei Zeitversäumniß die
Aderlässe von Homöopathen kräftiger als von Allopathen angewendet werden). Die sogenannten Specifiker dürfen durch Selbstdispensiren und andere gesetzlichen Bestimmungen der propä-
deutischen und ärztlichen Prüfungen nicht bevorzugt und ge-
hätschelt werden, in Betracht des sogenannten Curirens der Homöopathen, in ihrem Handwerkstreiben und bessern Benutzen
der Hauptmaxime aller Charlatans: *»Mundus vult decipi, ergo
decipiatur.«*

Ueber das Zeitgemäße einer durchgreifenden Reform
des Apothekerwesens in den preußischen Staaten,
von Dr. G u s t a v W i l h e l m S c h a r l a u, prakt. Arzt,
Wundarzt und Geburtshelfer, approb. Apotheker
Ir Klasse. 1841, bei Schade in Berlin.

Erleidet ein concretes Einzelnes, ein ganzer vorhandener
Organismus eines Faches eine Veränderung oder Umgestaltung
aus dem Principe des Bessern, so paßt von diesem Grunde des
Guten, Wahren aus, einzig der Name: *»Verbesserung«* oder
»Reform.«

Hr. Dr. S c h a r l a u hat in vorliegender Schrift in sieben
Gegenständen über *»Apothekerwesen«* und dessen Reform gesprochen.

Recensent erlaubt sich zu untersuchen, in wie weit der Hr.
Verf. das Wesen des Faches zur Reform richtig erkannt hat,
und ob das, was er hierüber sagt, eine wirkliche derartige Reform des Faches herbeiführe und herbeiführen kann, und so dem
Titel entspricht.

Unter *»Wesen«* verstehen wir das, was zu dem Sein eines
Dinges in einer bestimmten Art und Weise nothwendig ist; hier
im Apothekerfache das ganze Gesetzliche, Wichtige, Wissenschaftliche und mechanisch Artificielle in der ausübenden Pharmacie oder Apothekerkunst, (unter letztere verstehen wir die
Lehre von der Zubereitung, Aufbewahrung und Dispensation
der im Arzneischatze bekannten und vorkommenden Arzneimittel überhaupt).

Von vorn herein sagt jedoch der Hr. Verf. gleich, worauf
seine vorgeschlagene Reform des Apothekerwesens gerichtet sei,
indem er nämlich eine Reform der medicinischen und pharmaceutischen Wissenschaft keiner Kritik unterwirft, sondern sie
betreffe nur die gesetzlichen Bestimmungen, welchen die Personen und Einrichtungen des Apothekerfaches im preußischen Staate derzeit unterliegen; dadurch erhellt, daß der
gewählte Titel dem abzuhandelnden Gegenstande nicht vollkommen entspricht, indem eine Reform der Art nicht die des

gesammten Apothekerwesens zu nennen ist, welches unserer Ansicht nach einem ausgedehnteren Begriffe unterliegt.

Indem wir auf die Ideen des Hrn. Verf. näher eingehen, finden wir mit ihm, daß das nach seinem sich gesteckten Kreise aufgefundene, heutige, mangelhafte Apothekerwesen in Preußen in den Gesammtmängeln des diesfallsigen Medicinalwesens zu suchen sei. Die Gegenstände, deren Beleuchtung im Verlaufe der vorliegenden Schrift hervorgehoben wird, sollen theils in logischen, theils in materiellen Fehlern ihren Ursprung zu suchen haben. — Ueber die letzteren — die materiellen Fehler — giebt der Hr. Verf. als bekannt keine Resolution; in Absicht und Hinsicht auf die logischen, aus der Consequenz des Vollkommenen der idealen Einrichtung eines Staats abgeleiteten, sind es nur diejenigen sieben wichtigen Gegenstände, worauf besonders der hingeleitet wird, welcher sich mit der vorliegenden Schrift vertraut macht.

Von jenen sieben objectiven Mängeln des Apothekerwesens stehen nun die Mängel der Pharmakopöe, des Apothekerbuches, worüber eigentlich die ganze Schrift handelt, oben an. Was hier die gerügten Mängel des Apothekerbuches hinsichtlich der logischen Fehler in Absicht auf Anordnung des Stoffes, und solcher in Absicht auf die Sache selbst Bezug habend betrifft, so stimmt Recensent in so weit dem Hrn. Verf. bei, als eine gewisse Inconsequenz durchaus zu postuliren ist. Was jedoch die im ersten Theile des Apothekerbuches aufgeführten chemischen Präparate, welche als *Medicamenta venalia* bezeichnet, zum innerlichen Gebrauche nicht zulässig u. s. w. anlangt, welche der Hr. Verf. durch die Frage, weshalb denn der Apotheker diese Gegenstände vorräthig halte und zwar *semper praesto*, streichen will, bemerken wir, daß größtentheils dem Apotheker der Detaildebit dieser Substanzen aus medicinisch-polizeilicher Rücksicht ausschließlich übergeben ist, und ist diese Maßregel nur weise zu nennen. Ob jedoch diese Gegenstände in dem Apothekerbuche — Pharmakopöe — ihren Platz finden müssen, das ist es wohl eigentlich, wonach der Hr. Verf. frägt. Derselbe sucht in Folgendem seinen Ausspruch zu motiviren: Pharmakopöe heißt bei uns die officinelle Anweisung zur Bereitung der Arzneimittel; eigentlich aber bezeichnet der Ausdruck den Ort, wo die Arzneien bereitet werden. Ein Apothekerbuch soll aber nur die zweck- und gleichmäßige Bereitung der Arzneien enthalten, folglich müssen die Seite 9 aufgeführten Gegenstände, da sie wohl niemals von Apothekern bereitet werden, hier in Wegfall kommen.

Aus dem Wortbegriffe »Pharmakopöe« mit dem Hrn. Verf. consequenter Weise gefolgert, ist dies nicht anders als richtig. In Bezug auf diese Ansicht nun hat Hr. Dr. Scharlau Vorschläge gemacht, was die Pharmakopöe enthalten und wie sie eingerichtet werden soll. Sie muß nach ihm in zwei Abtheilungen zerfallen, worin die erste die officinelle Angabe der pharmaceutischen Operationen, die zweite die specielle Anweisung zur Bereitung der Arzneimittel enthält. Folglich kommt die erste Section des I. und II. Theils der V. Ausgabe der *Pharm. Bor.* in Wegfall, deren dürftige Droguenbeschreibung unzureichend ist.

Unserer Ansicht nach bleibt die Pharmakopöe jedoch nur: das Gesetzbuch für alle pharmaceutischen Droguen und Arzneimittel, welche in den Apotheken vorräthig gehalten werden sollen. Folglich muſs der Apotheker doch wissen, welche Droguen es denn eigentlich sind, woraus seine zusammengesetzten Mittel hervorgehen, und wonach die Taxpreise derselben zu entwerfen sind. Daſs eine Pharmakopöe nur ein Gesetzbuch, nicht im Sinne der Wissenschaft ein Lehrbuch sein kann und muſs, erhellt von selbst, so wie die Pharmakopöen einzelner Staaten nur Auszüge der *Pharmac. universalis* sind, wie die Pharmacie eine abgeschlossene Wissenschaft ist, deren specielle Theile erlernt werden müssen.

Daſs auſser diesem Apothekerbuche noch ein in deutscher Sprache abgefaſstes Gesetzbuch, eine Apothekerordnung, welches die Grundprincipien der Apothekerkunst und die des Faches nach preuſsischem Rechtsbegriffe enthalte, worin denn jedenfalls die Angaben und Lehren der pharmaceutischen Operationen in Bezug auf Materie und Ausübung einen Platz finden würden, ist zwar schon seit 1801 theilweise vorhanden, jedoch durch die Fortschritte des Medicinalwesens so höchst mangelhaft geworden, daſs es wesentlich wünschenswerth, vielleicht richtiger erscheint, eine Umgestaltung des Ganzen zu unternehmen, als eine sechste Ausgabe der Pharmakopöe zu veranstalten, in welcher nur stückweise das Fehlende ergänzt wird.

Auf Seite 11 ist die Summe der nach der Pharmakopöe vorräthig zu haltenden Präparate und Droguen angegeben, welche 944 betragen. Rechnen wir die officinellen gepulverten Gegenstände, welche in den Apotheken vorräthig gehalten werden müssen, dazu, so wird sich diese Zahl bis gegen 1000 erheben. Die Sichtung dieser Reihen von Arzneimitteln hat der Hr. Verf. nach dem definirten Begriffe, was eigentlich Arzneimittel sind, unternommen; so wie den Nachtheil, welchen diese groſse Anzahl von Mitteln in der Landespharmakopöe dem angehenden Mediciner hinsichtlich des Studiums derselben bringt, auch mit einigen Worten des Pecuniären des Apothekers erwähnt, welchem letzteren er am Schlusse seines Werkchens eine weitere Anregung widmet.

Gedenken wir nicht der Vortheile, welche ein unbedingtes Vorfinden der seit Jahrhunderten bekannten arzneilich wirksamen Substanzen in der Pharmakopöe, wie in der vollständig eingerichteten Apotheke eingewandert, der praktischen Medicin gewähren, so stimmen wir aus Ueberzeugung dem Sichtungsentwurfe des Hrn. Verf. jener Schrift bei. Allein viele Ausnahmen werden bei der Decimirung dieser Mittel verlangt werden, und so werden sich Ausnahme auf Ausnahme häufen, bis wir endlich da wieder sind, wo der ausgesprochene allgemeine Gesichtspunct der Eintheilung verloren geht. So viel noch über die Vereinfachung des Arzneischatzes gesprochen und geschrieben worden ist, so wenig möglich ist dies, wenn man jenen Gegenstand recht scharf ins Auge faſst, indem gegen die Kultur der Wissenschaft und das Leben der Bedürfnisse gestritten wird; dennoch verdienen die Vorschläge des Hrn. Verf. Beachtung.

Was jedoch die Bemerkung des hier über diesen Gegenstand

15*

angeführten medicinischen Argos anlangt, daß nämlich jeder
Arzt mit einer Anzahl von 265 einfachen und zusammengesetzten Mitteln vollständig auskomme, betrifft, so ist dies eine in-
dividuelle Ansicht, gegen welche die Geschichte der medicinischen Wissenschaft spricht. Ebenso ist die Seite 17 statt findende Aufzählung als eine consequente Folge des Ersteren seitens des Hrn. Verf. individuell zu nennen, worüber zu referiren
hier der Ort nicht ist.

In Betreff der unlogischen Eintheilung der Pharmakopöe in
Hinsicht auf schnelle Zubereitung einiger Arzneimittel, z. B.
Morphin, Strychnin, so ist diese richtig erkannt.

Auf fünf und zwanzig Seiten spricht der Hr. Verf. über
Vorschriften zur Bereitung vieler mineralisch-chemischen Präparate der fünften Ausgabe unserer Pharmakopöe, die so unvoll-
kommen sein sollen, daß solche mit dem jetzigen Standpuncte
der Chemie nicht zu vereinigen wären u. s. w. Diese Erörterung gehört unseres Erachtens offenbar nicht zur Reform des
eigentlichen Apothekerwesens, wenngleich es zu den Mängeln
des Apothekerbuches in chemischer Beziehung gerechnet werden muß. Denn wenn vom Wesen des Faches, die Art und
Weise, wie dieses betrieben wird, wie wir bereits in unserer
Einleitung dasselbe auffaßten, die Rede ist, müssen untergeord-
nete Mängel in der Ausführung gewisser Einzelheiten nicht als
Hauptargumente der Kritik dastehen. In sofern die Mängel des
Apothekerwesens in jenen sieben Ausstellungen des Hrn. Verf.
allein zu suchen sind, hat derselbe allerdings recht, logischer
Weise auf die angeführten chemischen Mängel des sogenannten
Apothekerbuches zu blicken, und sie an die Spitze zu stellen.
Bis hierher hat der Hr. Verf. überhaupt mehr über das Wesen
jenes Buches, als über das Fach selbst gesprochen.

Zur wirklichen Reform des Faches gehören dagegen die
Vorschläge des dritten und fünften Punctes jener sieben aufge-
worfenen Betrachtungen, wovon der dritte über die Aufhebung
der Institution eines Apothekers Ir und IIr Klasse handelt.
Alles, was hier gesagt wird, ist so wahr und aus so triftigen
Gründen hervorgehend, daß die, wenn auch nur dem Namen
nach bestehende, ohne Vorrechte und Begünstigung eingeführte
Classification, überflüssig ist. Es läßt sich wirklich durchaus kein Absehen finden, warum dieselbe eigentlich erschaffen
wurde; soll sie etwa mit der *Series medicamentorum*, dem fünften Puncte der Ausstellung des Hrn. Verf. in Verbindung stehen, daß, da nach dieser von den Apothekern großer Städte
903, und von den der kleineren nur 485 Arzneimittel gefordert
werden; folglich dem Vorstande der Ersteren ein um so viel
umfassenderer Wirkungskreis scheinbar angewiesen ist? Daß
der Apotheker der Provinz, und zwar der, der kleinere Städte
derselben bewohnt, dem weder Drogueriehandlungen noch son-
stige andere Aushülfen in besonderen Fällen augenblicklich zu
Dienste stehen, mit weit größerer Umsicht, Accuratesse und
Kosten, sein Geschäft betreiben muß, ist eine feststehende Thatsache; warum denn nun dem Ersteren ein scientifes Vorrecht
durch ein Exam, ohne allen Grund einräumen?

Die mangelhafte Controle des preußischen Apothekerwesens
macht den vierten Punct der Untersuchung unsers Verf. aus.

Das Urtheil, welches derselbe über die zeitherigen Apothekenrevisionen hier ausspricht, scheint, so gut er es auch mit der
Sache meint, aus einer unzureichenden Kenntniſs desselben und
von »Hörensagen« auszugehen; denn im Allgemeinen haben die
angeordneten Revisionen in Art und Würde bis zum heutigen
Tage dem Apothekerwesen in Preuſsen genügt, wozu jede Apotheke das Beispiel liefert, und dem Publikum hinreichende Ge-
währleistung gebracht. Da Revisionen der Art, wo es auf tiefe
wissenschaftlich - technische Sachkenntniſs vorzüglich ankömmt
— die mit gewöhnlichen Kassenrevisionen durchaus in keiner
Parallele stehen, — vielleicht in keinem Zweige der Staatsver-
waltung ein Seitenstück aufzuweisen haben, wenn sie alles das
Gute erwecken sollen, was durch sie zu bezwecken ist, so ist
vor allen Dingen die Tüchtigkeit der Revisoren ins Auge zu
fassen.

Eine gewisse Selbstständigkeit des Apothekerfaches wird
auch in Preuſsen vermiſst, und da ohne Selbstständigkeit keine
wahre Wissenschaft existirt und erweckt wird, kein Fach ohne
Wissenschaft systematisch betrieben werden kann, so sind die
vorhandenen Mängel im Fache der ausübenden Pharmacie leicht
zu finden. Den Anfang dieser Selbstständigkeit im Apothekerfache suchen wir namentlich in dem Theil, welchen die Revision desselben umfaſst. Soll also von einer Reform des Apothekerwesens in Preuſsen gesprochen werden, so kann bei dem
Theil, welcher die Revisionen der Apotheken betrifft, nur von
der Art, wie ein Apotheker in diesem Staate den andern controlirt, die Rede sein. Der Hr. Verf. macht daher Vorschläge,
daſs für immer bestimmte Commissarien dafür da sein, die bald
hier bald dort wirklich überraschend in den Apotheken erscheinen, wie es augenblicklich im Königreich Sachsen der Fall ist;
welchen Vorschlag, indem wir die menschlichen Schwächen kennen, nicht theilen. Doch bevor wir weiter mit dem Hrn. Verf.
über wirklich nöthige, gesteigerte Strenge in der Apotheken-
revision sprechen, die eine höhere Wissenschaftlichkeit und gesetzliche Form im Fache erzielen sollen, ist vor allen Dingen
nöthig, das zeitliche, eigentliche Wesen derselben näher zu beleuchten, um zu ermitteln, in wie weit die Pharmacie im Fortschreiten ihrer Mittel und überhaupt das Interesse für dieselbe
in einem gleichen Steigen begriffen ist, denn ohne Bedürfniſs ein
Fach der Reform zu unterwerfen, sehen wir nicht ab.

Daſs der Apothekenbesitzer einer strengen Prüfung in seinem
Geschäftsbetriebe fortwährend unterliege, ist der Sache angemessen und höchst nöthig; allein dann muſs auch andererseits
das Geschäft geschützt werden, da dasselbe keiner freien Concurrenz unterliegt und unterliegen darf, um einen solchen Auf-
schwung in seinem Gewinn zu behalten, den die Durchführung
der in ihr materiell werdenden Wissenschaft verlangt. Nehmen
wir die Richtung der Zeit in dieser Beziehung ins Auge, so erfahren wir, daſs man überall bemüht ist, nicht nur das Wesen der
Medicin zu vereinfachen, sondern den Theil, welcher die Pharmacie in derselben ausmacht, überflüssig erscheinen zu lassen;
dies bezieht sich nicht auf die Decimirung des ungemein groſsen
Arzneischatzes, in diesem eine mögliche Einheit, Vollkommenheit
zu erreichen, sondern das Consum der Arzneimittel so gering

als möglich zu machen, d. h. nur in äufsersten Fällen Arzneimittel zu reichen, die gereichtwerdenden so zu vereinfachen,
dafs alle Kunst und Wissenschaft aufhört sie zu bereiten, und wo
die Kosten dieser Arzneien aus öffentlichen Kassen bestritten
werden, wird ein nicht zu rechtfertigender Rabatt vom Apotheker verlangt. Es handelt sich in jedem kaufmännischen Geschäft, wozu das Apothekergewerbe gerechnet wird, um den
Umsatz, nicht um die Procente, die verdient werden, wie kann
also unter solchen Umständen eine noch so liberale königl. Taxe
für das Geschäft einen Gewinn abwerfen, der mit den an dasselbe gemachten und gesteigerten Ansprüchen in einem richtigen Verhältnifs stände? Bemüht sich doch der Hr. Verf. unserer Schrift selbst, die wenigen noch venalen Gegenstände in
der Pharmakopöe zu streichen, mithin aus den Apotheken zu
verbannen, und begnügt man sich endlich, 265 einfache und zusammengesetzte Arzneimittel als ein Super-Inventarium des ganzen Apothekerfachs zu betrachten, dann hört dies Fach auf ein
Gewerbe zu sein, es nahet die Zeit die pharmaceutischen Officinen dem Staate abzutreten, der nur vermag durch gröfsere
Mittel und Kräfte Einheit zwischen gesetzlicher Verwaltung und
Bedürfnifs zu finden. Es liegt also auf der Hand, dafs hier ein
Widerspruch im Widerspruche liegt, indem eine wirkliche Reform dem Apothekerwesen in Kurzem bevorsteht, und die vom
Hrn. Verf. bezweckte nur eine *Verbesserung* des jetzt Bestehen-
den zu nennen ist.

Handelt es sich darum, der Revision der Apotheken eine
gröfsere Einheit zu geben, d. h. zweckmäfsiger, ohne ambulante
Commissarien zu bilden, so entwerfe man eine *Series medicamentorum*, welche noch unter 265 aufgefundenen Cardinal-
Substanzen umfafst. Ferner reiche jeder Arzt jährlich eine
Liste bei dem Physikus seines Kreises von denjenigen Arzneimitteln, welche nicht in jener *Series* aufgenommen sind, ein,
welche dann bei den betreffenden Apothekenrevisionen einer genauen Beachtung unterliegen können.

Der sechste Punct jener Schrift betrifft die Arzneitaxe und
den zu leistenden Rabatt seitens des Apothekers; alles, was hier
gesagt ist, verdient Berücksichtigung.

Was nun den letzten Punct, die mangelhafte Ausbildung der
Lehrlinge, betrifft, und wenn man Klage führt, dafs der wissenschaftliche Sinn für das Fach ungeweckt bleibe, so steht diese Klage
hier im argen Widerspruch, wo man sich bemüht, den ganzen
Arzneikram eines Apothekers mit höchstens 265 Vocabeln abzu-
machen, als Namen der Substanzen, welche das ganze Gebiet
dieser Wissenschaft und Kunst umfafst!

Uebrigens verdient der Hr. Verf. den gröfsten Dank, indem
er mangelhafte Gegenstände des Wesens jenes Fachs so partei-
los in Anregung gebracht hat.

L. Jonas.

Vierte Abtheilung.

Arzneimittelprüfung.

Zur Prüfung ätherischer Oele auf Verfälschung mit Alkohol;

von

A. Lipowitz.

Ein den ätherischen Oelen ihren Charakter und ihre auffallenden Eigenschaften am wenigsten beraubendes Verfälschungsmittel dürfte zumal bei feinen Oelen wohl nur der Alkohol sein, der sich mit den meisten Oelen in allen Verhältnissen mischen läfst. Wirklich kommen denn auch Verfälschungen mit Alkohol so häufig vor, dafs man jederzeit genöthigt ist, nicht allein die billig angepriesenen ätherischen Oele darauf zu untersuchen. Dem Apotheker tritt hier wieder die Concurrenz mit dem Kaufmann entgegen, indem dieser an Destillateure und dergleichen ätherische Oele brauchende Leute, die ihre Oele aber nicht prüfen können, sondern nur nach dem guten Geruch und billigem Preise beurtheilen, seine oft mit ¼ Volumen Alkohol versetzten rein riechenden Oele billig verkauft, wie sie der Apotheker aus Gewissenhaftigkeit nicht verkaufen darf und kann.

Da bei jeder Untersuchung der kürzeste und billigste Weg der beste ist, so erlaube ich mir die verschiedenen Methoden, welche zur Entdeckung eines Alkoholgehalts in den ätherischen Oelen dienen, nach genauer Prüfung hier zu beleuchten.

Der einfachste und sicherste Weg, eine Verfälschung der Oele zu entdecken, wobei die Menge des Alkohols gleichzeitig quantitativ bestimmt wird, dürfte in den meisten Fällen das Vermischen des fraglichen Oels mit einem gleichen Volum Wasser sein, welches vorher noch mit Kochsalz versetzt sein kann, um selbst weniger Oel zu lösen. Dieser Methode stellen sich die Verluste entgegen, welche man zumal bei theuren Oelen erleidet.

Bedient man sich hierzu eines ungefähr 4 Zoll langen
und einen halben Zoll weiten Probircylinders, der genau calibrirt und 30 bis 40 Volumen fassen kann, so
wird die Oelabsonderung in den meisten Fällen rasch
erfolgen, und kann durch gelindes Erwärmen noch befördert werden. Kleinere und engere Cylinder sind
durchaus nicht rathsam anzuwenden, indem darin an den
Seitenwandungen das Oel und Wasser zu stark adhä-
rirt. Man kann auf diese Weise Verfälschungen mit
$\frac{1}{36}$ Alkohol noch mit Bestimmtheit nachweisen, und das
Oel mit sehr geringem Verlust durch Baumwolle oder
eine Druckpipette abnehmen.

In den meisten Fällen ist es genügend, den Alkohol-
gehalt allein nachzuweisen, ohne auf dessen Quantität
Rücksicht zu nehmen. Zu diesem Zwecke kann man
sich verschiedener Methoden bedienen, die theils eine Absorption theils eine Ausscheidung des Alkohols bezwecken.

Das von B e r a l angegebene Verfahren, mittelst Kalium zur Entdeckung des Alkoholgehalts in den ätherischen Oelen zu schreiten, fand in P l e i s c h l und P r e c h-
t e l Widersacher, die das Unbestimmte darin nachzuweisen suchten, und sich besonders bemühten, den in
den meisten ätherischen Oelen vorkommenden geringen
Antheil Wasser darzuthun, wodurch die Empfindlichkeit
dieser Probe Vieles verlor.

Die vor Kurzem angeführte Methode von B o r s a-
r e l l i ist in vieler Beziehung zu empfehlen*). Dieselbe
beruht auf Entziehung des Alkohols durch ein Stück-
chen pulverfreien Chlorcalcium, in einem kleinen und
engen Glascylinder, wobei sich bei Gegenwart von Alkohol, wenn der Cylinder einige Minuten in kochendem
Wasser erhitzt wird, eine flüssige Schicht am Boden
ablagert. Die quantitative Bestimmung des Alkohols
bleibt hier relativ, und selbst bei vielen Oelen tritt eine
Reaction schwieriger ein. Besonders schwer nach dieser Methode den Alkohol nachzuweisen, fand ich im

---

*) Vergl. diese Methode und meine Prüfung in Bd. XXIV. 2. R.
S. 113 dieser Zeitschrift.   B r.

ätherischen Senföl; dieses verlor, mit Wasser gemischt, $\frac{1}{5}$ seines Volumens, während nur 2 Procent davon im Wasser löslich sind; nach der Borsarelli'schen Methode konnte ich dennoch keine flüssige Schicht mit Chlorcalcium erlangen, sondern nur ein Feuchtwerden des Chlorcalciums.

In jedem Fall eignet sich die Borsarelli'sche Methode schon darum gut zur Entdeckung von Alkohol, weil sie sehr wenig Oel von der Probe erfordert, die man sonst bei einer andern Methode, bei theuren Oelen anzuwenden, sich vielleicht scheute, das Oel auch keineswegs unbrauchbar wird.

Man hat die Chlorcalciumprobe zu verdächtigen gesucht und ihr eine andere einfachere vorziehen wollen, die sich aber nach meinen Versuchen nicht bestätigt. Es soll sich der Alkohol, wenn er in einem ätherischen Oele vorhanden, ausscheiden, sobald das fragliche Oel mit einem Theil fettem Oel (Mandelöl) gemischt wird. In meinen Versuchen, z. B. mit Rosmarinöl, konnte ich drei Theile von diesem mit einem Theile Alkohol mischen und jede Quantität Mandelöl zusetzen, ohne dafs sich eine Spur Alkohol ausgeschieden hätte, oder das Gemich auch nur unklar geworden wäre.

Um durch Zusatz von einem Tropfen Wasser zu einem mit Alkohol verfälschten Oel den Alkohol zu entdecken, indem sich derselbe darin auflöst, erfordert es theils eine gröfsere Menge des Oels zur Prüfung, als auch das Oel mit einer bedeutenden Menge Alkohol verfälscht sein mufs.

Nach dem Vorgelegten scheint die Borsarelli'sche Methode da, wo es allein darauf ankommt, Alkohol nachzuweisen, als die beste anerkannt werden zu müssen; handelt es sich hingegen gleichzeitig um eine quantitative Bestimmung, besonders bei billigeren Oelen, dann dürfe ein Vermischen mit einem gleichen Volum Wasser in calibrirten Rohr nicht zu unterlassen sein [*]).

[*]) Vergleiche die Mittheilungen von Dr. Herzog in Braunschweig Bd. XXVIII. 2. R. S. 16 dieser Zeitschrift. Br.

Ueber die Unzulänglichkeit des Schwefelwasserstoffs als Reagens auf Verunreinigung mit Blei;

vom

Apotheker *Triboulet* in Waxweiler.

Vor Kurzem stellte ich zur Belehrung meines Lehrlings essigsaures Kali durch Wechselzersetzung aus kohlensaurem Kali und essigsaurem Bleioxyd dar. Nachdem die gegenseitige Zersetzung mit aller möglichen Vorsicht vorgenommen war, suchten wir das gebildete essigsaure Kali durch hinreichendes Durchstreichenlassen von Schwefelwasserstoff von allem Blei zu befreien. Nachdem der Schwefelwasserstoff durchaus keine Reaction mehr hervorrief, hielt ich mich nach der frühern Erfahrung berechtigt, das essigsaure Kali als frei von Blei anzunehmen, und liefs meinen Lehrling, Gust. Barthels aus Prum, die Lauge filtriren, um sie dann einzudampfen. Derselbe reagirte nochmals aus eigenem Antrieb mit Schwefelwasserstoff, erhielt aber nicht die leiseste Reaction auf Blei. Als er nun aber Schwefelammonium anwandte, erhielt er die deutlichsten Anzeigen auf Blei, die so augenfällig waren, dafs sich die Probe wieder ganz schwärzte. Wir liefsen nun neuerdings anhaltend Schwefelwasserstoff durchstreichen, und längere Zeit damit in Berührung, allein ohne allen Erfolg. Diese Efolglosigkeit brachte uns auf den Gedanken, ob sich vielleicht eine eigenthümliche Verbindung zwischen kohlensaurem Blei und essigsaurem Kali hergestellt habe, die von Schwefelwasserstoff nicht zerlegt werde; wir versetzten deshalb die Lauge mit so viel Essigsäure, dafs sie vollkommen sauer reagirte, hoffend, die vermuthmafslich angenommene Verbindung so zu zersetzen, und es so möglich zu machen, das Blei mit Schwefelwasserstoff ausscheiden zu können, allein der Erfolg war null; vollkommen gelang es uns, das Blei zu entfernen, als wir die Salzlauge mit Aetzammoniak so lang versetzten,

bis dieses deutlich hervorstach und wir nun von Neuem
Schwefelwasserstoff durchstreichen liefsen. In Folge
dieser Erfahrung verschafften wir uns einige Proben
käuflichen essigsauren Kalis, um solche ebenfalls zu untersuchen. Schwefelwasserstoff brachte nicht die mindeste Reaction hervor, allein Schwefelammonium zeigte
in einigen deutliche Spuren von Blei.

Bei der Wichtigkeit dieser Erfahrung erlaube ich
mir, die Aufmerksamkeit meiner Herren Collegen auf
dieselbe zu lenken, da dieselbe wohl weiterer Untersuchung werth ist, zumal wir es hier mit Blei, dem gefährlichen schleichenden Gifte zu thun haben, vor dem
wir uns früher sicher glaubten, zeigte Schwefelwasserstoff keine Reaction mehr.

Prüfung der Pottasche auf ihren Gehalt an reinem kóhlensauren Kali;

von
Dr. *Geiseler,*
Apoth. zu Königsberg in der Neumark.

100 Theile chemisch reines einfach-kohlensaures Kali,
das aus reinem Kalibikarbonat durch Erhitzen desselben dargestellt war, erforderte zur vollständigen Neutralisation 77 Theile chemisch reine Schwefelsäure von
1,842 spec. Gew. (T. 15° R.). Diese durch einen genauen
Versuch ermittelte Thatsache dient nur als Anhaltpunct
bei der Prüfung der rohen Pottasche, die jetzt häufig
gar sehr verunreinigt, ja wahrscheinlich verfälscht im
Handel vorkommt. Zur Ausführung der Prüfung löse
ich nämlich 100 Gran der zu untersuchenden Pottasche
in 2 Unzen kochenden Wassers auf, filtrire die Auflösung und wasche den auf dem Filtrum verbliebenen Rückstand noch mit 2 Unzen heifsen Wassers aus; nun ver-
mische ich 77 Gran Schwefelsäure von oben angeführ-
ter Beschaffenheit mit 923 Theilen destillirten Wassers
und neutralisire mit dieser sauren Flüssigkeit die Pott-

aschenlösung, die dann zur Zersetzung des etwa vorhanden gewesenen oder vielleicht während der Neutralisation gebildeten Kalibikarbonats einmal aufgekocht und auf ihre Neutralität nochmals geprüft, in Ermangelung derselben mit der nöthigen Menge der sauren Flüssigkeit noch versetzt wird. Je 10 Gran der verbrauchten sauren Flüssigkeit zeigen 1 Gran reinen kohlensauren Kalis an; wären also z. B. 750 Gran der sauren Flüssigkeit verbraucht, so würde die Pottasche 75 Procent einfach-kohlensaures Kali enthalten. Man begeht keinen grofsen Fehler, wenn man zur Darstellung der sauren Probeflüssigkeit 80 Gran käuflicher englischer Schwefelsäure, deren spec. Gew. zwischen 1,839 und 1,840 wechselt, mit 920 Gr. dest. Wassers vermischt. Der Fehler beträgt 1 höchstens 2 Procent, worauf es bei einer Prüfung der Pottasche behufs Ankauf derselben oder behufs Verwendung derselben zu technischen Zwecken kaum ankommen dürfte. Von den von mir geprüften Pottaschensorten enthielt die beste 76 Procent, die schlechteste 50 Procent reines einfach-kohlensaures Kali.

Verfälschung des milchsauren Eisens.

Nach Louradour soll dieses Präparat bereits verfälscht im Handel vorkommen, und zwar mit efflorescirten oder durch Alkohol gefällten Eisenvitriol, mit Stärke und Mannazucker. Die ersten beiden sind in der Auflösung leicht durch Barytsalze und Jod nachzuweisen. Der Milchzucker hat aber gleiche Löslichkeitsverhältnisse, wie das milchs. Eisen; um ihn nachzuweisen, mufs man etwa 2 Gran des verdächtigen Salzes mit 30 Gran Salpetersäure kochen, bis alles auf 6 — 7 Gran verdampft ist. War das Salz rein, so bleibt die Flüssigkeit beim Erkalten klar; enthielt es Milchzucker, so trübt sich die Lösung durch abgeschiedene Schleimsäure. Am besten ist es, nicht das pulvrige, sondern

nur das in krystallinischen Plättchen vorkommende milch-
saure Eisen zuzulassen *).

Prüfung käuflicher chlorsaurer Salze.

Choron schlägt vor, das zu prüfende chlorsaure
Salz mit Bleiglätte innig zu mengen, unter einer Koch-
salzdecke zum Schmelzen zu erhitzen, die geschmolzene
Masse mit verdünnter Salpetersäure zu behandeln, wobei braunes Bleihyperoxyd zurückbleibt, und aus der
Menge des letztern die Menge der Chlorsäure zu berechnen **).

Ueber die Verfälschung des chinesischen Thees mit den Blättern des *Epilobium angustifolium;*

vom

Apoth. *Eduard Doepp* in St. Petersburg.

Schon im Jahre 1816 wurden hier auf Befehl der
Regierung mehre der Verfälschung verdächtige Thee-
sorten untersucht, und es ergab sich in ihnen eine ab-
sichtliche Beimischung der Blätter mehrer Arten des
Epilobium, vorzüglich des *E. angustifolium.* Trotz der
strengen Bestrafung der Schuldigen war der durch diese
Betrügerei zu erlangende Gewinn so grofs, dafs bald
Andere zur Wiederholung derselben verlockt wurden,
und schon im Jahre 1819 wurden wiederum Betrüger
dieser Art bestraft. In den Jahren 1833 und 1834 aber
nahm diese Verfälschung so überhand, dafs auf Seiner
Kaiserl. Majestät Allerhöchsten Befehl eine eigene Commission zur Untersuchung allen in St. Petersburg vorhandenen verdächtigen Thees niedergesetzt wurde, zu
deren Mitgliede auch ich die Ehre hatte, ernannt zu

---

*) Journ. de Pharm. 1840, Juillet. p. 482.
**) Comptes rendus, 1841. p. 614.

werden. Durch dreimonatliche unausgesetzte Bemühung entdeckte die Commission eine Menge auf obige Weise verfälschten Thees, und fand sogar in mehren Buden viele Puds zur Verfälschung dienender zubereiteter Blätter des *Epilobii angustifolii* vor. Diese Blätter werden auf folgende Art zubereitet: Noch frisch werden sie mit siedendem Wasser übergossen und so lange in demselben gelassen, bis ihre grüne Farbe in Braun verändert ist, hierauf werden sie zerschnitten, auf eigene Weise gerollt und schnell getrocknet. So zum Gebrauche fertig, erhalten sie den Namen »Kaporscher Thee,« von dem unweit Jamburg belegenen Dorfe Kaporje, dessen Bauern sich zuerst und vorzüglich mit der Production desselben beschäftigten, ungeachtet des strengen Verbots, ihn auf mancherlei Weise, z. B. in Heufudern versteckt, einführten, und ihn hier, das Pud zu 8 Rubel Bank-Assignationen an die Theehändler verkauften. Dieser Kaporsche Thee ist im Ansehen von den geringeren Sorten schwarzen chinesischen Thees fast gar nicht zu unterscheiden, und obgleich er selbst geruchlos ist, so giebt doch dies auch kein Unterscheidungszeichen, indem er dem chinesischen — etwa zu 20 — 25 Proc. — beigemischt wird. Der Aufguß eines so verfälschten chinesischen Thees ist weit dunkler und schmeckt adstringirender, als der des unverfälschten. Am sichersten geht man aber, wenn man die aufgeweichten Theeblätter entfaltet, wodurch sich die Blätter des chinesischen Thees (*Thea bohea et T. viridis*) — welche vor dem Trocknen nicht gerollt werden — in ihrer natürlichen Form leicht herstellen lassen, die des Kaporschen Thees aber nicht, weil sie durch Gährung und Rollen so mürbe gemacht sind, daß sie beim Entfalten den Zusammenhang verlieren; auch sind die noch zusammenhängenden Theile, ihres Chlorophylls beraubt, durchsichtig punctirt.

Der Aufguß des Kaporschen Thees ist dunkelbraun wie Porter und hat einen faden, zusammenziehenden Geschmack; er enthält viel Gerbstoff und Gummi. Mit

salpetersaurem Silberoxyd reagirt er eben so wie chi-
nesischer Thee, nur schwächer. Mit salpetersaurem
Quecksilberoxyd, salzsaurem Zinnoxydul und essigsaurem Bleioxyd giebt er einen braunen Niederschlag, da-
hingegen der Aufguß des chinesischen Thees mit denselben Salzen einen gelben Niederschlag hervorbringt*).

Verfälschung von Safran.

Im *Journ. de Pharm.* XXVII, 315 macht Guibourt
wieder aufmerksam, daß ihm eine Partie aus Deutschland
gekommener Safran angeboten wurde, der ohngefähr 25
Procent der Blüthen von *Calendula arvensis* enthalten
habe, die auf dem ersten Anblick dem Safran ähnlich
sind, und denen man durch Imprägniren mit fettem Oel
Weichheit ertheilt. Den Safran wird man aber immer an
seiner röhrenförmigen, konischen, an einem Ende zuge-
spitzten, an dem andern Ende ausgebreiteten und hier
mit gefranztem Rande versehenen Form erkennen. Die
Zungeblümchen der *Calendula arvensis* sind dagegen
nicht röhrenförmig, sondern fast linienförmig, in ihrer
ganzen Länge; der untere röhrenförmige Theil der
Blume, wenn er vorhanden ist, ist weit eingezogener
und meist sehr kurz.

Falsche *China Loxa.*

Mangini erklärt als solche die bereits seit längerer Zeit in Spanien als *Cascarilla peruviana*, in Deutschland als dunkle *Ten China* (*china pseudo loxa*) von der
ächten *Loxa* unterschiedene. Er leitet sie von *Cinchona
nitida* ab. Die Rinde kommt aus Peru in Kisten von
100 — 150 Pfd. netto oder in Suronen von 80 — 100
Pfd. Sie ist stets gerollt, die Röhren 0,005 bis 0,025 M.
im Durchmesser, 0,11 bis 0,33 M. lang, die Rinde selbst

---

*) Nord. Centralbl. für die Pharm. 1839. 81.

0,001 bis 0,05 M. dick. Die Röhren sind fast nie gerade, sondern gebogen und gewunden, häufig in der
Mitte oder an einem Ende wie aufgeblasen. Die Waare
ist im Ganzen sehr rein, die äußere Fläche der Rinde
ist häufig mit Flechten bedeckt, die Oberhaut sehr dünn,
fest anhängend, mit Transversalrissen versehen, die aber
nie vollständige Ringe bilden, auch weniger Parallelis-
mus zeigen als bei der wahren *Loxa.* Außerdem kommen wenig Längenrisse und Spalten vor. Nur bei der
jüngsten Rinde ist die Oberhaut fast glatt. Die Farbe
ist gelblichweiß, bläulichgrau, schwarzgelb mit kreide-
weißen Flecken. Die innere Fläche ist meist uneben,
nie so glatt und sammtartig wie bei der ächten *Loxa,*
von Farbe rostgelb, selten röthlich, nicht glänzend. Der
Länge nach bricht sich die Rinde leicht, der Bruch ist
glatt, gelblich-zimmtfarbig, aber nach der Oberhaut zu
immer dunkler werdend; der Querbruch ist nur bei den
jüngeren Rinden glatt, eine zwischen Epidermis und
Rindensubstanz abgelagerte Extractschicht findet sich fast
nie. Der Geruch ist der Lohe ähnlich, stark aromatisch.
Der Geschmack säuerlich, später stark und anhaltend
adstringirend. Das Pulver ist schmutzig-zimmtfarben.
— Die auf der Oberfläche vorkommenden Flechten sind
*Usnea florida δ cinchonae, Graphis sculpturata, Porina
granulata, Thelotrema terebratum, Pirenula verruca viridis, Lecanora punicea, Parmelia melanoleuca, Sticta aurata.*

Eine Prüfung auf Alkaloidgehalt ergab: 0,232 Procent trockne Alkaloide (die wahre *Loxa* enthält 8 bis
8,5 Proc.), bestehend aus Cinchonin und einer nach vorläufigen Versuchen von S o u b e i r a n eigenthümlichen
Pflanzenbasis *).

---

*) Journ. de Pharm. 1840. p. 626. Vergl. mit dieser Beschrei-
bung die frühere von B e r g e n's.   B r.

Fünfte Abtheilung.

Miscellen.

Die Kartoffelmehlfabrikation in Frankreich.

Hr. Payen führt fort, öffentliche Vorträge über diesen interessanten Industriezweig in Paris zu halten, und giebt zuletzt einige Andeutungen über die Procedur des Trocknens und den Kostenpunct der Fabrikation in Frankreich.

In dieser Beziehung macht derselbe zuvörderst auf die Menge Wasser aufmerksam, die das gewöhnliche im Handel vorkommende Kartoffelmehl noch enthält. Er schätzt es im Durchschnitt auf 19 Proc. gegen 81 Proc. trockner Substanz, und meint, dafs, bei Exponirung in feuchter Luft, die Wassermenge sich leicht auf 23 Proc. steigern könnte, und der Kaufmann, welcher Kartoffelmehl kaufe, daher alle Ursache habe, darauf zu sehen, dafs er möglichst trockne Waare bekomme. Bei Einlegen in Wasser oder Begiefsen mit solchem werde Kartoffelmehl bis 46 Procent davon aufnehmen. Weitzenmehl von geringerer, nicht sehr von Kleie befreiter Qualität, enthält, nach seiner Annahme 10 Proc. Wassertheile, und nimmt, bei Exponirung in feuchter Luft, bis 20 Proc. davon in sich auf.

Die Procedur des Trocknens des Kartoffelmehls beginnt in Frankreich damit, dafs man die noch feuchte Masse 24 Stunden lang auf einer aus Gyps bereiteten Fläche ausbreiten und sich hier vorläufig etwas abtrocknen läfst. Von hier wird sie in eine gut luftige Trockenstube gebracht, in welcher Bretter von circa 15 Zoll aus- und übereinander (wahrscheinlich mit einem kleinen Ueberrand) angebracht sind. Man sorgt dafür, dafs alle grofse Stücke in mehre zertheilt werden, um die möglichste Oberfläche zum Trocknen darzubieten, und läfst Alles einige Mal umkehren, um jede Alteration und Zutritt von Staub etc. zu verhindern. Nachdem die Stücke anfangen, sich etwas zu spalten, läfst man sie in einen dazu eingerichteten Ofen bringen, um ihre Trocknung zu vollenden. Das Kartoffelmehl mufs hier eine so hohe Temperatur haben, dafs man nicht die Hand darin halten kann und der Zug der Wärme von oben nach unten gehen. Auch müssen die Stücke von Zeit zu Zeit mit einem hölzernen Spatel umgekehrt werden, damit möglichst Alles die Oberfläche gewinnt. Ist eine hinreichende Trocknung erlangt, läfst man die Kartoffelmehlstücke über ein gröberes Haarsieb und ein feines seidenes Sieb gehen, damit Sandkörner etc. sich davon trennen. Den Abgang läfst man noch einmal sieben, um möglichst wenig an Kartoffelmehl einzubüfsen.

Das Aufbewahren des Kartoffelmehls, um es vor Vermischung mit Sand etc. zu bewahren, ist sehr wesentlich.

Berechnung der Fabrikation einer ländlichen Fabrik pro einen Tag:

100 Setiers (281 preufs. Schffl.) Kartoffeln == 13,500 Kil. (28,680 ℔.)
à 3 Frcs. == 300 Frcs. *)

Messen, Transport von der Grube etc............ 15 »
Handarbeit bis zum Sieben und Pressen .... 60 »
Werkmeister und Büreaukosten.................. 10 »
Brennmaterial .... 20 »
Futter und Unterhaltung der arbeitenden Pferde. 27 »
Unterhaltung der Utensilien .... 25 »
Transport des Kartoffelmehls nach dem Absatzort 10 »
Unvorhergesehene Kosten und Säcke............ 12 »

Sämmtliche Ausgaben..479 Frcs.

Erlös: Frcs.
2495 Kil. Mehl à 21 Frcs. (2 Thlr. 24 Sgr. p. Ctr.) 503
4300 Kil. Abgang à 75 Centim. (3 Sgr. p. Ctr.) ... 32
                                               535

Gewinn......................56
                                               535.

In einer ländlichen Fabrik bedient man sich gewöhnlich
drei Pferde, um die Wasch - Cylinder, die Reibe- und die Sieb-
werke in Betrieb zu setzen, und natürlich, um drei in Arbeit
zu haben, mufs man sechs halten, damit sie sich abwechseln und
drei angemessen ruhen können.

Die Kosten der Handarbeit sind etwas billiger in einer ländlichen als in einer städtischen und gröfseren Fabrik, wogegen
dieser wieder einige Vortheile zur Seite stehen, die jene
nicht hat. (Preufs. Handelszeitung).

Ueber den Werth der *Madia sativa*.

Im Archiv der Pharmacie März 1840 pag. 328 ist über den
Anbau und Nutzen der *Madia sativa* von Herrn Professor Göp-
pert geschrieben worden.

Ich enthalte mich der nähern Beschreibung der Pflanze, da
sie ausführlich in dem Archiv beschrieben worden ist, und meine
Hauptabsicht ist, durch Versuche sowohl im Kleinen als auch im
Grofsen mich von dem Nutzen, den der Samen dieser Pflanze
geben soll, zu überzeugen.

1 Scheffel Berlin. M. *Sem. Madiae sativae* wiegt 54 Pfund
p. c. und gab in der Oelmühle, welche durch Wasser getrieben
und auf die zweckmäfsigste Art eingerichtet, 9 Pfund grünliches
trübes Oel von unangenehmem eigenthümlichen Geruch und
Geschmack. Ich habe das Oel gewaschen, warm und kalt behandelt, konnte aber den unangenehmen Geruch und Geschmack
nicht beseitigen.

Ein wenig von dem Oel genossen, hinterläfst den unange-

*) Dies beträgt per Schffl. 8½ Sgr. Von letzter Ernte ist der
Preis der Kartoffeln bei Paris nur 2½ Frcs. per Setier oder
circa 7 Sgr. per Scheffel. Darnach werden also Kartoffeln
doch billiger in Frankreich gebaut, als man nach dem frühern Werth des Grund und Bodens und Arbeitslohns, im
Vergleich mit Deutschland, glauben sollte.

nehmen Geschmack wie von Oelen d. *Brassica oleracea* und *campestris*, verursacht einen Reiz im Schlunde und lange Zeit ein Aufstofsen, insbesondere nach dem Genufs an verschiedenen Salaten, wo ich es anstatt Mohnöl genommen habe.

Da nun so viel Rühmens von dem Oel der *Madia* gemacht worden ist und in den Oelmühlen nicht mit gehöriger Sorgfalt und Reinlichkeit gearbeitet werden kann, nahm ich ausgelesenen, gewaschenen und trocknen *Madia*-Samen 20 Unz., quetschte und prefste denselben und erhielt 4 Unzen (8 Loth) helleres Oel als wie das aus der Mühle; der zurückbleibende Kuchen wog 15 Unzen 6¼ Drachmen, welcher mit Wasser angerieben eine schwache Emulsion gab und der Destillation unterworfen ein eigenthümliches unangenehm riechendes Wasser. Eine Quantität Samen der Destillation unterworfen, zeigte Spuren von ätherischem Oel von eigenthümlichem Geruch und scharfem Geschmack, durch Cohobation erhält man gewifs ein flüchtiges Oel, welchen Versuch mir die Zeit nicht erlaubte.

Auf Glas gestrichen, vertrocknet es schwerer als Mohnöl und Leinöl, daher zum Firnifs nicht so brauchbar; mit *Liq. Ammonii caust.* und *Kali carbonic.* verhält es sich wie Leinöl, brennt nicht besser wie *Ol. Napi.*

Das selbst bereitete sorgfältig gereinigte Oel verhielt sich als Nahrungsmittel eben so wie das obige Mühlenöl, nur heller von Farbe.

Durch Auskochen der Samen, um das Oel zu erhalten, erhielt ich aus 20 Unz. Samen 2 Unz. 7 Drachm. 1 Scrup. eines nicht bessern Oels als wie durch die Pressen. Bei der Bearbeitung klagen sowohl die Drescher als auch Oelschläger über den üblen Geruch und Kopfschmerzen.

Die ausgeprefsten Kuchen sind als Viehfutter nicht zu gebrauchen, sondern nur als Brennmaterial, welches wohl in der Oekonomie viel Berücksichtigung verdient.

Ertrag verschiedener Oelsamen durchschnittlich:

1 Wispel Raps Winters.	17 Centner giebt 6 Ctr. Oel,		
1 » Sommers.	17 »	» 5 » »
1 » Dotter	17½ »	» 5 » »
1 » Madia	11 ℔ 86 ℥	» 1 ℥ 106 ℥ Oel.

Der Oelschläger berechnet 1 Wispel Madia gleich ¼ Wisp. guten Raps.

Es ist also nach den Versuchen, die ich sowohl in Mengen mit dem Mühlenbesitzer Hrn. Stecher, als auch in kleinen Quantitäten mit den Samen der *Madia sativa* gemacht habe, weder in ökonomischer, merkantilischer noch medicinischer Hinsicht möglich, Vortheil und Nutzen daraus zu ziehen, da unsere bekannten Oelsamen uns gröfseren Vortheil, 1) als Ertrag der Ernte, 2) in Gewinnung des bessern und nutzbaren, und der gröfseren Menge des Oels, und 3) auch nahrhafteres Futter der ausgeprefsten Kuchen geben.

Fr. Steuer.

Holzconservirende Flüssigkeiten.

S. Hall wendet zu diesem Behufe Kreosot an.

W. Burnett bedient sich einer Auflösung von 1 Pfd. Zink-

chlorid in 5 Gallons Wasser, in welche er, nachdem sie 10
bis 12 Stunden ruhig gestanden hat, das Holz ganz eintaucht.
Die Dauer des Eintauchens ist für Bauholz je nach der Dicke
10 — 21 Tage; für Seilwerk, Taue, Segeltuch 48 — 72 Stunden.
Außerdem empfiehlt B. noch einen Anstrich aus Oelfirniß und
Zinkoxyd.

  J. Pons löst 100 Pfd. Eisenfeile in 25 Pfd. Salpetersäure
auf, vermischt damit die vorher bereiteten warmen wässrigen
Lösungen von 25 Pfd. Alaun, 14 Pfd. Salpeter und 15 Pfd. Blutlaugensalz, und weicht in diese Mischung das Holz einige Tage
ein. Es wird dadurch sehr hart. Dieselbe Lösung läßt sich,
des Blutlaugensalzes wegen, zum Härten von Eisen benutzen,
welches man glühend macht und hineintaucht. (*London Journal*
1840. Febr. p.373.) *)

Entdeckung von Baumwollenfäden in Leinen-geweben.

  Man tränke das zu prüfende Gewobe mit einer sehr gesättigten Auflösung von Zucker und Kochsalz; trocken geworden
brennt man die bloßgelegten Ketten oder Schußfäden an. Diejenigen Fäden nun, die grau verkohlen, sind Flachsfäden, die
hingegen schwarz verkohlen, Baumwollenfäden. (*Polyt. Archiv*
1841. Nro. I.)

Anlegung einer Blutegelcolonie bei Berlin.

  Kürzlich ist nach öffentl. Blättern vor dem Anhaltschen Thore
in Berlin, auf sehr geeignetem Terrain, in einem sehr großartigen
Gebäude mit einer Umzäunung von 900 Quadratfuß Umfang, eine Anstalt zur Zucht und Conservation der Blutegel ins Leben getreten,
die 20 Zuchtteiche, einen Handelsteich und zwei Lazarethteiche
für erkrankte und solche Blutegel enthält, die bereits gesogen
haben. Ein Sicherheitsgraben mit zwei Teichen umgiebt die
ganze Anstalt, um die Blutegelrepublik gegen eindringliche und
schädliche Thiere von Aufsen zu schützen, und die Flüchtigen
aus dem Zuchtteiche aufzuhalten. Im Gebäude selbst sind Win-
terreservoirs zur Aufnahme der zum Saugen bestimmten Blutegel eingerichtet. Die Beobachtungen des eigenthümlichen Win-
terschlafs dieser Thierchen sind eben so interessant, als die
getroffene Klassification und Anordnung derselben nach Alter,
Abstammung u. s. w. Um hier einen ungefähren Begriff von
der Großartigkeit dieser Anstalt und ihrer Bewohnerzahl anzudeuten, bemerkt man nur, daß 21,000 Thaler preußisches Courant, ausschließlich der Transport- und Reisekosten für die Be-
völkerung des Teiches, zum Ankauf der Thiere nach Rußland
und Ungarn verausgabt worden sind.

  *) Vergl. die wichtigen Versuche von Boucherie und Li-
  powitz. S. 220.   Die Red.

Sechste Abtheilung.

Allgemeiner Anzeiger.

I. Anzeiger der Vereinszeitung.

Notizen aus der Generalcorrespondenz des Directoriums.

Hr. Assessor **Faber** in Minden und Hr. Postmeister **Poth-mann** in Lemgo: Die Portovergünstigung betr. — Hr. Vicedir. **Klönne** in Mühlheim: Ueber Angelegenheiten des Vereins in dortiger Gegend. — Hr. Hofapoth. **Hübler** in Altenburg: Ueber die Versammlung in Eisenberg u. s. w. — Hr. Viced. **Dr. Bley** in Bernburg: Ueber Angelegenheiten des dortigen Kreises. — Hr. Viced. **Dr. Herzog** in Braunschweig: Ueber Archivsendung u. s. w. — Hr. Viced. **Posthof** in Siegen: Mittheilung der Liste der Mitglieder des Kreises Siegen. — Hr. Viced. **Dr. Meurer** in Dresden: Ueber Blutegel; den Kreis Bautzen und die nächste Generalversammlung betr. — Hr. Viced. **Löhr** in Trier: Den Kreis Trier betr. — Hr. Apoth. **Wirths** in Sachsenberg: Die Errichtung eines Comptoirs zur Besetzung von Gehülfenstellen, zum Besten der Gehülfen-Unterstützungskasse u. s. w. — Hr. Kreisd. **Dr. Schmedding** in Münster: Den Kreis Münster und Emmerich betr.

Dankschreiben für die Mitgliedschaft des Vereins als corre-spondirendes Mitglied ging ein: von Hrn. Apotheker **Leube** in Ulm.

Gesuche um Unterstützung: von Hrn. Vicedir. **Klönne** in Mühlheim für Hrn. **Schiffer** in Essen; von Hrn. Kreisd. **Dr. Schmedding** in Münster für Hrn. **Krause** in Billerbeck; von Hrn. **Sydow** in Berlin.

Beiträge zum Archiv: von Hrn. Prof. **Otto** in Braunschweig; von Hrn. **Dr. Bley** in Bernburg.

Vorträge im pharm. Institut zu Bonn.
Sommersemester 1842.

1) Pharmaceutische Chemie und Präparatenkunde.
2) Die Lehre von den Imponderabilien.
3) Examinatorien und Repetitorien über das ganze Gebiet der Pharmacie.
4) Praktische Anleitung zum Bestimmen der Pflanzen, ver-bunden mit botanischen Excursionen.
5) Tägliche Uebungen in der analytischen Chemie.
6) Uebungen in der ausübenden pharmaceutischen Chemie durch Darstellung ausgewählter Präparate.

Beginn der Vorlesungen in der letzten Woche des Aprils. Anmeldungen zur Theilnahme nimmt schriftlich oder mündlich entgegen   Dr. Clamor Marquart.
Bonn, den 20. Febr. 1842.

Handelsnotizen.

Amsterdam, den 10. Jan. Uebersicht des *Kaffee*handels. Die Zufuhren und Vorräthe der letzten sieben Jahre betrugen:

	Zufuhr:		Vorrath am 31. Decbr.:	
Jahre	Ballen	Fässer	Ballen	Fässer
1835	289,006	426	132,000	
1836	259,087	664	118,000	
1837	334,874	971	95,000	
1838	338,602	1,363	102,000	
1839	412,775	2,534	130,000	
1840	514,785	3,311	160,000	
1841	561,200	3,227	160,000	235

Bremen, Jan. Bei der sehr reichen Ernte fast aller Südfrüchte können wir namentlich *Amygdalae dulc. et amar., Ol. olivar.* und *Manna* billiger notiren; vorzüglich bezieht sich dieses auf letztern Artikel, der durch eine zweijährige reichliche Einsammlung auf einen, lange nicht gehabten Stand gewichen. *Aloe* wird anhaltend nur spärlich zugeführt und behauptet ihren hohen Stand; ebenso *Cassia cinnamom., Sem. anisi* u. *Cacao.*

Campher, der von seinem hohen Stande schon gewichen, wird wiederum höher im Preise notirt, ebenso auch *Rad. rhei* in allen Sorten. Dieser Artikel wird ungemein selten und meistens nur in mittel und geringer Waare zugeführt; der Mangel an chines. Sorte liefs die *moskowitische* mehr in Beachtung kommen, wodurch auch diese ebenwohl im Preise höher ging. — Von *China regia* ist Einiges zugeführt, und da der Absatz im vorigen Jahre, wie auch jetzt noch, unbedeutend ist, so konnten die Eigner den früheren hohen Preis nicht mehr dafür erlangen; wie es ferner mit dieser Rinde gehen wird, läfst sich nicht bestimmen. *Chinin sulphur* stellt sich auch etwas billiger im Preise. — *Crocus* ist in Frankreich wie in Spanien wieder sehr schlecht gerathen, dagegen in Italien reichlicher geerntet, woselbst indessen wegen überhäufter Ordres der Preis auch ebenso bedeutend gestiegen ist. *Cantharides, Cardamom, Caryophilli, Fabae de Tonco, Flor. chamomill. vulg., Baccae lauri, Rad. altheae, angelicae, gentianae, salep, serpentariae, galangae, liquirit et sassaparill.* sind billiger und in guter Qualität zu haben.

Die *Gummaten* bleiben fast unverändert, nur die geringeren und mittleren Sorten *Arabicum* stellen sich etwas niedriger. Von ächtem *Gum. elemi* besitzen wir noch einen kleinen Vorrath, worauf wir aufmerksam machen, da dieser fast ganz fehlt. *Hydrargirum* und daraus gewonnene Präparate, *Kali nitric. Jodin* und *Kali hydrojod.* bleiben völlig preishaltend, so wie auch *Magnesia carbon. angl.*

Kali carbon. crud. erhielten wir in diesem Jahre nur wenige Zufuhren von Rufsland, und ist in steigender Richtung. Mit *Essenzen* etwas rarer, vorzüglich soll *Ol. bergamott.*, laut Berichten von Sicilien, wenig gewonnen sein, und deshalb im Preise höher gehalten werden. *Ol. de Cedro* und *aurantior.* ebenfalls. Vorzüglich empfehlen wir *Ol. menthae piper. angl. alb.* seiner besonderen Billigkeit wegen. *Ol. jecor. aselli* scheint immer mehr in Gebrauch zu kommen, und da dies Jahr der Fischfang nur schlecht ausgefallen, die Zufuhren von dem ächten *Leber-*

thran nur geringe gewesen, so hatte dieses eine nicht unbedeu-
tende Steigerung des Artikels zur Folge. Ebenwohl ist es mit
Ol. ricini, papav. et anisi angenehmer.

Sulphur citrin. und *depur.* behaupten zwar noch den bisherigen Preis, sollten sich jedoch die Aussichten zur Aufhebung
des hohen Ausgangszolls auf diesen Artikel realisiren, so wird
dieses nicht ohne Einfluſs auf den Preis für die nächsten Beziehungen bleiben. Von *Mel alb. de Cuba* ist der Vorrath fast ganz
geräumt, der dadurch erhöhte Preis dürfte vor nächstem Frühjahr bis Eintreffen neuer Zufuhr keiner Weichung unterliegen.

Breslau, den 29. Jan. *Zink* 10¼ — 10½ Thlr.

Coblenz, Jan. Folia Sennae Alexandr. Es kamen deren vor
Kurzem 79 Ballen an, die so hübsch von Blatt und frisch von
Farbe fielen, wie man lange nichts davon gesehen. Wir haben
in diesen Tagen unsern Theil davon erhalten, der uns jetzt um
so lieber ist, als bei weitem das gröſsere Quantum bereits wieder in andere Hände überging, namentlich auch nach England
viel davon versandt wurde, und bei dem fast gänzlichen Mangel
an schöner *Tripol. Senna*, diese neue *alexandr.* einem wahren
Bedürfnisse abhilft.

Manna ist auf einen seit vielen Jahren nicht gekannten niedrigen Preis heruntergesunken, und deshalb jetzt wohl vorzugsweise zu berücksichtigen.

Mandeln scheinen sich jetzt auch auf die billigsten Preise
gesetzt zu haben; die neue Frucht ist schön.

Essenz Bergamott., Citri et Aurant. werden theurer, besonders die *Bergamott-Essenz.*

Feinstes Galban in puren Granis ist nicht zu haben, und
eben so rar bleibt ächtes *Elemi.*

Rhabarber. Diesem interessanten Artikel müssen wir wieder
einige Zeilen widmen. Alle wohlfeileren halbmund. Sorten sind
mehr oder minder gestochen und dunkel im Bruch. Auch die
moscov. Rhabarber ist sehr gestiegen. Von den Fragmenten der
mosc. Rhabarber, welche beim Sortiren und Schälen in Kyachta
abfallen, besitzen wir noch etwas, und halten solche für empfeh-
lenswerther als die mittleren halbmund. Sorten. Noch nie waren die Vorräthe von *russ. Rhabarber* so reducirt wie dermalen,
weil die Asiaten mit den Lieferungen von mehren Jahrgähgen
für die russ. Krone immer in Rückstand geblieben sind, während der Verbrauch dieser Sorte in Europa, durch den Mangel
an der uns sonst durch die Engländer zugeführten *chines. mund.
Rhabarb.* sehr zugenommen hat. Man erwartet daher, daſs die
russ. Krone den Preis abermals erhöhen wird.

Von *sehr raren Artikeln* können wir besonders noch *Radix
Senegae* und *Crocus* empfehlen, eben so auch den besten *Moschus
tong.* in ves., der hoch bleibt, da nur von Mittelqualität neuerer
Zeit etwas ankam, was billiger zu haben war; und *Vanille*, wovon wir feine und gute haltbare Qualitäten besitzen.

*Aloe, Bals. Copaiv., Bals. peruv., Cacao, Campher, Cera alba
et flav., Collapisc., Gum. arab.* in den feinsten Sorten, *Gum. Ben-
zoes, Copal, Damar, Guttae, Mastix, Sandarac, Senegal; Honig,
Quecksilber, Ol. anisi, Ol. carvi, Ol. jecor. aselli, Ol. papaver, Rad.
Jalappae, Sem. Cynae, Sem. anisi, foenicul., coriandr., cydon., papav., Sperma Ceti, Terebinth., venet., Thees* gehören zu der Zahl

derjenigen Artikel, welche theils schon gestiegen sind, theils
sich auf ihrem bisherigen Standpunct fest behaupten werden,
wogegen

Borax, Cantharides, China und *Chinin*, fast alle Gewürze,
wie: *Nelken, Macis* und *Macisnüsse, Zimmt, Cardamomen, Cube-
ben, Ingwer*; dann *Gallus, Gum. asafoetid., Gum. elastic., Schellack,
Olibanum, Ol. amygdal., Ol. caryophillor, Ol. cassiae, Ol. laurin,
Ol. menth.,* feinstes *Neroli* und *Ol. Rosar., Ol. Ricini, Opium* und
*Morphin-Salze, Rad. Altheae, angelicae, liquirit., Ipecacuanha, Ra-
tanhia, Sassaparill, Sem. Sabadill, Tamarinden* sehr billig stehen.

Frankfurt a. M., Jan. Aloe behauptet an den Bezugsquellen
noch immer ihren hohen Preis; *Epatica* ist fast ganz fehlend,
und unsere Notirung billiger als sie hergestellt werden kann;
von *Succotrina* erhielten mit Schluss der Schifffahrt eine größere
Zufuhr, deren Qualität ausgezeichnet schön fällt.

Von *Arrow-Root* besitzen wir im Augenblick nur einige Kisten Jamaica, dessen Qualität sehr preiswürdig ist.

Von *Balsam Copaivae* wurden diesen Herbst mehre Partien
vorzüglich schöner und reiner Waare durch Auction billig in
den Handel gebracht.

Campher wurde in der letzten Zeit im kleineren Handel billiger verkauft, als er wirklich herzustellen ist, was wohl seinen
Grund in den im Frühjahr statt gehabten größeren Einkäufen
hat, wo der Artikel gedrückter war. Da diese älteren Vorräthe
indefs größtentheils geräumt sein dürften, so müssen die Preise
wohl auch bei uns neuerdings wieder anziehen, indem bei den
fortdauernden Feindseligkeiten zwischen England und China
keine Wahrscheinlichkeit vorhanden, dafs die Preise an den
Märkten niedriger gehen.

Caryophilli. Die uns hiervon bei der letzten holländischen
Auction zugefallenen Loose Amboyna zeigen eine schöne gesunde
Waare; die Preise hielten sich während der Versteigerung sehr
fest, und nahmen nach Beendigung eine steigende Richtung.

Crocus ist an der Quelle beinahe um 100 Proc. gestiegen;
trotz dem bleibt die Frage bei gänzlichem Mangel an Vorrath
sehr lebhaft, und da die Ernte nach Berichten aus Spanien nur
höchst schmal ausfallen soll, so wird sich der Artikel auf seiner Höhe behaupten.

Auf die Nachricht, dafs der Pascha von Egypten eine sehr
grofse Partie *Gum. arabic.* in den Handel gebracht, gingen die
Preise an dem Hauptmarkt niedriger; spätere Nachrichten reducirten dieses Quantum um ein Bedeutendes, worauf der Artikel
wieder mehr an Festigkeit gewann.

Senegal hat wegen sehr schlechter Ernte an den französischen Märkten eine grofse Preiserhöhung erfahren.

Von *Lichen Carragheen* besitzen wir eine schöne Qualität in
der angenehmen Original-Emballage von Säcken à 50 Pfd.

Von *Mandeln* war die diesjährige Ernte durchaus ergiebig,
wonach auch die Preise zurückgingen; die Qualität fällt sehr
schön, namentlich dürfen wir unsere Valencer rühmen.

Muscatnüsse erfuhren eine Steigerung, und werden im Laufe
dieses Winters nicht niedriger gehen, da es bekannt ist, dafs
in Holland vor Frühjahr nichts mehr von diesem Gewürz zur
Auction kommen wird, und die Vorräthe nur knapp sind.

Alle aus Sicilien eintreffenden Berichte stimmen darin überein, daſs die diesjährige Ausbeute von *Essenzen* sehr kärglich ausgefallen sei, und es ist demnach sehr wahrscheinlich, daſs den Preisen eine Steigerung in Kürze bevorstehen wird, zumal die älteren Vorräthe, so groſs sie auch waren, fast ganz aufgingen.

Von *Ol. Jecoris* erhielten wir starke directe Zufuhren von Bergen.

Ol. Rosarum hat sich in diesem Jahre sehr billig gestellt, und was wir davon empfangen, ist in tadelloser Qualität.

Ol. Terebinth bleibt bei sehr schöner weiſser Waare gedrückt.

Rhabarber. Die Zufuhren blieben äuſserst knapp, und die Proben, die uns von dem, was in London angekommen, zugetheilt wurden, waren in der Qualität so gering, daſs wir uns zu keinem Ankauf entschlieſsen konnten; trotz dem wurden auch für diese geringeren Sorten in England unverhältniſsmäſsig hohe Preise bewilligt. Unser Vorrath von chines. Waare ist nur gering; dagegen besitzen wir noch gutes Lager von sehr schöner gesunder russ. Rhabarber, und haben von der zuletzt in St. Petersburg eingetroffenen Waare noch einige Kisten unterwegs; wir legen auf diese erwartete Zufuhr besondern Werth, weil es nach zuverlässigen Berichten gewiſs ist, daſs in den Krons-Magazinen noch viel alte geringe Rhabarber lagert, die von der russ. Behörde zuerst dem Handel übergeben werden wird, ehe sie die frisch angekommene zu verkaufen gedenkt; zudem dürfte es wohl wahrscheinlich sein, daſs bei den jetzigen Verhältnissen die Behörde für diesen Monopol-Artikel höhere Forderungen stellen wird.

Rad. Senegae bleibt noch immer rar, und die Aufträge können wegen Mangel in England nicht ausgeführt werden.

Mit engl. *Salpeter* haben wir uns zu niedrigeren Preisen als sie jetzt in London notirt werden, reichlich versorgt.

Für *Sem. Anisi stellat* ist unsere Notirung billiger als an den Bezugs-Märkten und die Qualität ohne Tadel.

Von *Sem. Cydonior*, der noch immer sehr rar ist, brachte uns das letzte Dampfboot aus St. Petersburg einige Zufuhr guter gesiebter Waare.

Succus Liquirit haben wir ein Quantum Langussi zu billigem Preis unterwegs; die Qualität unsers Calabreser ist vorzüglich schön schwarz und glänzend im Bruch.

Tamarinden sind successive zu einem Preis gelangt, der ein weiteres Weichen wohl unmöglich macht.

Vanille bleibt hoch im Preis, da bei groſsem Bedarf die Vorräthe allgemein knapp sind, und in Bordeaux, dem Hauptmarkt für diesen Artikel, vorerst keine neue Zufuhr erwartet ist, namentlich fehlen die geringen Sorten; unser Vorrath besteht in $7\frac{1}{4}$ und $8\frac{1}{2}$zölliger Waare, deren Qualität wir als besonders fein und fett bezeichnen können.

Hamburg, den 10. Jan. *Zucker* stand seit Jahren nicht so niedrig als im vorigen Jahre, obgleich die Einfuhr 20 Mill. Pfd. geringer war als 1840, so waren die ungünstigen Einflüsse auf dieses Geschäft der Art, daſs die Importeurs nur mit Schaden realisiren konnten. Der bald wieder eintretende hohe Zoll auf

Lumpen in den deutschen Zollvereinsstaaten läfst eine Besserung der Preise erwarten.

In Betreff des *Cacao* läfst sich im Allgemeinen sagen, dafs im Anfang vorigen Jahrs die Preise ziemlich fest waren, wegen der mäfsigen Zufuhren von Brasilien. Später trafen von Guajaquil zwei Ladungen ein direct und circa 3000 Sack von Bordeaux, die den Werth dieser Gattung von 4½ bis auf 3½ fs. reducirten, worauf sich lebhafter Begehr einstellte und die Preise wieder etwas in die Höhe gingen.

Hamburg, den 22. Jan. Cacao u. *Gewürze* ohne Veränderung. In *Mandeln* wenig Umsatz. *Baumöl* ermäfsigt. *Banca Zinn* still. Aus Laguayra sind 21 Seronen *Indigo* auf der Elbe eingetroffen.

— den 28. Jan. In *Kaffee* viel Zufuhr, die niedrigen Preise bringen viel Nachfrage. Roher *Zucker* und fremde Lumpen begehrt. Guajaquil *Cacao* räumt sich auf. Mit *Mandeln* still, gute Barbarice fehlen. *Baumöl* ist zu ermäfsigten Preisen angeboten.

Havanna, den 4. Dec. 1841. Die Ernte in *Kaffee* fiel kleiner aus, als man erwartet hatte.

London, den 21. Jan. Die Preise von *Kaffee, Zucker, Reis* und *Salpeter* haben sich behauptet. Die Preise von *Cassia lignea* sind abermals gewichen, mittel dünnröhrige 76 — 78 sh., grobe 75 — 75 sh. 6 d., Bruchwaare 57 — 60 sh. *Pfeffer* begehrt, 2¾ bis 3 d. *Piment* 3 d.

— den 28. Jan. *Cassia lignea* hält sich im Preise. Guter Sumatra *Pfeffer* 2¾ — 3 d. *Cacao* stetige Preise, Trinidad rother 41 sh. 6 d. — 42 sh. 6 d., mittel 40 — 41 sh., feiner grauer 39 — 40 sh., guter roher Para 33 — 34 sh. *Thee* gewöhnlicher Congo 10½ d. Von *Palmöl* sind bedeutende Zufuhren eingetroffen, doch glaubt man nicht, dafs die Preise weichen werden.

Neapel, den 11. Jan. Da die *Oliven*-Ernte in Calabrien den gehegten Erwartungen nicht entspricht, so beginnen die *Oel*preise sich zu bessern.

Stettin, den 21. Jan. Pottasche wird auf 11 Thlr. gehalten.

— den 28. Jan. Casan *Pottasche* 11 Thlr.

Nachweisung vacanter Gehülfenstellen.

Zum Besten der Unterstützungskasse für würdig gediente Apothekergehülfen habe ich mich entschlossen, die Besetzung und Nachweisung vacanter Gehülfenstellen zu besorgen.

Die Herren Collegen, welche einen Gehülfen bedürfen, ersuche ich um zeitige Benachrichtigung und Angabe der Erfordernisse, welche der verlangte Gehülfe besitzen soll; so wie Angabe der Bedingungen.

Die Herren Gehülfen, welche meiner Vermittelung sich bedienen wollen, wollen mir im Kurzen *Curriculum vitae*, nebst beglaubigter Abschrift ihrer Zeugnisse einsenden, worauf die geeignete Nachweisung erfolgen wird.

Als Honorar haben die Herren Gehülfen bei Annahme einer Stelle, die durch mich nachgewiesen, im Ganzen 1 Thlr. Preufs. Cour. zu zahlen.

Die Herren Collegen und Gehülfen ersuche ich, sobald eine

Stelle besetzt und angenommen, mich sofort zu benachrichtigen, um unnöthige Nachweisungen zu ersparen.

Briefe und Gelder werden franco erbeten.

Sachsenberg im Fürstenthum Waldeck,   **Wirths,**
     im Februar 1842.   Apotheker.

Anmerkung. Die gute Absicht des Hrn. Collegen Wirths er-
     kennen wir dankbar an, und wünschen, dafs sein Vorha-
     ben Erfolg haben möge. Die Erfahrung hat gezeigt, wie
     wünschenswerth auch diese Anmeldungsanstalten sind, doch
     ihr Erfolg seine eigenthümlichen Schwierigkeiten hat.
     Sehr wünschen wir ferner, dafs die Vorschläge der HH. D r e y-
     k o r n und B e c k e r aufmerksam beachtet würden und beide
     verehrte Collegen über einen gemeinschaftlichen Plan ih-
     rer vorhabenden Anstalten sich vereinigen möchten. Nur
     auf dem Wege, glauben wir, wird Erfolg zu erwarten sein.

           Das Directorium des Vereins.

Kaufgesuch einer Apotheke.

Von einem reellen, zahlungsfähigen jungen Manne wird eine Apotheke mit mindestens 3 — 4000 Thlr. jährlichem Geschäft zu kaufen gewünscht. Portofreie Adressen bittet man an den Kreisd. C. J a c o b, Apoth. in Luckau, senden zu wollen.

Verkaufsanzeige.

Im Besitz einer grofsen Partie eines reinen wasserhellen kräftigen *Ol. menth. pip.* bin ich im Stande, dasselbe zu dem ge-ringen Preise von 5 Thlr. Pr. Cour. per Pfd. abzugeben, und offerire ich dasselbe meinen Herren Collegen zur gefälligen Ab-nahme angelegentlichst.

Petershagen bei Minden, Febr. 1842.

          C. H. S c h l a t t e r, Apotheker *).

Anzeige.

Schön gearbeitete Holzbüchsen und Schachteln von Ahorn-holz, polirt und unpolirt, in jeder beliebigen Form, liefere ich billigst und bitte die Herren Collegen bei Bedarf um gefällige Aufträge.

Winterberg im Kön. Preufs. Reg.-Bez.   Der Apotheker
     Arnsberg, im Febr. 1842.   R ö s e l e r.

---

*) Die Vortrefflichkeit dieses Oels kann ich nach einer von
    Hrn. S c h l a t t e r mir gütigst mitgetheilten Probe bestä-
    tigen.   B r.

II. Anzeiger der Verlagshandlung.

(Inserate werden mit 1½ Ggr. pro Zeile mit Petitschrift, oder für den Raum derselben, berechnet.)

J. J. Berzelius,
Lehrbuch der Chemie
in gedrängter Form.
Bearbeitet und mit den nöthigen Nachträgen versehen von **Friedr. Schwarze**, 4tes und 5tes Heft (Doppelheft). gr. 8. Preis 1 Rthlr. 15 Sgr.

Diese treffliche Bearbeitung von **Berzelius** Chemie, welche, wegen ihrer concisen Form und ihres wohlfeilen Preises, mit dem allgemeinsten Beifall aufgenommen ist, wurde leider, ohne Verschulden der Verlagshandlung, seit längerer Zeit unterbrochen. Dieselbe wird aber von jetzt an schnell im Druck befördert werden.

Basse'sche Buchhandlung
in Quedlinburg.

Im Commissionsverlage der J. J. Lentner'schen Buchhandlung (W. Reck) in München ist so eben erschienen und durch jede solide Buchhandlung zu beziehen:

Sicherste Methode
die
Anwesenheit des Arseniks bei Arsenikvergiftungen zu ermitteln,
im Auftrag der königl. Academie in Paris bekannt gemacht, von
Husson, Adelon, Pelletier, Chevalier und **Caventou.**
Aus dem Französischen übersetzt
von
Dr. Walther.
Preis br. 12 Ggr.

Jedem, der sich mit gerichtlicher Medicin beschäftigt, wird dieses Schriftchen von größtem Interesse sein, unentbehrlich aber dem, der zur Untersuchung giftverdächtiger Stoffe vom Gericht beauftragt wurde, weil sein Gutachten durchaus für unzulänglich und recusabel gehalten werden müßte, wenn er verabsäumt hätte, diese neue Methode in Anwendung zu bringen, um die Anwesenheit von Arsenik zu entdecken. Wir empfehlen sie darum insbesondere der Aufmerksamkeit der Herren Gerichtsärzte und Apotheker.

Leipzig. In der Hahn'schen Verlagsbuchhandlung ist erschienen und durch alle Buchhandlungen fortwährend zu beziehen:

Georges, D. R. E., Lateinisch-Deutsches und Deutsch-Lateinisches Handwörterbuch, nach J. J. G. Scheller und G. H. Lünemann neu bearbeitet. **Achte** vielfach verbefferte und vermehrte Auflage. 4 Bände. 239½ Bogen in groß Lericonformat. Preis 6⅓ Thlr.

Davon apart verkäuflich:

1r u. 2r Band. **Lateinisch=Deutsches Handwörterbuch.** 2 Theile. 3 Thlr.

und 3r u. 4r Band. **Deutsch=Lateinisches Handwörterbuch.** 2 Theile. 3⅓ Thlr.

Bei den längst anerkannten und durch so viele, jedesmal sorgsam verbefferte neue Auflagen erhöheten Vorzügen der großen Vollstän= bigkeit und trefflichen Anordnung des obigen Handwörterbuches, dürfen wir daffelbe den Herren Schuldirectoren und Lehrern, so wie allen Schülern und Studirenden um so begründeter auch fernerhin empfehlen, da kein anderes lateinisches Wörterbuch verhältnißmäßig so wohlfeil wie dieses, nämlich zu noch nicht völlig 8 Pfennig pro Bogen des compreffesten aber deutlichsten Satzes in größtem Lericonfor= mat, dem Publikum zugänglich gemacht werden konnte, und das Werk nicht nur den bloßen Schulzwecken genügt, sondern durch seine um= faffende Reichhaltigkeit und gründliche Bearbeitung auch für den spä= teren Gebrauch beim fortgeschrittenen Studium des klaffischen Alter= thums und im praktischen Berufsleben für Lehrer, Theologen, Juristen, Mediciner u. s. w. auf das vollkommenste ausreicht.

In allen guten Buchhandlungen sind folgende, bei C. F. Winter in Heidelberg neu erschienene Werke zu haben:

Annalen der Chemie und Pharmacie.
Unter Mitwirkung der Herren *Dumas* in Paris und *Graham* in London herausgegeben
von
Friedrich Wöhler und Justus Liebig.
1842. 1s u. 2s Heft. Januar, Februar.
Preis des Jahrgangs von 12 Heften 7 Thlr. oder 12 fl. 36 kr.

Dem chemischen und pharmaceutischen Publikum sind diese Annalen seit ihrem Bestehen auf das vortheilhafteste bekannt. Reich an gründlichen und gehaltvollen Arbeiten der besten Schriftsteller in diesem Fache, bilden sie einen wesentlichen Theil der ganzen chemischen Literatur, und ihr Inhalt zeugt von den großen Fortschritten, welche unsere Zeit in dieser Wissenschaft macht. — Die Zeitschrift wird in der bisherigen Weise fortgesetzt und kann durch jede gute Buchhandlung be= zogen werden.

Die früheren Jahrgänge werden an Abnehmer der ganzen Reihenfolge, so lange der Vorrath noch reicht, zu einem ermäßigten Preis erlassen.

Pharmacopoea Badensis.
Geheftet. Preis 2⅓ Thlr. oder 4 fl. 48 kr.

Journal für praktische Chemie,

herausgegeben von *O. L. Erdmann* und *R. F. Marchand.*

Jahrgang 1842. (Funfzehnter der ganzen Folge).

3 Bände in 24 Heften. gr. 8. 8 Thlr.

Wie bereits seit 14 Jahren wird diese immer mehr gerechte Anerkennung findende Zeitschrift auch im Jahre 1842 in wesentlich unveränderter Form erscheinen und somit fortfahren, *mit möglichster Vollständigkeit die Leistungen und Fortschritte im gesammten Gebiete der reinen und angewandten Chemie* darzulegen.

Erfreut sich dieselbe fortwährend der Mitwirkung von *Chemikern des ersten Ranges* und wird sie allgemein unter den wichtigsten Quellen für das Studium der Chemie genannt, so möchte es überflüssig sein, den *Chemiker von Fach* oder den *wissenschaftlichen Pharmaceuten* auf sie aufmerksam zu machen, so wie *Techniker* und *Landwirthe* auf den reichen Schatz allgemein verständlicher, für Technologie und Agricultur wichtiger Arbeiten hinzuweisen. Ihr Inhalt macht sie *unentbehrlich für jeden Lesekreis, dessen Zweck die Verbreitung gemeinnütziger Kenntnisse* ist.

Die Tendenz dieser Zeitschrift, die ihren Werth als *Quelle* begründet hat, ist Bearbeitung des Gebietes der Wissenschaft. Nach dem Grade der Wichtigkeit aller in dasselbe einschlagenden Arbeiten liefert sie diese vollständig oder in, eine richtige Ansicht des Ganzen der Untersuchungen gestattenden, Auszügen, um so fortwährend mit den Resultaten, wie mit den wissenschaftlichen Methoden und deren Vervollkommnungen ihre Leser bekannt zu erhalten. Thunlichste Beschleunigung der Mittheilungen bleibt ihr Hauptaugenmerk, wozu directe Verbindungen mit den Hauptstädten Englands, Frankreichs, Italiens, Hollands, Rußlands, Schwedens und Dänemarks sie in den Stand setzen.

Monatlich erscheinen *zwei* Hefte, jedes von 4 Bogen, mit den nöthigen Kupfertafeln oder Holzschnitten versehen. *Acht* solcher Hefte bilden einen Band, deren *drei* einen Jahrgang ausmachen. Im Interesse *neu eintretender Abonnenten* wird jeder Band mit doppelten Titeln versehen, von denen der eine *nur die Bände des Jahrgangs* zählt, so daß jeder Jahrgang auch ein für sich bestehendes Ganze ausmacht.

Der Preis der vollständigen Suite von 14 Jahrgäng. (42 Bdn.), von 1828 bis 1841, ist 54 Thlr.

Joh. Ambr. Barth in Leipzig.

In allen Buchhandlungen ist zu haben:

Lehrbuch
der
praktischen und theoretischen
P h a r m a c i e,
mit besonderer Rücksicht auf
angehende Apotheker und Aerzte
von
Dr. *Clamor Marquart,*
Kön. Preuß. Apoth. 1r Klasse und Vorsteher des pharm. Instituts zu Bonn.

1r Band. gr. 8. 3 fl. oder 1 Thlr. 21 Ggr.

Pharmaceutische Naturgeschichte und Waarenkunde.

Der zweite (letzte) Band, welcher unter der Presse ist, wird sich über den praktischen Theil verbreiten, die nöthigen Apparate und Arbeiten des Pharmaceuten deutlich und kurz beschreiben, die Grundsätze der Physik und Chemie dem Zwecke gemäfs entwickeln und endlich die Darstellung der pharmaceutisch-chemischen Präparate erklären.

C. G. *Kunze in Mainz.*

In meinem Verlage ist erschienen und in allen Buchhandlungen zu haben oder zur Ansicht zu erhalten:

Die Farrnkräuter in colorirten Abbildungen naturgetreu erläutert und beschrieben von Dr. G u s t. K u n z e, Prof. der Botanik u. Med., Director des botan. Gartens etc. zu Leipzig. 1r Bd. 1ste bis 4te Lief., oder S c h k u h r s *Farrnkräuter Supplement.* 4. Jede Lieferung mit 10 color. Kupfertafeln und deren Beschreibung, in elegantem Umschlag.   à 2½ Thlr.

Supplemente der Riedgräser (carices) zu S c h k u h r s Monographie in Abbildung und Beschreibung herausgegeben von Dr. G u s t. K u n z e, Prof. der Bot. u. Med., Direct. des botan. Gartens zu Leipzig. 1r Bd. 1ste u. 2te Lief., oder S c h k u h r s *Riedgräser, neue Folge.* 8. Jede Lieferung mit 10 color. Kupfert. und deren Beschreibung in Umschlag.   à 2 Thlr.

Schon längst wurde von den Freunden der Botanik eine Fortsetzung der noch jetzt wegen ihrer gewissenhaften Treue allgemein geschätzten beiden Abtheilungen des S c h k u h r'schen Handbuchs gewünscht, und dürfte hierzu Niemand befähigter sein als der Hr. Herausgeber vorstehender Werke, welcher, vermöge seiner Stellung bei der Universität und als Director des botanischen Gartens in Leipzig, seit längerer Zeit mit den Familien der Farrn und den Riedgräsern vorzugsweise sich beschäftigt und die reichsten Materialien zurVervollständigung des S c h k u h r'schen Werkes und zur Vorführung noch völlig unbekannter und bisher noch nicht abgebildeter Arten besitzt. Da die Farrn und Riedgräser bisher in der bildlichen Darstellung auffallend ver-

nachlässigt wurden und aus den verschiedensten und kostbarsten
Werken zusammengesucht werden müssen, so können beide Fort-
setzungen des Schkuhr'schen Handbuchs um so mehr dem
Wohlwollen des botanischen Publikums empfohlen werden, als
Zeichnung und Colorit der Gewächse unter der Aufsicht des
Hrn. Herausgebers besorgt werden und der unterzeichnete Ver-
leger seinerseits nichts gespart hat, ebensowohl durch eine elegante und würdige Ausstattung, als durch einen verhältnifsmäfsig billigen Preis zu gröfserer Verbreitung beizutragen.

Leipzig, im Januar 1842.   *Ernst Fleischer.*

So eben sind von uns an alle Buchhandlungen versandt:

Sämmtliche Schriften
von
Henriette Hanke geb. Arndt.
Dreizehnter bis sechszehnter Band enthaltend:

Claudie.

Der Subscriptionspreis dieser eben so wohlfeilen als eleganten neuen
verbesserten und vermehrten Gesammt-Ausgabe der allgemein geschätzten
und vielgelesenen Hanke'schen Schriften beträgt nur $\frac{1}{3}$ Rthlr. für jeden
Band. Die weitere Fortsetzung ist unter der Presse.

Hahn'sche Hofbuchhandlung
in Hannover.

So eben ist bei uns erschienen und an alle Buchhandlungen
versandt:

Handbuch der menschlichen Anatomie.
Durchaus nach eigenen Untersuchungen und mit besonderer Rücksicht auf das Bedürfnifs der Studirenden,
der praktischen Ärzte u. Wundärzte u. d. Gerichtsärzte,

verfafst von

C. F. Th. Krause, D. M.
Königl. Hannov. Medicinalrath u. Professor der Anatomie u. Physiologie.

Zweite neu bearbeitete Auflage. Ersten Bandes zweiter Theil: Die specielle Anatomie des Er-
wachsenen. *III. Eingeweidelehre.* 8. 1842. $1\frac{1}{4}$ Rthlr.

Die vorhergehenden Abtheilungen kosten 2 Rthlr. Die weitere Fortsetzung ist unter der Presse.

Hahn'sche Hofbuchhandlung
in Hannover.

№ 3. **Geiger'sches Vereinsjahr.** 1842.

März.

ARCHIV DER PHARMACIE,

eine Zeitschrift

des

Apotheker-Vereins in Norddeutschland.

Zweite Reihe.   Neunundzwanzigsten Bandes drittes Heft.

Erste Abtheilung.

Vereinszeitung,

redigirt vom Directorio des Vereins.

1) Biographische Denkmäler.

Dem Andenken an Bernh. Christoph Faust.

In der Nacht auf den 25. Jan. l. J. starb zu Bückeburg der Dr. Bernhard Christoph Faust, Hofrath und Leibarzt, Ritter des rothen Adlerordens dritter Klasse, mehrer gelehrten Gesellschaften Mitglied, im hohen Alter, geschätzt und geehrt in nahen und fernen Kreisen, geliebt von Allen, die ihn näher kannten. Wer hätte auch den edlen und biedern Greis, der in eifrigem Wirken für die höchsten Interessen der Menschheit und im Besitz einer vielseitigen Bildung stets ein so kindliches Herz, ein so liebevolles Gemüth, edle einfache Sitte und biedere Gesinnung sich bewahrt hatte, nicht lieben sollen! So lange es seine Kräfte gestatteten, wirkte er in seinem Kreise als Arzt mit gröfsestem Eifer, aber über diesen Kreis hinaus umfafste er, wenn auch oft in eigenthümlicher Weise, mit dem wärmsten Gefühl die allgemeinen Angelegenheiten der Menschheit wie des Vaterlandes. In seinem Wirken und seinen Werken sprach sich der edle Kosmopolit wie nicht minder der edle deutsche Patriot aus. Sein Gesundheitskatechismus, seine Tafeln und Schriften über Geburtshülfe und über Ausrottung der Blattern, die Einführung der Schutzpocken - Impfung, in deren Folge er alljährlich in

Bückeburg ein Jennerfest hielt, wo er den Kindern Backwerk, Jennerbretzeln, austheilen liefs, sein Wirken in dem Befreiungskriege, die Begründung des Turnplatzes, seine Ideen über die Anlegung der Städte, die Sonnenstadt, u. s. w.: alles das sind Monumente seiner würdigen Gesinnung, seines thätigen Handelns. In der Reihe edler deutscher Männer wird seines Namens Gedächtnifs stets bewahrt bleiben.

2) *Vereinsangelegenheiten.*

Directorialconferenz zu Salzuflen am 3. Febr. 1842.

1) Da von mehren Kreisdirectoren im vorigen Jahre Beschwerden eingegangen sind, dafs Mitglieder ihre Beiträge zur Generalkasse nicht zur rechten Zeit, sondern erst nach vielfachen Anmahnungen einsandten, und einige selbst in dem Fall, wo der Kreisdirector statutenmäfsig den Beitrag durch Postvorschufs entnommen, solchen nicht anerkannten, sondern die desfallsigen Schreiben unerbrochen zurückgehen liefsen, so sehen wir uns genöthigt, auf den §. 39. der Statuten (Sechste Auflage 1840) ernstlich aufmerksam zu machen. Dieser §. lautet also: »Jedes Mitglied, welches vier Wochen nach Empfang der Rechnung den Betrag derselben nicht eingesandt hat, berechtigt dadurch den Kreisdirector, den Betrag durch Postvorschufs zu entnehmen. Sollte der Postvorschufs nicht realisirt werden und die Einsendung dennoch unterbleiben, so wird der Säumige aus der Liste der Mitglieder gestrichen, und ist der Kreisdirector ermächtigt, die Forderung des Vereins an gedachtes Mitglied auf gerichtlichem Wege einzuziehen.«
Das ganz Ungeeignete des oben gerügten Benehmens, und wie dasselbe dem Wortlaute der Statuten widerspricht, ergiebt sich hieraus von selbst. Auf die Beachtung der statutenmäfsigen Ordnung müssen wir aber dringend halten, nur dadurch kann das so bedeutende Rechnungsgeschäft in dem durchaus nothwendigen regelrechten Gange erhalten werden. Die Mitglieder, welche ihre Beiträge nicht zur festgesetzten Zeit einsenden, können es daher nur sich selbst zuschreiben, wenn der Kreisdirector für solche Fälle den festgesetzten Weg der Statuten auf sie in Anwendung bringt.
2) Die Correspondenzen in Betreff der Vicedirectorien Posen, Arnsberg, Trier und Emmerich wurden vorgelegt, und diese Angelegenheiten weiter berathen und geordnet. Ebenso die Angelegenheiten der neuen Kreise Hildesheim und Andreasberg.
3) Dem emerirten dürftigen altersschwachen Gehülfen und ehemaligen Feldapotheker S y d o w in Berlin wurde, nach Einsicht der von ihm beigebrachten obrigkeitlich beglaubigten Zeugnisse und auf Verwendung der Herren Prof. Dr. E r d m a n n, Hofapoth. Dr. W i t t s t o c k und Apoth. R i e d e l in Berlin, die nachgesuchte Unterstützung aus der Bucholz-Gehlen-Trommsdorff'schen Stiftung bewilligt.
4) Den emerirten und invaliden Gehülfen, den HH. K r u s e in Billerbeck, S c h w a r z e in Bernburg, K o c h in Höxter, M ö h - r i n g in Wernigerode, A l b e r t i in Hannover und M a r t i n in

Driburg, wurde die bereits früher bewilligte Unterstützung, nach Einsicht der Zeugnisse über die Fortdauer ihrer ungünstigen Lage, auch für das laufende Jahr zuerkannt.

R. Brandes. Dr. E. F. Aschoff. Overbeck.

Eintritt neuer Mitglieder.

Hr. Apoth. **Ernst** in Jarocin ist, nach Anmeldung durch Hrn. Viced. **Lipowitz**, als wirkliches Mitglied des Vereins in den Kreis Lissa aufgenommen worden.

Desgl. Hr. Apoth. **Nienhaus** in Stadtlohn, nach Anmeldung durch Hrn. Kreisd. Prof. Dr. **Schmedding**, in den Kreis Münster.

Desgl. Hr. Rathsapoth. **Laurentius** in Zerbst, nach Anmeldung durch Hrn. Kreisd. **Schwabe**, in den Kreis Dessau.

Desgl. Hr. Apoth. **Dautwitz** in Neustrelitz, nach Anmeldung durch Hrn. Viced. Dr. **Grischow**, in den Kreis Stavenhagen.

Die Einzahlung der Beiträge zur Generalkasse von 1842 betreffend.

Diejenigen Mitglieder, welche ihren Beitrag zur Generalkasse für das laufende Jahr noch nicht entrichtet haben sollten, werden um dessen Einsendung an den Kreisdirector nochmals dringend ersucht.

Die Direction der Generalkasse.
Overbeck.

Die Abrechnungen von 1841 betreffend.

Um die baldigste Einsendung der noch nicht eingegangenen Abrechnungen von 1841 werden die betreffenden Herren Vicedirectoren und Kreisdirectoren recht sehr ersucht.

Die Direction der Generalkasse.
Overbeck.

Generalkasse.

Abrechnungen von 1841 gingen ein: von Hrn. Viced. Dr. **Meurer** in Dresden, von Hrn. Kreisdir. **Greßler** in Saalfeld, Hrn. Kreisd. Dr. **Schmedding** in Münster, Hrn. Kreisd. **Rabenhorst** in Luckau, von Hrn. Kreisd. **Upmann** in Neuenkirchen, von Hrn. Viced. **Dreykorn** in Bürgel.

Abschlägliche Zahlungen auf 1842 gingen ein: von Hrn. Vicedir. Dr. **Bley** in Bernburg, von Hrn. Kreisdir. **Weber** in Schwelm, von Hrn. Kreisd. **Upmann** in Neuenkirchen.

Abrechnungen von 1842 gingen ein: von Hrn. Viced. Dr. **Grischow** in Stavenhagen, von Hrn. Director Dr. **Du Ménil** in Wunstorf.

Die Direction der Generalkasse.
Overbeck.
Hölzermann.

17*

Die Versammlung des Vereinskreises Altenburg zu Eisenberg am 3. Juni 1841.

Zur Versammlung hatten sich eingefunden die Herren Collegen Viced. D r e y k o r n von Bürgel, G e r l a c h von Crossen, G r a u von Orlamünde, K i r m ſ s e von Schmölln, L ö w e l von Roda, S c h r ö t e r von Kahla, W e i b e z a h l von Eisenberg und Kreisd. H ü b l e r von Altenburg.

Kreisd. H ü b l e r trug einen von ihm zu der beabsichtigten Denkschrift gelieferten Beitrag vor, in Folge dessen gegenseitige Austauschungen und Besprechungen statt fanden. In Folge der Discussionen über die Taxe beschloſs man, einen der Herren Medicinal-Beisitzer von der neu erschienenen und seit dem 1. Mai a. c. in den preuſs. Staaten eingeführten Arzneitaxe vom Jahr 1841 in Kenntniſs zu setzen und deren baldige gesetzliche Einführung im Altenburgischen zu bewirken.

Ungetheiltes Interesse erregte ein vom Hrn. Apoth. Lindener in Weiſsenfels an den Kreisd. H ü b l e r eingegangenes Schreiben, bezweckend die Errichtung eines Büreaus für recommandirte Apothekergehülfen; man war erfreut, eine schon lange schlummernde in der Leipziger Generalversammlung aber zur Sprache gebrachte Idee verfolgt zu sehen, und versprach, dieselbe nach Kräften zu unterstützen, und namentlich nahm Hr. College D r e y k o r n der Sache mit Wärme sich an, und man hielt dafür, ein derartiges, wenn auch anfangs nur kleines Büreau für die Kreise Weimar, Jena, Saalfeld und Altenburg zu errichten.

Es wurde darauf über die Bücher des Lesezirkels Berathung und demnächstige Bestimmung für das folgende Jahr gehalten.

Hr. Hofapoth. W e i b e z a h l sprach hierauf über Krystalle, die er im Löffelkrautspiritus gefunden und für krystallisirten *Schwefel* erkannt hatte, wahrscheinlich in Folge einer Zersezzung des wirksamen Bestandtheils des Löffelkrauts*). Es knüpften sich hieran Unterhaltungen über mehre andere wissenschaftliche Gegenstände.

Hr. Stadtphysikus Dr. S c h n a u b e r t erfreute die Versammlung mit seiner Gegenwart.

Nach einem freundschaftlichen Mittagsmahle wurde noch der Schloſsgarten Sr. Durchl. des Prinzen G e o r g besucht, worauf die Versammlung, mit dem herzlichen Wunsche eines frohen Wiedersehens im nächsten Jahre, auseinanderschied.

---

*) Ob diese Krystalle reiner Schwefel sind, möchte wohl in Frage zu stellen sein. Hr. Dr. H e r b e r g e r hat bereits über im Löffelkrautspiritus gebildete Krystalle in diesem Archiv 2. R. Bd. XVII. S. 177 eine Notiz mitgetheilt, wonach diese Krystalle zwar Schwefel als Bestandtheil enthalten, aber sonst eine organisch zusammengesetzte Substanz sind, und beim Erhitzen einen durchdringenden Meerrettiggeruch und durch concentr. Salpetersäure Bittermandelölgeruch ausstoſsen.　　　　　　　　　　　B r.

Nachweis über die, für den durch Brandunglück getroffenen Collegen Hrn. Apotheker Linke in Neustadt, eingegangenen und theils vom Directorio, theils von Hrn. Kreisd. Muth in Arnswalde, demselben übersandten Gelder.

1839, den 5. Sept.: Thlr. Sgr.
Von Hrn. Ap. Cavallier in Reppen........ 3 —
   »   »   Schulz das. .... 2 —
Samml. von Hrn. Viced. Bolle in Angermünde..21 10
Von Hrn. Ap. Muth in Arnswalde.......... 2 —
— den 6. Nov.:
  Sendung des Hrn. Collegen Schulz in Conitz:
Von Hrn. Ap. Castner in Zempelburg ..... 5 —
  » » » Hellgreve in Lassan .... 1 —
  » » » Krüger in Tuchel........... 2 —
  » » » Voitzcke in Vandsberg ...... 5 —
  » » » Schulz in Conitz........... 5 —
Sammlung beim Directorio des Vereins, durch den Rechnungsführer Hrn. Lieut. Hölzermann in Salzuflen, eingesandt............40 —
1840, den 8. Jan.:
Desgl. eingesandt durch Hrn. Rechnungsführer Lieut. Hölzermann....................15 —
— den 13. Febr.:
Sendung durch Hrn. Coll. Strauch in Sonnenb.:
Von Hrn. Ap. Berndt in Züllichau......... 2 15
  » » » Eichberg in Karge.......... 1 15
  » » » Strauch in Sonnenburg ...... 1 —
— den 22. Mai:
Sammlung beim Directorio, eingesandt durch den Rechnungsführer und Hrn. Viced. Bolle in Angermünde........................19 —
— den 8. Dec.:
Desgl. eingesandt durch den Rechnungsführer Hrn. Lieut. Hölzermann.............. 31 —
1841, den 30. März:
Desgl. von demselben eingesandt durch den Viced. Bolle in Angermünde 24 5

Summa...180. 15.

Hiervon kommen 8 Sgr. Porto für die von Hrn. Viced. Bolle erhaltenen 21 Thlr. 10 Gr. in Abzug.

Salzuflen, den 20. Febr. 1842.

Der Rechnungsführer des Vereins.
Hölzermann.

Kreis Felsberg.

Die Liebe, mit welcher der Hr. Medicinalrath Dr. Müller, Vicedir. des ehemaligen Kreises Medebach, bei seiner Uebersiedelung nach Emmerich, seinen bisherigen Vereinsmitgliedern im *Decemberheft 1841 des Archive der Pharm. Seite 333* so ehrend

gedenkt, hat gewiſs Jeden, der zu seinem Kreise gehörte, mit
dem wärmsten Dank erfüllt! und in der vollsten Ueberzeugung,
dem Freunde, der so herzlich von uns geschieden, die Gefühle,
welche unserer Brust entströmen, ausdrücken zu dürfen, nehme
ich Veranlassung, im Geiste sämmtlicher verehrten HH. Mitglieder
des bisherigen Kreises Medebach, nunmehr Felsberg, dem Hrn. Dr.
Müller, der sich mit so vieler Umsicht und Thätigkeit der
guten Sache zur Förderung der Wissenschaft angenommen und
noch ferner annimmt, der in wahrhafter Verehrung bei seinen
Freunden lebt, unsern verbindlichsten Dank in weiter Ferne
nachzurufen! Den Kranz, welchen derselbe mit Sorgfalt für
uns geflochten hat, wird mein Bemühen sein, mit gütiger Beihülfe der von mir hochverehrten Herren Vereinsmitglieder hiesigen Kreises, unter welchen ich das Glück habe, schon früher
mehre meine Freunde nennen zu können, zum Schmuck unsers
im Herzen bleibenden Freundes als Denkmal zu bewahren.

Felsberg in Kurhessen, im Januar 1842.

Friedr. Heinr. Blaſs,
Kreisd. des nordd. Apothekervereins.

Kreis St. Wendel.

In dem Seite 11 gegebenen Verzeichnisse der Mitglieder des
Kreises St. Wendel fehlt: Hr. Apotheker Koch in Saarbrück,
und statt Krölle muſs es Kröll und statt Rentienne muſs
es Retienne heiſsen.

3) *Medicinalwesen und Medicinalpolizei.*

Zur Reform des Apothekerwesens in Preuſsen;
vom
Regierungs-Medicinalrath Dr. *Leviseur* in Posen.

Die Klagen über die Mängel des Apothekerwesens in Preuſsen, mannichfach übertrieben und oft einseitig und von be-
schränktem Standpuncte ausgehend, sind dennoch zum Theil
wohl begründet und einer baldigen administrativen Berücksichtigung werth. Die höchste Medicinalbehörde hat bereits auch in
diesem Verwaltungszweige den Weg der gründlichen Reform
betreten und wird zuversichtlich keinen wahren Mangel auſser
Acht lassen. Indeſs ist es Pflicht eines Jeden, welcher Gelegenheit hat, das innere administrative Leben des Apothekerwesens
zu beobachten und dessen schwache Seiten kennen zu lernen,
diese ans Licht zu ziehen und nach Kräften zu besprechen.

Mir hat sich in meiner vierundzwanzigjährigen Medicinal-
beamten-Praxis kein Mangel entschiedener und der baldigen Abhülfe bedürftiger gezeigt, als *die in der veralteten Gesetzgebung
wurzelnde Unbildung der Apothekerlehrlinge und Gehülfen.*

Aufmerksame und erfahrene Apotheken-Visitatoren werden
gewiſs die Thatsache als unbestreitbar anerkennen,

1) daſs die Apothekerlehrlinge selten reif und oft ganz unfähig in die Lehre treten,
2) daſs der Unterricht derselben von Seiten der Lehrherren
   häufig vernachlässigt wird, und

3) dafs unwissende Lehrlinge, sobald sie nur die gesetzliche
Lehrzeit überstanden haben, das Gehülfenzeugnifs erlangen.
Das von der revidirten Apothekerordnung vom 11. Oct. 1801
für den anzunehmenden Lehrling vorgeschriebene Alter von wenigstens 14 Jahren ist eine in jeder Hinsicht schädliche Bedingung.

In der Regel erwarten die Angehörigen des künftigen Apo-
thekerlehrlings mit Ungeduld die Erfüllung dieses Alters, um
den geistig wie körperlich unreifen Knaben, mit seiner Neigung
übereinstimmend oder nicht, in einer Apotheke unterzubringen;
daher ist der angehende Lehrling selten älter als 14 Jahr. Dieses Alter aber ist den Anforderungen, welche der Lehrherr an
den Apothekerlehrling macht, wenn sie mit denen des Staats
sich vereinigen sollen, nicht gewachsen. Der Knabe wird, sobald er angenommen ist, vom frühen Morgen bis zum späten
Abend in roh mechanischer Beschäftigung erhalten, als sollte
er nicht zu einem wissenschaftlichen Techniker, sondern nur
zu einem gewandten Ladendiener, zu einem Krämer herangezogen werden, nicht selten sogar, als sollte der Knabe lediglich
vier bis fünf Jahre lang die Dienste eines durch fleifsige Uebung
immer brauchbarer und dem Lehrherrn nützlicher werdenden
Handlangers verrichten. — Wer die Natur dieses Alters kennt
und den Einflufs der beginnenden Pubertätsentwicklung in Anschlag bringt, wird sich nicht vorstellen können, dafs ein solcher Lehrling die wenige ihm freigelassene Zeit mit Lust und
Nutzen auf irgend einige geistige Fortbildung verwenden werde.
— Indem ferner das Gesetz dieses Minimum des erforderlichen
Alters feststellt, scheint es zugleich die Leichtigkeit zu genehmigen, mit welcher die anzunehmenden Apothekerlehrlinge geprüft zu werden pflegen. Die Prüfung soll dahin gerichtet sein,
ob der Anzunehmende *einen von der Natur nicht vernachlässig-
ten Kopf, eine einigermafsen wissenschaftliche Ausbildung, eine
gute sittliche Erziehung und wenigstens so viel von der lateinischen
Sprache erlernt hat, dafs er leichte Stellen aus einem lateinischen
Autor fertig übersetzen kann.*

Dafs die Anforderung einer *einigermafsen wissenschaftlichen*
Ausbildung* an einen vierzehnjährigen Knaben nicht streng gemacht werden kann, leuchtet ein, und dafs das Gesetz darin
keine Strenge heischt, zeigt das verlangte geringe Mafs von
Kenntnifs der lateinischen Sprache. Daher erfolgt diese Prüfung fast immer mit einer dem Zwecke widersprechenden Indulgenz, und füllen sich die Apotheken mit unfähigen Lehrlingen.

Würde nun das Verhältnifs dieser jungen Leute zu ihren
Lehrherren wirklich das eines Schülers sein, und die letzteren
ihre Lehrerpflichten überall mit Geschick erfüllen, so könnte
immer noch eine grofse Menge Lehrlinge ihre lückenhafte Schul-
bildung während einer gut benutzten vier- bis fünfjährigen Lehrzeit genügend ergänzen und somit ein sehr brauchbarer Gehül-
fenstand herangezogen werden. Allein wie dieses Lehrgeschäft
nach der oben bereits gemachten Andeutung in der That betrieben wird, kann es nur *die Zahl schlecht erzogener unwissender
und höchstens nur zu einigen mechanischen Arbeiten brauchbarer
Apothekergehülfen* (§. 15. Tit. 1. der revid. Apothekerordn.) von
Jahr zu Jahr vergröfsern.

Die revidirte Apothekerordnung vom 11. Oct. 1801 hat sich
vergebens bemüht, diesen Uebelständen abzuhelfen; ihre Bestimmungen sind unzureichend. Die lit. b. §. 15. Tit. I. an die Lehrherren gerichtete Erinnerung:

> ihre Pflichten gegen die Lehrlinge nicht aufser Acht zu
> lassen, sondern »selbige, *durch treue Anweisung und gründ-*
> *lichen Unterricht, sowohl im theoretischen als praktischen*
> *Theile der Pharmacie, verbunden mit Darreichung guter Bü-*
> *cher und Ueberlassung der nöthigen Zeit zu deren Benutzung,*
> *zu geschickten und in ihrem Fache tüchtigen Staatsbürgern*
> *zu erziehen,«*

hat, bei dem Mangel einer wirksamen Controle, keinen administrativen Nachdruck und thatsächlich keinen Erfolg. Den Kreis-
physikern liegt es zwar ob, diesen Unterricht zu beaufsichtigen,
und bei Gelegenheit der ordentlichen Apotheken-Visitationen
werden auch die Apothekerlehrlinge geprüft. Allein die meisten Apotheken befinden sich nicht an dem Wohnorte des Physikus und werden von diesem, dessen Competenz zur gründlichen Beurtheilung des Gegenstandes ohnehin noch bestritten
werden kann, nur selten und bei sehr flüchtiger Gelegenheit
besucht, so dafs ihm eine genügende Kenntnifs von dem Gange
des Unterrichts der Apothekerlehrlinge seines Kreises abgeht,
und die ordentlichen Apotheken-Visitationen können, da sie nur
alle drei Jahre eintreten, um so weniger die fehlende Controle
ersetzen, als bei ihnen die Prüfung der Gehülfen und Lehrlinge
nur als Nebensache betrieben werden kann.

Die lit. c. ibid. gegebene Bestimmung:

> »dafs die Apotheker nur so viel Discipel halten dürfen als
> sie ausgelernte Gehülfen haben,«

erscheint nicht nur nutzlos, sondern sogar entschieden nachtheilig. Der nachlässige Lehrherr wird bei einem Geschäfte, das
einen oder mehre Gehülfen erfordert, nichts desto weniger auch
in gleichem Verhältnisse dem Lehrlinge die Handlangerarbeiten:
Anfertigung von Zündfläschchen und Pulverkapseln, Abwägen
von Normalportionen für den Handverkauf, das Reinigen der
Utensilien, kurz alle die rein mechanischen Beschäftigungen der
Officin und des Nebengewerbes auferlegen, welche die ganze
Tageszeit bis spät Abends absorbiren, während ein Apotheker
mit einem kleinen Geschäft wenigstens die Zeit dazu hat, sich
den guten Unterricht seines Lehrlings angelegen sein zu lassen.
Ueberhaupt ist es nicht gut, dafs durch die angeführte gesetzliche Bestimmung die Lehrlinge mehr in die gröfseren Städte
verwiesen werden, wo in der Regel der Lehrherr und die Gehülfen, von tausend äufsern Dingen abgezogen, sie um so mehr
vernachlässigen und wo die Lehrlinge selbst reiche Gelegenheit
zur Unsittlichkeit und zum Mifsbrauch ihrer ohnehin so geringen
Mufsezeit finden. Es ist ein Irrthum, wenn man ein gröfseres
Apothekergeschäft an sich für geeigneter hält für die Ausbildung eines Lehrlings. Das Laboratorium, welches hierbei doch
besonders in Betracht kommt, hat in unserer Zeit fast aufgehört,
eine *pharmaceutische Werkstätte im alten Sinne* zu sein, da die
meisten Präparate wohlfeiler und ohne Zeitverlust aus chemischen Fabriken bezogen werden können, und daher die eigenen

Arbeiten der Apotheker in ihren Laboratorien sich meist auf
Wässer, Säfte, Tincturen, Extracte, Species, Pulver, Salben und
Pflaster beschränken, bei deren Bereitung der Lehrling wohl
nur höchst selten ein aufmerksamer, lernender Zuschauer ist;
ja ich habe bei der Visitation einer grofsstädtischen Apotheke
sogar einen Gehülfen von *vierjähriger* Servirzeit gefunden, der,
auf grofser Unwissenheit betroffen, zu Protokoll eingestand, noch
nie in einem Laboratorium gearbeitet zu haben.

Die Vorschrift lit. c. a. a. O., welche dem »Anwachse schlecht
erzogener, unwissender und untauglicher Apothekergehülfen vor-
beugen« soll, entspricht ihrem Zwecke eben so wenig. Der
Lehrling soll nämlich nach dieser Bestimmung nicht eher zum
Gehülfen vorschreiten, bis er *»durch eine von dem Physikus des
Orts im Beisein des Lehrherrn zu veranstaltende Prüfung* tüchtig
befunden worden.« — »Bei dieser Prüfung,« sagt die revidirte
Apothekerordn., »ist besonders darauf zu sehen, *ob der Ausge-
lernte sich praktische Kenntnisse der Pharmacie und eine hinläng-
liche Fertigkeit in kunstmäfsigen Arbeiten erworben habe.«*

Bringt man hiermit in Verbindung, was §. 18. l. c. von dem
Gehülfen gesagt ist, nämlich dafs er *»als solcher in der Apotheke,
bei welcher er sich engagirt, eben die allgemeinen Verpflichtungen
übernimmt, unter welchen der Principal, dem er sich zugesellt, zur
öffentlichen Ausübung dieses Kunstgewerbes von Seiten des Staats
autorisirt ist, und dafs er nicht nur die Recepte selbstständig anfertigen, sondern auch im Laboratorio die Composita und Präpa-
rata bereiten soll«,* so mufs der Physikus jeden die Gehülfen-
schaft nachsuchenden Apothekerlehrling zurückweisen, der bei
der streng vorzunehmenden Prüfung sich nicht als ein *praktisch
ganz fertiger Apotheker* zeigt. Und dennoch sagt dasselbe Gesetz
von dieser Prüfung: sie solle *»dem, was man von einem solchen
jungen Menschen billigerweise fordern kann, angemessen sein:«*
wieder die Hindeutung auf eine das Publikum in der That ge-
fährdende Indulgenz. Denn wirklich nehmen auch die Apothekergehülfen die wichtige Stellung ein, welche ihnen das Gesetz
unzweideutig anweist, und sehr oft führt der Principal, ganz
disparaten Beschäftigungen lebend, lediglich die *merkantilische*
Aufsicht über seine Anstalt, in welcher ein Gehülfe oder mehre
die ganze Verwaltung in Händen haben. — Es ist daher fehler-
haft, bei der Prüfung einer so wichtigen Klasse von Medicinalpersonen im Gesetze selbst eine gewisse Connivenz zu empfehlen, ohne das »billigerweise« zu fordernde Mafs von Kenntnissen
und Fertigkeiten scharf zu bezeichnen, so dafs der Ausfall der
Prüfung von einer *vagen Ansicht* abhängig wird, welche sich
in jedem landräthlichen Kreise anders gestalten kann. Entschieden unzweckmäfsig aber mufs es erscheinen, über die praktische Tüchtigkeit eines Apothekergehülfen den *Physikus* bestimmen zu lassen, dessen Urtheil nur in sehr seltenen Ausnahmen
für diesen Gegenstand auf wahrer Sachkenntnifs beruht. — Wer
solche Prüfungen, wie sie bisher abgehalten werden, aus Erfahrung kennt, wird nicht läugnen, dafs sie leer und nichtig sind
und von einsichtigen Apothekern mit Recht verspottet werden.

Es sei mir erlaubt, die Mittel in Vorschlag zu bringen, welche mir geeignet scheinen, den vorstehend angegebenen Uebelständen allmälig abzuhelfen.

I. *Bedingungen für die Annahme eines Lehrlings.*

Auf das Alter kommt es dabei nicht an, sondern lediglich darauf, daſs der junge Mann eine gute sittliche Erziehung, gesunde Körperbeschaffenheit und besonders auch Integrität des Gesichts-, Geruchs- und Geschmackssinnes, und eine scientifische Grundlage nachweise, welche für die künftige Ausbildung eines wissenschaftlichen Technikers genügend ist.

Der letztere Nachweis darf sich ferner nicht mehr auf eine vor dem Physikus zu bestehende Prüfung gründen, sondern muſs durch ein Zeugniſs über die *»schulwissenschaftliche Ausbildung«* des Aufzunehmenden geführt werden, ohne welches Zeugniſs er ja ohnehin künftig zur Prüfung selbst als Apotheker IIr Klasse nicht zugelassen werden kann (§. 50. b. des Prüfungsreglements vom 1. Dec. 1825) und welches er daher bei seinem Eintritt in die Lehre schon besitzen muſs. Ein Schulzeugniſs der Reife für die Secunda eines Gymnasiums oder die Prima einer Realschule dürfte wohl genügen.

II. *Unterricht der Lehrlinge.*

Der Unterricht der Lehrlinge muſs einer gesetzlichen Norm und durch diese einer zuverlässigen Controle unterliegen. Er muſs auf einem, von wissenschaftlich hoch stehenden, erfahrenen Apothekern entworfenen, gesetzlich sanctionirten *Lectionsplane* beruhen *und nach halbjährigen, methodisch aufsteigenden Cursen geordnet sein.* Den mit Apotheken-Visitationen von der Regierung beauftragten Medicinalbeamten und Apothekern muſs es zur Pflicht gemacht werden, jede Gelegenheit auf ihren Visitationsreisen zu benutzen, um Apothekerlehrlinge selbst in denjenigen Apotheken, deren ordentliche Visitation nicht an der Reihe ist, einer Prüfung zu unterwerfen, diese nach Maſsgabe der abgelaufenen Lehrzeit zu beschränken oder auszudehnen und die darüber sprechenden Verhandlungen der Regierung einzusenden, welche, wenn die Veranlassung dazu vorläge, den unwissenden Lehrling einen Cursus zurück zu versetzen hätte, jedenfalls aber an den betreffenden Lehrherrn das Erforderliche verfügt und unter Umständen ihn des Rechts, einen Lehrling zu halten, verlustig erklärt.

III. *Uebergang des Lehrlings auf die Gehülfenstufe.*

Nach Ablauf der gesetzlichen Lehrzeit meldet sich der Lehrling durch *schriftliche* Vermittelung seines Lehrherrn bei dem Physikus des Kreises zur Gehülfenprüfung, und der Physikus bringt diese bei der Departemental-Regierung in Antrag. Die Regierung beauftragt den Regierungs-Medicinalrath und einen ihr besonderes Vertrauen besitzenden Apotheker mit dieser Prüfung, zu welcher der Lehrling durch Vermittlung seines Lehrherrn vorgeladen wird, und bei welcher gegenwärtig zu sein dem Lehrherrn freisteht. In den meisten Fällen wird der Prüfungsact bei Gelegenheit der ordentlichen Apotheken-Visitation oder einer Durchreise der Visitatoren an dem Wohnorte des Lehrherrn statt finden können. Ueber die Prüfung wird eine Verhandlung aufgenommen, welche von der Commission mittelst gutachtlichen Berichts über den Ausfall derselben an die Regierung gelangt, und diese entscheidet über die Promotion des Lehrlings, indem sie die Gehülfen-Approbation entweder ertheilt, oder verweigert, im letztern Falle unter Angabe der Gründe.

Aufser den Stempel- und Canzleigebühren sind für Prüfung und Approbation keine Kosten zulässig. Lehrlinge, welche sich nach Ablauf ihrer Lehrzeit in einem andern Regierungsbezirke prüfen lassen wollen, müssen dazu einen Consens derjenigen Regierung beibringen, in deren Verwaltungsbezirke sie die letzte Hälfte ihrer Lehrzeit unterrichtet worden sind.

Endlich mufs auch die Prüfung selbst, nach einer dem Standpuncte eines angehenden Apothekergehülfen ganz entsprechenden Modification, im Sinne der §§. 60 — 62. des gedachten Prüfungs-Reglements gesetzlich normirt werden.

Nachschrift zu vorstehendem Aufsatze.

Der Gegenstand, welchen der Hr. Regierungs-Medicinalrath Dr. Leviseur in vorstehendem Aufsatze zur Sprache bringt, zieht selbstredend die gröfseste Aufmerksamkeit auf sich. Wie sehr übrigens die Apotheker das völlig Ungereimte in der bisherigen Prüfungsweise zum Gehülfen, wo das Examen blofs durch den Physikus geschieht, längst anerkannt haben, ist bekannt, und in der Generalversammlung unsers Vereins zu Leipzig ist dieser Gegenstand auf das ernstlichste zur Sprache gebracht worden. Die Vorschläge des Hrn. Regierungs-Medicinalraths Leviseur zur Abstellung des besprochenen Uebels sind der Natur der Sache entnommen, und nach den jetzigen Verhältnissen ohne Zweifel zur Annahme geeignet. Bereits im vorigen Jahre habe ich ein entsprechendes Reglement für denselben Gegenstand ausgearbeitet und Hochfürstlicher Regierung zu Detmold vorgelegt, dessen Einführung nun erwartet wird. Es ist mir sehr erfreulich, dafs dieses Reglement in den wesentlichen Theilen mit den Vorschlägen des Hrn. Regierungs-Medicinalraths Leviseur übereinstimmt. So wichtig dieser Gegenstand ist, und einer geregelten und den jetzigen Anforderungen und Verhältnissen entsprechende Ordnung bedarf, so ist auf der andern Seite auch nicht zu verkennen, wie es so viele wackere Apotheker giebt, die ihren Lehrlingen allen gebührenden Fleifs widmen und deren Ausbildung ernstlich sich angelegen sein lassen, und dafs aus solchen Schulen auch fortwährend tüchtige und ehrenwerthe, ihrem Berufe ganz gewachsene Gehülfen hervorgehen, wie auch solches die Erfahrung vielfach zeigt. An solchen Erfolgen aber ist das bisherige Examen, wo es durch den Physikus allein vorgenommen wird, in der Regel ohne allen Einflufs. Uebrigens wollen wir uns nicht verhehlen, dafs dieses nicht die einzige Quelle ist, so mancher Verhältnisse der Pharmacie, die jetzt die Aufmerksamkeit in Anspruch nehmen. Es giebt noch andere und tiefer liegende Quellen dafür, auf die wir ein andermal zurückkommen werden.   Brandes.

Warnende Mittheilung;
von
E. Doepp.

Wie unerläfslich dem Materialisten die Kenntnifs der Waare ist, mit welcher er handelt, und wie sehr Leben und Gesund-

heit des Publikums gefährdet werden, wenn von Unwissenden
der Handel mit Arzneiwaaren getrieben wird, davon liefert wiederum folgender Vorfall einen Beweis.

Ein russischer Kaufmann hatte vor einigen Tagen von dem
Inhaber einer Kräuterbude ein Tschukin-Divor, eine Parthie Salz,
angeblich *Tartarus vitriolatus,* etwa 60 Pfd., für 9 Rubel gekauft.
Da der Käufer aber nicht versichert war, ob das gekaufte Salz wirklich schwefelsaures Kali sei, so war er glücklicherweise so vorsichtig, eine Probe davon mir zu zeigen; die Krystalle desselben hatten allerdings dem äußern Ansehen nach Aehnlichkeit
mit *Tartarus vitriolatus,* aber bei näherer Untersuchung derselben fand es sich, daß das gekaufte Salz *Brechweinstein* sei!

Welches fürchterliche Unglück hätte hierdurch entstehen
können, wenn der Käufer es, ohne vorherige Untersuchung als
Tartarus vitriolatus wieder verkauft hätte. Wie manche ähnlichen, wenn auch minder gefährlichen Verwechselungen geschehen, aus Unwissenheit oder Gewinnsucht in diesen sogenannten
Kräuterbuden, in denen aber leider nicht bloß Kräuter, sondern
Medicamente aller Art verkauft werden *).

4) Personalnotizen.

Der Geh. Bergrath v. Dechen ist zum Berghauptmann und
Director des Oberbergamts für die niederrheinischen Provinzen
in Bonn ernannt worden.

Der Oberbergrath v. Oeyenhausen ist zum Geh. Bergrath
und vortragenden Rath im Finanzministerium in Berlin ernannt
worden.

Der Hr. Geh. Ober-Medicinalrath Dr. Schönlein in Berlin
hat den rothen Adlerorden dritter Klasse erhalten.

Der Hr. Hof- und Medicinalrath Dr. Ebers zu Breslau und
der Hr. Medicinalrath und Kreisphysikus Dr. Wetzel zu Glatz
haben den rothen Adlerorden dritter Klasse mit der Schleife
erhalten.

Hr. Apoth. Beinert zu Charlottenbrunn, Hr. Hofrath Dr.
Pulst zu Breslau und Hr. Dr. Stapelroth zu Polnisch War-
tenberg haben den rothen Adlerorden vierter Klasse erhalten.

Hr. Prof. Dr. Joh. Müller in Berlin ist zum Geh. Medicinalrath ernannt worden.

Die naturforschende Gesellschaft zu Emden und der bota-
nische Verein für den Mittel- und Nieder-Rhein haben den Medicinalrath Dr. Müller in Emmerich zum Mitgliede erwählt.

---

*) Nord. Centralbl. f. Pharm. 1839. 133.

Zweite Abtheilung.

Chemie und Physik.

Berechnung der Versuche mit Wackenroder's aräometrischem Probeglase;

vom

Prof. Dr. *Schrön* in Jena.

Wackenroder's Abhandlung über die Bestimmung des specifischen Gewichts der Flüssigkeiten (*Archiv der Pharmacie 2. R. Bd. 19. S. 261 ff.*) veranlaßte mich, bei Benutzung derselben für meine Vorträge über mathematische Physik in dessen pharmaceutischem Institute die Formeln zu entwickeln, welche zur Berechnung der Versuche erforderlich wären, die mit dem aräometrischen Probeglase ausgeführt werden. Die Anwendung des letzteren erregte mein Interesse um so lebhafter, je mehr mir die Vorzüge des Probeglases für diesen Zweck hervortraten, wenn es in der Weise gebraucht wird, welche in obiger Abhandlung sich auseinander gesetzt findet. Zwar erscheinen die hierzu nöthigen Formeln beim ersten Anblick zusammengesetzter und deren Entwickelung weitläuftiger, als es für die Anwendung wünschenswerth sein möchte; allein einige Aufmerksamkeit, welche jener Entwickelung und dieser Anwendung, so wie besonders der angefügten Uebersicht geschenkt wird, dürfte wohl zeigen, daß die Berechnung selbst viel einfacher ist, als der Umfang der Formeln vermuthen ließ, daß durch Hülfstafeln die bequemste Berechnung erzielt ist, und daß das Ergebniß eine Genauigkeit liefert, welche bei der Einfachheit des Versuchs eine belohnende genannt werden dürfte. Dazu kommt, daß der beabsichtigte Grad der Genauigkeit des Resultats die Wahl zwischen den verschiedenen Formeln entscheidet, indem für die einfachste, wie für die zusammengesetzteren man weiß, bis auf wie viel Decimalstellen das gefundene specifische Gewicht Sicherheit gewährt. Auch hat man zwischen zweierlei Methoden die Wahl, je nachdem man bei jedem Versuch drei Wä-

gungen, die des leeren, des mit Wasser und des mit der
Flüssigkeit gefüllten Glases ausführt, oder nur die letztere Wägung und die beiden ersten durch Rechnung
ersetzt, nachdem man ein für 'allemal das Gewicht des
leeren und des mit Wasser gefüllten Probeglases bestimmt hat, und für den wiederholt und zu verschiedenen Zeiten gemachten Gebrauch des letzteren anwendet.

Erste Methode.

Es werden die drei Gewichte des leeren, des mit Wasser
und des mit der Flüssigkeit gefüllten Glases bei demsel-
ben Barometer- und Thermometerstande bestimmt.

Es bezeichne
bei der Temperatur t und dem Barometerstande b

G das Gewicht des leeren, nämlich mit Luft gefüllten
  Glases,

A das Gewicht des mit Wasser gefüllten Glases, und

F das Gewicht des mit der Flüssigkeit gefüllten Glases, von welcher das specifische Gewicht bestimmt
  werden soll;

ferner bei derselben Temperatur t, jedoch im luftleeren
Raume

G^1 das Gewicht des luftleeren Glases,

A^1 das Gewicht des mit Wasser,

F^1 das Gewicht des mit der Flüssigkeit gefüllten Glases,

a das Gewicht der Luft im Glase und

g das Gewicht eines, der Glasmasse gleichen Luftvolumens, wobei diese beiden Luftvolumina eine,
  dem Barometerstande b entsprechende Dichtigkeit
  besitzen.

Nun ist das gesuchte specifische Gewicht bei der
Temperatur t:

$$s = \frac{F^1 - G^1}{A^1 - G^1}$$

nämlich das Gewicht der Flüssigkeit dividirt durch das
Gewicht des Wassers bei gleichem Volumen und im
luftleeren Raume gewogen, weil ein Körper in der Luft
so viel an Gewicht verliert, als das Gewicht eines gleichen Luftvolumens beträgt. Deſswegen wird auch

$$F^1 = F + a + g, \; A^1 = A + a + g \; \text{und} \; G^1 = G + g$$

sein müssen, woraus durch entsprechende Subtraction folgt

$$F^1 - G^1 = F - G + a \; \text{und} \; A^1 - G^1 = A - G + a$$

und, wenn man diese Werthe für $F^1 - G^1$ und $A^1 - G^1$ in obiger Formel für s substituirt,

$$s = \frac{F - G + a}{A - G + a}$$

erhalten wird. Diesem Bruche kann man jedoch eine, für die bequemere Berechnung und für die nachfolgenden Betrachtungen geeignetere Form geben, wenn man

$$1. \; \alpha = \frac{a}{A - G}$$

setzt und für das genäherte specifische Gewicht

$$\text{I.} \; \sigma = \frac{F - G}{A - G},$$

den Werth von

$$2. \; k = \frac{1 - \sigma}{\sigma}$$

aus der am Ende angefügten Tafel entnimmt. Auf solche Weise wird nämlich

$$3. \; s = \sigma(1 + \alpha k)$$

stets bis auf fünf Decimalstellen genau und selbst unter den ungünstigsten Umständen die sechste Decimalstelle von s nur um $1\frac{3}{4}$ Einheiten unsicher werden*).

---

*) Der Beweis für diese Formel 3. und ihre Eigenschaften kann durch folgende mathematische Entwickelung geführt werden. Zunächst ist

$$s = \frac{F - G + a}{A - G + a} = \frac{F - G}{A - G} \cdot \left\{ \frac{1 + \dfrac{a}{F - G}}{1 + \dfrac{a}{A - G}} \right\}$$

wie aus der Auflösung dieser Klammer erhellt.

Setzt man nun zur einfacheren Bezeichnung das zweite Glied im Zähler

$$\frac{a}{F - G} = \beta,$$

so erhält man unter Berücksichtigung der Formeln 1. und I. sofort:

$$s = \sigma \left\{ \frac{1 + \beta}{1 + \alpha} \right\},$$

Bestimmung des Werthes von α.

Zur Anwendung dieser Formel 3. ist noch der Werth von

$$\alpha = \frac{a}{A - G}$$

der Formel 1. zu ermitteln.

Vorläufig *abgesehen von Temperatur und Luftdruck* ist

a das Gewicht der Luft, und

A — G das Gewicht des Wassers,

beides vom innern Volumen des Glases; folglich α das specifische Gewicht der Luft, wenn das des dichtesten Wassers = 1 gesetzt ist, und es würde sein

4. $\alpha = \dfrac{1}{769,5025} = 0,001299541 = \dfrac{1}{\omega}$ *)

---

woraus nach Division des Zählers durch den Nenner entsteht

$$s = \sigma[1 + (\beta - \alpha) - \alpha(\beta - \alpha) + \alpha^2(\beta - \alpha) - + \ldots].$$

Zur Bestimmung der Größe $(\beta - \alpha)$ aber folgt aus Formel I. der Werth von $F - G = \sigma(A - G)$, und durch diesen mit Rücksicht auf Formel 1., der Werth von

$$\beta = \frac{a}{F - G} = \frac{a}{\sigma(A - G)} = \frac{\alpha}{\sigma},$$

welcher in $(\beta - \alpha)$ und überdies k für $\dfrac{1 - \sigma}{\sigma}$ gesetzt giebt

$$(\beta - \alpha) = \frac{\alpha}{\sigma} - \alpha = \alpha\left\{\frac{1}{\sigma} - 1\right\} = \alpha\left\{\frac{1 - \sigma}{\sigma}\right\} = \alpha k$$

und deshalb

$$s = \sigma[1 + \alpha k - \alpha^2 k + \alpha^3 k - + \ldots].$$

Nun erreicht aber k höchstens den Werth $+\frac{1}{2}$, und es ist, wie weiter unten dargethan werden wird, das Maximum von $\alpha = 0,00134$; folglich wird im Maximum $\alpha k = + 0,00067\ldots$, $\alpha^2 k = + 0,00000\,088\ldots$, $\alpha^3 k = \mp 0,00000\,00011\ldots$ Setzt man nun auch noch für den ungünstigsten Fall $s = 2$, so wird

$$\sigma(-\alpha^2 k + \alpha^3 k - + \ldots) = \mp 2 \cdot 0,00000\,088\ldots = \mp 0,00000\,176..$$

Es wird demnach unter diesen hier angenommenen nachtheiligsten Umständen s in der sechsten Decimalstelle um $1\frac{3}{4}$ Einheiten unsicher, wenn man die Glieder $-\alpha^2 k + \alpha^3 k - + \ldots$ vernachlässiget und

$$s = \sigma(1 + \alpha k)$$

setzt, wie in Formel 3. geschehen ist.

*) Es wiegt nämlich 1 Cub. C. Luft bei 0,76 Luftdruck und

Für genauere Berechnung des specifischen Gewichts
s ist aber *die Rücksicht auf Temperatur und Luftdruck*
erforderlich und dann für dasselbe innere Volumen des
Glases und für dieselbe Temperatur t

a das Gewicht im leeren Raume von einem Volumen Luft, welche eine dem Luftdrucke b entsprechende
Dichte hat, und

A—G das Gewicht des Wassers in der Luft unter
dem Luftdrucke b. Es war nämlich schon oben bemerkt worden, daſs

$$A^1 = A + a + g \text{ und } G^1 = G + g$$

sei, mithin muſs auch

$$A = A^1 - a - g \text{ und } G = G^1 - g$$

und nach ausgeführter Subtraction

$$A - G = (A^1 - G^1) - a$$

sein. Das Gewicht $(A^1 - G^1)$ des Wassers im leeren
Raume um das Gewicht a eines gleichen Luftvolumens
vermindert giebt das Gewicht $(A^1 - G^1) - a$ des Wassers in der Luft oder das diesem gleiche Gewicht $(A-G)$.

Ferner mit derselben Rücksicht auf Temperatur und
Luftdruck kann und muſs (nach obiger Note) von $\frac{1}{\omega}$
betrachtet werden: *der Zähler* 1 als 1 Gramme, d. h.
als das Gewicht von ω Cub. Centim. Luft bei 0° C. und
im leeren Raume, wobei diese Luft eine, dem normalen
Barometerstande

$$B = 0,76 = 336,905 \text{ par. Lin.},$$

entsprechende Dichte hat, und *der Nenner* ω als $\omega =$
769,5025 Gramme, d. h. als das Gewicht von ω Cub.
C. Wasser von der gröſsten Dichte bei 3,9 C. und im
lufterfüllten Raume bei dem Normalbarometerstande B.

Nach diesen Erörterungen wird es nun leicht sein,

0° C. Wärme 0,001299541 Grm. nach Biot (*Traité I. 384 ff.*).
Es ist aber $0,001299541 = \dfrac{1}{769,5025} = \dfrac{1}{\omega}$, d. h. 1 Cub.
C. jener Luft wiegt $\dfrac{1}{\omega}$ Grm. od. ω Cub. C. jener Luft wiegen 1 Grm., oder so viel, als 1 Cub. C. Wasser von der
gröſsten Dichte bei 3,°9 C. Wärme und 0,76 Barometerstand.

den zu bestimmenden Werth von $\alpha = \frac{a}{A-G}$ aus dem gegebenen Werthe von $\frac{1}{\omega}$ abzuleiten. Indem nämlich Zähler und Nenner in dem Bruche α auf dasselbe innere Volumen im Glase und in dem Bruche $\frac{1}{\omega}$ auf dasselbe Volumen von ω Cub. C. und zugleich die Zähler auf Luft und die Nenner auf Wasser sich beziehen; so sind rücksichtlich der Beschaffenheit dieser beiden Körper folgende Reductionen nöthig.

A. Zur Reduction von 1 auf a.

1. Wegen des Luftdruckes, indem die Luft bei 1 und a bezüglich eine, dem Luftdrucke B und b entsprechende Dichte hat. Bei demselben Volumen von ω Cubikcentimetern verhalten sich die Gewichte wie die Dichten, diese Dichten aber wie die drückenden Kräfte, welche hier durch die Barometerstände gemessen werden; mithin werden sich die Gewichte wie die Barometerstände verhalten und nach der Proportion $B : b = 1$ Grm. $: x$ durch $x = \frac{b}{B} \cdot 1 \,\mathrm{Grm.} = \frac{b}{B}$ Grm. das Gewicht von ω Cub. C. Luft von der Dichte bei b bestimmt sein.

2. Wegen der Temperatur der Luft, indem jene bei 1 und a bezüglich 0^a und t^o C. beträgt. Da sich nun die Luft vom Gefrierpuncte bis zum Siedepuncte um 0,375 ihres Volumens bei ersterem*) ausdehnt, so wird sie sich bei einer Temperaturerhöhung von 1° C. um $0,00375 = l$ und bei einer von t^o C. um lt desselben ausdehnen, folglich von dem Volumen von ω Cub. C. in das Volumen von $(1 + lt)\,\omega$ Cub. C. übergehen.

---

*) Zwar beträgt nach den neueren Untersuchungen Rudberg's (*Poggend. Ann. Bd. 41. S. 271 ff.*) diese Ausdehnung der trockenen Luft 0,364 bis 0,365 nach 9 Versuchen, deren Resultate zwischen 0,3636 und 0,3654 liegen; allein zwei andere Versuche, bei welchen absichtlich das genaue Austrocknen der Luft unterlassen wurde, gaben 0,3840 und 0,3902, mithin mehr. Da nun die in Frage stehende Luft (a) keine ausgetrocknete ist, so dürfte die Dalton-Gay-Lussac'sche Zahl 0,375 im vorliegenden Falle die geeignetere sein.

Die Dichten werden sich dann umgekehrt wie diese Volumina, nämlich wie $(1 + lt) \omega : \omega$ oder wie $(1 + lt) : 1$ verhalten. Da sich aber bei demselben Volumen von ω Cub. C. die Gewichte wie die Dichten verhalten, so giebt die Proportion $(1 + lt) : 1 = \frac{b}{B}$ Grm. : x durch $x = \frac{1}{(1+lt)} \cdot \frac{b}{B}$ Grm. das Gewicht von ω Cub. C. Luft bei der Temperatur t und von der Dichte bei b im leeren Raume.

B. Zur Reduction von ω auf (A—G).

1. Wegen des Luftdruckes, indem bei ω und (A—G) die Wägungen in der Luft bezüglich von einer Dichte bei B und b vorausgesetzt werden. Betrachtet man nun zunächst das Gewicht von 1 Cub. C. Wasser. Dieser wiegt in der Luft von der Dichte bei B auch 1 Grm., im leeren Raume aber um das Gewicht von 1 Cub. C. Luft von der Dichte bei B, nämlich um $\frac{1}{\omega}$ Grm. mehr, demnach $\left\{1 + \frac{1}{\omega}\right\}$ Grm. Dieses Gewicht wird aber in der Luft von der Dichte bei b um das Gewicht von 1 Cub. C. Luft von dieser Dichte vermindert werden. Nach A. 1. aber haben ω Cub. C. Luft mit der Dichte bei b das Gewicht $\frac{b}{B}$ Grm., folglich 1 Cub. C. dieser Luft $\frac{b}{\omega B}$ Grm., um welches Gewicht jenes von $(1 + \frac{1}{\omega})$ Grm. vermindert werden muſs. Demnach wiegt 1 Cub. C. Wasser $(1 + \frac{1}{\omega} - \frac{b}{\omega B})$ Grm. in der Luft von der Dichte bei b, folglich ω Cub. C. Wasser in derselben Luft $\omega (1 + \frac{1}{\omega} - \frac{b}{\omega B}) = (\omega + 1 - \frac{b}{B}) = (\omega + \frac{B-b}{B})$ Grm.

2. Wegen der Temperatur des Wassers, welche bei ω und (A—G) bezüglich 3,9 C. und t^{o}C. beträgt. Es bezeichne h die Dichte des Wassers bei t^{o}C. nach **Hallström**, wenn die bei 3,9 C=1 gesetzt wird*). Um

---

*) Nach den neuesten Untersuchungen von **Hallström**, ver-

die zu diesen Rechnungen erforderlichen Hülfszahlen
zur Hand zu haben, sind die Werthe von h und deren
Logarithmen in der hier erforderlichen Ausdehnung am
Ende angefügt worden. Da nun bei gleichem Volumen
von ω Cub. C. die Gewichte wie die Dichten sich ver-
halten; so wird nach der Proportion $1 : h = \left(\omega + \frac{B-b}{B} \right)$
Grm. : x durch $x = h \left(\omega + \frac{B-b}{B} \right)$ Grm. das Gewicht
von ω Cub. C. Wasser bei der Temperatur t und in
der Luft von der Dichte bei b gewogen bestimmt sein.
Nach diesen Reductionen beträgt nun für dasselbe Volumen von ω Cub. C. das Gewicht der Luft bei der
Temparatur t und von der Dichte bei b im leeren Raume

$$\frac{1}{(1 + lt)} \cdot \frac{b}{B} \; \text{Grm.}$$

und das Gewicht des Wassers bei der Temperatur t
und in der Luft von der Dichte bei b gewogen

$$h \left\{ \omega + \frac{B-b}{B} \right\} \; \text{Grm.}$$

Eben so müssen sich aber auch die Gewichte a und
$(A-G)$ dieser Körper von derselben Beschaffenheit verhalten, wenn statt des gemeinschaftlichen Volumens von
ω Cub. C. das gleiche Volumen im Innern des Glases
angenommen wird. Demnach gilt die Proportion

$$a : (A - G) = \frac{1}{(1 + lt)} \cdot \frac{b}{B} : h \left\{ \omega + \frac{B-b}{B} \right\},$$

in welcher die Quotienten der Vorderglieder dividirt
durch die Hinterglieder einander gleich sind, d. h. es ist

---

bunden mit denen von Muncke und Stampfer, findet
ersterer für die Temparatur, bei welcher das Wasser
seine gröfste Dichte hat, 3,°90 C., mit dem wahrscheinli-
chen Fehler von $\pm$ 0,°04 C. (*Poggendorff's Annalen, Band*
34, S. 245) und giebt für verschiedene Temperaturen von
$0°$ bis $100°$ C. eine Tabelle des Volumens und der Dichte
des Wassers, wenn beide bei $0°$ C $= 1$ gesetzt werden
(a. a. O. S. 237). Aus dieser ist die angefügte Tabelle berechnet worden. Später fand Despretz (*Poggendorf's Anna-*
len, Bd. 41, S. 65), ohne jene Abhandlung zu kennen
(a. a. O. S. 59), aus eigenen Versuchen 4°C. Wir glauben
jener Zahl, als dem Resultate der Versuche mehrerer Ex-
perimentatoren, den Vorzug geben zu müssen.

$$\frac{a}{(A-G)} = \frac{\frac{1}{(1+lt)} \cdot \frac{b}{B}}{h \left\{ \omega + \frac{B-b}{B} \right\}} = \frac{b}{hB \left\{ \omega + \frac{B-b}{B} \right\}(1+lt)}$$

$$= \frac{b}{h(B\omega + B - b)(1+lt)} = \frac{b}{h\left[(\omega+1)\omega - b\right](1+lt)}.$$

Man hat demnach statt des obigen Werthes 4. nunmehr *mit Rücksicht auf Temperatur* t *und Luftdruck* b
die Formel

$$5. \quad \alpha = \frac{b}{m \; h\left[(\omega+1)B - b\right](1+lt)},$$

in welcher B = 0,76 = 336,905 par. Lin., l = 0,00375,
ω = 769,5025 ist und h aus jener Tabelle entnommen wird.

Um aber den Einfluſs, welchen die Temperatur und
der Luftdruck einzeln auf die Gröſse von α ausüben,
näher beurtheilen zu können, kann man

$$\alpha = \frac{1}{h(1+lt)} \times \frac{1}{\left\{ (\omega+1)\frac{B}{b} - 1 \right\}}.$$

setzen, indem das Product dieser Brüche, nachdem
Zähler und Nenner des zweiten mit b multiplicirt worden ist, die Formel 5. liefert.

Da nun für dieselbe Temperatur die Ausdehnung
der Luft gröſser ist, als die des VVassers, oder die Ab-
nahme der Dichte h des letzteren; so wird *eine Zunahme der Temperatur* auch eine Vergröſserung des Nen-
ners h (1 + lt), und somit eine *Verkleinerung* des Bruches
$\frac{1}{h(1+lt)}$ zur Folge haben, dessen gröſster VVerth für
t = o als $\frac{1}{h} = \frac{1}{0,999882}$ hervorgeht, indem dabei vorausgesetzt wird, daſs bei einer Temperatur unter dem Gefrierpuncte keine derartigen Versuche angestellt werden.

Ferner wird eine *Abnahme des Luftdrucks* b den
Bruch $\frac{B}{b}$ vergröſsern und dadurch ebenfalls eine Verkleinerung des Bruches $\frac{1}{\left((\omega+1)\frac{B}{b} - 1\right)}$ bewirken, für

dessen gröfsten Werth bei b = 29″, als einen der höch-
sten Barometerstände am Meeresufer, $\left(770{,}5025 \cdot \dfrac{1}{\frac{336{,}905}{348}} - 1\right)$
angenommen werden kann. Das Product dieser beiden
Zahlenwerthe liefert aber

das *Maximum* von α = 0,00134255.

Das Minimum von α hat eine unbestimmte Gränze,
doch dürfte man wohl selten bei einer höheren Temperatur als t = 30 ° C. Versuche anstellen, während
b = 24″ ein tiefer Barometerstand auf höheren Bergen
genannt werden kann. Für diese Werthe würde

$$\alpha = \frac{1}{0{,}995684\,(1 + 0{,}1125)} \cdot \left\{ 770{,}5025 \cdot \frac{1}{\frac{336{,}905}{288}} - 1 \right\}$$

sein, oder

das *Minimum* von α = 0,00100270 gesetzt werden
können.

Das *Mittel* von diesen Extremen würde

α = 0,00117262

sein und hervorgehen, wenn man t = $15\frac{5}{8}$ ° C. = 12°,5
R, der bei Aräometern gebräuchlichen Normaltempera-
tur und b = 26″ 9‴,532 annehmen würde. Will man
daher den Einflufs von αk berücksichtigen, ohne jedoch
seinen Werth nach Formel 5. zu berechnen; so kann
man folgende Formel

II. $s^1 = \sigma\,(1 + 0{,}00117262\,k)$

anwenden.

Zur Beurtheilung des hierbei begangenen Fehlers
bedenke man, dafs die Extreme von α von seinem Mittel um 0,00016993 abweichen, dafs k im Maximum
$+\frac{1}{2}$ und σ im Maximum 2 werden kann, folglich als
gröfster Fehler in dem nach Formel II. berechneten s^1
nur $+\frac{1}{2} \cdot 2 \cdot 0{,}00016993 = +0{,}00016993$ d. h. $1\frac{2}{3}$ Einheiten in der vierten Decimalstelle entstehen kann.

Wollte man aber für das specifische Gewicht nur
σ nach Formel I. annehmen, so würde der gröfste Fehler
$+ \sigma\alpha k$ wegen Vernachlässigung des Gliedes αk betragen. Nun ist im Maximum σ = 2, α = 0,00134255

und $k = \pm \frac{1}{2}$, folglich wäre als gröfster Fehler der Formel I. das Product $\pm \sigma \alpha k = \pm 0{,}00134255$ oder $1\frac{1}{3}$ Einheiten in der dritten Decimalstelle zu betrachten. Doch könnte in Formel I. und II. der Fehler auch 0 sein, wenn im Minimum $k = 0$ wäre, welches freilich $\sigma = 1$ voraussetzt.

Berechnet man aber α nach Formel 5. und das specifische Gewicht s nach folgender Formel

$$\text{III.} \quad s = \sigma \left\{ 1 + \frac{b\,k}{h\,[(\omega + 1)\,B - b]\,(1 + lt)} \right\};$$

so ist wegen Vernachlässigung der Glieder $- \alpha^2 k +$ etc. nach obiger Anmerkung zu Formel 3. nur ein Fehler von $1\frac{3}{4}$ Einheiten in der sechsten Decimalstelle zu befürchten.

Wollte man das Glied $- \alpha^2 k$ noch berücksichtigen, welches wohl die Formel zusammengesetzter machen, aber wegen der bequemen Berechnung von $\alpha^2 k$ aus αk die Rechnung unmerklich erschweren würde; so würde sogar die neunte Decimalstelle erst um 1 Einheit unsicher werden. Allein ein solcher Grad von Genauigkeit in der Berechnung würde durch die unvermeidlichen Fehler in der Bestimmung der Gewichte G, A und F und des Barometer- und Thermometerstandes vereitelt werden.

Durch diese Betrachtungen erhält man nun folgendes
Resultat.
Es giebt die Berechnung des specifischen Gewichts nach der Formel

$$\text{I.,} \quad \sigma = \frac{F - G}{A - G}$$

eine Unsicherheit in der dritten Decimalstelle bis auf $\pm 1\frac{1}{3}$ Einheiten in derselben,
nach der Formel

$$\text{II.,} \quad s^1 = \sigma\,(1 + 0{,}0011726\,k)$$

eine Unsicherheit in der vierten Decimalstelle bis auf $\pm 1\frac{3}{4}$ Einheit derselben, und nach der Formel

$$\text{III.} \quad s = \sigma \left\{ 1 + \frac{b\,k}{h\,[(\omega + 1)\,B - b]\,(1 + lt)} \right\}$$

eine Unsicherheit in der sechsten Decimalstelle bis auf $\pm$ $1\frac{3}{4}$ Einheit derselben.

Dafs man für die genaueren Formeln auch die Wägungen und Messungen von G, A, F, t und b in entsprechender Weise genauer ausführen müsse, versteht sich von selbst.

Reduction wegen der Temperatur.

Bis jetzt war die Temperatur t nur in sofern, als sie auf α influirt, berücksichtiget, und bei den Gewichtsbestimmungen von G, A und F, und somit auch von (F—G) und (A—G) *dieselbe Temperatur* t vorausgesetzt worden, damit diese beiden Gewichte für völlig gleiche Volumina der Flüssigkeit und des Wassers gelten konnten. Da aber das specifische Gewicht der Flüssigkeiten Wasser von der gröfsten Dichte voraussetzt, so mufs auch das Gewicht (A—G) auf solches reducirt werden.

Zu dem Ende bezeichne, wenn h in der obigen Bedeutung genommen wird,

s allgemein den nach einer der Formeln I., II. oder III. gefundenen Werth, und

S das specifische Gewicht auf das dichteste Wasser = 1 bezogen, und bei der Temperatur t der Flüssigkeit; so wird man, da sich bei gleichem Volumen die Dichten wie die Gewichte verhalten, nach der Proportion $h : 1 = (A—G) : x$ durch $x = \frac{A-G}{h}$ das Gewicht des mit (F—G) gleichen Wasservolumens von der gröfsten Dichte erhalten, welches für (A—G) in obigen Werth von σ zu setzen ist. Dies giebt $\sigma = \frac{F-G}{A-G} \cdot h$ oder die Formel

$$\text{IV., } S = s\,h$$

für t° Wärme der Flüssigkeit, Wasser von der gröfsten Dichte = 1 und den leeren Raum. Will man endlich auch das specifische Gewicht S_0 der Flüssigkeit bei 0°C. Wärme derselben bestimmen, so mufs man bei demselben Gewichte der Flüssigkeit das Volumen V bei t°C. und v bei 0°C. durch geeignete Versuche ermitteln. Da sich aber bei gleichen Gewichten die Volumina umgekehrt wie die Dichten verhalten; so erhält man nach der Proportion $v : V = S : x$ durch $x = \frac{sv}{v}$ die Formel

$$V., \quad S_0 = \frac{sv}{v}$$

für 0° C. Wärme der Flüssigkeit, Wasser von der gröfsten Dichte $= 1$ und den leeren Raum.

Setzt man für das Beispiel (*Archiv der Pharmacie* 2. R. Bd. 19. S. 267 u. 275), in welchem

G'$= 46,655$ Grm. das Gewicht des leeren Glases,
A $= 64,867$ Grm. das Gewicht des mit Wasser und
F $= 73,969$ Grm. das Gewicht des mit Salpetersäure
gefüllten Glases,

$t = 15^{\circ}$C. und $b = \overset{m}{0,74}$ war, nach Muncke
(*Baumgartner's Naturlehre. 6. Aufl. 1839. S. 435.*)

$v = 1,0000$ und $V = 1,0155$; so erhält man nach den verschiedenen Formeln durch die beigefügte Berechnung derselben folgende Resultate.

Nach Formel I., $\sigma = \frac{F-G}{A-G} = \frac{27,314}{18,212} = 1,499781$,

mithin nach Formel IV., $S = \sigma h = 1,498524$

und nach Formel V., $S_0 = \frac{sv}{v} = 1,521751$

1,4363853	$= \log. (F-G)$	
$-1,2603576$	$= -\log. (A-G)$	
0,1760277	$= \log. \sigma$	$\sigma = 1,499781$
$9,9996359-10$	$= \log. h$	
0,1756636	$= \log. S$	$S = 1,498524$
0,0066799	$= \log. \frac{V}{v}$	
0,1823435	$= \log. S_0$	$S_0 = 1,521751$

Nach Formel II., $s' = \sigma (1 + 0,0011726\,k) = 1,499194$,
mithin nach Formel IV., $S = s'h = 1,497938$
und nach Formel V., $S_0 = \frac{sv}{v} = 1,521156$.

$$7,06915-10 = \log \alpha$$
$$9,52275-10n = \log k$$

$$6,59190-10n = \log \alpha k$$
$$-0,00039075 = \alpha k$$

$$0,99960925 = 1 + \alpha k$$

$$0,1760277 = \log \sigma$$
$$9,9998302-10 = \log(1+\alpha k)$$

$$0,1758579 = \log s^1 \qquad s^1 = 1,499194$$
$$9,9996359-10 = \log h$$

$$0,1754938 = \log S \qquad S = 1,497938$$

$$0,0066799 = \log \frac{V}{v}$$

$$0,1821737 = \log S_0 \qquad S_0 = 1,521156$$

Nach Formel III.,

$$s = \sigma \left\{ 1 + \frac{b k}{h \left[(\omega + 1) B - b \right] (1 + lt)} \right\} = 1,499181$$

mithin nach Formel IV., $S = sh = 1,497925^*$
und nach Formel V., $S_0 = \frac{sv}{v} = 1,521142.$

$$2,88677 = \log(\omega+1)$$
$$9,88081-10 = \log B$$

$$2,76758 = \log(\omega+1)B$$
$$585,57 = (\omega+1) B$$
$$0,74 = b$$

$$584,83 = [(\omega+1)B-b] = \gamma$$

$$1,05625 = (1+lt)$$

$$0,1760277 = \log \sigma$$
$$9,9998264-10 = \log(1+\alpha k)$$

$$0,1758541 = \log s$$
$$9,9996359-10 = \log h$$

$$0,1754900 = \log S$$

$$0,0066799 = \log \frac{V}{v}$$

$$0,1821699 = \log S_0$$

$$9,86923-10 = \log b$$
$$9,52275-10n = \log k$$
$$-9,99964-10 = -\log h$$
$$-2,76703 = -\log \gamma$$
$$-0,02377 = -\log(1+lt)$$

$$6,60154-10n = \log \alpha k$$
$$-0,00039952 = \alpha k$$
$$-0,99960048 = 1 + \alpha k$$

$$S = 1,499181$$

$$S = 1,497925$$

$$S_0 = 1,521142.$$

Zugleich ersieht man, dafs in diesem Beispiele σ erst in der 4. Decimalstelle um 6 Einheiten zu grofs und s^1 erst in der 5. Decimalstelle nur um 1 Einheit zu grofs erhalten wurde, weil σ und αk von ihren gröfsten Werthen weit entfernt waren.

Wollte man auch die Correction von s wegen des fehlenden Gliedes $-\alpha^2 k$ bestimmen, so würde wegen $-\alpha^2 k = -\frac{(\alpha k)^2}{k}$ folgende einfache Rechnung die Correction $-\alpha^2 k . \sigma = +0,00000072$ geben, so dafs s in der 6. Decimalstelle nur um $\frac{3}{4}$ Einheiten zu klein war.

$$3{,}20308-10 = 2\log \alpha k \doteq \log(\alpha k)^2$$
$$9{,}52275-10n = \log k$$

$$3{,}68033-10n = \log \alpha^2 k$$
$$0{,}17603 = \log \sigma$$

$$3{,}85636-10n = \log \alpha^2 k.\sigma$$
$$+\,0{,}00000072 = -\alpha^2 k.\sigma$$

Zweite Methode.

Es wird bei jedem Versuche nur das Gewicht des, mit der Flüssigkeit gefüllten Glases bestimmt, nachdem ein für allemal die Gewichte des leeren und des mit Wasser gefüllten Glases ermittelt worden sind.

Die vorige Methode setzt die Bestimmung der drei Gewichte G, A und F bei derselben Temperatur und unter demselben Luftdrucke voraus. Sollen jedoch für genauere Untersuchungen diese Wägungen wiederholt werden, so ist folgende Methode genauer und bequemer.

Bezeichnet nämlich ferner

bei der Temperatur τ und unter dem Luftdrucke β

G_1 das Gewicht des leeren nur Luft enthaltenden Glases und

A_1 das Gewicht des mit Wasser gefüllten Glases,

dagegen bei $3{,}^09$ C. und im leeren Raume

G_0 das Gewicht des luftleeren Glases und

A_0 das Gewicht des mit Wasser gefüllten Glases;

so kann man G_1 und $(A_1 — G_1)$ bezüglich auf G_0 und $(A_0 — G_0)$ nach Formel VI. und VII. reduciren, aus den, durch Wiederholung dieses Verfahrens erhaltenen Werthen von G_0 und $(A_0—G_0)$ das arithmetische Mittel nehmen und dieses zur Reduction auf G und $(A—G)$ nach Formel VIII. und IX. für Formel III. anwenden.

Auf solche Weise werden die letzteren Gewichte diejenige Genauigkeit erhalten können, welche für die der Formel III. inwohnende Schärfe gewünscht werden muſs; man wird ferner für jedes, mit demselben Glase zu bestimmende specifische Gewicht einer Flüssigkeit wiederholt das Gewicht F suchen und auch aus den dadurch erhaltenen Zahlen für s das Mittel nehmen können, ohne zugleich auch die Gewichte G und A bestimmen und einen, nur schwierig zu bewahrenden, unveränderlichen Thermometer- und Barometerstand voraussetzen zu müssen; wenn man die nun zu entwickelnden Reductionen, nämlich für jedes Glas die von G_1 und $(A_1 - G_1)$ auf G_0 und $(A_0 - G_0)$ und für jede Wägung von F die von G_0 und $(A_0 - G_0)$ auf G und $(A - G)$, ausführt, welche ebenfalls einfacher sind, als die zusammengesetzteren Formeln auf den ersten Blick vermuthen lassen.

1. Reduction von G_1 auf G_0.

Es bezeichne

g_1 das Gewicht des, mit der Glasmasse gleichen Volumens Luft von der Dichte bei β, der Temperatur τ und im leeren Raume, so dafs aus mehr erwähnten Gründen

$G_1 + g_1$ das Gewicht des luftleeren Glases im leeren Raume bei der Temperatur τ, aber auch zugleich bei der Temperatur 3_1,9 C. und nach der obigen Bedeutung von G_0 sofort

$G_0 = G_1 + g_1$ sein wird, weil im leeren Raume das Gewicht eines Körpers durch Veränderung seiner Temperatur nicht geändert wird.

Bei der fraglichen Reduction kommt es daher allein auf die Bestimmung von g_1 an, bei welcher (_Archiv der Pharmacie_ 2. R. Bd. 19. S. 273)

$\sigma_0 = 2,642$ die Dichte des weifsen, bleifreien Fensterglases bei $3,^0 9$ C. und

σ_1 die bei τ^0 C. Wärme,

$m = 0,00002673$ die cubische Ausdehnung dieses Glases für 1^0 C.,

$n_1 = \tau - 3,9$, endlich

v_0 und v_1 das Volumen der Glasmasse bezüglich bei $3,^0 9$ C. und τ Wärme bedeuten mag,

Da sich nun bei gleichen Gewichten die Volumina umgekehrt wie die Dichten verhalten, so wird nach der Proportion $v_1 : v_0 = (1 + mn_1) : 1 = \sigma_0 : \sigma_1$ sofort

$$\sigma_1 = \frac{\sigma_0}{1 + mn_1}.$$

Es verhalten sich aber die Gewichte G_1, Grm. der Glasmasse und eines derselben gleichen Wasservolumens bei $3,^m9$ C. Wärme und $0,76$ Luftdruck wie ihre Dichten, wodurch nach der Proportion $\sigma_r : 1 = G_1 \cdot x$ durch $x = \dfrac{G_1}{\sigma_1}$ Grm. des Gewichts eines mit der Glasmasse gleichen Volumens dieses Wassers erhalten wird. Nun beträgt das Volumen von 1 Grm. solchen Wassers 1 Cub. C., folglich das Volumen der Glasmasse auch $\dfrac{G_1}{\sigma_1}$ Cub. C.

Da aber, wie schon oben bemerkt, 1 Cub. C. Luft von $0\,^\circ$C. Wärme und einer Dichte bei $B = 9,^m76$ im leeren Raume $\dfrac{1}{\omega}$ Grm. wiegt, so wiegen $\dfrac{G_1}{\sigma_1}$ Cub. C. dieser Luft $\dfrac{G_1}{\sigma_1\,\omega}$ Grm., ferner bei einem Luftdruck $= \beta$, wie oben unter A. 1., entwickelt, $\dfrac{G_1\,\beta}{\sigma_1\,\omega\,B}$ Grm., endlich bei τ Wärme, wie oben unter A. 2., ermittelt $\dfrac{G_1\,\beta}{\sigma_1\,\omega\,B\,(1+l\tau)}$ Grm., oder wenn man für σ_t obigen Werth substituirt, $\dfrac{G_1\,\beta\,(1+mn_1)}{\sigma_0\,\omega\,B\,(1+l\tau)}$ Grm. Dieses Gewicht ist aber der gesuchte Werth von g_t, wodurch man wegen $G_0 = G_1 + g_t$ erhält,

$$\text{VI.,} \quad G_0 = G_1 \left\{ 1 + \frac{\beta\,(1+mn_1)}{\sigma_0\,\omega\,B\,(1+l\tau)} \right\} \text{ Grm.,}$$

in welcher Formel $m = 0,00002673$, $n_1 = \tau - 3,9$, $\sigma_0 = 2,642$, $\omega = 769,5025$, $B = 0,76 = 336,905$ p. L., $l = 0,00375$ und β und τ durch Beobachtungen gegeben sind.

2. Reduction von $(A_1 - G_1)$ auf $(A_0 - G_0)$.

Um $(A_1 - G_1)$ Grm. Wasser unter dem Luftdrucke β und bei $\tau\,^\circ$C. Wärme auf den leeren Raum und die Temperatur $3,^m9$ C. zu reduciren, wird man zunächst wie oben unter B 1. und 2., zu verfahren und dabei mit h_1 die Dichte des Wassers bei $\tau\,^\circ$C. zu bezeichnen haben.

Dort (B. 1.) betrug unter dem Luftdrucke b von 1 Cub. C. Wasser bei 3,°9 C. Wärme das Gewicht $\left\{1 + \frac{1}{\omega} - \frac{b}{\omega\,B}\right\}$ Grm.; folglich wird es unter dem Luft-drucke β betragen $\left\{1 + \frac{1}{\omega} - \frac{\beta}{\omega\,B}\right\}$ Grm. Ferner wird man, wie in B. 2., zur Reduction von 3,°9 C. auf τ°C. nach der Proportion $1 : h_1 = \left\{1 + \frac{1}{\omega} - \frac{B}{\omega\,B}\right\}$ Grm. : x durch $x = h_1 \left\{1 + \frac{1}{\omega} - \frac{\beta}{\omega\,B}\right\}$ Grm. das Gewicht von 1 Cub. C. Wasser für β und τ erhalten. Es haben demnach 1 Grm. dieses Wassers das Volumen

$$\frac{1}{h_1 \left\{1 + \frac{1}{\omega} - \frac{\beta}{\omega\,B}\right\}} = \frac{\omega B}{h_1\,(\omega B + B - \beta)} = \frac{\omega B}{h_1\,[(\omega+1)\,B - \beta]}$$

Cub. C. und somit $(A_1 - G_1)$ Grm. dieses Wassers das Volumen $\dfrac{(A_1 - G_1)\,\omega B}{h_1\,[(\omega+1)\,B - \beta]}$ Cub. C.

Nun wiegt, wie oben bemerkt worden ist, 1 Cub. C. Luft bei dem Normalbarometerstande B und 0°C. Wärme $\dfrac{1}{\omega}$ Grm. Für den Luftdruck β aber folgt, wie bei A. 1., nach der Proportion $B : \beta = \dfrac{1}{\omega}$ Grm. : x das Gewicht $x = \dfrac{\beta}{\omega\,B}$ Grm. und für die Temperatur τ, wie bei A 2., nach der Proportion $(1 + 1\tau) : 1 = \dfrac{\beta}{\omega\,B}$ Grm. : x das Gewicht $\dfrac{\beta}{\omega\,B\,(1 + 1\tau)}$ Grm. Es wird demnach für die gleichen Barometer- und Thermometerstände β und τ ein, dem obigen Volumen von $(A_1 - G_1)$ Grm. Wasser gleiches Volumen Luft auch $\dfrac{(A_1 - G_1)\,\omega B}{h_1\,[(\omega+1)\,B - \beta]} \cdot \dfrac{\beta}{\omega\,B\,(1 + 1\tau)}$

Grm. $= \dfrac{(A_1 - G_1)\,\beta}{h_1\,[(\omega+1)\,B - \beta]\,(1 + 1\tau)}$ Grm. wiegen, und um dieses Gewicht wird sich das von $(A_1 - G_1)$ Grm. Wasser im luftleeren Raume vermehren und in

$$(A_1 - G_1) + \frac{(A_1 - G_1)\beta}{h_1[(\omega + 1)B - \beta](1 + l\tau)} \text{ Grm. übergehen.}$$

Dieses wird man endlich zur Reduction auf 3,°9 C., wie in B. 2., mit der Dichte h_1 multipliciren müssen, wodurch folgende gesuchte Formel entsteht

$$\text{VII., } (A_0 - G_0) = (A_1 - G_1) \left\{ h_t + \frac{\beta}{[(\omega + 1)B - \beta](1 + l\tau)} \right\} \text{ Grm.}$$

3. Reduction von G_0 auf G.

Erinnert man sich der Bedeutung von G_1, G_0 und G und entwickelt aus der Formel VI die Größe G_1; so entsteht

$$G_1 = \frac{G_0}{\left\{ \frac{\beta(1 + m n_1)}{\sigma_0 \omega B(1 + l\tau)} \right\}} \text{ Grm.,}$$

nämlich eine Formel, nach welcher man das Gewicht des luftleeren Glases im leeren Raume und bei 3,°9 C. Wärme auf das Gewicht des leeren, nur Luft enthaltenden Glases in der Luft bei $\tau°$C. Wärme und unter dem Luftdrucke β reduciren könnte. Da nun hier dieselbe Reduction ausgeführt werden soll, nur daß die Temperatur t und der Luftdruck b ist; so wird man nur G_1, τ, n_1 und β mit G, t, n und b zu vertauschen haben, um als gesuchte Formel zu erhalten

$$\text{VIII., } G = \frac{G_0}{\left\{ 1 + \frac{b(1 + m n)}{\sigma_0 \omega B(1 + l t)} \right\}} \text{ Grm.,}$$

in welcher $n = t - 3,9$, b und t durch Beobachtungen gegeben sind und die übrigen constanten Größen dieselben Werthe wie in Formel VI haben.

4. Reduction von $(A_0 - G_0)$ auf $(A - G)$.

Ganz eben so wird bei der Bedeutung der Größen $(A_1 - G_1)$, $(A_0 - G_0)$ und $(A - G)$ aus der Formel VII durch Entwicklung von $(A_1 - G_1)$ entstehen

$$(A_1 - G_1) = \frac{(A_0 - G_0)}{\left\{ h_1 + \frac{\beta}{[(\omega + 1)B - \beta](1 + l\tau)} \right\}} \text{ Grm.}$$

für die Reduction des Wassergewichts im leeren Raume bei 3,°9 C. auf das in der Luft von der Dichte bei β und bei τ°C. Wärme. Hieraus folgt aber, wenn man A_1, G_1, β, τ und h_1 mit A, G, b, t und h vertauscht, die gesuchte Formel zur Reduction auf das Wassergewicht in der Luft von der Dichte bei b und bei t°C. Wärme, nämlich

$$IX., \quad (A-G) = \frac{(A_0-G_0)}{\left\{ h + \dfrac{b}{[(\omega+1)\,B-b]\,(1+lt)} \right\}} \quad Grm.,$$

in welcher, wie Anfangs h, die Dichte des Wassers bei t°C. bezeichnet.

Man habe z. B. bei $\tau = 21$°C. und $\beta = 27'' 2'''$ erhalten

$G_1 = 46,6648$ Grm. und $A_1 = 64,8975$ Grm.,

zu einer andern Zeit bei $\tau = 9$°C. und $\beta = 28'' 3'''$ dagegen

$G_1 = 46,6447$ Grm. und $A_1 = 64,8432$ Grm.;

so ergiebt sich nach Formel VI durch nachstehende Berechnung

$G_0 = 46,6854$ Grm. aus dem ersten Versuche und

$G_0 = 46,6670$ Grm. aus dem zweiten Versuche durch eine ähnliche Berechnung, daher

---

$G_0 = 46,6762$ Grm. im Mittel.

Nach Formel VII dagegen folgt durch nachstehende Berechnung

$(A_0-G_0) = 18,2190$ Grm. aus dem ersten Versuche und

$(A_0-G_0) = 18,2181$ Grm. aus dem zweiten Versuche durch eine ähnliche Berechnung, daher

---

$(A_0-G_0) = 18,21855$ Grm. im Mittel.

Aus diesen mittleren Werthen von G_0 und (A_0-G_0) werden dann für jede Wägung einer Flüssigkeit in diesem Probeglase nach den Formeln VII und IX die erforderlichen Werthe von G und (A—G) berechnet, ohne letztere durch Wägung ermitteln zu müssen.

Man habe bei $\overset{\text{m}}{b} = 0,74$ und $t = 15\,^{\circ}$C. nur
F = 73,969 Grm. bestimmt; so folgt durch nachstehende Berechnung
. G = 46,655 Grm. nach Formel VIII,
(A—G)= 18,212 Grm. nach Formel IX und dadurch
(F—G)= 27,314 Grm.

Diese beiden, für $\overset{\text{m}}{b} = 0,74$ und $t = 15\,^{\circ}$C. geltenden Zahlen geben dann die Größen von σ, s' und s, wie
in dem Beispiele für die erste Methode berechnet worden ist.

Die vier oben erwähnten Berechnungen aber sind:

1. Berechnung der Formel

$$\text{VI., } G_0 = G_1 \left\{ 1 + \frac{\beta(1 + mn_1)}{\sigma_0\,\omega\,B(1 + l\tau)} \right\} \text{Grm.,}$$

wenn G_1 = 46,6648 Grm., $\beta = 27'' \; 2'''$, $\tau = 21\,^{\circ}$C.,
$n_1 = \tau - 3,9 = 17,1$, m = 0,00002673, $\sigma_0 = 2,642$,
$\omega = 769,5025$, B = 336,905 und l = 0,00375 ist.

5,42700—10	= log m	0,0001917	= log (1 + δ)
1,23300	= log n_1	1,6689894	= log G_1
6,66000—10	= log mn_1	1,6691811	= log G_0
1,000457	= 1 + mn_1	46,6854	= G_0
1,07875	= 1 + lτ		

2,51322	= log β = log 326
0,00020	= log (1 + mn_1)
—0,42193	= —log σ_0
—2,88621	= —log ω
—2,52751	= —log B
—0,03292	= —log (1 + lτ)

$$6{,}64485 - 10 = \log\left\{ \frac{\beta(1 + mn_1)}{\sigma_0\,\omega\,B(1 + l\tau)} \right\} = \log \delta$$

1,0004414 = 1 + δ

2. Berechnung der Formel

$$\text{VII., } (A_0 - G_0) = (A_1 - G_1)\left\{ h_1 + \frac{\beta}{[(\omega + 1)B - \beta](1 + l\tau)} \right\} \text{Grm.,}$$

wenn $(A_1 - G_1)$ = 18,2327. Grm. und für $\tau = 21\,^{\circ}$C.
noch $h_1 = 0,998083$ ist.

2,88677	= log (ω + 1)	0,998083	= h_1
2,52751	= log B	0,001166	= ε
5,41428	= log (ω + 1)B	0,999249	= h_1 + ε

$$\begin{array}{ll} 259588 & =(\omega+1)\,\mathrm{B}\\ -\,326 & =-\,\beta \end{array}$$

$$\begin{array}{ll} 259262 & =(\omega+1)\mathrm{B}-\beta\\ 2,51322 & =\log\beta\\ -5,41374 & =-\log[(\omega+1)\mathrm{B}-\beta]\\ -0,03292 & =-\log(1+1\tau) \end{array}$$

$$7,06656-10=\log\left\{\dfrac{\beta}{[(\omega+1)\mathrm{B}-\beta]\,(1+1\tau)}\right\}=\log\varepsilon$$

$$\begin{array}{ll} 1,2608510 & =\log(\mathrm{A_1}-\mathrm{G_1})\\ 9,9996738-10 & =\log(h_1+\varepsilon) \end{array}$$

$$\begin{array}{ll} 1,2605248 & =\log(\mathrm{A_0}-\mathrm{G_0})\\ 18,2190 & =(\mathrm{A_0}-\mathrm{G_0}) \end{array}$$

3. *Berechnung der Formel*

$$\text{VIII., } G = \dfrac{G_0}{\left\{1+\dfrac{b(1+mn)}{\sigma_0\,\omega\,B\,(1+1t)}\right\}}\ \mathrm{Grm.,}$$

wenn $G_0 = 46,6762$ Grm., $b = 0,74$, $t = 15\,^{\circ}\mathrm{C.}$, $m = 0,00002673$, $n = t - 3,9 = 11,1$, $\sigma_1 = 2,642$, $\omega = 769,5025$, $B = 0,76$ und $1 = 0,00375$ ist.

$$\begin{array}{ll} 5,42700-10 & =\log m\\ 1,04532 & =\log n \end{array}$$

$$\begin{array}{ll} 6,47232-10 & =\log mn\\ 1,0002967 & =1+mn\\ 1,05625 & =1+1t \end{array}$$

$$\begin{array}{ll} 9,86923-10 & =\log b\\ 0,00013 & =\log(1+mn)\\ -0,42193 & =-\log\sigma_0\\ -2,88621 & =-\log\omega\\ -9,88081-10 & =-\log B\\ -0,02377 & =-\log(1+1t) \end{array}$$

$$6,65664-10=\log\left\{\dfrac{b(1+mn)}{\sigma_0\,\omega\,B\,(1+1t)}\right\}=\log\zeta$$

$$\begin{array}{ll} 1,0004536 & =1+\zeta\\ \hline 1,6690955 & =\log G_0\\ -0,0001970 & =-\log(1+\zeta)\\ \hline 1,6688985 & =\log G\\ 46,655 & =G \end{array}$$

4. *Berechnung der Formel*

$$\text{IX., } (\mathrm{A}-\mathrm{G}) = \dfrac{(\mathrm{A_0}-\mathrm{G_0})}{\left\{h+\dfrac{b}{[(\omega+1)\mathrm{B}-b]\,(1+1t)}\right\}}\ \mathrm{Grm.,}$$

wenn $(\mathrm{A_0}-\mathrm{G_0}) = 18,21855$ und für $t = 15\,^{\circ}\mathrm{C.}$ noch $h = 0,999162$ ist.

$$\begin{array}{ll} 2,88677 & =\log(\omega+1)\\ 9,88081-10 & =\log B \end{array}$$

$$\begin{array}{ll} 2,76578 & =\log(\omega+1)\,B\\ 585,57 & =(\omega+1)\,B\\ -0,74 & =-b \end{array}$$

$$\begin{array}{ll} 584,83 & =[(\omega+1)\mathrm{B}-b]=\gamma\\ 9,86923-10 & =\log b\\ -2,76703 & =-\log\gamma\\ -0,02377 & =-\log(1+1t) \end{array}$$

$$\begin{array}{ll} 0,001198 & =\varepsilon_1\\ 0,999162 & =h \end{array}$$

$$\begin{array}{ll} 1,000360 & =h+\varepsilon_1\\ 1,2605138 & =\log(\mathrm{A_0}-\mathrm{G_0})\\ -0,0001563 & =-\log(h+\varepsilon_1)\\ \hline 1,2603575 & =\log(\mathrm{A}-\mathrm{G})\\ 18,212 & =(\mathrm{A}-\mathrm{G}) \end{array}$$

$$7,07843-10=\log\left\{\dfrac{b}{\gamma(1+1t)}\right\}=\log\varepsilon_1$$

Die Berechnung der weitläuftigeren Formeln III und VI bis IX kann jedoch durch Anwendung zweier Hülfstafeln noch sehr vereinfacht werden.

Zu dem Ende sei

$$\alpha_1 = \frac{b}{(\omega +1)B - b}, \alpha_2 = \frac{1}{h(1+1t)}, \lambda_1 = \frac{b}{\omega\, B} \text{ und } \lambda_2 = \frac{1}{1+1t}$$

wobei allgemein b den Barometerstand in Pariser Linien und t die Temperatur der Reaumur'schen oder der hunderttheiligen Scale bezeichnet und für jeden Werth von b oder t der entsprechende von α_1, α_2, λ_1 und λ_2 aus den angefügten Hülfstafeln entnommen werden kann.

Unter diesen Voraussetzungen werden folgende Verwandlungen leicht verständlich sein.

Es war

$$\text{III.,} \quad s = \sigma \left\{ 1 + \frac{b\, k}{h[(\omega+1)B - b](1+1t)} \right\},$$

folglich ist auch

$$s = \sigma \left\{ 1 + \frac{b}{[(\omega+1)B - b]} \cdot \frac{1}{h(1+1t)} \cdot k \right\}$$

und man hat

$$\text{III}^a\text{.,} \quad s = \sigma\, (1 + \alpha_1\, \alpha_2\, k) \text{ Grm.}$$

Ferner war

$$\text{VI.,} \quad G_0 = G_1 \left\{ 1 + \frac{\beta(1+mn_1)}{\sigma_0\, \omega\, B(1+1\tau)} \right\},$$

folglich ist auch

$$G_0 = G_1 \left\{ 1 + \frac{(1+mn_1)}{\sigma_0} \cdot \frac{\sigma}{\omega\, B} \cdot \frac{1}{(1+1\tau)} \right\}$$

und man hat

$$\text{VI}^a\text{.,} \quad G_0 = G_1 \left\{ 1 + \frac{(1+mn_1)\, \lambda_1 \lambda_2}{\sigma_0} \right\} \text{ Grm.}$$

Hierauf war

$$\text{VII.,} \quad (A_0 - G_0) = (A_1 - G_1) \left\{ h_1 + \frac{\beta}{[(\omega+1)B - \beta) + (11\tau)]} \right\},$$

folglich ist auch

$$(A_0 - G_0) = (A_1 - G_1)\, h_1 \left\{ 1 + \frac{\beta}{[(\omega+1)B - \beta]} \cdot \frac{1}{h_1\,(1+1\tau)} \right\}$$

und man hat

VII^a., $(A_0-G_0) = (A_1-G_1)\, h_1\, (1+\alpha_1\,\alpha_2)$ Grm.

Dann war

$$\text{VIII., } G = \frac{G_0}{\left\{1 + \dfrac{b(1+mn)}{\sigma_0\,\omega\,B(1+lt)}\right\}},$$

folglich ist auch

$$G = \frac{G_0}{\left\{i + \dfrac{(1+mn)}{\sigma_0}\cdot\dfrac{b}{\omega\,B}\cdot\dfrac{1}{(1+lt)}\right\}}$$

und man hat

$$\text{VIII}^a\text{., } G = \frac{G_0}{\left\{1 + \dfrac{(1+mn)\,\lambda_1\,\lambda_2}{\sigma_0}\right\}}\ \text{Grm.}$$

Endlich war

$$\text{IX., } (A-G) = \frac{(A_0-G_0)}{\left\{h + \dfrac{b}{[(\omega+1)B-b]\,(1+lt)}\right\}},$$

folglich ist auch

$$(A-G) = \frac{(A_0-G_0)}{h\left\{1 + \dfrac{b}{[(\omega+1)B-b]}\cdot\dfrac{1}{h(1+lt)}\right\}}$$

und man hat

$$\text{IX}^a\text{., } (A-G) = \left\{\frac{(A_0-G_0)}{h\,(1+\alpha_1\,\alpha_2)}\right\}\ \text{Grm.}$$

Die Berechnung der, zu den Formeln III und VI bis IX gegebenen Beispiele stellt sich nun nach den Formeln III^a und VI^a bis IX^a mit Benutzung der Hülfstafeln für α_1, λ_1, α_2 und λ_2 ganz einfach folgendermafsen:

Für III war $t = 15\,^{\circ}$C., $b = \overset{m}{0,74} = 27''.\ 4'''{,}04$ und $\sigma = 1{,}499781$.

Dafür geben die Hülfstafeln $k = -0{,}333$ *), $\alpha_1 = 0{,}001265$ und $\alpha_2 = 0{,}948$.

---

*) Für die Werthe von k sind drei Decimalstellen zureichend und deren Interpolationen sehr bequem.

Es ist daher nach III^a

$s = 1,499781 (1-0,001265.0,949.0,333)$
$= 1,499781 (1-0,000400)$
$= 1,499781.0,999600 = 1,499181$ wie dort.

Für VI und VII war im *ersten* Versuche $\tau = 21^\circ C.$, $\beta = 27'' 2'''$, $G_1 = 46,6648$ Grm. und $A_1 = 64,8975$ Grm., und dabei $m = 0,00002673$ und $\sigma_0 = 2,642$ angenommen worden.

Demnach wird $n_1 = \tau - 3,9 = 17,1$ und nach den Hülfstafeln $h_1 = 0,998083$, $\alpha_1 = \lambda_1 = 0,001258$, $\alpha_2 = 0,929$ und $\lambda_2 = 0,927$.

Es ist daher nach VI^a

$$G_0 = 46,6648 \left\{ 1 + \frac{(1+0,00002673.17,1).0,001258.0,927}{2,642} \right\}$$

$$= 46,6648 \left(1 + \frac{1,000457.0,001166}{2,642} \right)$$

$= 46,6648.1,000441 = 46,6854$ Grm. wie dort,

und nach VII^a

$(A_0-G_0) = 18,2327.0,998083 (1+0,001258.0,929)$
$= 18,2327.0,998083.1,001169$
$= 18,2190$ Grm. wie dort.

Im *zweiten* Versuche war aber $\tau = 9 \,^\circ C.$, $\beta = 28'' 3'''$, $G_1 = 46,6447$ Grm. und $A_1 = 64,8432$ Grm., demnach $n_1 = \tau - 3,9 = 5,1$, $h_1 = 0,999813$, $\alpha_1 = \lambda_1 = 0,001308$, $\alpha_2 = 0,968$ und $\lambda_2 = 0,967$.

Es ist daher nach VI^a

$$G_0 = 46,6447 \left\{ 1 + \frac{(1+0,00002673.5,1).0,001308.0,967}{2,642} \right\}$$

$$= 46,6447 \left(1 + \frac{1,000136.0,001265}{1,642} \right)$$

$= 46,0447.1,000479 = 46,6670$ Grm. wie dort,

und nach VII^a

$(A_0-G_0) = 18,1985.0,999813 (1+0,001308.0,968)$
$= 18,1985.0,999813.1,001266$
$= 18,2181$ Grm. wie dort.

Für VIII und IX war $t = 15^\circ C.$, $b = 0,\overset{m}{74} = 27''. 4'''.04$, $G_0 = 46,6762$ Grm. und $(A_0-G_0) = 18,21855$ Grm. und dabei ebenfalls $m = 0,00002673$ und $\sigma_0 = 2,642$ angenommen worden.

Demnach wird $n = t - 3,9 = 11,1$, $h = 0,999162$, $\alpha_1 = \lambda_1 = 0,001265$, $\alpha_2 = 0,948$ und $\lambda_2 = 0,947$.

Es ist daher nach VIII^a

$$G = \frac{46,6762}{\left\{ \dfrac{(1 + 0,00002673 \cdot 11,1) \cdot 0,001265 \cdot 0,947}{2,642} \right\}}$$

$$= \frac{46,6762}{\left(1 + \dfrac{1,0002967 \cdot 0,001198}{2,642}\right)} = \frac{46,6762}{1,000453} = 46,655 \text{ Grm. wie dort,}$$

und nach IX^a

$$(A - G) = \frac{18,21855}{0,999162(1 + 0,001265 \cdot 0,948)}$$

$$= \frac{18,21855}{0,999162 \cdot 1,001199} = 18,212 \text{ Grm. wie dort.}$$

Uebersicht.

Um Alles, was für die Anwendung zu wissen nöthig ist, bequem übersehen zu können, sind folgende Bemerkungen, als praktische Resultate dieser ganzen Abhandlung, den Hülfstafeln vorangestellt worden:

Erste Methode. Wenn bei einem Stande von t^o des Thermometers und b Pariser Linien des Barometers

G das Gewicht des leeren,

A das Gewicht des mit Wasser, und

F das Gewicht des mit der Flüssigkeit gefüllten

Glases bezeichnet; so ist das specifische Gewicht derselben

I., $\sigma = \dfrac{F-G}{A-G}$ (grö́fster Fehler $\pm 1\frac{1}{3}$ Einheiten in der dritten Decimalstelle),

II., $s' = \alpha (1 + 0,0011726\, k)$ (grö́fster Fehler $\pm 1\frac{2}{3}$ Einheiten in der vierten Decimalstelle),

III., $s = \sigma (1 + \alpha_1 \alpha_2\, k)$ (grö́fster Fehler $\pm 1\frac{3}{4}$ Einheiten in der sechsten Decimalstelle),

IV., $S = sh$ auf Wasser von der grö́fsten Dichte $= 1$ und

V., $S_0 = \dfrac{SV}{v}$ zugleich auf $0°C.$ Wärme der Flüssigkeit reducirt, wobei die Werthe von k, h, α_1 und α_2 aus den Hülfstafeln und die von V und v durch Versuche erhalten werden, indem bei demselben Gewichte der Flüssigkeit V das Volumen bei $t°$ und v das bei $0°$ bedeutet.

Zweite Methode. Wenn das Gewicht des leeren und des mit Wasser gefüllten Glases bezüglich mit

G_t und A_1 bei $\tau°$ Wärme und β Par. Lin. Luftdruck und mit

G_0 und A_0 bei $3,°C.$ Wärme und im luftleeren Raume bezeichnet wird; so ist

$$VI^a., \quad G_0 = G_1 \left\{ 1 + \frac{(1+mn_1)\lambda_1\lambda_2}{\sigma_0} \right\} \text{ Grm.,}$$

$$VII^a., \quad (A_0 - G_0) = (A_1 - G_1)\, h_1\, (1 + \alpha_1\, \alpha_2) \text{ Grm.,}$$

$$VIII^a., \quad G = \frac{G_0}{\left\{ \dfrac{(1 + mn)\lambda_1\lambda_2}{\sigma_0} \right\}} \text{ Grm. und}$$

$$IX^a., \quad (A - G) = \left\{ \frac{(A_0 - G_0)}{h\,(1 + \alpha_1\,\alpha_2)} \right\} \text{ Grm.}$$

Hierbei bezeichnet:

σ_0 die Dichte des gebrauchten Glases bei $3,°9\,C.$ und
m die kubische Ausdehnung desselben für $1°C.$ und in obigen Beispielen ist für weifses bleifreies Fensterglas $\sigma_0 = 2,642$ und $m = 0,00002673.$

Ferner ist:

$n = t — 3,9\,C.$ oder $n_1 = \tau — 3,9\,C.$ und die Zahlen h, α_1, α_2, λ_1, λ_2 werden aus den Hülfstafeln entnommen.

Aus den Wägungen bei τ und β von G_1 und A_1 berechnet man G_0 und $(A_0 - G_0)$ nach den Formeln VI^a und VII^a, nimmt aus wiederholten Wägungen die beiden arithmetischen Mittel und wendet sie für jede in *demselben* Glase bei t und b gewogene Flüssigkeit zu den Formeln I bis V an. Jede Flüssigkeit erfordert dann blofs die Bestimmung des Gewichts F mit Zuziehung der Formeln VIII^a und IX^a, und die als Mittel aus mehren Versuchen erhaltenen genauen Werthe von G_0 und $(A_0 - G_0)$ verlangen und erleichtern zugleich die genaue, auch wohl wiederholte Wägung von F und machen die zweite Methode zur genaueren und bequemeren.

Werthe von $k = \dfrac{1-\sigma}{\sigma}$ und deren Logarithmen.

σ	k	Log. k	σ	k	Log. k
0,670	+0,49254	9,69244	0,840	+0,19048	9,27984
675	48148	68258	845	18343	26348
680	47059	67264	850	17647	24667
0,685	+0,45985	9,66262	0,855	+0,16959	9,22940
690	44926	65251	860	16279	21163
695	43885	64232	865	15607	19332
0,700	+0,42857	9,63202	0,870	+0,14943	9,17442
705	41844	62163	875	14286	15490
710	40845	61114	880	13636	13470
0,715	+0,39860	9,60054	0,885	+0,12994	9,11376
720	38889	58983	890	12360	09200
725	37931	57900	895	11732	06937
0,730	+0,36986	9,56804	0,900	+0,11111	9,04576
735	36054	55696	905	10497	02108
740	35135	54574	910	09890	8,99520
0,745	+0,34228	9,53438	0,915	+0,09290	8,96800
750	33333	52288	920	08696	93930
755	32450	41122	925	08108	90892
0,760	+0,31579	9,49940	0,930	+0,07527	8,87662
765	30719	48741	935	06352	84210
770	29870	47524	940	06383	80502
0,775	+0,29032	9,46288	0,945	+0,05820	8,76493
780	28205	45033	950	05263	72125
785	27388	43757	955	04712	67321
0,790	+0,26582	9,42459	0,960	+0,04167	8,61979
795	25786	41139	965	03627	55954
800	25000	39794	970	03093	49035
0,805	+0,24224	9,38424	0,975	+0,02564	8,40694
810	23457	37027	980	02041	30980
815	22699	35601	985	01523	18266
0,820	+0,21951	9,34146	0,990	+0,01010	8,00437
825	21212	32658	995	00503	7,70115
830	20482	31137	1,000	0,00000	— ∞
835	19761	29580			

σ	k	Log. k	σ	k	Log. k
1,00	0,00000	— ∞	1,38	—0,27536	9,43991
01	—0,00990	7,99568	39	28058	44805
02	01961	8,29243	40	28571	45593
1,03	—0,02913	8,46428	1,41	—0,29078	9,46357
04	03846	58503	42	29577	47096
05	04762	67778	43	30070	47813
1,06	—0,05660	8,75285	1,44	—0,30556	9,48509
07	06542	81571	45	31035	49185
08	07407	86967	46	31507	49841
1,09	—0,08257	8,91682	1,47	—0,31973	9,50478
10	09091	95861	48	32432	51098
11	09908	99597	49	32886	51701
12	—0,10714	9,02996	1,50	—0,33333	9,52288
13	11504	06087	52	34210	53416
14	12281	08922	54	35065	54487
1,15	—0,13043	9,11539	1,56	—0,35897	9,55506
16	13793	13966	58	36709	56477
17	14530	16226	60	37500	57403
1,18	—0,15254	9,18339	1,62	—0,38272	9,58288
19	15966	20321	64	39024	59134
20	16667	22185	66	39759	59944
1,21	—0,17355	9,23943	1,68	—0,40476	9,60720
22	18033	25606	70	41176	61465
23	18699	27182	72	41860	62180
1,24	—0,19355	9,28679	1,74	—0,42529	9,62868
25	20000	30103	76	43182	63530
26	20635	31460	78	43820	64168
1,27	—0,21260	9,32756	1,80	—0,44444	9,64782
28	21875	33995	82	45055	65374
29	22481	35181	84	45652	65946
1,30	—0,23077	9,36318	1,86	—0,46237	9,66499
31	23664	37409	88	46809	67033
32	24242	38458	90	47368	67549
1,33	—0,24812	9,39466	1,92	—0,47917	9,68048
34	25373	40437	94	48454	68533
35	25926	41373	96	48980	69002
1,36	—0,26471	9,42376	1,98	—0,49495	9,69456
37	27070	43248	2,00	50000	69897

Werthe von h

oder die Dichte des Wassers bei t° C., wenn die gröfste
Dichte bei 3,°9 C. = I gesetzt wird.

t°C.	h	Diff.	log h	Diff.
0	0,999882		9,9999487	
1	0,999932	50	9,9999704	217
2	0,999962	30	9,9999835	131
3	0,999988	26	9,9999948	113
		12		52
3,9	1,000000		0,0000000	
4	0,699994	6	9,9999974	26
5	0,999985	9	9,9999935	39
6	0,999963	22	9,9999839	96
		37		160
7	0,999926		9,9999679	
8	0,999876	50	9,9999462	217
9	0,999813	63	9,9999188	274
10	0,999737	76	9,9998858	330
		90		391
11	0,999647		9,9998467	
12	0,999544	103	9,9998019	448
13	0,999429	115	9,9997520	499
14	0,999301	128	9,9996963	457
		139		604
15	0,999162		9,9996359	
16	0,999010	152	9,9995698	661
17	0,998848	162	9,9994994	704
18	0,998673	175	9,9994233	761
		186		809
19	0,998487		9,9993424	
20	0,998290	197	9,9992567	857
21	0,998083	207	9,9991667	900
22	0,997864	219	9,9990714	953
		228		992
23	0,997636		9,9989722	
24	0,997397	239	9,9988681	1041
25	0,997149	248	9,9987601	1080
26	0,996890	259	9,9986472	1129
		268		1167
27	0,996622		9,9985305	
28	0,996345	277	9,9984098	1207
29	0,996060	285	9,9982855	1233
30	0,995684	376	9,9981215	1640

Werthe von α_t und λ_t *).

Barometer '' '''	α_1 oder λ_1	Barometer '' '''	α_1 oder λ_1	Barometer '' '''	α_1 oder λ_1	Barometer '' '''	α_1 oder λ_1
24 0	0,001111	25.3	0,001169	26.6	0,001227	27.9	0,001285
1	1115	4	1173	7	1231	10	1288
2	1119	5	1176	8	1234	11	1292
3	1122	6	1180	9	1238	28.0	1296
4	1126	7	1184	10	1242	1	1300
5	1130	8	1188	11	1246	2	1304
6	1134	9	1192	27.0	1250	3	1308
7	1138	10	1196	1	1254	4	1311
8	1142	11	1200	2	1258	5	1315
9	1146	26.0	1203	3	1261	6	1319
10	1149	1	1207	4	1265	7	1323
11	1153	2	1211	5	1269	8	1327
25.0	1157	3	1215	6	1273	9	1331
1	1161	4	1219	7	1277	10	1335
2	1165	5	1223	8	1281	11	1338

Werthe von α_2 und λ_2.

Thermometer C	R	α_2	λ_2	Thermometer C	R	α_2	λ_2	Thermometer C	R	α_2	λ_2
0	0	1,000	1,000	11	8,8	0,961	0,960	21	16,8	0,929	0,927
1	0,8	0,996	0,996	12	9,6	0,957	0,957	22	17,6	0,926	0,924
2	1,6	0,993	0,993	13	10,4	0,954	0,954	23	18,4	0,923	0,921
3	2,4	0,989	0,989	14	11,0	0,951	0,950	24	19,2	0,920	0,917
4	3,2	0,985	0,985	15	12,0	0,948	0,947	25	20,0	0,917	0,914
5	4,0	0,982	0,982	16	12,8	0,944	0,943	26	20,8	0,914	0,911
6	4,8	0,978	0,978	17	13,6	0,941	0,940	27	21,6	0,911	0,908
7	5,6	0,974	0,974	18	14,4	0,938	0,937	28	22,4	0,908	0,905
8	6,4	0,971	0,971	19	15,2	0,935	0,933	29	23,2	0,905	0,902
9	7,2	0,968	0,967	20	16,0	0,932	0,930	30	24,0	0,903	0,899
10	8,0	0,964	0,964								

*) Die Werthe von α_1 und λ_t weichen erst in der siebenten
Decimalstelle um 1 bis 2 Einheiten von einander ab und
können daher in den sechs ersten als gleich betrachtet
werden. Es sind überhaupt in diesen Hülfstafeln die Zahlen mit so vielen Decimalstellen eingetragen worden, als
die Berechnung sehr genauer Versuche und namentlich mit
solchen Wagen erfordert, deren Empfindlichkeit 1:1000000
ist. Nur für k sind die fünf, den fünfstelligen Logarithmen entsprechenden Decimalstellen beibehalten worden,
obschon nur drei angewendet werden, wie auch in dem
Beispiele zu der Formel III^a geschehen ist.

Mittheilungen vermischten Inhalts;

von

K. W. G. Kastner.

A. Zur Bewegungslehre.

1) *Strahlung.*

Bei meinen Vorträgen über Experimentalphysik erläutere ich die Gesetze der Rückstrahlung, von parabolisch gekrümmten Hohlflächen, gemeinhin an zwei einander gegenüber gefestigten, von Körner zu Jena gefertigten, grofsen weifsblechenen Spiegeln, und lasse dabei gewöhnlich zuerst die Strahlen des *Schalles,* dann jene der *dunklen Wärme,* hierauf die des *Feuers* und endlich jene des *Lichtes,* aus dem Brennraum des einen Spiegels in den des andern zurückfallen; auch pflege ich wohl der Schallspiegelung noch die Rückwerfung *strömender Gase* dadurch voranzuschicken, dafs ich, mittelst eines einfachen Hörrohrs oder durch einen, an seiner Mündung umgebogenen kleinen Handblasebalg, vom Brennraume des einen der Spiegel aus, gegen dessen Hohlfläche hin, Luft blasen oder wehen lasse, während im Brennraume des Gegenspiegels, Hollundermarkkügelchen oder Papierstreifen an einfachen Seidenfäden oder (der Drehschwingung nicht unterworfenen) Spinnenfäden frei hängend schweben. Um jedoch die Rückstrahlung der Wärme (der Hitze wie der Kälte) gleichzeitig für Alle vollkommen sichtbar zu machen, stelle ich zuvor die eine, rothfarbigen Weingeist enthaltende, gläserne Hohlkugel eines, dem Kryophorus ähnlich geformten, doppeltkugeligen Pulshammers, mittelst eines passenden Stativs so, dafs sie genau in Mitten des Brennraums des einen der Spiegel unbeweglich steht, während gegenüber, in dem Brennraume des andern Spiegels, z. B. eine bleierne Hohlkugel hängt, die unmittelbar zuvor mit Schwefelsäure und so viel Wasser, als zur heftigsten Erhitzung nöthig, gefüllt und mittelst eines Bleistöpsels verschlossen worden war, oder während, statt dessen, in diesem

Brennraum Aether verdampft, oder eine kaltmachende
Mischung die Fühlwärme mehr oder weniger beträchtlich herabstimmt. Ueberzieht man hierbei die im Brennraume des ersten Spiegels befindliche Pulshammerkugel
mit farblosem nicht zu dichten Flor, so läfst sich der
Einflufs rauher Flächen, auf Spiegelung der Wärme wie
auf Anwärmung, leicht veranschaulichen, und wählt man
dazu schwarzen oder nach einander verschieden - aber
stets dunkelfarbigen Flor, so kann man auch die Wirkungen des Lichtes auf dergleichen Flächen deutlich
machen.

2) *Schallverstärkung zur Nachtzeit.*

Bekanntlich leitet man das Weiterhören bei Nacht
von der nächtlicher Weile statt findenden gröfseren Er-
wärmungsgleichförmigkeit der Luft ab, die am Tage
durch örtliche Ungleichheit der Luftdünne sich gemin-
dert zeigt, und mithin, da im letzteren Falle der Schall
(beim Uebergehen aus dem dichteren in das dünnere
Mittel) einem Theile nach zurückgeworfen wird, Schwächung des Schalles zur Folge hat. Es ist aber nicht nur
diese Schwächung des Schalles, was ihn bei Tage weniger hören macht, sondern es ist vorzüglich auch die
durch solche Rückwerfung eintretende Verwirrung im
Wahrnehmen (Hören) desselben, was an dieser Art von
Kürzung seiner deutlichen Hörbarkeit Antheil hat. Die
Hauptquelle für die Ungleichförmigkeit der Luft, und
damit für diese Verwirrung, scheint mir in jenen (die
Wolken tragenden) Luftströmen gesucht werden zu müssen, welche am Tage (und auch Abends so lange, bis
sich die Erde hinreichend abgekühlt hat) von der durch
Sonnenwärmung unaufhörlich erhitzten Erdoberfläche
aufsteigen, und die H. B. Saussure durch *Courantes
ascendentes* bezeichnete; m. Meteorologie II. 2. S. 101
Anm. Wenigstens spricht dafür das bekannte Nicht-
klingen von Gläsern, welche, mit Brauseweinen (oder
Brausebieren, oder mit Gemischen von Natronbicarbo-
natlösung und etwas starker Säure) etwa bei Zweidrit-
tel ihrer Höhe ausgestofsen werden, und nun nicht nur

schwächeren, sondern auch klanglosen verworrenen Schall entwickeln. Daſs auſserdem die gemeinhin zur Nacht-zeit statt habende Minderung des Tagesgeräusches, so wie die der Störung der Aufmerksamkeit des Hörenden, an dem nächtlichen Weiterhören Antheil haben, steht auſser Zweifel.

3) *Experimentelle Nachweisung des Einflusses der Luft-strömungen auf den Barometerstand.*

Richtet man einen Handblasebalg wagerecht (und noch wirksamer, etwas aufwärts) gegen jene Luftschicht, welche einige Linien hoch über dem Merkurspiegel des kürzeren Schenkel eines Heberbarometers schwebt (in-dem man auf diesen Schenkel eine Röhre horizontal festigt, welche oberhalb des Merkurspiegels unten und oben durchlöchert worden) und setzt den Blasebalg nun in Bewegung, indem man Luft ein- und auspumpt, so mindern die dadurch erzeugten Luftströme, so lange sie dauern, den senkrechten Druck der Luft hinreichend, um ein zwar geringes, aber doch merkbares Fallen des Merkur in dem längeren Schenkel zur Folge zu haben. Hauksbée, der hierher gehörige Versuche vor mehr denn hundert Jahren zuerst anstellte (Physico-Mechan. Exper. p. m. 115 etc.), benutzte dazu in einem Ballon stark zusammengepreſste Luft, die er, mittelst eines an dem Ballon befindlichen Hahnes, in ein an beiden Enden offenes langes Rohr treten lieſs, das oberhalb des Mer-kurspiegels, des kürzeren Barometerschenkels, durch eine Oeffnung den Zusammenhang der Luft dieses Schenkels mit jenem des Rohrs gestattete; ein Blasebalg leistet aber gleichen Dienst. — In wiefern jene jeweilig tiefsten Barometerstände, welche von einer Gegend tiefsten Stan-des ausgehend, sich ringsum mit allmäliger Minderung einstellen *), zum Theil durch andauernde nahe hori-

---

*) Vergl. H. W. Brandes de repentinis variationibus in pres-sione atmosphaerae observatis etc. Ueber neuere hierher gehörige Central-Barometerfallen; m. Arch. IX, 237. K.

zontale Luftströme, oder grofse Luftwellen bewirkt werden? — steht noch zu ermitteln.

4) *Himmelsbläue.*

Wie man weifs, zeigt der Himmel, zumal jener der Zenithalgegend, wenn er im hohen Grade dunstfrei ist, ein eben so reines als tiefes Blau; Newton leitet dasselbe bekanntlich von der Reflexion des Blaulichts ab, welche die Luft vollzieht, während sie die übrigen Farblichte verschluckt; Göthe u. A. liefsen es entstehen aus dem Schauen des Dunkeln (oder Trüben) durch ein lichtes Mittel hindurch, wie umgekehrt Lichtes durch Trübes gesehen roth erscheint; die Chemiker hingegen betrachten es gewöhnlich als Folge des angeblich Ansichblauseins der Luftmasse, das jedoch nur merkbar werden könne, wenn man die Luft in grofsen Massen vor Augen habe, wogegen jedoch v. Saussure einwirft, dafs aus grofsen Fernen gesehene weifse Berggipfel weifs und nicht blau erscheinen, was sie doch müfsten, wenn die Luft an sich blau wäre. Dieser Einwurf verliert jedoch von seiner Stärke, wenn man erwägt, *a)* dafs die zwischen zwei entfernten Gletschergipfeln lagernden Luftmassen, verglichen mit jenen, welche dem Auge entgegenstehen, wenn es zum Zenith aufwärts blickt, immer nur als Massen von geringer Mächtigkeit gelten können; *b)* dafs auch andere gasige, in kleinen Massen farblos scheinende Stoffe, blau hervortreten, wenn sie hinreichend angehäuft worden; z. B. Kohlensäure *) und *c)* dafs

---

*) Wie meine, im Herbst 1823 zu Faehingen veranstalteten Beobachtungen darthaten; m. Arch. I, 356 ff. XVI, 328. Um die Arbeiter, bei der damaligen Neufassung des Mineralbrunnens, gegen die Carbonsäure zu schützen, mufste diese 6 — 7 Wochen hindurch ununterbrochen entfernt werden. Es gelang solches vollkommen mittelst eines, auf den Rand des Brunnenschachtes, von Backsteinen gesetzten, vom Aschenheerde aus mit einer (bis nahe zur Sohle des Brunnens hinabreichenden) aus hölzernen Bohlen zusammengefügten Zugröhre versehenen Windofens; sobald die Carbonsäure aus der oberen Ofenöffnung mit heraasstieg, färbte

zwischen Newton's Dafürhalten und der Annahme jener
Chemiker, der Unterschied nichts weniger als sehr bedeutend ist; denn nach Newton bieten die farbigen
Stoffe überhaupt darum eine bestimmte Farbe dar, weil
sie die zu ihrer Farbe gehörigen Farblichte des auffallenden Weifslicht zurücksenden, die übrigen hingegen
in sich aufnehmen und zurückbehalten. Dafs indessen
die Bläue des Himmels weder mittelst eines farblosdunk-
len Hintergrundes und lichten Vorgrundes, noch durch
einen Ergänzungs-Gegensatz erregenden Eindruck des
an sich nicht weifsen, sondern (angeblich) gelblichen oder
röthlich-gelblichen Sonnenlichtes im Auge, als rein
subjectiv, hervorgebracht werde, dagegen spricht schon
die Spiegelungsfähigkeit solchen (Himmels-)*Blaulichtes*;
wie man dieses nicht nur in jedem, den Himmel frei
über sich habendem Wasser etc., sondern sehr schön
auch im zu Lichtversuchen eingerichteten finstern Zimmer wahrnehmen kann, wo sich, wenn man das Tages-
licht, durch eine hinreichend grofse (durch ihre Gröfse,
Beitritt von Beugungs-Phänomenen bis zum Verschwinden schwächende) Oeffnung hineinfallen läfst, neben den
Umrissen etwa mit am Himmel befindlicher Einzelwol-
ken, die Bläue des Himmels, auf gegenüber befindliche
Weifspapiertafeln, sehr rein spiegelt*).

---

sich die sie begleitende Dunst- oder Rauchsäule satt blau.
Im Kleinen zeigt jede Wolke guten Rauchtabacks bekanntlich etwas Aehnliches. 　　　　　　　　　　**K.**

*) Die Oeffnung dieses, mittelst geschwärzter Fensterhöhlen-
Ausfüllungen, lichtdicht herstellbaren Zimmers ist so eingerichtet, dafs ich sie durch verschiedene Vorrichtungen
schliefsen kann, die ich einsetze um die Gesetze der Spiegelung, Brechung, Beugung, Strahlentheilung (bewirkt sowohl
durch Spiegelung, als auch durch Brechung) Farbenbil-
dung-, Umstimmung-, Dämpfung etc. in ihren Wirkungen
jedem Anwesenden sichtlich veranschaulichen zu können.
Unter den letzteren Phänomenen gewähren ungemein pracht-
volle Bilder: mehrfache Erhabenspiegel, welche prismatische
Farbenbilder und ganze Farbenkreise auffangen. 　　**K.**

5) *Ab- und aufsteigende Bewegungen tropfbarer Flüssig-keiten.*

Aehnlich jenem oben erwähnten *Courant ascendent* er-folgen, wie man weifs, die Bewegungen dünnerer tropf-barer Flüssigkeiten aufwärts in dichteren und dieser ab-wärts in dünneren, z. B. beim Passevin und dessen Ver-tretern. Zu diesen wähle ich theils farblosen Weingeist, den ich aus einem hohlen Glasfufse in den darüber be-findlichen, mit geröthetem Wasser gefüllten Glaskelch treten lasse, wo dann gleichzeitig die sattrothen Was-serstreifen sichtlich abwärts fliefsen, oder auch durch etwas Safrantinctur gefärbtes warmes Wasser, das ich in farblose oder blaue gesättigte Kochsalzlösung aufstei-gen lasse. Es erläutern dann diese sehr einfachen Ver-suche a) die *Druckverhältnisse ungleich dichter Flüssig-keiten,* b) die mögliche *Uebereilung der Mischungsthätig-keit* mischbarer Flüssigkeiten *durch Fall-* und *Druck-Bewegung* (woraus dann zugleich — gegen Parrot d. ä. — hervorgeht, dafs die Mischungs-Geschwindigkeit die Fall-Schnelle nicht überbietet) und c) das *Aufsteigen sü-fser Quellen* im *Meerwasser.*

6) *Wurfbewegung.*

Der Zeitpunct, in welchem man, Prof. v. Stein-heil's Versuchen gemäfs, die *Schwungscheibe* (Centri-fugalmaschine) benutzen wird, sowohl zur Bestimmung der *Cohärenz* starrer Körper, als vorzüglich auch — statt der Schiefsgewehre, Kanonen, Bombenmörser etc. — zum Werfen von kleinen oder grofsen Geschofsku-geln, dürfte noch fern sein; wiewohl, wenn dieser Zeit-punct nahe wäre, sehr bald grofse Ersparungen an Schiefspulver und zugleich auch beträchtliche Vortheile in der Messung der Festigkeit der Körper eintreten dürf-ten; darum möge es einstweilen versucht werden, die Wirkung des Schiefspulvers möglichst zu verstärken, ohne dasselbe durch fremde Zusätze zu vertheuern und für den Gebrauch gefahrvoller zu machen. Erwägt man, dafs mit der Vermehrung des Widerstandes der Ladung

eines Pulver-Wurfgeschosses nothwendig auch die Kraft
des Pulvers wachsen muſs, weil dessen Gase sich mit
geringerem Verluste (z. B. in der Pulverkammer der
Bombenmörser) werden sammeln können und durch die
gröſsere Erhitzung an Spannung ungemein gewinnen müssen, so folgt von selber, daſs Versuche *mit* — den In-
nenwänden des Geschosses *höchst innig anschlieſsenden*,
erforderlichen Falls durch Blei angeschmolzenen *Ladungs-
massen*, dahin führen werden, die Minderung jener
Schieſspulvermengen festzusetzen, die durch solches An-
schlieſsen zu erzielen sind; sie dürften jedenfalls sehr
beträchtlich sein, ja vielleicht den Pulverbedarf auf $\frac{2}{3}$
des bisherigen zurückbringen, wenn man mittelst desselben über die bisherigen Leistungen nicht hinausgehen
will.   Auch würde die Wirkung der Gewehre, Büchsen,
Pistolen u. s. w. ohne Zweifel beträchtlich gesteigert werden, wenn man die *Härte* der Kugeln, Posten etc. er-
höhete; Zusätze von Zink, so wie von Stib, befördern
die Härte des Bleis im hohen Grade, ohne zugleich die
Dichte der Masse im gleichen Verhältniſs zu mindern.

7) Concentrische Wellen.

Concentrische Wellen, Poisson's *Wellenzähne*, die
sich in jedem Tropfbaren vor der groſsen Welle bilden,
sah ich in vorzüglicher Reinheit hervorgehen, wenn ich
sie sich in flieſsendem Merkur vorübergehend gestalten
lieſs; wässrige Flüssigkeiten zeigten sie nie so deutlich.
(Vergl. auch m. Arch. VII, 50.)

8) *Axendrehung frei fallender und Elltpsenbahnen an Fäden hängender Kugeln.*

Um frei fallende Kugeln, während ihres Falles, zur
Drehung um ihre Axe zu bringen, schnelle ich sie im
Entlassungs-Augenblicke mit den Fingerspitzen derselben Hand aufwärts, aus der ich sie entlasse; die *Fall-
zeit wird dadurch merklich verzögert*. Festige ich eine
Kugel an einen Faden, den ich mit dem freien Ende
durch einen, an einem passenden Stativ gefestigten Ring
lege, um dieses Ende mit der linken Hand zu halten,

lasse dann die Kugel im Kreise schwingen und ertheile ihr hierauf mit der rechten Hand einen Stofs, der nicht in der Richtung der Tangente des Kreises geführt worden, so schwingt sie in kürzeren oder längeren *Ellipsen.*

B. Zur Geologie und Meteorologie.

1) *Aeltester und jüngster Erdfall.*

Des bekannten *ersten Erdfalls* gedenkt, irre ich nicht, Moses; s. B. V. Cap. 11, v. 6.? »Was er Dathan und Abiram gethan hat, den Kindern Eliabs, des Sohnes Rubens, wie die Erde ihren Mund aufthat, und verschlang sie mit ihrem Gesinde und Hütten, und allem ihren Gut, das sie erworben hatten, mitten unter dem ganzen Israel.« Und IV. Cap. 16, v. 30 — 33., wo jedoch hinzugefügt wird, dafs, nachdem die Rotte Korah, wie es Moses vorausgesagt, von der Erde verschlungen war, *diese sich wieder schlofs,* und — dafs *Feuerausbruch* den ganzen Hergang begleitete. Der *jüngste Erdfall* ist jener, vulkanisch veranlafste, im Glöckelsberg, $2\frac{1}{3}$ Stunden von Strafsburg, den 22. März vorigen Jahres mit einer ersten furchtbaren Verpuffung begonnene und den 25. desselben Monats, in Folge einer vierten Verknallung im Innern der Erdrinde dortiger Gegend, beendete, der bei dem Dorfe Bläsheim einen 150 Fufs langen und 9 bis $10\frac{1}{2}$ Fufs breiten Rifs von unabsehbarer Tiefe zur Folge hatte, aus dessen schwachen Dunst oder Rauch entlassendem Abgrunde, wie Horchende meinen: dem Sieden von Wasser, oder dem Brausen des Meeres ähnliches Geräusch herauf zittert, während auf der entgegengesetzten (Landstrafsen-) Seite des Berges gröfsere Massen von Erde aufgeworfen erscheinen, als zuvor hier gesehen wurden. Vergl. Froriep's Notizen 1841. S. 328 (XVII. Bd. Monat März, Nr. 21). Sollte es nicht möglich sein über das Ereignifs und seine Folgen bestimmtere Auskunft zu erhalten?

2) *Dünen-Bildung und -Fortrücken, sammt Landzuwachs längs mancher Meeresküsten.*

Wenn man, wie vor einigen Jahren ohnfern Bourgneuf

(in der Gegend von Rochelle) geschah*), die Behauptung:
dafs die Meeresküste seeeinwärts, binnen verhältlich
wenigen Jahren, um sehr beträchtliche Strecken, sich
erweitert habe, handgreiflich erwiesen sieht, während
andere Küstengegenden hierin mehr oder weniger auffallend zurückblieben, so wird man genöthigt, statt
hierbei an ein fortschreitendes *Gehobenwerden des Landes*
oder andauerndes *Tiefersinken***) und dadurch bewirktes
Zurücktreten des Meeres zu denken, nach anderen, mehr
örtlich wirkenden Ursachen des längs solcher Küstengegenden eingetretenen Landzuwachses zu fragen. Zu
diesen mehr örtlich wirkenden Ursachen dürften hauptsächlich zu zählen sein: ungewöhnliche *Erdstaubzufüh-*
rungen durch *Austreten der Flüsse* in regenreichen Jahren
und darauf erfolgendes Sich-zurückziehen von dergleichen Flüssen in ihr Bette; denn nicht nur erhalten die
Flüsse unter diesen Umständen mehr Erdstaub beigemengt, als sonst gewöhnlich, sondern sie führen ihn,
sammt jenem, welcher ihr Bette bildet, auch schneller

---

*) Es fand sich im Frühling des laufenden Jahres auf einem
Acker, in der Nähe der Küste von Bourgneuf, das versandete
Wrack eines im Jahr 1752, also vor nun 88 — 89 Jahren,
in dortiger damaliger Seegegend versunkenen *englischen*
Linienschiffes. Das Wasser ist also, fügt der Berichterstatter
(vergl. Froriep's Notizen a. a. O.) hinzu, in dieser Zeit
um mehr als 5 Meter gefallen, setzt dann aber hinzu: im
Bresterhafen ist es immer gleich hoch geblieben. K.

**) Dieselbe Ursache, die plötzliches Zurücktreten des *Meeres*
während der Erdbeben und vulkanischer Ausbrüche zur
Folge hat — meiner Folgerung nach: Bildung luftleerer
Hohlräume unterhalb des Meerbeckens, gemäfs eingetretener
plötzlicher Verbrennungen von Knallgasgemischen; verbunden mit, für sehr grofse Strecken auch bei grofser
Dicke des Beckengesteins sehr wohl denkbarer, Einbiegung
des Beckens, bis zur Wiederherstellung des inneren Gas-
gegendrucks — sie kann und mufs nothwendig auch allmälig und ununterbrochen zunehmend wirken, wenn aus
dem Innern der Erdrinde; z. B. durch Vulkane, andauernd
Raum-erfüllende und gegendrückende, starre wie gasige
Stoffmasse entfernt wird; s. m. Arch. XXVII, 235. K.

und mithin letztere in gröfseren Mengen seewärts ab,
weil sie, bei höherem Stande ihres Wassers mit gröfserer Druckgewalt bewegend eingreifen; ferner ungewöhnliche Einwirkungen derselben Ursachen, welche
die *Dünenbildungen,* wie deren landeinwärts statt fjnden-
des *Fortschieben* zur Folge haben; diese Ursachen sind
aber die *Seewinde,* die, wenn sie innerhalb verhältlich
kleiner Zeitdauern sich ungewöhnlich oft in Seestürme
derselben (Seewind-) Richtung verwandeln, auch Unge-
wöhnliches zu leisten vermögen, und die in ihrer Wirksamkeit um so mehr verstärkt werden, wenn die Welt-
gegendlage der Küstengegend den Beitritt anderer Winde
zu den eigentlichen Seewinden begünstigt; so dafs dadurch die entgegengesetzten Wirkungen der Landwinde
beseitigt werden. Dafs solche Ungleichheit der Staub-
bewegungs-Einwirkung der See- und Landwinde wirklich statt habe, zeigten mir schon, während meiner
frühen Jugendzeit, die vaterländischen Dünen*), wenn
ich ihre dém Lande zugewendeten Seiten mit jenen der
seewärts anstehenden verglich.

3) *Gestein-Verwittern.*

Die Hauptquelle für die Verwitterung der Felsen
(wie der Bausteine in den Gebäuden), glaubte der verewigte T u r n e r suchen zu müssen in dem Gefrieren
und Wiederaufthauen eingedrungenen Wassers**). Dafs
werdendes Eis sehr beträchtliche Zerklüftungen herbeiführen wird, falls das dazu erforderliche Wasser bereits in die Gesteinzwischenräume eingedrungen ist,
steht aufser Zweifel; allein das hierzu erforderliche
Eindringen des Wassers würde dort nicht möglich werden,
wo es sich in den nächsten Umgebungen des Gesteines
nicht von der Anwesenheit des tropfbaren Wassers handelt, wenn nicht eine andere Verwitterungsursache die

---

*) Vergl. m. Arch. XVIII, 205. u. s. w. XIX, 407. XXVII, 136.
                                                              K.

**) Wie furchtbar grofs die Zertrümmerungskraft entstehen-
   den Eises zu werden vermag, darüber liegen sehr bestimmte
   Versuche vor; a. a. O. XVIII, 235.   K.

Beischaffung solchen Wassers vermittelte. Diese weitere Ursache bietet dar 1) die mit gasigem Wasser (Wasserdampf) erfüllte Luft, verbunden mit der andauernden (bei niederen Felsflächen *nächtlichen*) Abkühlung des Dampfes bis zur Nafs- oder Thaukälte, so weit in die Felszwischenräumchen hinein, als das Gas einzudringen vermochte; 2) das solches Wassergas begleitende *Kohlensäuregas*, das durch das tropfbar gewordene Wasser verschluckt, den Gesteinflächen in verdichteter, starker Adhäsion entwickelnder Form zur chemischen Einwirkung dargeboten wird, und 3) das mit eindringende, von Seiten metallischer Substanzen der chemischen Anziehung und Bindung unterliegende *Sauerstoffgas*. Turner nimmt ebenfalls auf beide Gase, auf das CO_2- und das O-Gas aber nur als auf spätere Beihülfen zur Verwitterung Rücksicht; allein beide begleiten schon gleich von vorn herein das eindringende Wassergas, und das O-Gas scheint selbst dort, wo ewiger Schnee die Gebirgsgipfel deckt, zu dem und in das Gestein zu dringen: denn der *Schnee verschluckt die atmosphärische Luft* nicht *ungetheilt*, sondern theilweise, nämlich mehr als 21 Procent Volum O-Gas, und daneben auch mehr als $\frac{1}{1000}$ CO_2-Gas, und vermittelt deren Annäherung zu jenem Wasser, welches (in Folge tieferer von Seiten des Innengesteins hinaufgeleiteter Erdwärme) in den Gletschern als wärmerer Dampf aufsteigend diese, innerhalb der nächsten Umgegend ihrer Höhenaxe, theilweise schmilzt und dadurch selbst in tropfbares Wasser verkehrt wird. In dem *schnee*reichen Winter $18\frac{29}{30}$, der ganz Deutschland und selbst südwestliche angrenzende Lande unausgesetzt mehre Wochen hindurch in beträchtlicher Höhe bedeckt hielt, fand ich, durch Boussignault's hierher gehörige Versuche innerhalb oder oberhalb der Schneegrenze gesammelter atm. Luft und Prout's neuere Bestimmungen der Einzelgasverhältnisse der atm. Luft veranlafst [*]), wiederholt nur sehr nahe 20,8 $\frac{0}{0}$ O-Gas. Eine 4te fernere, vielleicht sehr allgemeine Verwitte-

---

[*]) a. a. O. XXIV, 123.   **K.**

rungs-Veranlassung der Gebirge liegt, meines Erachtens, vor: in den electrischen Entladungen der Gewitterwolken, sowohl in den Blitzen, als selbst auch in den Erschütterungen des Donners, an denen die höheren Gebirgsmassen bekanntlich sehr nachdrücklich Theil nehmen, und nicht weniger in den electrischen Gegenwirkungen der festen Erdmasse, mithin des Electricität hinaufleitenden Gesteines. Die letztere Electricitätsquelle wird wahrscheinlich zum allgemeinsten Vermittler von *Zersetzung des* in den Felsfugen an den Gesteinflächen haftenden *Wassers:* bewirkt durch die von unten her einströmende Erd-electricität und die von oben her gegenwirkende Wolken- und Luftelectricität *). Unter geogr. Breiten übrigens,

---

*) Die älteren Chemiker nannten das Verwittern der Gesteine eine *steinige Gährung* (Fermentatio fossilis) und in der That fallen die Hauptbedingungen dessen, was man jetzt vorzugsweise *Gährung* nennt, mit den meisten Verwitterungsbedingungen zusammen; die *steinige Gährung* kann, wenn man jenes zugesteht, als eine *verkehrte geistige* Gährung betrachtet und zunächst der *sauren* Gährung bei oder übergeordnet werden; denn während bei der geistigen Gährung *Carbonsäure* (gebildet und) *entlassen* wird, erliegt diese gasige Säure bei der steinigen der *Bindung* (durch basische Metalloxyde); wiewohl es auch hier in manchen Fällen zu mächtigen CO_2-Bildungen kommen mag; denn das Eisenoxydulkarbonat unserer Stahlquellen verdankt seine CO_2-Säure, wie sein FeO und auch seine SiO_3, aufser dem O der Luft (und des Wassers) doch wohl nur der Verwitterung C, FeO u. SiO_3 etc.-haltiger Gesteine, z. B. der Hornblende und des Augits des *Kieselschiefer* — dessen Carbon oder Silic, oder vielleicht: dessen noch nicht zu Carbon oder zu Silic umgestimmter Carbonsilicstoff (Winterl's Andronie) in A. v. Humboldt's Versuchen (v. Crell's Ann. 1795. II, 114.) dieses Gestein zum guten Electricitätsleiter erhob —, des *schwarzen Jaspis*, z. B. der *Memnonssäule* und des *Lapis aethiopicus*, den v. Veltheim d. ä. jedoch, so wie das Memnonsgestein für *Basalt*, und nicht, wie man damals meinte, für sog. »schwarzen Granit« hielt (a. a. O. 1794. I, 284.), des *Syenit* etc. etc. Dafs solchen Weges jene Stahlquellen ins Dasein gelangten, welche die Bildung und Ablagerung der beträchtlichen *Ocherlager* der hohen Rhön darbieten, darüber wird Niemand streiten, der diese Lager

in denen es selbst in sehr beträchtlicher Höhe gar nicht
zur Vereisung des Wassers kommt, kann auch das Eis
nicht als Verwitterungsursache in Anspruch genommen
werden, sondern man wird sich für solche Fälle nur an
die übrigen Verwitterungsquellen und unter diesen übrigen 5) vorzüglich auch an das *Regenwasser* zu halten
haben, wiewohl in einzelnen Fällen 6) auch unmittelbar
chemisch bewirkte *Wasserzersetzungen* an den Gebirgs-
verwitterungen bedeutenden Antheil haben; wie mir
dieses der *Keupersandstein* unserer Gegend (Umgegend
von Erlangen) unwidersprechlich nachweisen liefs. Ich
fand nämlich schon vor einigen Jahren, in verschiedenen
Steinbrüchen desselben, ein dem Arsenkies hinsichtlich
der Farbe sehr nahe kommendes, vorläufigen Versuchen
zufolge, zum *Schwefelkies* gehöriges Gestein*), das, sobald es, unzerkleint, in Wasser gelegt wurde, alsbald,
nicht selten in wenigen Stunden, in dunkelocherfarbene
Oxyde zerfiel und dann dem Wasser gesäuerten Schwefel
überlassen hatte. Ebenso leicht zerfiel es, in gleicher
Weise, wenn es von feuchter Luft umgeben war, während es sich hingegen in *trockner* Luft Jahre lang ganz
unverändert erhält. Wo dieses Fossil vorkommt, bewirkt
es, falls feuchte Luft oder gar tropfbares Wasser hin-
zutritt, eine sog. *Fäule;* ein Uebelstand, mit dem unter

mit denen dort befindlichen, aus Feldspath entstandenen,
mächtigen *Thonablagerungen*, z.B. mit denen zu Oberhausen (unterhalb der Wasserkuppe), Abtsrode, Hasenhof etc., so wie mit
den Eisensäuerlingen Unterfrankens, insbesondere mit jenen
zu Booklet vergleicht. Aehnliche Thonlager bilden vermuth-
lich die Unterlage des sog. *rothen Moors* der hohen Rhön,
dessen Wässer als Wetterpropheten gelten, *weil sie sich
kräuseln,* wenn *Gewitter* bevorstehen, und ebenso aller übrigen, also auch die des *schwarzen Moors* jener Gegend; wie
denn auch jene *Thonschichten*, welche dort Basalt und Mu-
schelkalk, oder auch bunten Sandstein, als Ausgehendes scheiden, und ebenso jene, welche wahrscheinlich die dortige
Braunkohle (z. B. am grofsen Auersberge und bei Rückers)
über sich tragen. K.

*) Zu dessen vollständigen Untersuchungen mir hoffentlich
noch in diesem Herbste (1841) Zeit übrig bleiben wird.
K.

andern jene zu kämpfen haben, welche die zu dem Donau-
Main-Canal erforderlichen Sandsteinblöcke, in schon
behauener Form, zu liefern sich anheischig gemacht
haben; denn nicht selten zeigen sich in einem, dem Ansehen nach ganz makelfreien Sandsteinblock, nach wenigen Monden, ja schon nach einigen Wochen, unzweifelhafte Merkmale eintretender Fäule. Auch enthält dasselbe
schwefelkiesähnliche Gestein den Grund, warum der
aus durchbohrtem Keuperstandstein und Thongestein
hervorbrechende mächtige *Bohrbrunnen bei Bruck* (m.
Arch. XXVI, 276.) zwar in der Regel kein aufgelöstes
Eisen, stets aber schwache Trübungen, bewirkt durch
Eisenoxydhydrat, mit zu Tage bringt.

4) *Fischabdruck im sog. Urgebirge.*

Schon vor 11 Jahren machte ich auf einen, von mir
im Herbst 1827 in einer *Syenit*-ähnlichen Gebirgsmasse
(des Swinemünder Molenbaues) aufgefundenen Abdruck
einer, anscheinend von einem Knorpelfische stammenden
Wirbelsäule aufmerksam, in der Absicht, genauere Untersuchung desselben zu veranlassen; m. Arch. XVIII, 241.
u. 440. Jüngst stiefs ich auf die, lange vor mir
vom Hofmarschall v. Racknitz in den Ann. der Soc.
f. d. ges. Mineralogie zu Jena (I, 316) brieflich mitgetheilte Bemerkung: »dafs er ein Stück *Granit* aus der
Oberlausitz besitze, *in welchem der tiefe Eindruck eines
sehr deutlichen ziemlich grofsen Fisches* zu sehen ist.«

5) *Meteorsteinfall.*

Münster (Munsterus) gedenkt eines nicht 1492,
sondern schon im Jahr 1484 »zu Emsüfsheim (Ensisheim)
im Elsalz«, dritthalb Centner schweren Meteorsteins,
sowie eines früheren, im Jahr 1130, wie ein Menschen-
kopf grofs aus den Wolken gestürzten; zugleich gedenkt
(1609) der Berichterstatter (Wolfg. Hildebrand*) des
zu Niederreiser bei Buttstädt in Thüringen (im Grofsherzogthum Weimar) den 26. Juli 1581, zwischen 1 u.
2 Uhr Nachmittags, mit *heftigem hellen Donnerschlag*

*) Vergl. Wolfgang Hildebrand Magia IV. Buch S. 7.

gefallenen, der »dannen gen Weimar für die fürstliche Regierung getragen und nach Dresden geschickt worden« *). Ueber einen anderen hierher gehörigen älteren, von Chladni und von Hoff nicht aufgeführten, Meteorsteinfall vergl. m. Hdb. d. Meteorologie II. 2. S. 585.

6) *Eiswolken und Hagelentstehung.*

In m. Hdb. d. Meteorologie (II, 2. S. 223 ff.) habe ich darzuthun gesucht, dafs oberhalb der *Schneelinie* Dunstwolken als solche nicht mehr zu bestehen vermögen, und dafs die, aus den Aequatorialgegenden zu den Polen hin, sich verbreitenden Wassergase hier, oberhalb des nördlichen Theiles der diesseitigen und des südlichen der jenseitigen gemäfsigten Zone, so wie mehr noch innerhalb der Polarkreise, nothwendig in *Eiswolken* übergehen müssen (a. a. O. I, 413 u. m. Arch. XXVII, 236 Anm.) Diese Eiswolken, von denen Fraunhofer und früher Huyghens voraussetzten, dafs sie die (farbigen) Höfe hervorbringen, sie scheinen mir die eigentliche Quelle aller *Hagelbildung* zu sein; kraft ihrer, bei ihrem Wer-

---

*) *Magia naturalis* Buch IV. Blatt 7. (Rückseite). »Von vielen auch gelehrten Leuten gesehen, und wohl besehen worden, gab Fewer wie Stal von sich wenn man dran schlug, mehr blaw, vnd etwas bräunlicher Farbe, in die lenge drittehalb Viertel Ellen, in die dicke fünfftehalb Viertel vnten, eine halbe Elle oben. Die Personen die den Stein haben fallen sehen, berichten, er habe sich im Fallen vnd Sausen immerdar *vberschlagen,* vnd als er in Casper Wettichs Gerstenstück gefallen, sey die Erde zweyer man hoch vber sich in die Höhe gefahren, und wie ein grofser Rauch Tampf vber sich gestiegen, ist fünf Viertel Ellen tieff in die Erden gefallen, hat die quehr gelegen, vnd so heifs, dafs jhn eine gute weile niemand hat angreiffen können«. — »Item, Jobus Fircelius *de miraculi* schreibt, dafs zu seiner Zeit im Holsatz ein sehr grofser Stein aussen Wolken gefallen, dafs man des orts in die Kirche zum gedechtnus auffgehangen«. — »Item man schreibt das im 1507 Jahre aufs der Luft bey Meyland grofse Steine herab gefallen sein, welche etliche Hundert und zwanzig Pfund gewogen, sehr hart, vnd haben nach *Schwefel* gerochen«. — —

den eintretenden Electrisirung (m. Handb. d. Meteorol.
II, 234, 309 u. Arch. XXI, 88), indem sie durch tiefer gehende *Dunstwolken* hochschwebender Gewitter herabge-
zogen zur electrischen Entladung gebracht werden.
Könnte man bewirken, daſs letztere durch Electricitätsleiter der Erde entladen würden, so wäre es denkbar,
daſs »Hagelableiter« zu Stande zu bringen seien. Uebrigens werden sich nothwendig *verschiedene Arten* von
Hagel bilden müssen, je nachdem die Eiswolke zur Dunst-
wolke herab, oder diese zu jener hinaufgezogen wird;
und wirklich kommen auch verschiedene Arten von *Hagel*
vor *). Warum die Hagelgewitter in der Regel nur am
Tage, und sehr selten nächtlicher Weile zu Stande kommen, erklärt sich aus obiger Hypothese der Hagelbildung sehr einfach; am Tage steigen die Dunstwolken höher als zur Nachtzeit.

(*Fortsetzung folgt.*)

Ueber die Darstellung des Jodkaliums;

von
Otto Eder aus Leipzig,
derzeit in Dresden.

(Eine von der Hagen-Bucholz'schen Stiftung mit dem ersten
Preise gekrönte Preisschrift.)

Motto: Man prüfe Alles und behalte das Beste.

Zur Bereitung des so häufig angewendeten Jodkaliums sind mannichfaltige Vorschriften vorhanden. Doch
liefern nicht alle bei gleichem Aufwand an Zeit und
Material ein gleich reines Salz, weſshalb eine Wiederholung und Vergleichung in Hinsicht auf Ausbeute und

---

*) Den ganzen Hergang der Bildung sowohl des eigentlichen
Hagels, als auch der *Schlossen* und *Graupeln* habe ich S. 570
bis 572 der 2. Abth. des II. Bds. m. Handb. der Meteorol.,
nach eigenen wiederholten Beobachtungen, ausführlich beschrieben. Auch der Grund der eigenthümlichen *Färbung*
der *Hagelgewitterwolken* ist hierbei nicht vergessen worden;
a. a. O. S. 573. K.

Reinheit der Präparate, welche erhalten werden, wohl
wünschenswerth erschien. Um so mehr, da das aus chemischen Fabriken bezogene Jodkalium sich sehr häufig
als nicht rein und daher zum pharmaceutischen Gebrauch
als untauglich erweist.

Habe ich nun gleich bei meinen Versuchen keine
neue Entdeckungen gemacht, indem ich meist nur schon
Bekanntes bestätigen kann, so wage ich dennoch, meine
geringen über diesen Gegenstand gesammelten Erfahrungen vorzulegen, hoffend, dafs dieselben vielleicht mit
den Arbeiten meiner Concurrenten zu einem sichern
Resultate führen, und bitte daher bei Beurtheilung dieser Arbeit um gütige Nachsicht der darin vorhandenen
Mängel.

Ich werde meine Arbeit in zwei Abschnitte theilen
und in dem ersten diejenigen Bereitungen aufführen, wo
durch Verbindung von Jod mit Metallen unmittelbar
Jodmetalle erhalten werden, welche alsdann nur mit
kohlensaurem Kali zu zersetzen sind. Der zweite wird
die Darstellungen mittelst Aetzkalk und Aetzkali umfassen, welcher je nach dem Verfahren, wie man die
Zersetzung des gebildeten jodsauren Salzes bewirkt, in
einige Unterabtheilungen zerfällt.

I.
1) *Darstellung mittelst Eisenjodür.*

Zur Prüfung dieser von Baup gegebenen Vorschrift
wurde 1 Unze Jod, eine halbe Unze Eisenfeile und
6 Unzen destillirtes Wasser in einer Porcellanschale zusammengebracht. Die Flüssigkeit färbt sich unter nicht
geringer Wärmeentwicklung schnell dunkelbraun, wefshalb es bei Darstellung gröfserer Mengen zweckmäfsig
ist, um keinen Verlust an Jod zu erleiden, dasselbe nach
und nach einzutragen. Nach verminderter Reaction wurde
die Entfärbung der Flüssigkeit durch gelindes Erwärmen
unterstützt und schnell herbeigeführt. Die erhaltene
Lauge von Eisenjodür wurde nun schnell von der rückständigen Eisenfeile abfiltrirt, was wohl zu beachten ist,

weil sich das Eisenjodür an der Luft unter Ausscheidung eines basischen Jodeisens bald zersetzt und so ein
Verlust an Jod herbeigeführt werden kann. Die hinterbliebene Eisenfeile mit 12 Unzen dest. Wasser abgewaschen und nun auf einen etwaigen Jodgehalt untersucht,
liefs durchaus keins entdecken.

Die erhaltene Lauge von Eisenjodür zeigte schwach
saure Reaction und eine grünliche Farbe. Sie wurde
alsbald so lange mit einer Lösung von kohlensaurem
Kali versetzt, als dadurch ein Niederschlag entstand.
Trotz aller Vorsicht konnte jedoch ein kleiner Ueberschufs des Fällungsmittels nicht vermieden werden. Der
entstandene sehr voluminöse Niederschlag wurde mittelst Filter gesammelt und so lange mit dest. Wasser
ausgewaschen, bis die ablaufende Flüssigkeit durch Silbersolution keine Trübung mehr erlitt, wozu eine Menge
von 84 Unzen dest. Wassers nöthig war.

Die Jodkaliumlauge, welche sich von ausgeschiede-
nem Eisenoxyd schon wieder getrübt hatte, wurde nun
nebst sämmtlichem Abwaschwasser zur Trockne gebracht,
wobei sich eine Menge Eisenoxyd ausschied, wefshalb
auch der erhaltene Salzrückstand gelb gefärbt war. Derselbe wurde jetzt, da er alkalisch reagirte, nach und
nach mit 12 Unzen Weingeist ausgekocht, wobei eine
braune Salzmasse hinterblieb, welche sich als aus kohlensaurem Kali und Eisenoxyd bestehend zu erkennen
gab. Von der erhaltenen weingeistigen Lösung des Jodkaliums wurden durch Destillation 10 Unzen Weingeist
wieder gewonnen. Das nun erhaltene Jodkalium, welches 1 Unze 2 Drachmen wog, war zwar vollkommen
neutral und eisenfrei, hatte aber ein gelbliches Ansehen,
was jedenfalls nur von dem Auflösen in Alkohol herrührte, denn bei nochmaligem Auflösen in Wasser und
Krystallisiren wurde dasselbe mit Hinterlassung einer
geringen Menge einer gelben Mutterlauge weifs erhalten.

Um wo möglich das ermüdende lange Auswaschen
des Eisenoxydulniederschlags abzukürzen, wurde bei einer folgenden Bereitung das erhaltene Eisenjodür von

einer gleichen Quantität Jod, wie oben angewendet wurde, schnell in einer Porcellanschale erhitzt; nun mit kohlensaurem Kali zersetzt und noch etwa eine halbe Stunde im Wasserbade heifs erhalten. Es fand hierbei eine bedeutende Entwicklung von Kohlensäure statt, der erhaltene Niederschlag war wenigstens um die Hälfte an Volumen geringer als der in der Kälte erhaltene, und es genügten hier schon 62 Unzen Wasser, um jede Spur von Jodkalium daraus zu entfernen. Die erhaltene Jodkaliumlauge war wasserhell, schied aber beim Verdunsten noch einige Flocken von Eisenoxyd ab, welche davon getrennt ein vollkommen eisenfreies Salz hinterliefsen.

Bei einer dritten eben so bewirkten Darstellung, nur dafs, anstatt den Eisenoxydulniederschlag mit kaltem Wasser auszuwaschen, heifses angewendet worden war, schied sich beim Verdunsten der Jodkaliumlauge durchaus kein Eisenoxyd mehr ab; was wohl darin seinen Grund haben mag, dafs das destillirte Wasser beim Aufbewahren immer etwas Kohlensäure aus der Luft absorbirt, welche alsdann auflösend auf den Eisenoxyduloxydniederschlag wirkt.

Beobachtet man dieses, so hat man, um ein vollkommen eisenfreies Präparat zu erhalten, durchaus nicht nöthig, sich des von Hrn. Hofrath Dr. Du Mênil (*pharm. Centralbl.* 1836. *p.* 733) angegebenen Verfahrens zu bedienen, wonach man das etwa vorhandene kohlensaure Kali mit Jodwasserstoffsäure sättigen und hierauf das Eisenoxydul mit Schwefelammonium fällen soll. Nun soll filtrirt, zur Trockne verdunstet und zur Verjagung des Ammoniaks geglüht werden.

Nach den hier erhaltenen Resultaten glaube ich, wenn man die Darstellung des Jodkaliums nach dieser Methode bewirken will, Folgendes beobachten zu müssen:

1) mufs die erhaltene Lauge des Eisenjodürs so schnell als möglich filtrirt und mit kohlensaurem Kali zersetzt werden;

2) ist es zweckmäfsig, die Zersetzung des Eisenjodürs

in der Wärme zu bewirken, wodurch man nicht nur einen weniger voluminösen Niederschlag, sondern, wenn das Erhitzen lange genug fortgesetzt wird, auch eine eisenfreie Lauge erhält. Nicht so leicht ist es jedoch, die letzten Krystallisationen frei von kohlensaurem Kali zu erhalten, man ist hier genöthigt, wenn man den Rückstand nicht zu einer nächsten Bereitung aufheben will, entweder mit Jodwasserstoffsäure zu sättigen, oder den alkalischen Rückstand mit Alkohol auszuziehen, doch ist letzteres jederzeit mit Verlust an Alkohol verbunden.

Um nun das verwendete Material und die erhaltene Ausbeute besser berechnen und später mit den nach anderen Methoden erhaltenen Resultaten in ökonomischer Hinsicht vergleichen zu können, wurden, um einigermafsen im Grofsen zu arbeiten, 4 Unzen Jod unter genauer Beobachtung der bei den früheren Versuchen erlangten Erfahrungen mit Eisenfeile etc. behandelt. Die Eisenjodürlauge wurde mit 16 Unzen Wasser verdünnt, im Wasserbade erwärmt und mit 2 Unz. 3 Drachm. 29 Gr. *Kali carbonic. e tartaro* in 6 Unz. dest. Wasser gelöst, zersetzt. Nachdem noch eine halbe Stunde erhitzt worden war, wurde der Niederschlag auf einem Filter gesammelt und ohne Unterbrechung mit 97 Unzen bis + 70° C. erwärmten dest. Wasser ausgewaschen. Die erhaltene wasserhelle Lauge von Jodkalium war durchaus eisenfrei, schied daher beim Verdunsten zur Krystallisation keine Flocken mehr ab.

Bei der ersten Krystallisation wurden 2 Unz. 2 Drachm. 55 Gr. vollkommen neutrales, weifses, in Würfeln krystallisirtes Jodkalium erhalten, wovon ich anbei eine Probe, mit No. 1.a bezeichnet, als Beleg einsende.

Durch zwei folgende Krystallisationen wurden noch 2 Unz. 2 Drachm. 19 Gr. erhalten, welche jedoch eine schwache alkalische Reaction zeigten, die meiner Meinung nach aber so unbedeutend ist, dafs das Salz dadurch zum pharmaceutischen Gebrauch nicht untauglich

wird. Um darüber die Ansichten der **Prüfungscommis-**
sion dieser Arbeit zu hören, erlaube ich mir, auch hiervon eine Probe einzusenden, welche ich mit No. 1.b bezeichnet habe. Die nun noch vorhandene Mutterlauge
krystallisirte zwar noch, allein die Krystalle zeigten
eine stark alkalische Reaction, so daſs ich, um den Gehalt an reinem Jodkalium darin kennen zu lernen, zur
Trockne verdunstete und 2 Scrupel davon mit Alkohol
auszog. Durch Berechnung fand sich, daſs darin noch
3 Drachm. 44 Gr. Jodkalium enthalten waren. Hiernach
beträgt die ganze erhaltene Ausbeute an Jodkalium 5 Unz.
1 Drachm. 3 Gr., welche nach Berechnung der dazu verwendeten Ingredienzien 1 Thlr. 8 Ggr. kosten würden,
denn

4 Unz. Jod kosten .... 1 Thlr.
2 Unz. 3 Drachm. 24 Gr. *Kali carb. e. tart.* 5 Ggr. 6 Pf.
4 Ms. *Aq. destillata* .... 2 » — »
2 Unz. Eisenfeile .... — » 7 »

und der Preis für 1 Pfd. auf diese Art dargestelltes Jodkalium würde sich hiernach auf 4 Thlr. 3 Ggr. 9 Pf.
herausstellen.

2) *Darstellung mittelst Zinkjodür.*

Ganz analog der Bereitung des Jodkaliums aus Eisenjodür ist die aus Zinkjodür. Obgleich man hierbei
im Ganzen dieselben Resultate erhält wie bei ersterem,
so zeigen sich doch noch manche Unbequemlichkeiten,
welche näher zu erörtern mir vergönnt sein mag.

Es wurde 1 Unze Jod und eine halbe Unze Zink,
welches mehr als hinreichend ist, um diese Menge Jod
zu binden, mit 3 Unz. Wasser zusammengebracht. Die
Reaction der Körper auf einander erfolgte schnell und
die Flüssigkeit färbte sich tief braun. Um jedoch die
gänzliche Entfärbung der Flüssigkeit zu bewirken, welche bei Anwendung von Eisenfeile sehr schnell und ohne
daſs man nöthig hat, starke Wärme anzuwenden, erfolgt, muſs man hier eine anhaltende, zuletzt bis zum
Kochen der Flüssigkeit gesteigerte Hitze geben. Daher

ist es vortheilhaft, die Verbindung in einem langhalsigen
Kolben zu bewirken, um einen Verlust an Jod zu ver-
meiden, welchem man unbedingt bei Anwendung einer
Porcellanschale ausgesetzt ist, da das Jod in feuchtem
Zustande noch viel flüchtiger als in trocknem ist.

Die erhaltene Zinkjodürlauge war farblos, reagirte
schwach sauer und schied wenige gelbliche Flocken ab,
welche beim Filtriren zurückblieben. Das Filtrat, nachdem es mit 20 Unz. dest. Wasser verdünnt worden war,
wurde so lange mit kohlensaurem Kali versetzt, als noch
ein Niederschlag entstand, wobei es aber ebenfalls nicht
möglich war, einen kleinen Ueberschufs von kohlensaurem Kali zu vermeiden. Der Niederschlag von kohlensaurem Zinkoxyd wurde auf einem Filter gesammelt und
so lange ausgewaschen, bis das Abfliefsende nicht mehr
durch Silbersolution getrübt wurde, wozu 38 Unz. Wasser hinreichten, was gegen Herrmann's Erfahrungen
(*pharm. Centralb. 1833. pag. 352*) spricht, welcher sagt,
dafs das hier erhaltene kohlensaure Zinkoxyd sich durch
Auswaschen nicht jodfrei darstellen lasse. Doch wird
in derselben Zeitschrift und an demselben Orte die Möglichkeit des vollkommenen Auswaschens durch Wendt
bestätigt. Um jedoch ganz sicher zu sein, dafs der Niederschlag kein Jod mehr enthalte, unterwarf ich denselben nach dem Trocknen einer genauen Prüfung, konnte
aber keine Spur Jod darin entdecken. Das Zinkoxyd
zeigte sich sogar frei von Eisen, obgleich das angewendete Zink Spuren davon enthielt. Zur nochmaligen Prüfung erlaube ich mir, eine Probe des hier erhaltenen
Zinkoxyds mit einzusenden, welche sich in der Schach-
tel, mit No. 2.b bezeichnet, befindet.

Die Jodkaliumlauge zur Trockne verdunstet, und da
der Rückstand alkalisch reagirte, mit Alkohol ausgezogen, ergab eine Ausbeute von 10 Drachm. Jodkalium.
Ferner wurde 1 Unze Jod wie oben mit Zink behandelt
und das erhaltene Zinkjodür mit kohlensaurem Kali zersetzt. Der entstandene Niederschlag wurde nach Wendt's
Vorschlag auf einem dichten Colatorium gesammelt und

stark ausgeprefst, der Rückstand nochmals mit Wasser
angerührt und wie vorher verfahren; zuletzt wurde das
kohlensaure Zinkoxyd auf einem Filter bis zur völligen
Reinheit ausgewaschen.   Nach dem Verdunsten und Krystallisiren der Lauge wurden 9 Drachm. 25 Gr. reines
Jodkalium erhalten.

Dieses Verfahren, den Zinkoxydniederschlag auszusüfsen, bietet durchaus keinen Vortheil dar, denn der
Aufwand an dest. Wasser und Zeit ist eben so grofs,
als wenn man sogleich auf einem Filter sammelt und
daselbst das Auswaschen vornimmt. Aufserdem erhielt
ich noch eine geringere Ausbeute an Jodkalium, was bei
dieser Art auszuwaschen trotz aller Vorsicht sehr leicht
statt finden kann. Sehr vortheilhaft und bequem ist es
aber, den von Hrn. Apoth. B o l l e im Archiv (*2. Reihe
Bd. IV. pag. 298*) beschriebenen Apparat zum Auswaschen
anzuwenden. Man braucht, nachdem der Apparat aufgestellt ist, dem Niederschlag keine grofse Aufmerksamkeit mehr zu schenken, bedarf weniger Wasser zum
Auswaschen und erhält dadurch eine geringere Menge
Flüssigkeit zum Verdunsten.

Ein dritter Versuch, wobei mit heifsem Wasser ausgewaschen wurde, ergab kein anderes Resultat und be-
schleunigte die Arbeit nicht.

Der Vergleichung wegen mit den erhaltenen Resultaten bei der Darstellung mittelst Eisenjodür, hielt ich
es für nöthig, noch eine gröfsere Menge Jod auf diese
Weise in Arbeit zu nehmen. Daher wurden 4 Unzen
Jod, 2 Unz. Zink und 16 Unz. dest. Wasser in einen
Kolben zusammengebracht. Nach vollendeter Reaction
und gänzlicher Entfärbung der Flüssigkeit war dieselbe
von gelblichen Flocken getrübt. Dieselben wurden von
dem rückständigen Zink abfiltrirt, ausgewaschen und
näher untersucht. Ein Jodgehalt konnte nicht darin entdeckt werden, sondern alle Reactionen deuteten auf Eisenoxyd. Die klare Zinkjodürlauge wurde mit 20 Unz.
Wasser verdünnt und durch 2 Unz. 3½ Drachm. kohlensaures Kali zersetzt. Der entstandene Niederschlag wurde

alsbald auf einem Filter gesammelt und mittelst oben genannten Apparats ausgewaschen. Hierzu genügten 96 Unzen Wasser, so dafs sich bei dieser Darstellung ein Gesammtverbrauch von 121 Unz. Wasser ergiebt.

Die erhaltene Jodkaliumlauge lieferte, zur Krystallisation verdunstet, 2 Unz. 3 Drachm. vollkommen neutrales Salz, das nun anschiefsende zeigte allerdings schwach alkalische Reaction; nachdem jedoch der Gehalt an reinem Salz darin ausgemittelt war, ergab sich eine Ausbeute von 5 Unz. 2 Scrupel Jodkalium, welches nach genauer Berechnung des verbrauchten Materials 1 Thlr. 9 Ggr. kosten dürfte, und der hiernach berechnete Preis für 1 Pfd. so dargestelltes Jodkalium beträgt 4 Thlr. 6¼ Ggr.

Bei dieser Darstellung wurden nun noch nach dem Glühen des Zinkniederschlags 9 Drachm. 48 Gr. reines Zinkoxyd erhalten, welches recht wohl mit berechnet werden könnte, wodurch der Preis des Jodkaliums sich verringern würde.

3) *Darstellung mittelst Antimonjodür.*

Obgleich diese von Serullas empfohlene Methode zur Bereitung des Jodkaliums keineswegs mit Vortheil zu befolgen ist, so glaube ich doch, dieselbe etwas näher beleuchten zu müssen.

Die gröfste Schwierigkeit, auf welche man dabei stöfst, ist die Darstellung des Jodantimons, welches, ohne Verlust an Jod zu erleiden, wohl schwerlich zu erhalten ist.

Reibt man 22 Theile Antimon und 64 Theile Jod zusammen, so erhält man nach Verlauf einer viertel bis einer halben Stunde, je nachdem das angewendete Antimon fein gepulvert war, eine dunkel-kermesbraune Masse. Bei diesem Zusammenreiben hat der Arbeiter viel von den sich fortwährend entwickelnden Joddämpfen zu leiden. Das so erhaltene Jodantimon enthält aber noch immer etwas ungebundenes Jod und metallisches Antimon, entwickelt daher auch noch immer Jod-

21*

geruch und giebt, mit Wasser geschüttelt, eine tief
braune Lösung, während reines Jodantimon geruchlos
ist und nur eine weingelbe Lösung giebt. Sonach ist
man verbunden, wenn man das ermüdende Zusammenreiben der Masse nicht noch länger fortsetzen will, um
die Verbindung vollkommen zu bewirken, die Masse
einer Destillation zu unterwerfen, was bei grofsen Mengen nicht nur beschwerlich, sondern auch gefährlich
ist. Die Verbindung geht nämlich zuweilen unter hef-
tiger Explosion vor sich, was auch schon von Brandes
(*Arch. 2. R. Bd. 21. p. 320*) beobachtet worden ist. Auch mir
explodirte ein Gemenge von $1\frac{1}{2}$ Unzen und zertrümmerte
unter Ausstofsung einer Menge rother Dämpfe das Gefäfs. Man ist daher jedenfalls gezwungen, nur kleine
Mengen auf einmal zu bereiten, um, im Fall eine Explosion statt findet, nicht zu grofsen Verlust zu erleiden, was der Darstellung des Jodkaliums im Grofsen
ebenfalls entgegensteht.

Das durch Sublimation gereinigte Jodantimon ist
lebhaft kermes- bis zinnoberroth. Mit Wasser gekocht,
soll es sich nach Serullas in reine Jodwasserstoffsäure
u. Antimonoxyd zerlegen, was jedoch schon von Brandes
u. Böttcher (*Arch. 2. R. Bd. XVII, 283 u. ph. Centralbl. 1839.
p. 305*) hinlänglich widerlegt ist. Auch ich erhielt beim
Behandeln mit Wasser eine von freiem Jod gelb gefärbte
sehr saure Flüssigkeit, welche noch Antimon in Auflösung
enthielt, während der unlösliche Rückstand sich durch
Kochen mit Wasser nicht von allem Jod befreien liefs.

Zur Darstellung von Jodkalium kochte ich 1 Unze
fein zerriebenes Antimonjodür dreimal mit Wasser aus.
Die zuerst erhaltene sehr saure Flüssigkeit war gesättigt gelb gefärbt, die zweite Flüssigkeit zeigte nur noch
schwach saure Reaction und war kaum gefärbt, die dritte
hingegen gänzlich farblos. Der unlösliche Rückstand,
welcher jetzt seine rothe Farbe in eine gelbe umgewandelt hatte, wurde nun dreimal mit einer schwachen Lösung von kohlensaurem Kali ausgekocht, wodurch zuletzt der Rückstand eine graue Farbe angenommen hatte

und jetzt war keine Spur Jod mehr darin zu entdecken.
Die erhaltenen alkalischen und sauren Flüssigkeiten
wurden, nachdem sie filtrirt worden waren, mit einander gemischt, wodurch sich ein gelber flockiger Niederschlag bildete, dem Rückstand in der Farbe ganz ähnlich, welcher nach dem Auskochen des Antimonjodürs
mit Wasser erhalten wird. Es konnte dieser Niederschlag auch nicht gut etwas anderes sein, als eine Verbindung von Jod mit Antimon, was sich auch später
bestätigte, als derselbe einer Analyse unterworfen wurde.
Hierzu wurde derselbe in Aetzkalilauge gelöst, die alkalische Flüssigkeit mit Salpetersäure übersättigt, filtrirt
und Silbersolution hinzugegeben, wodurch ein gelber in
Salpetersäure und Aetzammoniak unlöslicher Niederschlag
von Jodsilber entstand. Eine quantitative Bestimmung
der Bestandtheile war bei der geringen Menge des Niederschlags nicht möglich. Die hier erhaltene Jodkalinm-
lauge wurde, da sie neutral reagirte, zur Krystallisation
verdunstet und hinterliefs 6 Drachm. 54 Gr. Jodkalium.
Dasselbe zeigte sich als ein vollkommen reines Präparat, wovon unter No. 4. eine Probe mitfolgt. Es reagirte neutral, löste sich vollständig in Weingeist und
Wasser; die wässrige Lösung blieb, mit verdünnten
Säuren versetzt, unverändert, und bei einem Zusatz von
Schwefelwasserstoff erwies es sich ebenfalls als vollkommen frei von Antimon.

Nach einer Berechnung der hier verbrauchten Substanzen stellt sich der Preis für diese erhaltene Menge
Jodkalium auf $7\frac{1}{2}$ Ggr. heraus, und 1 Pfd. auf diese Art
dargestelltes Jodkalium würde hiernach 5 Thlr. 9 Ggr.
1 Pf. kosten. Obgleich ich nun gern zugebe, dafs vielleicht noch ein günstigeres Resultat zu erzielen ist, so
wird sich doch der Preis nie so ermäfsigen, dafs dieses
Verfahren mit Vortheil zu benutzen ist, und ich glaubte
daher nicht nöthig zu haben, mehre Versuche damit anzustellen.

4) *Darstellung mittelst Schwefelkalium und Jod.*
Zur Bereitung des Jodkaliums aus Schwefelleber und

Jod wurde zuerst Taddey's Vorschlag befolgt. Es wurde hierzu 1 Unze Jod in 16 Unz. Alkohol gelöst und so lange eine filtrirte, weingeistige Lösung von Schwefelleber zugesetzt, bis die Färbung des Jods vollkommen verschwunden war, wozu 9 Drachm. Schwefelleber verbraucht wurden. Die von dem ausgeschiedenen Schwefel abfiltrirte Flüssigkeit war farblos und vollkommen neutral. Der auf dem Filter gesammelte Schwefel enthielt, nachdem er mit 8 Unz. Alkohol ausgewaschen worden, keine Spur von Jod mehr. Zur Wiedergewinnung des Weingeistes wurde die erhaltene spirituöse Jodkaliumlösung in einer Retorte der Destillation unterworfen. Nachdem ungefähr ¾ des Alkohols überdestillirt waren, trübte sich der Rückstand in der Retorte schwach, und eine spätere Untersuchung des Ausgeschiedenen liefs es als Schwefel erkennen.

Nachdem 26 Unzen Alkohol überdestillirt waren, wurde der Retorteninhalt mit Wasser verdünnt, filtrirt und zur Trockne verdunstet. Der trockne Salzrückstand hatte eine braune Farbe angenommen und entwickelte deutlichen Jodgeruch. Beim stärkern Erhitzen im Platintiegel und einer unten zugeschmolzenen Glasröhre wurden violette Joddämpfe sichtbar. Der geglühte Salzrückstand besafs eine graue Farbe und hinterliefs beim Lösen in Wasser einen Rückstand von fein zertheilter Kohle, daher rührend, dafs das Jod beim Lösen in Alkohol denselben theilweise zersetzt, indem Jodkohlenwasserstoff-Verbindungen entstehen, welche das Jodkalium verunreinigen. Diesen Uebelstand glaubte ich vielleicht vermeiden zu können bei Befolgung der von Geiger' gegebenen Vorschrift, welcher das trockne Jod in eine weingeistige Lösung von Schwefelleber eintragen läfst.

Das Jod löste sich hier sehr schnell unter Ausscheidung von Schwefel auf, ich erhielt ebenfalls eine farblose, neutrale Flüssigkeit, die aber nach dem Abdestilliren der gröfsten Menge des Alkohols sich ebenfalls beim weitern Verdunsten gelb färbte, welche Farbe immer intensiver wurde, je mehr die Concentration der Lauge zunahm. Der hinterbliebene trockne, sehr übelriechende Salzrückstand war ebenfalls braun gefärbt und entwikkelte beim Erhitzen in einer Glasröhre deutlich wahrnehmbare Joddämpfe.

Nach beiden Bereitungsarten ist also, wie auch schon frühere Erfahrungen Anderer bestätigen, ein Verlust an Jod nicht zu vermeiden, obgleich nach dem Verfahren G e i g e r's das Jod nur sehr wenig zersetzend auf den Weingeist wirken kann, da es von dem Schwefelkalium unter Ausscheidung von Schwefel schnell gebunden wird.

Um nun gänzlich zu vermeiden, das Jod in freiem Zustande mit Alkohol in Berührung zu bringen, wurde noch ein Versuch auf folgende Weise angestellt: In einer Reibschale wurde eine filtrirte wässrige Lösung von 9 Drachm. Schwefelleber in 4 Unz. Wasser, unter beständigem Umrühren, nach und nach mit 1 Unze Jod versetzt, welche Menge hinreichte, um eine farblose nicht mehr alkalisch reagirende Flüssigkeit zu erhalten. Das eingetragene Jod verschwindet hier ebenfalls sehr schnell, und durch das fortwährende Rühren verhindert man die Bildung von Jodschwefel, wenigstens war der ausgeschiedene Schwefel vollkommen frei von Jod.

Die von dem ausgeschiedenen Schwefel breiartig verdickte Flüssigkeit wurde jetzt mit 6 Unz. Wasser verdünnt, der Schwefel auf einem Filter gesammelt und noch mit 12 Unz. Wasser ausgewaschen. Die so erhaltene Lauge von Jodkalium, welche nun freilich noch alles schwefelsaure Kali aus der Schwefelleber enthielt, wurde bis auf 2 Unz. verdunstet, und nun, um die Ausscheidung des schwefelsauren Kalis zu bewirken, mit 16 Unz. Alkohol vermischt. Nach 24 Stunden hatte sich die Flüssigkeit geklärt und einen krystallinischen Bodensatz abgelagert. Die davon abfiltrirte Flüssigkeit enthielt jetzt keine Spur schwefelsaures Kali mehr, sie wurde daher der Destillation unterworfen, und nachdem 14 Unz. Weingeist wieder erhalten worden, der Rückstand krystallisirt. Das erhaltene Jodkalium betrug

10 Drachm. 4 Gr., wovon in dem Gläschen No. 4. eine kleine Quantität mitfolgt. Das Salz war fast vollkommen weiß, besaß aber einen sehr unangenehmen Geruch, es war vollkommen neutral, löste sich vollständig und leicht in Wasser, diese Lösung gab mit Chlorbarium nicht die leiseste Trübung von Schwerspath. Da bei dieser Bereitung eine Bildung von Jodkohlenstoff nicht statt haben konnte, so mußte die Ursache des üblen Geruchs in etwas Anderm liegen.

Beim Erhitzen dieses Salzes im Platinlöffel färbte es sich erst grau und entwickelte dabei den üblen Geruch im erhöhten Grade, hierauf wurden deutlich wahrnehmbare Spuren von schwefliger Säure frei, welche sich nur durch Einwirkung der atmosphärischen Luft aus vorhandenem Schwefel gebildet haben konnte. Beim Erhitzen in einer unten verschlossenen Glasröhre wurde keine schweflige Säure entbunden, denn ein in die Röhre gebrachtes befeuchtetes Lackmuspapier behielt seine ursprüngliche Farbe. Es fand hierbei aber eine geringe Sublimation von Schwefel statt, welcher sich einen halben Zoll von der Probe als gelber Ring absetzte. Der halbgeschmolzene Salzrückstand löste sich leicht und vollständig in Wasser auf, reagirte neutral und war geruchlos; allein zu der Auflösung hinzugesetztes Chlorbarium ließ jetzt einen geringen Gehalt an Schwefelsäure entdecken. Ein stärker mit Schwefelsäure verunreinigtes Salz wurde erhalten, wenn das Jodkalium im Platinlöffel erhitzt worden war.

Nach diesen Versuchen glaube ich, daß dies Jodkalium Jodschwefelkalium enthält, welches beim Glühen zersetzt wird; erhitzt man in offenen Gefäßen, wo der freie Zutritt der Luft nicht gehindert ist, so findet die Bildung von Schwefelsäure in höherem Grade statt als wenn das Glühen im Verschlossenen vorgenommen wird.

Um mich noch von einem Gegenversuch zu überzeugen, daß der unangenehme Geruch durch einen Gehalt von Jodschwefelkalium bedingt ist, stellte ich etwas Jodschwefel dar, löste denselben mit noch mehr Jod gemengt in Aetzkalilauge, bis letztere gelblich gefärbt erschien. Das hierbei abgeschiedene jodsaure Kali war mit etwas Schwefel gemengt, was fast vermuthen läfst, dafs die Verbindung von Jodschwefel mit Jodkalium eine constante sei.

Der nach dem Verdunsten der Lauge erhaltene Salzrückstand wurde, um alles jodsaure Salz zu entfernen und um mit dem mittelst Schwefelleber dargestellten Jodkalium ein analoges Salz zu erhalten, mit Alkohol digerirt. Nach Verdunstung der Lösung blieb ein Salzrückstand, welcher neutral reagirte, sich leicht und vollständig in Wasser löste, einen unangenehmen zwiebelähnlichen Geruch besafs, kurz ganz dieselben Eigenschaften wie das oben beschriebene Salz, aus Schwefelleber erhalten, zeigte. Die Lösung gab ebenfalls mit Chlorbarium keine Spur Schwefelsäure zu erkennen, was jedoch statt hatte, nachdem das Salz geglüht worden war.

Somit glaube ich versichert sein zu können, dafs in dem mittelst Schwefelleber dargestellten Jodkalium Jodschwefel enthalten ist. Hieraus ergiebt sich aber zugleich, dafs diese Bereitungsart von keinem praktischen Werthe ist, denn befolgt man das von Taddey angegebene Verfahren, so ist ein nicht unbedeutender Verlust an Jod, von gebildetem Jodkohlenstoff herrührend, unvermeidlich. In etwas geringerem Grade ist dies bei dem von Geiger vorgeschlagenen Verfahren der Fall. Bei Anwendung einer wässrigen Lösung von Schwefelleber wird allerdings eine Jodkohlenstoffbildung verhindert, das Salz aber immer noch mit Jodschwefel verunreinigt. In allen drei Fällen ist ein ziemlich starkes Glühen und nachheriges Lösen in Weingeist unvermeidlich um ein reines Präparat zu erhalten. Ohne Verlust an Weingeist und Jodkalium ist dies aber nicht zu bewerkstelligen, weshalb diese Methode wohl schwerlich Eingang in die Praxis finden dürfte, da wir mehre andere vortheilhaftere Bereitungsarten besitzen. Deshalb unterlasse ich auch eine Berechnung des hier verwendeten

Materials, da sich das kostspielige dieser Methode auch
ohnedies zur Genüge herausstellt.

II.

5) *Darstellung durch Lösen von Jod in Aetzkalilauge.*

Hierbei giebt es zwei verschiedene Wege um das
gebildete jodsaure Kali zu zerstören, indem man entweder
den trocknen Salzrückstand glüht oder die Lauge mit
Schwefelwasserstoffgas schwängert.

Betrachten wir zuerst die von der preußischen Pharmakopöe gegebene Vorschrift etwas genauer, welche bekanntlich vorschreibt, in kohlensäurefreie Aetzlauge unter
gelinder Erwärmung so lange Jod einzutragen, bis die
Lauge hellbraun gefärbt erscheint, und darauf zur Trockne
zu verdunsten und zur Zerstörung des jodsauren Salzes
den Rückstand zu glühen. Daß man bei Befolgung dieser Vorschrift kein tadelfreies Präparat erhält, ist zwar
schon, und besonders durch die Arbeiten des Dr. Herzog
hinlänglich erwiesen, doch mußten der Vollständigkeit
wegen die Versuche wiederholt werden. Zu dem Ende
wurde in frisch bereitete vollkommen kohlensäurefreie
Aetzkalilauge so lange Jod aufgelöst, bis die Flüssigkeit
eine gelbe Farbe von etwas überschüssigem Jod angenommen hatte. Dieselbe zur Trockne verdunstet, hinter-
ließ einen fast weißen, neutral reagirenden, mit Säuren
durchaus nicht brausenden Rückstand. Hiervon wurde
die eine Hälfte sehr vorsichtig in einer kleinen Retorte
so lange einer schwachen Rothglühhitze ausgesetzt, bis
die anfangs stark aufschäumende Masse in ruhigen Fluß
gekommen war. Die andere Hälfte des Salzrückstandes
wurde in einem bedeckten Platintiegel ebenfalls mit
aller möglichen Vorsicht geglüht. An dem Deckel des
Platintiegels hatte sich ein geringer Anflug abgesetzt;
bei dem Glühversuch in der Retorte waren die Wände
zu Ende des Versuchs ebenfalls weiß beschlagen, ein
Beweis, daß die angewendete Hitze nicht zu gering
war um das jodsaure Salz zu zersetzen.

Beide erhaltenen Glührückstände reagirten nach

dem Lösen in Wasser schwach alkalisch. In Alkohol
lösten sie sich mit geringer Trübung; nachdem sich
diese Lösung geklärt hatte, zeigte sich am Boden der
Gefäfse ein zwar unbedeutender Absatz, welcher jedoch,
mit Alkohol abgewaschen, in Wasser gelöst und mit
Reagentien geprüft, sich als jodsaures Kali zu erkennen
gab. Ebenso trat bei den Lösungen dieses Jodkaliums
nach Zusatz von Essigsäure, verdünnter Schwefel- und
Salzsäure, zwar nicht momentan, aber doch nach kurzer
Zeit eine gelbe Färbung ein, während eine gleich un-
concentrirte Lösung von reinem Jodkalium damit unverändert blieb.

Bei einem folgenden Versuche, wobei wiederum
vollkommen kohlensäurefreie Aetzkalilauge angewendet
wurde, trennte ich das jodsaure Kali durch Krystallisation
zum gröfsten Theil von dem entstandenen Jodkalium.
Das abgeschiedene jodsaure Kali reagirte vollkommen
neutral. Ein Theil davon im Platintiegel zersetzt, hinterliefs wiederum ein schwach alkalisches Salz, welches
in Wasser gelöst, mit Essigsäure sich von noch vorhandener Jodsäure gelb färbte. Dasselbe Resultat wurde
erhalten, als die Zersetzung eines andern Theils des
jodsauren Kalis in einer Retorte mit eingesetzter pneu-
matischer Röhre vorgenommen und das sich entwickelnde
Sauerstoffgas über Wasser aufgefangen wurde. Dieses
schon einmal geglühte Salz wurde nun nochmals in
einem bedeckten Platintiegel einer anhaltenden Hitze
ausgesetzt, hierbei wurde aber ein nicht unbedeutender
Verlust durch entwickelte weifse Dämpfe von Jodkalium
erlitten. Das nun erhaltene Jodkalium zeigte sich allerdings frei von Jodsäure, reagirte aber stark alkalisch.
Dafs beim Glühen eines Gemenges von jodsaurem Kali
und Jodkalium die vollständige Zersetzung des ersteren
nur schwierig erfolgt, ist bekannt. Hr. Dr. Herzog (*Arch.
2. R. Bd. XIV, 90 u. ph. Centralbl. 1838. p. 353.*) ist der Ansicht, dafs beim Glühen eines solchen Salzgemenges eine Bildung von überjodsaurem Kali statt finde, wodurch die Ausscheidung von Jod, bei Säurezusatz zu einer solchen

Lösung von Jodkalien, allerdings sehr leicht sich erklären läfst. Liebig hingegen giebt an, dafs beim Glühen von jodsaurem Natron eine Verbindung von $I_2O + 2NaO$ erzeugt wird, welche erst in der Weifsglühhitze zerstörbar ist; sich beim Auflösen in Wasser aber in Jodnatrium und jodsaures Natron zerlegt. Sollte nun nicht dasselbe beim Glühen eines Gemenges von Jodkalium und jodsaurem Kali statt finden, da Kali und Natron sich in vieler Hinsicht so ähnlich sind? Welche von beiden Ansichten jedoch die richtige ist, darüber vermag ich nicht zu entscheiden.

Dafs das nach dieser Methode dargestellte Jodkalium, auch wenn vollkommen kohlensäurefreie Aetzkalilauge angewendet wird, immer alkalisch reagirt, rührt von einer beim Glühen statt findenden Jodentwickelung her. Dieses Freiwerden von Jod erkläre ich mir so: dafs ein Theil Jodsäure früher in seine Bestandtheile zerlegt wird, als das Kali, und somit ein Theil des Jod mit dem frei gewordenen Sauerstoff entweicht. Hornemann (*Centralbl. 1838. pag. 719.*) ist geneigt anzunehmen, dafs eine Jodentwickelung nur bei Anwendung einer kohlensäurehaltigen Aetzkalilauge, wo alsdann, durch das Auflösen von Jod, doppeltkohlensaures Kali entsteht, welches die Jodentwickelung bedinge, statt finde. Dem ist jedoch nicht so, wovon man sich leicht überzeugen kann, wenn man etwas neutrales jodsaures Kali in einer unten zugeschmolzenen Glasröhre, die man oben mit etwas Stärkekleister schliefst, glüht, wobei sich letzterer von frei werdendem Jod sehr bald dunkelblau ja schwarz färbt. Reines Jodkalium ebenso behandelt, läfst den Kleister ganz unverändert und dies Salz behält auch nach dem Glühen seine Neutralität. Es scheint mir mithin aufser Zweifel gesetzt zu sein, dafs dieses Verfahren zur Darstellung des Jodkaliums nicht praktisch ist. Denn in allen Fällen erhält man, auch wenn man ganz kohlensäurefreies Aetzkali anwendet, ein nach dem Glühen alkalisches Salz, was durch Krystallisation allerdings zum gröfsten Theil neutral erhalten werden kann. Ferner findet beim Glühen immer eine Jodentwickelung statt; steigert man die Hitze nur bis zur dunkelkirschrothen Gluth wie es in den meisten Lehrbüchern empfohlen wird, so wird das jodsaure Kali nicht vollständig zerstört, weshalb man verbunden ist, das Salzgemenge einer Hellrothglühhitze und zwar einer ziemlich andauernden auszusetzen, wodurch man einen nicht unbedeutenden Verlust durch Verflüchtigung von Jodkalium erleidet.

Der Vollständigkeit wegen habe ich auch nach dieser Vorschrift, unter genauer Beachtung alles dazu erforderlichen Materials, eine Quantität Jodkalium dargestellt, wovon ich die Resultate hier folgen lasse:

In 5 Unz. 6 Drachm. Aetzkalilauge von 1,33 spec. Gew. wurden 4 Unz. Jod gelöst, aus der braun gefärbten Flüssigkeit der gröfste Theil des jodsauren Kalis durch Krystallisation getrennt, und in einem Medicinglase, welches in einem Tiegel mit Sand umgeben gestellt wurde, bis zum ruhigen Fliefsen des Inhaltes geglüht. Die übrige zur Trockne verdunstete Lauge wurde ebenso behandelt. Beide Glührückstände in Wasser gelöst und in Krystalle gebracht, gaben $4\frac{1}{2}$ Unze 27 Gr. Jodkalium, welches die an dem so dargestellten Präparate beobachteten Eigenschaften, sich nämlich durch Zusatz verdünnter Säuren gelb zu färben, besafs. Ebenso zeigte es eine alkalische Reaction, obgleich das Salz vor dem Glühen neutral reagirte. Die Krystalle an die Luft gestellt, zogen Feuchtigkeit an, während ein daneben stehendes neutrales Jodkalium unverändert blieb. Nach den hier erhaltenen Resultaten würde ein Pfd. so dargestelltes Jodkalium 4 Thlr. 12 Ggr. kosten.

6) *Durch Lösen des Jods in Aetzkalilauge und Zersetzen mittelst Schwefelwasserstoff.*

Diese, von Turner gegebene und von der hannoverschen Pharmakopöe aufgenommene Vorschrift zur Bereitung des Jodkaliums, ist gewifs eine der zweckmäfsigsten, indem bei nur einigermafsen genauem Ar-

beiten, kein oder doch nur sehr geringer Verlust erlitten
werden kann. Allein einem Uebelstande ist man hierbei
ausgesetzt, man erhält nämlich immer, ein mit Schwefelsäure verunreinigtes Salz, welches durch die Einwirkung
des Schwefelwasserstoffgases auf die Jodsäure gebildet
zu werden scheint. Denn als in eine, mit Jod gesättigte,
absolut schwefelsäurefreie Lauge, mit vorher gewasche-
nem Schwefelwasserstoffgas zersetzt wurde, erhielt ich
dennoch ein Salz, welches Spuren von Schwefelsäure
enthielt. Zum pharmaceutischen Gebrauch ist dies so
erhaltene Präparat gewifs hinlänglich rein, da Spuren
von schwefelsaurem Kali gewifs keine nachtheiligen
Wirkungen äufsern können.

Zur genauern Prüfung dieser Methode in ökonomischer Hinsicht, wurde in 2 Unz. Aetzkalilauge von
1,33 spec. Gew. unter Anwendung gelinder Wärme
1¼ Unze Jod eingetragen. Die von etwas überschüssigem
Jod braun gefärbte Lauge wurde nun mit 24 Unz.
Wasser verdünnt, wodurch sich das ausgeschiedene jodsaure Kali vollkommen auflöste. In diese Lösung wurde
jetzt ein anhaltender Strom Schwefelwasserstoffgas geleitet, wodurch sich die Flüssigkeit bald unter Ausscheidung von Schwefel trübte. Die nach 24 Stunden noch
deutlich nach Schwefelwasserstoff riechende Flüssigkeit
wurde filtrirt und zur Krystallisation verdunstet, wobei
bis zuletzt ein neutrales Jodkalium erhalten wurde.
Die hierbei erhaltene Ausbeute betrug 1 Unze 7 Drachm.
29 Gr., wovon ich mir erlaube, eine Probe mit № 6.
bezeichnet einzusenden. Bei einer andern ebenso bewirkten Darstellung, nur dafs 4 Unz. Aetzkalilauge und
3 Unz. Jod verwendet wurden, betrug die Ausbeute
an Jodkalium 3 Unz. 7 Drachm. Berechnet man den
Kostenaufwand, welchen das verbrauchte Material verursacht, so würde ein Pfd. so dargestelltes Jodkalium
4 Thlr. zu stehen kommen. Der Preis der Aetzlauge
wurde nach 2 erhaltenen Ausbeuten berechnet, wobei
das eine Mal aus 6 Pfd. kohlensaurem Kali 8 Pfd. Liq.

Kali caust. von 1,33 spec. Gewicht, das andere Mal aus derselben Menge kohlensaurem Kali 7 Pfd. 11 Unz. erhalten wurden.

Daſs diese Vorschrift zu den besten gehört, scheint mir erwiesen, da die dabei erhaltenen Ausbeuten nicht ungünstig zu nennen sind; indeſs möchte Folgendes dabei zu beachten sein: es ist nämlich nothwendig, immer etwas mehr Jod in der Aetzkalilauge zu lösen, als dieselbe zu binden vermag, um sicher zu sein, daſs das Aetzkali vollkommen gesättigt ist. Ist die angewendete Aetzkalilauge kohlensäurehaltig, so ist es um so mehr nöthig einen angemessenen Ueberschuſs von Jod zuzusetzen, weil sonst leicht ein alkalisches, kohlensäure- und schwefelhaltiges Salz erhalten wird. Sobald jedoch hinlängliches Jod vorhanden ist, wird der etwaige Kohlensäuregehalt der Lauge, beim Hineinleiten von Schwefelwasserstoff, durch die gebildete Jodwasserstoffsäure ausgetrieben und so dennoch ein neutrales Salz erhalten. Bevor man Schwefelwasserstoff in die Lauge strömen läſst, ist es nothwendig dieselbe stark zu verdünnen, indem wenn die Lauge zu concentrirt ist, sich der ausgeschiedene Schwefel zusammenballt, einen Theil des vorhandenen freien Jods einhüllt, und so dasselbe der fernern Einwirkung des Schwefelwasserstoffs entzieht. Bei der von mir angegebenen Verdünnung fand dies jedoch nicht statt, sondern der ausgeschiedene Schwefel war jederzeit pulvrig. Von der vollkommenen Zersetzung des jodsauren Kalis durch Schwefelwasserstoff kann man sich überzeugt halten, sobald die in einem bedeckten Gefäſs gestandene Lauge nach 24 Stunden noch deutlich nach Hydrothionsäure riecht. Ist durch Erwärmen der Lauge alles überschüssige Schwefelwasserstoffgas entfernt, so hat man noch nöthig zu prüfen, ob die Flüssigkeit nicht vielleicht eine saure Reaction von freier Jodwasserstoffsäure zeigt, was, wenn man einen groſsen Ueberschuſs von Jod angewendet hat, leicht statt finden kann. Alsdann ist es nothwendig, vorsichtig mit kohlensaurem Kali zu neutralisiren, weil man sonst

beiten, kein oder doch nur so ....ch durch Zersetzung
werden kann. Allein einem ....ure nach einiger Zeit
ausgesetzt, man erhält nän
säure verunreinigtes Salz, ·
des Schwefelwasserstoffg .etzkalk *und Jod.*
zu werden scheint. Den .alblatte *(1835, pag. 191.)*
absolut schwefelsäurefr(· Bereitung des Jodkaliums
nem Schwefelwassersto ....emacht. Derselbe läſst in
dennoch ein Salz, w Jod eintragen, bis sich eine
enthielt. Zum phar ....ierauf verdünnt er mit Wasser,
erhaltene Präparat ....aurem Kali und verdunstet zur
von ·schwefelsaure· ....an alsdann schöne Krystalle von
Wirkungen äuſser ....ll. Der Herr Verfasser hat hier
    Zur genauer ....aurem Kalk ganz unberücksichtigt
scher Hinsicht, ...so erhaltene Jodkalium muſs unbe-
1,33 spec. Gew ....odsaurem Kali verunreinigt gewesen
1¼ Unze Jod ein ....ie Anwendung des Aetzkalks anstatt
Jod braun g....ndung des Jods jedoch nicht verwerflich
Wasser verd. ....ich glaubte, dadurch die etwas beschwer-
saure Kali v ....ng der Aetzkalilauge zu umgehen, stellte
jetzt ein a ....ersuche damit an, welche auch, wie ich
leitet, wo....einem günstigen Resultate. führten.
dung von ....e Kalkmilch aus ½ Unze Aetzkalk wurden
deutlich ....20 Gr. Jod nach und nach eingetragen; der
wurde f....gefärbte Brei mit Wasser verdünnt, filtrirt,
bis zu....Rückstand so lange mit Wasser (wozu man
Die hi....ckmäſsigsten, wegen der Schwerlöslichkeit des
29 G....ren Kalkes, heiſses Wasser anwendet) ausgewaschen,
beze....s Abfließende keine Reaction auf Jod mehr gab.
wir....Lauge von Jodcalcium und jodsaurem Kalk läſst
3 ....durch Verdunsten zur Trockne und Glühen des
an ....kstandes nicht in Jodcalcium umwandeln, denn schon
K....m Verdunsten im Wasserbade färbt sich das Salz-
....misch beim anfangenden Trockenwerden braun und
....twickelt Joddämpfe. Deshalb wurde die Lauge so-
....leich mit kohlensaurem Kali zersetzt, der ausgeschiedene
....ohlensaure Kalk durch Filtriren getrennt und ausge-
....uschen. Hierbei hat man wieder eine ziemliche Menge

~~ser nöthig, um das schwerlösliche jodsaure Kali.
~~h aus dem Kalkniederschlage zu entfernen, und
~~t eine grofse Menge Flüssigkeit. Die nun er-
~~ge von Jodkalium und jodsaurem Kali zur
~~u verdunsten und den Rückstand zu glühen,
schon früher gezeigt worden ist, nicht zweck-
Deshalb wurde so lange Schwefelwasserstoffgas
geleitet, bis eine abfiltrirte Probe sich mit ver-
ten Säuren nicht mehr gelb färbte; jetzt zur Krystal-
tion verdunstet gab sie allerdings schönes Jodkalium.

Bei einem folgenden Versuch würde die Lösung von
jodcalcium und jodsaurem Kalk nicht wie oben mit kohlensaurem Kali zersetzt, sondern zuvor durch Hineinleiten von Schwefelwasserstoffgas der jodsaure Kalk in
Jodcalcium umgewandelt. Jetzt wurde filtrirt, die Flüssigkeit zur Verjagung des überschüssigen Schwefelwasserstoffs
erhitzt und nun vorsichtig mit kohlensaurem Kali gefällt.
Es ist gut, die Zersetzung in der Wärme vorzunehmen und
den Niederschlag von kohlensaurem Kalk mit warmem
oder frisch abgekochtem Wasser auszuwaschen. Man
erhält den kohlensauren Kalk leicht gänzlich rein von
Jod und das erhaltene Jodkalium enthält keine Spur
Kalk. Nur hat man hier mit demselben Uebelstand zu
kämpfen, wie bei der Darstellung aus Eisen- oder Zinkjodür, dafs es nämlich fast unmöglich scheint, einen
Ueberschufs von kohlensaurem Kali vermeiden zu können. Durch Krystallisation erhält man jedoch den gröfsten Theil des Salzes neutral.

Dieses Verfahren möchte vor ersterem den Vorzug
verdienen, weil man auf diese Weise nicht zweimal ein
so schwerlösliches Salz, wie der jodsaure Kalk und das
jodsaure Kali ist, aus einem Niederschlag auszuwaschen
hat. Es wurde nun, um die Ausbeute genauer bestimmen zu können, eine etwas gröfsere Menge Jod in Arbeit genommen. Hierzu wurden $1\frac{1}{2}$ Unzen Aetzkalk mit
Wasser zu einem Brei gelöscht, derselbe mit 12 Unz. Wasser verdünnt und nun unter gelinder Erwärmung 2 Unz.
3 Drachm. Jod eingetragen. Die von Jod gelb gefärbte

Flüssigkeit wurde nun noch mit 12 Unz. Wasser verdünnt, filtrirt und der Rückstand mit 28 Unz. heifsem
Wasser ausgewaschen. Nachdem nun die Flüssigkeit
ziemlich abgekühlt war, aber noch ehe ein Auskrystal-
lisiren von jodsaurem Kalk statt fand, wurde Hydrothionsäure bis zur gänzlichen Zersetzung des jodsauren
Kalks hineingeleitet.

Die so erhaltene Jodcalciumlauge wurde nun durch
Filtriren von dem ausgeschiedenen Schwefel und durch
Erwärmen von überschüssigem Schwefelwasserstoff befreit, und hierauf mit kohlensaurem Kali zersetzt, wovon 1 Unze 3½ Drachm. 2 Gr. nöthig waren. Der entstandene Niederschlag von kohlensaurem Kalk wurde
auf einem Filter gesammelt und mit 20 Unz. Wasser
ausgewaschen. Die Jodkaliumlauge zur Krystallisation
verdunstet, gab 3 Unz. 2 Drachm. 10 Gr. Krystalle, wovon sich in dem Gläschen, mit No. 7. bezeichnet, eine
Probe befindet. Die zuletzt erhaltenen Krystalle zeigten jedoch, so wie die Mutterlauge, schwach alkalische
Reaction, worin der Gehalt an Jodkalium wie bei No. 1.
ermittelt wurde. Berechne ich nun sämmtliche hier
verwendete Materialien, wobei jedoch das zur Entwicklung des Schwefelwasserstoffs verbrauchte Schwefeleisen
und die Schwefelsäure nicht mit in Anschlag gebracht
worden sind, da durch das erhaltene schwefelsaure Eisenoxydul die Kosten reichlich gedeckt werden; so kostet
diese hier erhaltene Menge Jodkalium 19 Ggr. 6 Pf.,
was auf 1 Pfd. berechnet 4 Thlr. betragen würde.

Obgleich nach diesen erhaltenen Resultaten die Darstellung auf diesem Wege nicht unvortheilhaft erscheint,
so ist dieselbe doch mit manchen Unannehmlichkeiten
verbunden. Man hat hierbei erst den Rückstand, welchen der Kalk hinterläfst, auszuwaschen. Dieser Rückstand ist nicht immer gleich grofs, sondern je nachdem
der angewendete Aetzkalk mehr oder weniger rein ist,
variirt die Menge, und bei Darstellung grofser Quantitäten Jodkalium ist es gewifs schwierig, denselben vollkommen auszuwaschen. Alsdann ist der Niederschlag

von kohlensaurem Kalk ebenfalls auszusüfsen, was allerdings leichter geschieht, da man es hier mit einem leicht
löslichen Salz zu thun hat. Man erhält aber am Ende
dennoch eine sehr voluminöse Lauge zum Verdunsten,
was jedoch bei den jetzt so häufig in Anwendung befindlichen Dampfapparaten wenig Umstände und Kosten
an Brennmaterial verursacht. Ferner ist, wie ich auch
schon erwähnt habe, es fast unvermeidlich, einen kleinen Ueberschufs von kohlensaurem Kali zuzusetzen, doch
fällt derselbe bei vorsichtigen Arbeiten sehr gering aus,
und es möchte dies der Anwendung dieser Methode wohl
am wenigsten hinderlich sein. Mehre Versuche zur
Prüfung dieser Methode anzustellen erlaubt mir jetzt die
Zeit nicht, doch glaube ich, dafs sich dieselbe noch so
modificiren läfst, um mit Vortheil benutzt werden zu
können. Es möge mir daher erlaubt sein, später die
noch anzustellenden Versuche und die dabei erhaltenen
Resultate mitzutheilen.

Fasse ich nun noch kurz die bei den verschiedenen
Darstellungen erhaltenen Resultate zusammen, so ergiebt
sich hinsichtlich des Preises Folgendes:

1 Pfd. aus Eisenjodür dargestelltes Jodkalium kostet
4 Thlr. 3 Ggr. 9 Pf.

1 Pfd. aus Zinkjodür dargestelltes Jodkalium kostet
4 Thlr. 6 Ggr. 3 Pf.

1 Pfd. aus Antimonjodür dargestelltes Jodkalium
kostet 5 Thlr. 19 Ggr.

1 Pfd. nach der Preufs. Pharmakopöe dargestelltes
Jodkalium kostet 4 Thlr. 12 Ggr.

1 Pfd. nach Turner's Methode dargestelltes Jodkalium kostet 4 Thlr.

1 Pfd. mittelst Aetzkalk und Jod dargestelltes Jodkalium kostet 4 Thlr.

Hiernach sind Turner's Methode und die Darstellung mittelst Aetzkalk in ökonomischer Hinsicht die
zweckmäfsigsten. Der erstern möchte ich jedoch vor
allen den Vorzug geben, da dieselbe mit der wenigsten
Mühe die reichlichste Ausbeute giebt. Allerdings findet hier

22 *

durch das Einströmen des Schwefelwasserstoffgases eine
geringe Schwefelsäurebildung statt; bei starker Verdünnung der Lauge ist die gebildete Menge derselben
aber so gering, daſs das Präparat dadurch zum pharmaceutischen Gebrauch nicht untauglich wird. Bei Anwendung einer concentrirten Lauge findet die Schwefelsäurebildung aber in höherm Grade statt.

Die Darstellung mittelst Aetzkalk hat zwar hinsichtlich des Preises ein eben so vortheilhaftes Resultat gegeben, wie die von Turner gegebene Vorschrift, allein es ist immer mit einiger Schwierigkeit verbunden,
den von Aetzkalk hinterlassenen Rückstand und den alsdann erhaltenen Niederschlag von kohlensaurem Kalk
vollkommen auszuwaschen. Dafür erspart man sich hingegen die Bereitung von Aetzkalilauge, die eben nicht
zu den angenehmsten Arbeiten gehört und wohl immer
mit Verlust an Kali verbunden ist.

Die Vorschriften, das Jodkalium mittelst Eisen oder
Zinkjodür zu bereiten, sind durchaus nicht so unpraktisch, wie sie von Manchen beschrieben werden, und
bei Darstellungen nicht zu groſser Mengen, wo die aus-
zuwaschenden Niederschläge nicht zu beträchtlich sind,
ebenfalls mit Vortheil zu befolgen.

Die von der Preuſs. Pharmakopöe gegebene Vorschrift liefert nur schwierig ein jodsäurefreies Salz.
Zerstört man das vorhandene jodsaure Kali vollkommen, so muſs eine strenge Hitze angewendet werden,
wobei man nicht geringen Verlust durch Verflüchtigung
von Jodkalium erleidet. Zudem reagirt das Salz nach
dem Glühen jederzeit alkalisch.

Die Darstellung aus Jodantimon bietet, wie ich glaube
gezeigt zu haben, ihre besondern Schwierigkeiten dar,
weſshalb dieselbe in die Praxis wohl schwerlich Eingang
finden wird.

Die Bereitung oft genannten Präparats mittelst Schwefelleber und Jod vorzunehmen, ist wegen der dabei statt
findenden Schwierigkeiten, ein reines Salz zu erhalten,
wohl ganz zu verwerfen.

Ueber einige Jodverbindungen;

von

Juvenal Girault.

Jodkalium.

Es existirt ein wohlbestimmtes Jodkalium, welches dem Kaliumoxyde entspricht. Unter dem uneigentlichen Namen von Zwei- und Dreifach-Jodkalium bezeichnet man jetzt häufig die Auflösung einer gewissen Menge Jod in einer Jodkaliumlösung, welche Menge zwei- bis dreimal so groß ist, als die in dem neutralen Salze, und welches die von Lugol und andern Aerzten unter den Namen *Solution joduré rubefiante* und *Solution joduré caustique* angewandten Compositionen sind.

Was man im Handel Kaliumjodür nennt, ist das geschmolzene, und was man Hydriodat nennt, das krystallisirte Jodür, welches kein Wasser enthalten muß, aber doch 2 — 10 Proc. zurückhält. Wegen dieser Menge Wasser kann das geschmolzene Jodür aber nicht noch einmal so theuer sein als das Hydriodat. Der Grund davon ist, daß man bei Darstellung des geschmolzenen Jodürs einen Verlust erleidet, der genau berechnet wird.

Setzt man Jodkalium der Wirkung der Hitze aus, so verlieren die Krystalle ihre Form, gehen in feurigen Fluß und entwickeln reiche Dämpfe, indem das Jodür, selbst bei Zutritt der Luft, unzersetzt sich verflüchtigt. Sauerstoff und Kohlensäure haben keine Wirkung auf dieses Salz; auch feucht und trocken erleidet es an der Luft keine Veränderung*); leitet man zugleich Sauerstoff und Kohlensäure durch eine Auflösung dieses Salzes, so erleidet es selbst bei 80° C. keine Veränderung.

Giebt man in eine concentrirte Auflösung von Jodkalium kalt Jod, so löst sich das Jod unmittelbar unter Entwicklung von Wärme und brauner Färbung der Flüssigkeit auf, die Farbe aber verschwindet nach und nach;

---

*) Vergl. die Versuche von Vogel S. 208 dies. Bds. Die Red.

wenn man keinen Ueberschufs von Jod angewendet hat,
und am Boden des Gefäfses findet man einen Niederschlag von jodsaurem Kali, ein anderer Theil jodsaures
Kali ist in dem Jodür aufgelöst, weil dieses Salz, fast
unlöslich in reinem Wasser, in einer Auflösung von
Jodkalium leichtlöslich ist, und bei einem Ueberschufs
von Alkali sich ein basisches Jodat bildet, welches noch
leichter löslich ist. Um den Ueberschufs von Alkali zu
vermeiden, wendet man einen Ueberschufs von Jod
an; dieses Jod aber wird kräftig zurückgehalten, und
es bedarf eines völligen Trocknens, fast des Schmelzens,
um es gänzlich zu verflüchtigen. Wenn man dann den
Rückstand mit wenig Wasser behandelt, so setzt sich
das Jodat fast vollständig ab, und man braucht zu dessen Zersetzung nur eine Temperatur anzuwenden, bei
welcher das aus der Zersetzung resultirende Jodür sich
nicht verflüchtigt.

Jodnatrium.

Das Jodnatrium kann ebenfalls eine gewisse Menge
Jod auflösen, die sich aber leicht abscheiden läfst, wodurch es sich also vom Jodkalium unterscheidet. Es
krystallisirt in abgeplatteten längsstreifigen durchsichti-
gen rhomboidalen Prismen von blättriger Textur, die
24 Proc. Krystallwasser enthalten. Es ist sehr hygros-
kopisch und zerfliefst leicht, ist die Luft zu trocken, so
efflorescirt es; an warmer Luft zerfliefst es schon in
seinem Krystallwasser. Um es aufzubewahren, mufs man
es nur eine gewisse Zeit zwischen Papier auf einem
Siebe bei 25° trocknen und dann sogleich in einem davon vollgefüllt werdenden und mit eingeriebenem Stöp-
sel versehenen Glase aufbewahren. Setzt man die Krystalle der Wärme aus, so verlieren sie ihr Krystallwasser und effloresciren, worauf das Jodür in einer höheren Temperatur schmilzt, und ist diese dazu hinreichend, sich verflüchtigt, aber erst in einer viel
höheren Temp. als das Jodkalium. Das Effloresciren,
Schmelzen und selbst die Verflüchtigung zersetzen das
Salz nicht, wenn die Luft keinen Zutritt dazu hat.

Nach dem Erkalten wird das Jodür wieder fest, nimmt ein nadelförmiges und perlmutterglänzendes Ansehen an und kann, dem Einfluſs der Luft entzogen, unveränderlich erhalten werden. An der Luft aber, oder in einem nur theilweise damit angefüllten, wenn auch mit einem Kork verschlossenen Glase, nimmt es eine röthliche Farbe an, die bei wiederholtem Oeffnen des Glases stärker wird. Es wird nämlich ein Theil des Jodürs zersetzt und in kohlensaures Natron verändert, unter Freiwerden von Jod, welches dem Salze die röthliche Farbe mittheilt. Wenn man das Salz aber in einer Retorte bis zum Schmelzen erhitzt und dann abkühlen läſst, so wirkt die eintretende Luft nur auf die von ihr berührten Oberflächen und veranlaſst durch ihren Kohlensäure- und Sauerstoffgehalt sowohl die Bildung von kohlensaurem Natron als von jodhaltigem Jodür.

Das Jodnatrium ist sehr zerflieſslich, in nicht sehr starkem Alkohol löst es sich leicht. Die Auflösung des Salzes verändert sich an der Luft sehr langsam, die Krystalle weit schneller und noch mehr das wasserleere Salz. Ein Strom von Kohlensäure verändert auch bei 70 und 80° die Auflösung nicht, auch ein gleichzeitiger Strom von Sauerstoffgas macht die Wirkung nicht merklicher und doch kann das Salz an der Luft sich nicht halten.

Setzt man zu einer sehr concentr. kaustischen Natronlösung (36°) Jod, so fällt dieses zu Boden, verliert seinen Metallglanz und ertheilt der Flüssigkeit eine gelbliche Farbe, das Jod bedeckt sich mit einer Kruste von jodsaurem Natron und reagirt nicht weiter. Nach Zusatz von Wasser, oder wenn man sogleich eine verdünnte Auflösung anwendet, geht die Reaction wie mit Kali vor sich, nur mit dem Unterschiede, daſs es unmöglich ist, das Jodnatrium frei von kohlensaurem Natron und folglich von jodhaltigem Jodnatrium zu erhalten; daſs jodsaures Natron, da es fähig ist, mit dem Jodnatrium sich zu verbinden, in Auflösung bleibt, wenn auch die Flüssigkeit concentrirt ist, beim Erhitzen aber wird die Verbindung zerstört und der gröſste Theil des

jodsauren Natrons gefällt, doch bleibt immer noch ein
Theil desselben aufgelöst, und daſs, wenn das Gemenge
geglüht wird, ein alkalisches Jodür entsteht. Man muſs
also dieses Jodür durch Doppeltausch zersetzen. Ein
Umstand, der bei der Zersetzung des Jodnatriums sehr
auffallend ist, ist folgender:

Als ich das Gemenge von jodsaurem Kali und Jodkalium, mit kaustischer Lauge erhalten, mit einem Ueberschuſs von gepülverter Kohle behandelt hatte, sah ich
eine fortgesetzte Entwicklung von Kohlensäure ohne den
mindesten Jodverlust, und der ausgelaugte Rückstand
gab reines Jodkalium, was neutral oder kaum alkalisch
war. Als ich denselben Versuch mit den entsprechenden Natronverbindungen wiederholte, so entwickelte
sich während des Glühens stets Jod, und das erhaltene
Jodür war mit kohlensaurem Natron gemengt, welches
aus der Auflösung auskrystallisirte. Ohne Zweifel ist
es nur in Folge der Analogie, daſs in dem Werke von
Orfila (vielleicht dem einzigen, wo das treffliche Verfahren des Glühens des Gemenges von jodsaurem Kali
und Jodkalium mit Kohle angegeben wird) beim Artikel Jodnatrium dasselbe Verfahren angezeigt ist.

Es ergiebt sich hiernach, daſs es vortheilhaft ist,
das Jodnatrium durch Doppeltausch zu zersetzen, daſs
dagegen das Jodkalium vortheilhaft durch Auflösen in
kaustischer Kalilauge darzustellen ist, wenn man die
Auflöslichkeit des jodsauren Kalis in Jodkalium berücksichtigt und das Gemenge beider Salze mit Kohle cal-
cinirt, was eine Temperatur erlaubt, bei welcher das
Jodür sich nicht verflüchtigt. Es ist aber zu berücksichtigen, daſs diese Darstellungsweise nicht anwendbar
ist bei solchem Kali, welches Natron und schwefelsaures Natron enthält.

Da die Darstellung des Jodkaliums durch Doppeltausch von solchen Nebenerscheinungen frei ist, und
keine andern als die gewöhnlichen Apparate erfordert,
so kann zuweilen dieses Verfahren vorgezogen werden;
gewöhnlich wählt man dazu Jodeisen; da dieses aber

leicht zersetzbar ist, und aufserdem Unbequemlichkeiten
darbietet, so schien es mir nützlich, auch zu untersuchen, ob nicht das Zink mit Vortheil hier sich anwenden lasse.

Jodkalium mittelst Jodeisen oder Jodzink dargestellt.

Bei der Behandlung des Eisenjodürs mit kohlensaurem Kali enthält der Niederschlag eine beträchtliche
Menge Jod zurück, und wie es scheint, in einem besondern Zustande, denn man kann dasselbe nur durch fortgesetzte Auskochungen entfernen; die gallertartige Form
des Niederschlags erschwert dabei die Filtrationen. Die
Natur des Niederschlags läfst aufserdem den Sättigungspunct schwierig erkennen, was doch wichtig ist, da man
keinen Ueberschufs von Jodeisen lassen darf, wodurch
die Flüssigkeiten bei dessen Umbildung in jodhaltiges
Jodür durch den bei der Verdampfung sich absondern-
den ockrigen Absatz getrübt würden. Man kann aber
selten ein oxydfreies Eisenjodür erhalten und dessen Krystalle unmittelbar anwendbar wären. Der Vorschlag
Guibourt's, die Auflösungen über dem Niederschlage
lange Zeit kochen zu lassen, um das Eisen vollends zu
oxydiren, verlangsamt das Verfahren sehr, ohne gute
Resultate herbeizuführen, man erlangt nur eine Veränderung des Zustandes des Niederschlags und ein rascheres
Filtriren. Die Darstellung des Jodkaliums durch Jodeisen erfordert sonach Beachtungen, die dem Verfahren
mit kaustischen Alkalien den Vorzug geben könnten. Noch
bemerke ich, dafs man mit dem Eisenniederschlage nichts
machen kann, weil er ein unreines Oxyjodür enthält,
welches selbst durch wiederholtes Glühen nicht zersetzt
wird, selbst wenn man es mit Oel oder Essigsäure zuvor befeuchtet hätte, um es in den Zustand des *Aethiops
martialis* zu versetzen.

Versucht man, statt des Eisens Zink anzuwenden,
so bieten sich folgende Unterschiede dar. Das Zink ist
theurer als Eisen, aber das eisenfreie kohlensaure Zink,
welches man daraus darstellen kann, kann zur Darstel-

lung eines reinen und weifsen Zinkoxyds dienen. Das Jodzink bildet sich langsamer als das Jodeisen, aber doch
geht die Operation ohne Schwierigkeiten in einigen Tagen in der Kälte oder in einer mäfsigen Temp. vor
sich, wenn das Zink hinreichend vertheilt ist. Im trocknen Zustande verändert sich das Jodzink an der Luft,
im aufgelösten Zustande aber sehr wenig. Blei, Kupfer,
Eisen, Kiesel und Spuren von Mangan, welche einige
Arten von Zink enthalten können, sind ohne Einflufs;
Blei und Kupfer werden von Jod nicht angegriffen oder
bilden damit unlösliche Jodüre; Eisen bleibt bei dem
Niederschlage, wenn man einen Ueberschufs von Zink
beachtet; keine Spur geht davon in die Flüssigkeit über,
und aus diesem Grunde erhält man dann ein kohlensaures Zinkoxyd bei diesem Verfahren, welches ein reines
weifses Oxyd giebt; die Kieselerde wird ebenfalls nicht
angegriffen.

Unser Verfahren ist sonach folgendes: Behandlung
des zertheilten Zinks mit Jod und Wasser in verschlossenen Gefäfsen, Umrühren, successiver Zusatz von Jod,
mit der Rücksicht, dafs stets ein Ueberschufs von Zink
vorhanden bleibt, Filtration der Flüssigkeit, Auswaschen
des Niederschlags mit heifsem Wasser, und Erkalten des
Filtrats. Hierauf giebt man dieses nach und nach in
eine kochende Auflösung von kohlensaurem Kali, bei
jedem neuen Zusatze des Jodürs wird der anfangs gebildete Niederschlag vom Boden wieder auf die Oberfläche geführt in Folge der freiwerdenden Kohlensäure,
so dafs, wenn man nach Zusatz einer kleinen Menge
der Solution findet, dafs kein Gas sich mehr entwickelt,
und kein Niederschlag mehr auf die Oberfläche steigt,
man schliefsen kann, dafs man den Sättigungspunct erreicht oder selbst überschritten habe. Wenn der Niederschlag sich zu Boden gesenkt hat, so hält man das
Kochen durch Zusatz von etwas kaltem Wasser für einen Augenblick an, und wenn die Flüssigkeit sich geklärt
hat, setzt man derselben noch Auflösung von kohlensaurem Kali zu, so dafs dieses, welches auf den Nieder-

schlag nicht wirkt, in kleinem Ueberschufs vorhanden ist, und die Flüssigkeit kein Zink mehr enthält. Wenn man zufällig einen Ueberschufs von Jodzink in der Auflösung hätte, so wird dieses beim Verdampfen und besonders der Mutterlaugen zersetzt, und giebt einen weifsen Niederschlag, den man durch Filtriren entfernt, was leicht statt findet; wird der Niederschlag noch zweimal mit Wasser ausgekocht, so hält er kein Jodkalium mehr zurück; die Abwaschflüssigkeiten werden dann angemessen verdunstet. Was das kohlensaure Zinkoxyd betrifft, so hält es eine kleine Menge unlösliches Zinkoxyjodür zurück, wovon es aber durch Rothglühhitze völlig befreit wird, denn die empfindlichsten Reagentien zeigen nach dem Glühen kein Jod mehr darin an *).

Jodblei.

Man nimmt im Allgemeinen nur die Existenz einer Verbindung von Jod und Blei an, nach vielen Thatsachen aber möchte man schliefsen, dafs wenigstens noch eine andere höher jodirte Verbindung existire. Jedenfalls wollen wir die Erscheinungen bei seiner Darstellung aus dem Gesichtspuncte, als ob nur eine Verbindung existire, betrachten. Nach dem Codex wird dieses Jodür durch die Doppelzersetzung von Jodkalium und neutralem essigsauren Bleioxyd dargestellt. Das neutrale essigsaure Bleioxyd ist aber nicht immer völlig neutral; der Niederschlag von kohlensaurem Blei, welchen es bei seiner Auflösung hinterläfst, zeigt, dafs es eine Zersetzung erlitten habe. Ein empfindliches Mittel, dieses zu bestätigen, besteht darin, dafs man in die Auflösung ausgeathmete Luft einbläst, durch deren Kohlensäure die Auflösung des basischen Salzes sogleich getrübt, die des neutralen aber nicht verändert wird. Verwendet man ein basisches Acetat,

---

*) Ueber die Anwendung des Jodzinks zur Darstellung des Jodkaliums vergl. auch frühere Versuche von D u f l o s. S. auch dessen »Theorie und Praxis der pharmaceutischen Experimentalchemie« 340. **Die Red.**

so muſs die Anwendung dieses Salzes die Bildung eines
mit Oxyd gemengten Jodürs (Oxyjodürs)*) nach sich
ziehen und man muſs daher versuchen, ein solches Salz
zum neutralen Zustande zurückzuführen, oder der Auflösung eine hinreichende Menge Essigsäure zusetzen.

Wird eine Auflösung von basisch‑essigsaurem Bleioxyd so lange mit Jodkalium vermischt, bis kein Niederschlag mehr entsteht, so erhält man ein schmutzig-
weiſses grünliches Oxyjodür, welches an essigsaures
Wasser alles Oxyd abgiebt, und die schöne gelbe Farbe
des Jodbleis annimmt. Es ist also leicht, ein mit Oxyd
gemischtes Jodür zu verbessern.

Um die Auflösung eines basisch‑essigsauren Bleioxyds zu neutralisiren, setzt man derselben verdünnte
Essigsäure zu. Hat man einen Ueberschuſs an Säure in
der Auflösung, so wird, wenn man Jodkalium zusetzt,
der Ueberschuſs der Säure Jod frei machen und ein jodhaltiges Bleijodür entstehen. Es ist dasselbe, wenn man
ein alkalisch reagirendes Jodkalium und die Auflösung
des Bleisalzes mit Essigsäure versetzt, um zu verhindern,
daſs das freie Alkali Bleioxyd fälle, denn sobald die
Säure mit dem Jodkalium in Berührung kömmt, macht
sie Jod daraus frei, und man erhält ein grünliches oder
dunkelbraunes jodhaltiges Bleijodür, welches den Jod-
überschuſs so zurückhält, daſs er durch bloſses Auswaschen nicht weggeschafft werden kann, selbst nicht durch
Alkohol oder durch Auflösung von kaustischen Alkalien.
Enthält das Jodkalium kohlensaures Kali beigemengt,
so kann das Jodblei von dem mitgefälltem kohlensauren Blei leicht durch verdünnte Essigsäure entfernt werden; wenn das Jodkalium aber jodsaures Kali enthält,
so bleibt das mitgefällte jodsaure Bleioxyd mit dem Jodblei verbunden, und kann nicht davon getrennt werden.

Ein einfaches und vortheilhaftes Verfahren, welches
die Anwendung des Jodkaliums umgeht, besteht darin,
zu diesem Behufe dargestelltes Jodeisen durch eine Auf-

---

*) Vergl. die früheren Versuche von **Brandes**. D. Red.

lösung von essigsaurem Bleioxyd zu zersetzen. Es ist wahr, wie schnell man auch die Zersetzung bewirke, das Jodblei bleibt mit Eisen gemengt, aber dieses kann durch Auswaschen mit Wasser, dem etwas Essigsäure zugesetzt ist, entfernt werden. Dieses Verfahren habe ich nach Anrathen des Hrn. S o u b e i r a n mit Erfolg in der Centralapotheke in Paris ausgeführt*).

Ueber Eisenjodür;

von

Dr. *Geiseler,*

Apotheker zu Königsberg in der Neumark.

Die vortreffliche Vorschrift von W a c k e n r o d e r zur Bereitung eines haltbaren Eisenjodürsyrups (*Arch d. Ph. 2. R. XIX, 176.*) wird gewifs überall, wo sie bekannt geworden ist, befolgt. Auch ich habe mich von der Zweckmäfsigkeit derselben überzengt und halte, da der Eisenjodürsyrup auch von hiesigen Aerzten häufig verordnet wird, ihn in concentrirtem Zustande vorräthig. Bei seiner Darstellung bin ich indessen in einigen Stücken von dem W a c k e n r o d e r'schen Verfahren abgewichen.

Statt des feinpräparirten metallischen Eisens wende ich gewöhnliche reine Eisenfeile an und da diese in dem Verhältnisse von 1 Theil auf 3 Theile Jod nur allmälig einwirkt, bringe ich gleiche Theile Eisen und Jod unter Vermittelung von Wasser in Berührung. Wenn man 3 Drachm. Jod und eben so viel Eisenfeile in einem Glase mit 6 Drachm. destillirten Wassers übergiefst, so erhält man binnen wenigen Minuten eine ganz ungefärbte, kaum schwach grünliche Flüssigkeit. Diese wird sogleich auf ein Filtrum gebracht und die Ausstfsung des Rückstandes mit so viel Wasser bewirkt, dafs das Gewicht des ganzen Fluidums 12 Drachm. beträgt. Mit 18 Drachm. fein gepülverten reinen weifsen Zuckers geschüttelt, stellt dasselbe dann einen Syrup dar, der anfänglich

---

*) Journ. de Pharm. XXVII, 388.

das Ansehen und die Consistenz des Mandelsyrups hat,
später aber so klar und farblos wie *Syrup. simplex* wird
und nur einen kaum bemerkbaren Stich ins Grünliche
besitzt. Jede Drachme desselben enthält 6 Gr. Jod
oder vielmehr die diesen entsprechende Menge Eisenjodür,
nämlich 7,288 Gran, er ist also um die Hälfte schwächer,
als der nach der Wackenroder'schen Vorschrift bereitete.

Die Vortheile dieser Darstellungsmethode bestehen
darin, daſs 1) die Verbindung des Jods mit dem Eisen
sehr schnell bewirkt, 2) die Erwärmung vermieden und
dadurch die Haltbarkeit befördert wird und 3) die Bereitung des verdünnten Eisenjodürsyrups, der in der
Unze 3 Gr. Jod oder 3,644 Gr. Eisenjodür enthält, durch
Vermischung von einer halben Drachme des concentrir-
ten Syrups mit $7\frac{1}{2}$ Drachm. *Syrup. simpl.* mit hinreichender
Genauigkeit ausgeführt werden kann.

Sobald übrigens der concentrirte Eisenjodürsyrup
sich gelbbräunlich zu färben anfängt, und dies thut der
durch Erwärmung bereitete oft sogleich nach der Darstellung, enthält er Spuren von Eisenjodid. Diese können
indessen nicht durch Kaliumeisencyanür erkannt werden,
da die Nüancirung der durch dasselbe entstehenden
blauen Farbe täuscht, sondern nur durch Amylumauf-
lösung, die durch Eisenjodür gar nicht, durch Eisenjodid
aber sogleich je nach dem gröſseren oder geringeren Gehalt
dunkel oder hell violett gefärbt wird. Eben so scharf
ist auch folgende Probe: 1 Tropfen Gallustinctur wird
mit 2 Drachm. dest. Wasser vermischt und in diese
Mischung 1 Tropfen der Eisenjodürlösung gegeben;
wenn dieser im Augenblick des Eintröpfelns eine reine
weiſse Trübung bewirkt, die erst später blau wird,
dann enthält die Lösung kein Eisenjodid, wohl aber,
wenn die blaue Färbung sogleich eintritt. Jedenfalls
bleibt indessen, das sei hier beiläufig bemerkt, auffallend,
daſs die mit Zucker vermischte Eisenjodürlösung, wenn
sich in ihr auch schon viel Eisenjodid gebildet hat, sich
nicht trübt, sondern klar bleibt, da doch die Eisenjodid-
bildung nur durch eine Abscheidung von Eisenoxyd be-

wirkt sein kann. Der kalt bereitete concentrirte Eisenjodürsyrup hält sich etwa 14 Tage lang unverändert,
dann fängt er schon an, sich selbst gelblich und Amy-
lumauflösung schwach violett zu färben.

Fast eben so gut als Zucker, verhindert auch arabi-
sches Gummi die Verwandlung des flüssigen Eisenjodürs
in Eisenjodid. Wenn man wie bei obiger Bereitung
des concentrirten Eisenjodürsyrups verfährt, und die
12 Drachm. betragende eisenjodürhaltige Flüssigkeit
mit einer Auflösung von 1 Unze arabischen Gummis in
10 Drachm. dest. Wassers vermischt, so erhält man
einen syrupähnlichen unbedeutend ins Grünliche spielen-
den Schleim, von dem jede Drachme ebenfalls 6 Gr.
Jod enthält und der mehre Wochen unverändert bleibt.

Eine Darstellung des Eisenjodürs in fester Form
läfst sich ohne Veränderung desselben, selbst bei einem
Zusatze von Zucker nicht bewirken. Während des
Abdampfens entsteht Eisenjodid. Die von Kerner (*Ann.
d. Pharm. XIX,* 182.) vorgeschlagene Methode, die Umwandlung des Eisenjodürs zu verhindern, habe ich in sofern
modificirt angewendet, als ich 1 Drachme des concentrirten Eisenjodürsyrups mit $\frac{1}{4}$ Drachme Milchzucker
in einer Porcellanschale im Dampfbade so weit evaporirte,
bis die Masse sich noch warm in Consistenz einer
Pillenmasse aus der Schale nehmen liefs. Das Pülvern
derselben ohne einen weiteren Zusatz wollte nicht gelingen, als aber noch so viel Milchzucker zugesetzt war,
dafs das Gewicht des Ganzen 2 Drachm. betrug, wurde
durch fortgesetztes Reiben ein weifses Pulver erhalten,
das in einem gut verstöpselten Glase Monate lang aufbewahrt werden konnte, ohne dafs Eisenjodid entstanden
war. In Papierkapseln wird es feucht, bräunt sich nach
einiger Zeit und ist dann eisenjodidhaltig. Jede Drachme
des Pulvers enthält eine 3 Gr. Jod entsprechende Menge
Eisenjodür.

In Pillenform läfst sich das Eisenjodür sehr gut so
bringen, dafs man 1 Drachme des concentrirten Eisenjodürsyrups oder des Eisenjodürschleims mit 1 Drachme

Milchzucker im Dampfbade so lange erwärmt, bis die Masse Pillenconsistenz angenommen hat. Die Erwärmung darf nicht sehr lange fortgesetzt werden, da die Masse sonst zu hart wird. Aus der angegebenen Menge formt man 60 Pillen. Jede Pille enthält dann die $\frac{1}{10}$ Gr. Jod entsprechende Menge Eisenjodür. Auch giebt 1 Drachme Eisenjodürsyrup eben so wie 1 Drachme Eisenjodürschleim mit 2 Drachm. Althäawurzelpulver eine sehr gute Pillenmasse, welche zu 90 Pillen geformt, jede derselben von einem Gehalt von $\frac{1}{15}$ Gr. Jod liefert. Daſs beide Arten von Pillen in verstöpselten Gläsern aufbewahrt werden müssen, versteht sich von selbst, in denselben halten sie sich mehre Wochen unverändert, an freier Luft aber werden sie bald eisenjodidhaltig.

Die Veranlassung zu diesen Mittheilungen, die allerdings wenig Neues enthalten und nur Modificationen der Verfahrungsarten von Wackenroder, Oberdörfer und Kerner genannt werden können, ist die Abhandlung über das Eisenjodür im *Archiv der Pharm. XXVI, 2. R. 187.* von Dubasquier. Dieser Arzt legt, indem er die Wirksamkeit des Eisenjodürs in der Lungenschwindsucht besonders preiset, ein groſses Gewicht darauf, daſs es keine Spur von Eisenjodid enthält. Wie ich nun verfahren bin, das Eisenjodür in arzneiliche Formen zu bringen, in denen es sich unter den angegebenen Kautelen möglichst lange unverändert hält und die der Art und Weise, wie deutsche Aerzte die Arzneimittel verordnen, mehr entsprechen als die Dubasquierschen Formeln, das eben ist es, was mir neben den Erfahrungen, wie man die geringste Spur von Eisenjodid im Eisenjodür entdecken kann und in wiefern sich frühere Versuche nur bestätigt haben, der Mittheilung nicht ganz unwerth erschienen ist. Nach Dubasquier beträgt die gröſste Menge Eisenjodür, die innerhalb 24 Stunden gereicht werden kann, ungefähr 8 Gr., soviel wird sich auch mit den hier angegebenen Vehikeln davon bequem in flüssiger Pulver - und Pillenform nehmen lassen. Die angemessenste Form ist unstreitig der Syrup

oder, wenn der süfse Geschmack unangenehm sein sollte,
der Schleim. Länger als 14 Tage erhalten sich aber
beide nicht ohne Veränderung, in Apotheken, in welchen
sie nur selten verordnet werden, würde ich deshalb
nicht eine vorräthige Anfertigung derselben, sondern
vielmehr eine Bereitung *ex tempore* angemessen finden.
Wenn man 3 Gr. Jod und eben so viel Eisenfeile in
einem Uhrglase mit 25 bis 30 Tropfen Wasser übergiefst,
so ist ohne äufsere Erwärmung die Bildung von Eisenjodür
sehr schnell bewirkt und das Filtriren des entstandenen
flüssigen Eisenjodürs und Auswaschen des Rückstandes
auf einem natürlich sehr kleinen Filtrum mit soviel
Wasser, dafs das ganze Fluidum 2 Drachm. beträgt,
dauert nur so kurze Zeit, dafs innerhalb einer Viertel-
stunde die ganze Operation beendet ist. Vermischt man
jetzt die 2 Drachm. betragende Flüssigkeit mit 6 Drachm.
Syrup simpl. oder eben so viel *Mucil. G. arabici,* so hat
man ein Gemisch von 1 Unze, das 3,644 Gr. Eisenjodür,
also eben so viel, wie der nach der Wackenroder'schen
Vorschrift bereitete verdünnte Eisenjodürsyrup enthält.
Syrup und Schleim, nach dieser Angabe bereitet, halten
sich, wenn die Gläser, in welchen sie enthalten sind,
täglich 6 mal geöffnet wurden, 4 Tage lang unverändert,
am fünften Tage färbten sie Amylumlösung entschieden
violett.

Noch sei schliefslich des Versuches erwähnt, das
flüssige Eisenjodür über Eisenfeile unverändert zu erhalten. Schon insofern stellte sich hierbei eine Schwierigkeit ein, als eine ununterbrochene Bildung von Eisenoxyd statt fand, die sogleich das Entstehen von Eisenjodid und demnächst die Einwirkung desselben auf das
metallische Eisen behufs Umwandlung in Eisenjodür zur
Folge hatte, und als diese beständige Wechselwirkung
die Flüssigkeit so trübe machte, dafs sie nicht abgegossen
werden konnte, sondern abfiltrirt werden mufste. Nach
einiger Zeit aber wurde das metallische Eisen mit einer
Kruste von Eisenoxyd umgeben und konnte dann nicht
mehr die Umwandlung des Eisenjodids in Eisenjodür

bewirken; die Flüssigkeit färbte dann Amylumlösung
intensiv violett. Sonach zeigte sich auch das metallische
Eisen unfähig, das flüssige Eisenjodür für lange Zeit
unverändert zu erhalten.

Ueber kohlensaures Eisenoxydul;

vom

Hofrath und Professor Dr. *Pleischl* in Wien.

Die Pillenmasse mit kohlensaurem Eisenoxydul nach
der zuletzt von Brandes gegebenen Vorschrift (*S. diese
Zeitschrift 2.R.B. XXV.S.66*) finde ich ganz vortrefflich,
und muſs selbige als ein ausgezeichnetes Präparat angesehen werden. Ich lieſs sie, als ich durch das Archiv
Kenntniſs davon erhielt, sogleich bereiten und bewahre
sie seit 6 Monaten auf; ich habe sie von Zeit zu Zeit
untersucht und finde, daſs sich die Masse trefflich erhält. Ein milderes Eisenpräparat ist mir nicht vorgekommen; ich glaube, der zarteste Gaumen der Damen
und Kinder wird solches gut vertragen.

Ueber das Lilacin, das bittre Princip der Lilas (*Syringa vulgaris*);

von

Alphons Meillet,
Präparator des Hauses *Vauquelin.*

Mehre Praktiker haben sich mit den Lilas beschäftigt und die Fieber heilenden Wirkungen derselben
bestätigt. Der verstorbene Cruveilhier machte zahlreiche Versuche, welche diese wichtigen Eigenschaften
der Kapseln und Blätter dieses Strauchs auſser Zweifel
stellten. In mehren unserer Provinzen und namentlich
in dem unter dem Namen *la Brenne* bekannten Theile
von Berry, der sehr sumpfig und ungesund ist, haben
die Landleute fast kein anderes Hülfsmittel gegen die
Wechselfieber. Es war sonach interessant, sich mit der

Darstellung des wirksamen Princips der Syringa zu beschäftigen; die Herren Petroz und Robinet haben
die Früchte der Lilas analysirt und eine zuckrige und
eine bittre Materie darin gefunden, sie haben letzte aber
nicht in dem Zustande der Reinheit erhalten, um sie
hinreichend bestimmen zu können. Das von mir zur
Darstellung befolgte Verfahren ist sehr einfach und
mit wenigen Modificationen die zur Darstellung einiger
andern unmittelbaren Bestandtheile gewöhnliche Methode.
Die Blätter oder vielmehr die grünen Früchte, welche
reicher daran sind, werden gestofsen und zweimal mit
Wasser ausgekocht; die bis zur Hälfte concentr. Decocte
werden mit basischem essigsauren Blei versetzt, bis zur
Syrupsdicke verdunstet, mit einem Ueberschufs von ge-
brannter Magnesia zersetzt, im Wasserbade bis zur
Trockne verdunstet, und das trockne Extract gepülvert,
unter Zusatz von etwas Magnesia, um das Pülvern zu
erleichtern. Das Pulver wird dann mit Wasser von
30—40° C. einigemal digerirt, hierauf mit kochendem
Alkohol von 40°, das Decoct mit gereinigter Kohle ent-
färbt, filtrirt, bis zur Hälfte verdunstet, worauf nach
Erkalten das Lilacin auskrystallisirt. Das basisch essigsaure Bleioxyd dient in dieser Operation, um eine harzige
Materie zu präcipitiren, von welcher das Lilacin schwer
zu trennen ist, und welche dessen Krystallisation verhindert.

Das Waschen des Extracts mit warmem Wasser
hat den Zweck, die gebildete essigsaure Magnesia, und
eine in den Früchten enthaltene ziemliche Menge Mannit
zu entfernen, dessen Gegenwart ich darin erkannte.

Das Lilacin scheint in den Lilas mit Aepfelsäure
verbunden zu sein, obgleich es nicht alkalisch ist.
Wenn es durch Verdunsten einer heifsen Auflösung
krystallisirt, so bildet es Zusammenhäufungen kleiner
leichter Nadeln wie Meconin, wenn es aber aus einer
in der Kälte bereiteten Auflösung durch freiwilliges
Verdunsten krystallisirt, so bildet es lange vierseitige
zweiflächig zugespitzte Prismen. Es besitzt einen dem

Chinin ähnlichen, obgleich weniger intensiven bittern
Geschmack; es löst sich weder in Wasser noch in Säuren,
die es nicht neutralisirt; von Essigsäure wird es in der
Wärme aufgelöst, es verbindet sich aber nicht damit,
denn beim Erkalten krystallisirt es rein heraus. Die
Lilas geben keine gleiche Mengen dieses Stoffs, und im
Allgemeinen enthalten sie nur wenig davon, oft habe
ich nur Spuren erhalten. Es wäre zu wünschen, durch
Versuche den therapeutischen Werth des Lilacins zu
bestimmen *).

*) *Journ. de Pharm. et de Chim. Nouvelle Ser. I. 25.* Es ist
in einer Anmerkung von Soubeiran angeführt, dafs nach
einer brieflichen Nachricht von Buchner jun. Hr. Bernays aus der Syringa vulgaris einen dem Salicin analogen
Körper, *Syringin*, dargestellt habe. Dieser ist wohl mit
dem Lilacin identisch, und würde für diesen Stoff der Name
Syringin jedenfalls vorzuziehen sein, jedoch stimmen die
Angaben Meillet's über die Eigenschaften dieses Körpers
mit denen Bernays's nicht ganz überein; ersterer hat aber
diese, wie es scheint, unvollständiger untersucht, daher
wir hier eine kurze Notiz aus Bernays's Versuchen mittheilen.

»Das Syringin ist der eigenthümliche Stoff aus der
Rinde und den Blättern der Syringa vulgaris und wird erhalten durch zweimaliges Auskochen mit Wasser, Auspressen, Versetzen mit Bleiessig im Ueberschufs, Entfernen
des Bleigehalts aus der Flüssigkeit durch Schwefelwasserstoff, Filtration, Abdampfen zur Syrupsconsistenz, Vermischen mit Alkohol von 90 Proc., Filtration, Eindampfen
zur Syrupsconsistenz und Hinstellen zur Ruhe, wobei das
Ganze in einen Brei von feinen, weifsen, glänzenden Nadeln
verwandelt wird, welche mit Wasser abgewaschen und getrocknet werden. Aus 3 Pfd. Rinde erhält man 2 Drachm. Syringin.
Es besitzt einen ekelhaften Geschmack, mehr süfslich kratzend,
als bitter. Es ist unlöslich in Aether, löslich in 8—10 Theilen
Wasser und Alkohol; concentrirte Schwefelsäure färbt es
prächtig violett blau.« (*Buchn. Repert. f. d. Pharm. XXIV,*
3. 1841.)   Br.

Dritte Abtheilung.

Literatur.

Mittheilungen aus den dem Vereine übersandten Schriften der pharmaceut. Gesellschaft in Lissabon;

ausgezogen von Dr. *Holl* in Dresden.

Unter allen europäischen Ländern ist wohl Portugal das einzige, von welchem wir in Hinsicht auf den Zustand des dortigen Apothekerwesens bis jetzt noch sehr wenig wissen, es dürften daher nachstehende kleine Notizen über diesen Gegenstand für manchen Leser nicht uninteressant sein. Ich schöpfte sie aus dem *Jornal da Sociedade Pharmaceutica de Lisboa*, welches der Hr. Hofrath Dr. B r a n d e s die Güte hatte, mir zu senden. Leider sind die Hefte nicht vollständig angekommen; vom ersten Theil sind 4 Hefte vom Jahre 1836, 6 Hefte von 1837 und 1 Heft von 1838 vorhanden, vom 2. Theil nur 2 Hefte von 1839.

Der Inhalt der vor mir liegenden Hefte betrifft hauptsächlich die Errichtung der neuen pharmaceutischen Gesellschaft von Lissabon, Beschreibung ihrer Sitzungen, Reden, Schreiben an und von der Regierung, mehre Uebersetzungen aus französischen chemischen und pharmaceutischen Journalen, und nur einige wenige eigene chemische Artikel.

Ueber die pharmaceutische Gesellschaft wird Folgendes berichtet: Sie wurde von 39 Apothekern in Lissabon gestiftet, welche am 24. Juli 1835, an welchem Tage das Jahr zuvor die Königin D. M a r i a II. die Regierung angetreten hatte, ihre erste Versammlung hielten. Es wurden gewählt: ein Präsident, ein Vicepräsident, zwei Secretaire, zwei Vicesecretaire, ein Kassirer, ein Bibliothekar, ein erster und zwei zweite Laboranten (*operadores*); dann Directoren und Vicedirectoren von 4 permanenten Commissionen, nämlich der Naturgeschichte, Physik, Chemie und Pharmacie; aufserdem noch eine aus mehren Mitgliedern bestehende Redaction, welche den Styl und die Sprache der Aufsätze, welche für das Journal eingeliefert werden, corrigiren soll. (Tom. I. No. 1.)

In einer der ersten Sitzungen wurde beschlossen, eine Arzneitaxe auszuarbeiten, da bis jetzt in ganz Portugal die Apotheker ihre Preise willkürlich gestellt hatten. (Ich mußte einmal in Lissabon für zwei Unzen Alkohol 160 Reis, ohngefähr 6 Gr. preuß. Cour. bezahlen.) Auch wurde ein Schreiben an die Königin gerichtet, mit der Bitte, ein Gesetz gegen den unbefugten Handel mit Arzneien und Geheimmitteln ergehen zu lassen.

Um die wissenschaftliche Bildung der Apotheker zu befördern, wurde der Deputirtenkammer ein Schreiben eingereicht, worin die Errichtung einer pharmaceutischen Schule vorgeschlagen wird. Die Wissenschaften, über welche Vorlesungen gehalten werden sollen, sind Botanik, Physik, Chemie, Zoologie, vergleichende Anatomie, Mineralogie und Geognosie. Von jedem, der die Vorlesungen über diese Fächer hören will, wird aber verlangt, daß er vorher einen Cursus über die Vorbereitungswissenschaften gehört habe, wozu folgende gerechnet werden: portugiesische Sprache, grammatikalisch, französisch, lateinisch, die Anfangsgründe der griechischen Sprache, Zeichnen, Geographie, portugiesische Geschichte, Arithmetik und Geometrie. Zugleich wird darauf angetragen, daß den Apothekern ebenfalls solle der Grad eines Doctors ertheilt werden können. (Tom. I. No. 2.)

In der Hauptversammlung am 24. Juli 1837, dem Jahrestage der Stiftung der Gesellschaft, wurde auch berichtet, daß das Journal der Gesellschaft den auswärtigen Akademieen und Gesellschaften angeboten worden ist, und daß *Deutschland! Oesterreich! Preußen!* Belgien, Vereinigte Staaten, Frankreich und Rußland zu Gegendiensten bereit sind. (Tom. I. No. 9.)

Für das Jahr 1841 giebt die Gesellschaft folgende Preisfragen auf:

1) Eine Geschichte der Pharmacie in Portugal, von der Gründung der Monarchie an, bis jetzt.

2) Wie kann man die Verfälschungen der ätherischen Oele erkennen?

3) Eben so die der fetten Oele?

4) Was ist das wirksame Princip im Mutterkorn?

5) Wie kann man einen Gran Strychnin in einem halben Pfunde Flüssigkeit, worin andere Arznei- mittel gelöst sind, finden?

6) Eben so einen halben Gran weifsen Arsenik?

Die Abhandlungen werden von Inländern in portu- giesischer, von Ausländern aber in französischer Spra- che abgefafst. Die Preise sind Medaillen von Gold oder Silber, jede von Gewicht einer Unze. (Tom. II. No. 8.)

Die bis jetzt erhaltenen Hefte des Journals enthal- ten einige Analysen von Mineralwässern und von Geheim- mitteln, welche durch die Gesellschaft ausgeführt wor- den sind. Zur Probe will ich nur eine der erstern hier anführen:

Analyse des Schwefelwassers, dessen Quelle sich im Marine- Arsenal, am Caés da Areia, befindet.

Bei einer Temperatur von $+20$ Centigr. und einem Barometerstand von 780 Millimeter, enthielten $3\frac{1}{2}$ Kilo- gramme:

Schwefelwasserstoff..100 Kubikcentimeter
Kohlensäure 260   »
Stickstoff........... 43   »
Chlormagnesium .... 11,51 Grammen
Kohlens. Kalk....... 2,00   »
Kieselsäure.......... 0,10   »
Schwefels. Kalk 1,70   »
   »   Magnesia . 2,50   »
Chlornatrium 54,00   »
Spuren organischer Substanz.

José Vicente Leitão, Präsident.
José Dionysio Corrèa ⎫ Secretaire.
Antonio de Carvalho ⎭

Nach Leal jun. kommt *Kermes min.* mit Eisenoxyd verfälscht vor; um ihn darauf zu prüfen, giebt derselbe an, ihn mit einem Ueberschufs von Aetzkalilösung zu

behandeln, worin der Kermes sich völlig auflösen, das
Eisenoxyd aber zurückbleiben soll.

Nach ebendemselben wird auch das *Oleum Auri* (eine
Auflösung von *Aurum muriaticum natronatum*) mit Eisenchlorid verfälscht; als Prüfungsmittel giebt er Schwefelammonium an, welches, im Ueberschuſs zugesetzt, den
erst entstandenen Niederschlag völlig wieder auflösen
soll, wenn das Präparat rein war. (Tom. I. No. 5.)

Antonio José Moniz giebt eine neue Vorschrift
zu *Ungt. basilicum: Cerae flav., Sevi aa ʒvjjj Resinae
pini, Ol. olivar. aa ʒxvj m.* (Tom. I. No. 7.)

Von einem in Macáo wohnenden Mitgliede erhielt
die pharm. Gesellschaft mehre in China gebräuchliche
Arzneimittel und andere Droguen, unter denen sich auch
die berühmte *Radix Ginseng* nebst folgenden Bemerkungen dazu befand: Die Pflanze wächst in China, der Tar-
tarei und Corea; die chinesische wird für die beste gehalten und heiſst *Tou-Moa-Ginsao*, die Wurzel portu-
giesisch *raiz de Ginsao* oder *raiz phosphorica*. Sie wird
von den Chinesen des Nachts gesucht, wo die Pflanze
einen phosphorischen Schein von sich geben soll, woran
sie die beste erkennen, und um sie des andern Tages
wiederfinden zu können, umziehen sie dieselbe mit einer
Schnur. Von der besten Sorte kostet die Unze 200 bis
300 Speciesthaler. Sie wird vorzüglich angewendet bei
groſser Schwäche nach auszehrenden und hektischen
Fiebern, bei *gangraena*, die aus innern Ursachen entstanden ist, und bei den Pocken, wenn sie nicht gut
eitern oder sich sonst schlimme Symptome einstellen.
Die gewöhnlichste Formel ihrer Anwendung ist:

> ℞ Rad. Ginseng Ɔjj
> — Zingiber. rec. Ɔj
> Aq. fontan. ʒvj
> coque leni igne in balneo mariae
> per duas horas, tunc infunde
> Cinnamom. acut. Ɔj
> col. d. s. Auf 3mal zu nehmen.
>
> (Tom. I. No. 11.)

Interessant für die Geschichte der Pharmacie ist

eine Sammlung von Verordnungen, Gesetzen etc. über das Apothekerwesen, von der Gründung der portugiesischen Monarchie an. Den Anfang macht in Tom. I. No. 10. eine Verordnung des Königs Alphons V. vom Jahre 1449.

Vierte Abtheilung.

Extracta, Magistralia und Therapeutica.

Bereitung von Kräutersäften aus frischen narkotischen Kräutern;

vom
Apotheker *L. Giseke* in Eisleben.

Von den Homöopathen werden viele Pflanzen nur in der Form medicinisch angewendet, daſs der frisch ausgepreſste Saft von Kräutern, Blumen oder Wurzeln mit gleichen Theilen Weingeist vermischt zur Verwendung aufbewahrt wird.

- Auch Hr. Reg.-Med.-Rath Dr. Fischer, Dr. Kranichfeld und andere Aerzte haben gleiche Pflanzensäfte angewendet und kürzlich wurde von dem Apotheker Bentley in London, s. *dies. Arch. 2. R. Bd. 26. S. 237*, eine ähnliche Bereitung angegeben, und die Anwendung dieser geistigen Säfte den Herren Aerzten anstatt der Extracte empfohlen*).

Seit einigen Jahren wurden mehre dieser narkotischen Säfte auf eine ähnliche Weise von mir bereitet und auch von dem Hrn. Dr. Bergener wiederholt in Mixturen bis zu zwei Drachmen oder für sich als Tropfen mit sehr gutem Erfolg angewendet. Um sie möglichst concentrirt zu erhalten und damit ein gröſseres Maſs von Weingeist in einzelnen Krankheiten nicht nachtheilig wirke, wurden fünf Theile frisch ausgepreſster

----

*) Vergl. auch Jahn in Bd. XXVII. 2. R. S. 95 dieser Zeitschrift. Die Red.

Saft mit einem Theil Weingeist von 0,840 spec. Gew.
vermischt und filtrirt.

Damit diese Pflanzensäfte ganz die Bestandtheile der
gleichnamigen Extracte haben möchten, bereitete ich sie
1834 auch schon so, daß ich die ausgepreßten Kräuter
mit der erforderlichen Menge Weingeist digerirte, aus-
preßte und diese Tinctur dem frischen Safte beimischte.

Wiederholt sind verschiedene Vorschläge gemacht
worden, besonders die narkotischen Pflanzen möglichst
in ihrem natürlichen Zustande und ungeschwächter Wirksamkeit anzuwenden, wohin namentlich auch die verschiedenen Bereitungsmethoden der Extracte gehören,
was aber bis jetzt bei diesen wohl noch nicht ganz gelungen ist, da bei Anwendung von Feuer, wenn auch
noch so vorsichtig, der wirksame Bestandtheil der narkotischen Pflanzen gewiß stets mehr oder weniger ge-
schwächt oder auch verändert wird. Später wurden
von dem Hrn. Reg.-Med.-Rath Dr. Fischer die narkotischen Kräuter im frisch pulverisirten Zustande zur
Anwendung empfohlen und neuerdings die daraus dargestellten Conserven von Foy und Dr. Bley sehr zweckmäßig in Vorschlag gebracht. (*Dieses Arch. Bd. 26. 2. R.
S. 113*). Diese beiden Formen, die Kräuterpulver und
Conserven, liefern gewiß den wirksamen Bestandtheil
dieser Kräuter in möglichst unveränderter und ungeschwächter Kraft, und dasselbe ist gewiß in einem vielleicht noch höhern Grade auch mit den geistigen Säf-
ten der Fall, und gewährt noch die Annehmlichkeit, daß
sie sich länger unverändert aufbewahren und weit leichter und bequemer einnehmen lassen.

Es wäre daher sehr zu wünschen, daß die Herren
Aerzte wiederholte vergleichende Versuche über die
Wirksamkeit dieser verschiedenen Präparate anstellten,
und um dieses zu erleichtern, habe ich eine Tabelle entworfen, wie viel von dem einen und dem andern Präparat aus demselben Quantum Kraut gewonnen wird,
und wie sich, abgesehen von ihrer specifischen Wirkung,
die Dosen gegen einander verhalten, nachdem ich zuvor

die Ausbeute des geistigen Saftes aus den narkotischen Pflanzen mitgetheilt habe.

100 Theile frisches Schierlingkraut, *Conium macu- lat. L.*, lieferten nach dem Zerstofsen in einem Marmor- mörser und starkem Auspressen 65 Theile eines schönen grünen Saftes, welcher mit dem fünften Theil, 13 Thei- len Weingeist von 0,840 spec. Gew. vermischt und fil- trirt als *Succ. Conii macul. spirit.* aufbewahrt wurde. 48 Theile dieses Saftes hinterliefsen nach dem Filtriren einen Theil trocknen Rückstand von grüner Farbe und narkotischem Geruch, also ohngefähr 2 Proc.

100 Theile Bilsenkraut, *Hyoscyamus niger L.*, nach obiger Weise behandelt, lieferten 60 Theile Saft, der mit 12 Theilen Weingeist versetzt, als *Succ. Hyoscyami spirit.* aufbewahrt wurde.

100 Theile Belladonnablätter, *Atropa Belladonna L.*, lieferten $67\frac{1}{2}$ Theil Saft, welcher mit $13\frac{1}{2}$ Theil Wein- geist vermischt und aufbewahrt wurde.

100 Theile Eisenhütlein, *Aconitum Neomontanum W.*, gaben 50 Theile Saft, die mit 10 Th. Weingeist ver- mischt wurden.

100 Theile Fingerhutkraut, *Digitalis purpurea L.*, lieferten 60 Theile Saft, welche mit 12 Theilen Wein- geist vermischt wurden.

100 Theile Giftlattich, *Lactuca virosa L.*, gaben $62\frac{1}{4}$ Theil Saft, welche mit $12\frac{1}{4}$ Theil Weingeist vermischt wurden.

100 Theile Schöllkraut, *Chelidonium majus L.*, lie- ferten 65 Theile Saft, die mit 13 Theilen Weingeist ver- mischt wurden.

100 Theile Gottesgnadenkraut, *Gratiola officinalis L.*, gaben 50 Theile Saft, die mit 10 Theilen Weingeist ver- mischt wurden.

100 Theile Stechapfelkraut, *Datura Stramonium L.*, lieferten 50 Theile Saft, die mit 10 Theilen Weingeist vermischt wurden.

Bei der folgenden Berechnung habe ich die Ta- belle über Ausbeute narkotischer Extracte von mir in diesem *Arch. Bd. 27. S. 237* zu Grunde gelegt, die Conserven nach der Bereitung des Hrn. Dr. Bley aus 1 Theil frischem Kraut mit 2 Theilen Zucker angenommen und über das Verhältniſs des trocknen Krautes zum frischen habe ich, soweit es möglich war, das treffliche Lehrbuch der praktischen und theoretischen Pharmacie von Dr. Cl. Marquart benutzt.

100 Th. frisches	liefern trocknes Kraut	Extract	geistigen Saft	Conserve
Hb. Aconiti......20 Theile	4,75 Theile	60 Theile	300 Theile
» Belladonnae .12½ »	3,66 »	81 »	300 »
» Chelidonii ..20 »	5,20 »	78 »	300 »
» Conii mac...14 »	4,75 »	78 »	300 »
» Digitalis ....25 »	4,66 »	72 »	300 »
» Gratiolae....20 »	3,60 »	60 »	300 »
» Hyoscyami ..20 »	3,63 »	72 »	300 »
» Lactuc.viros.20 »	4,16 »	75 »	300 »
» Stramonii ...12½ »	4,50 »	60 »	300 »

Es entspricht demnach:

	gestoſs. Krautes	geiſt. Saftes	Conserve
1 Gr. Extr. Aconiti......4,21 Gr.		12,63 Gr.	63,15 Gr.
1 » » Belladonnae..3,41 »		22,13 »	81,97 »
1 » » Chelidonii...3,86 »		15,00 »	57,69 »
1 » » Conii mac. ..2,93 »		16,42 »	63,15 »
1 » » Digitalis ....5,36 »		15,45 »	64,38 »
1 » » Gratiolae ...5,56 »		16,67 »	83,34 »
1 » » Hyoscyami ..5,50 »		19,56 »	82,81 »
1 » » Lact. viros...4,80 »		18,03 »	72,11 »
1 » » Stramonii ...2,78 »		13,34 »	66,67 »

Mit anderen Vegetabilien werde ich dieselben Versuche anstellen und später die Resultate mittheilen.

———

Extractum aethereum Secalis cornuti.

Apotheker van Oost in Gent hat diese Form vorgeschlagen. Das Extract ist von gelber Farbe und öliger Consistenz. (*Annal. de med. belge. Octobre 1836.*)

———

Beitrag zur Bereitung der officinell. Fruchtsäfte — Syrupe —, so wie nicht vollkommen raffinirten Rübenzucker von indischem Rohrzucker zu unterscheiden;

von

L. E. Jonas,

Apotheker in Eilenburg.

Die Vorschriften zur Bereitung der Fruchtsäfte — Syrupe — der Pharmakopöe genügen nicht vollkommen, um ein haltbares, stets klar bleibendes, von gewissen Salzlösungen nicht getrübt werdendes Product für die Pharmacie zu erzielen. Schon früher (*Vorschule der Apothekerkunst pag.* 219) habe ich versucht, die Aufmerksamkeit darauf hinzuleiten.

Die lichtvollen Arbeiten des Hrn. Prof. Liebig, welche den nähern Hergang der Gährung aufklären, reichen hin, diesem Uebelstande abzuhelfen. Mit mir werden viele Pharmaceuten schon lange beobachtet haben, daſs nur schöne Fruchtsäfte — Syrupe — zu erzielen sind, z. B. Himbeeren-, Johannis- und Maulbeerensaft, sobald sie einer anhaltenden Gährung, und zwar des, von der sogenannten Placenta durch ein Seihetuch getrennten Saftes, unterliegen müssen; ja, es muſs diese bis zum Kamigwerden (Algenbildung) statt finden, ohne daſs die Befürchtung Grund hat, der Fruchtsaft sei so verdorben. Dekantirung und Filtrirung der dann gesondert erscheinenden Hefe ist durchaus nothwendig, indem durch Unterlassung dieser Manipulationen die Bedingungen einer beschleunigten Fortsetzung der Gährung im gezuckerten Safte gegeben sind.

Ich habe gefunden, daſs um den Zeitpunct, wo die Gährung jener Fruchtsäfte durch die uns jetzt durch Hrn. Liebig bekannten stickstoffhaltigen Körper: Pflanzen-Albumin, Fibrin und Casein, namentlich des letzteren, welches mit der Weinsäure verbunden, nach einer unvollkommenen Gährung im gegohrnen Safte verbleibt,

und wahrscheinlich die sogenannte Nachgährung her-
vorruft, beendet, genau zu ermitteln, man von Zeit zu Zeit
den gährenden Fruchtsaft, filtrirt, mittelst einer Auflösung von saurer schwefelsaurer Magnesia prüfen muß
und so lange, als hier nach Zusatz und Erhitzung im
Untersuchten eine flockige, dem Quittenschleime in Blei-
wasser nicht unähnliche Ablagerung erscheint, ist die
Gährung des Saftes noch nicht vollkommen beendigt,
d. h. der Saft enthält noch Spuren von jenen stickstoffhaltigen Körpern, der Trias der Hefe. Empirisch war
mir das Verhalten der Bittererde zu den Pflanzensäften
längst bekannt, jetzt wissen wir durch Hrn. Prof. L i e b i g,
daß die Bittererde mit dem Casein der Pflanzen eine
coagulirende Verbindung eingeht, und daß verdünnte
Schwefelsäure Pflanzenleim und Pflanzenfibrin trennt,
und Pflanzenalbumin durch Erhitzung coagulirt.

Eine *vollkommene* Gährung des Fruchtsaftes, wodurch
die völlige Entfernung jener stickstoffhaltigen Körper
bedingt wird, und vollkommen reiner, raffinirter Rohrzucker sind die Argumente, um einen haltbaren, schönen,
nach der Frucht riechenden und schmeckenden· Saft zu
erzielen. Daß durch die im Fruchtsafte vorhandenen
organischen Säuren der Rohrzucker in Traubenzucker
mit der Länge der Zeit umgewandelt wird, wie daß, wenn
zu diesem Traubenzucker nur eine Spur Hefe tritt, die
Weingährung eintritt, ist allbekannt. Die Metastase des
Rohrzuckers in Traubenzucker wird besonders bei den
Fruchtsäften — Syrupen —, wo Citronensäure prävalirt,
z. B. bei Berberitzenbeeren- und Citronensaftsyrup durch
Inkrustation des gedachten Zuckers beobachtet, namentlich wenn man versucht, aus saurem citronensauren
Natron, was einen so feinen Citronensäuregeschmack hat,
Limonadensaft darzustellen.

Um einen haltbaren Fruchtsaftsyrup zu erzielen, un-
tersuche man den dazu zu verwendenden Zucker auf
Runkelrübenzucker; ich habe nämlich durch vielfältige
Prüfung gefunden, daß der sogenannte Runkelrübenzucker, wenn er nicht ganz vorzüglich raffinirt ist, stets mit

saurer schwefelsaurer Magnesiaauflösung jenes beschriebene Coagulum in der Flüssigkeit bewirkt, was von vorhandenem Pflanzen - Caseïn zeugt; in Folge dessen ist derselbe so unpraktisch für den Destillateur und Conditor. Vergeblich habe ich bis jetzt jene stickstoffhaltigen Körper im rohen indischen Rohrzucker gesucht. Man hat durch dieses Reagens das Mittel an der Hand, mit Bestimmtheit rohen oder minder gut raffinirten Runkelrübenzucker vom Rohrzucker zu unterscheiden, ja selbst bis zur kleinsten quantitativen Beimengung des ersteren zum letzteren. Wir ersehen hieraus, welche Neigung das Pflanzen-Caseïn hat, selbst mit anscheinbar indifferenten Körpern, wie z. B. der Zucker in gewisser chemischer Beziehung zu Säuren und Basen ist, Verbindungen einzugehen, und das Phänomen, welches wir Gährung nennen, unter bestimmten Bedingungen einzuleiten. Ferner mache ich durch diese Beobachtung des Verhaltens der sauren schwefelsauren Magnesia darauf aufmerksam, daß solche zur Raffinirung des Runkelrübenzuckers gewiß eine praktische Anwendung verdient, um jenen Pflanzenstoff leichter, als dies durch Kalkerde geschieht, abzuscheiden.

Gereinigter Honig.

Folgende Methode giebt E. Siller für die Reinigung des Honigs an. Eine beliebige Menge Honig wird in der gleichen Gewichtsmenge Wasser aufgelöst, man läßt die Flüssigkeit, ohne abzuschäumen, 4 — 6mal aufwallen, entfernt sie vom Feuer und bringt sie nach Erkalten auf mehre flach ausgespannte starke leinene Seihetücher, die mit einer zollhohen Lage von reinem ausgewaschenen Sande bedeckt sind. Nachdem die Auflösung weinhell abfiltrirt, spült man den Sand auf den Colatorien mit kaltem Wasser aus, und läßt die sämmtlichen Flüssigkeiten dann zur Syrupsdicke eindampfen. (*Jahrb. der pharm. Gesellsch. in St. Petersb. 1836.*)

Ueber Reinigung des Honigs;

von

André,

Provisor der Apotheke in Gröbzig.

Obgleich mehre Methoden der Reinigung des Honigs bekannt sind, so erlaube ich mir dennoch die Mittheilung eines neuen einfachen Verfahrens, weil seine Anwendung sich mir immer von gleich gutem Erfolg gezeigt hat.

Ein Theil Honig wird mit gleicher Gewichtsmenge Wasser kalt vermischt, in welchem zuvor je nach der Menge des Honigs, 6 — 12 Bogen Fliefspapier zu Brei gerührt worden sind. Unter anhaltendem Umrühren wird das Gemenge zum Kochen erhitzt und dabei einige Minuten lang erhalten, sodann auf ein loses wollenes Seihetuch gegeben, und zwar so, dafs mittelst einer Schaumkelle die dicke schaumige Masse zuerst auf das Colatorium gebracht, das noch nicht ganz hell Ablaufende zurückgegeben wird. Die ganz klare dunkelweingelbe Flüssigkeit wird dann zur erforderlichen Consistenz eingedampft. Zum guten Gelingen ist besonders das Umrühren vor und während der Kochung, so wie das Erkalten vor dem Coliren nöthig. Der Papierfilz läfst sich mittelst etwas Wasser leicht aussüfsen, man hat keinen Verlust an Honig und spart überdies Zeit und Brennmaterial, auch wird alle chemische Zersetzung vermieden, wie eine solche bei Anwendung der Kohle, der Kreide, des Blutes nicht ganz zu vermeiden ist. Der nach meinem Verfahren erhaltene *Mel despumatum* und *Mel rosatum* setzt fast keine Krystalle ab, obschon ich ihn in sehr starker Consistenz vorräthig halte *).

---

*) Die sehr schöne Beschaffenheit des nach obiger Methode dargestellten *Mellis despumati* kann ich bestätigen, wonach sich dieses Verfahren als praktisch erweist.

Dr. Bley.

Ueber eine Ursache des Trübwerdens verschiedener Mellagen;

von

Dr. *Du Ménil.*

Es begegnete mir, daſs wenn ich den Absud der Queckenwurzel und des Taraxacums, wie auch einiger anderer Kräuter, eindickte, die erhaltene klare Mellago nach einiger Zeit erstarrt war und sich nicht mehr gie_ ſsen ließ, ferner, daſs die vorige Klarheit durch Erwär_ mung fast ganz wieder hervorkam, so daſs diese Er_ scheinung von einem Salze, welches in der Wärme auf_ löslicher als in der Kälte ist, herrühren muſste. Um dieses Salz abgesondert zu untersuchen, verdünnte ich die Mellago mit gleichen Theilen kalten Wassers, ließ sie absetzen, und trennte den Bodensatz mittelst ange_ feuchteten dichten Flanells. Was durchlief, war nach dem Einengen brauchbar, d. h. es trübte sich zwar nach einiger Zeit, doch nur wenig. Auf dem Seihetuch blieb eine sandähnliche krystallinische Masse, die, vorsichtig kalt gewaschen, durch Behandlung mit heiſsem Wasser und mehrmaliges Umkrystallisiren weiſs dargestellt werden konnte. Wurde diese im Platintiegel erhitzt, so ver_ breitete sie einen unangenehmen Branstgeruch und hin_ terließ nach der Veraschung ein Gemenge von Calcium_ oxydphosphat und Calciumoxydcarbonat. Einer fernern Prüfung zufolge bestand es aus Phosphat, Malat und etwas Humat des Calciumoxyds.

Es läſst sich denken, daſs manche Extracte, die sich trübe auflösen, obige Salze enthalten; sollten diese sich durch erwähnte Erscheinung ankündigen, so dürften sie nur allein auf die besagte Weise davon befreit werden können.

Fünfte Abtheilung.

Allgemeiner Anzeiger.

I. Anzeiger der Vereinszeitung.

Notizen aus der Generalcorrespondenz des Directoriums.

Se. Exc. der Geh. Staatsminister und Generalpostmeister von Nagler in Berlin: Genehmigung der Portovergünstigung für den neuen Kreis in Posen. — Hr. Viced. Posthoff in Siegen: Die durch den Austritt eines Mitgliedes aus dem dortigen Kreise nöthige Aenderung in der Archivsendung betr. — Hr. Viced. Dr. Herzog in Braunschweig: Ueber die Journale für die Lesezirkel. — Hr. Viced. Dreykorn in Bürgel: Ueber denselben Gegenstand; über die Abrechnung pro 1841 u. s. w. — Hr. Kreisd. Upmann in Neuenkirchen: Ueber die Theilung des Kreises Osnabrück und den Verkauf der alten Journale u. s. w. — Hr. Viced. Grischow in Stavenhagen: Ueber die Medicinalgesetze im Grofsherzogthum Mecklenburg-Strelitz. — Hr. Kreisd. Becker in Peine: Die Lesezirkel und die Beiträge der Gehülfen zur Gehülfen-Unterstützungskasse betr. — Hr. Viced. Dr. Bley in Bernburg: Ueber Archivsendung. — Hr. Viced. Bolle in Angermünde: Die Journale für die Lesezirkel; Archivsendung und die Abrechnung pro 1841 betr. — Hr. Viced. Bucholz in Erfurt: Die Journale für die Lesezirkel; die auscirculirten Journale und die Vermächtnisse der Herren Fischer und Hergt für die Bucholz-Gehlen-Trommsdorff'sche Stiftung betr. — Hr. Viced. Klönne in Mühlheim: Ueber den Aufsatz des Hrn. Geh. Medicinalraths Dr. Fischer in Erfurt, im Januarhefte des Archivs. — Hr. Kreisd. Dr. Tuchen in Naumburg: Archivsendung betr. — Hr. Kreisd. Müller in Driburg: Ueber Angelegenheiten seines Kreises. — Hr. Viced. Löhr in Trier: Desgleichen, und über das Namensverzeichnifs der Mitglieder des Kreises St. Wendel, im Januarhefte des Archivs. — Hr. Viced. Dr. Meurer in Dresden: Die Abrechnung über das Portrait des Hrn. Hofraths Brandes; die Journale für den Lesezirkel betr. u. s. w. — Hr. Kreisd. Weifs in Bromberg und Seyler in Hessen: Ueber Angelegenheiten ihrer Kreise. — Hr. Provisor John in Leipzig: Beitrag zur Biographie des verstorbenen Apothekers Bärwinkel in Leipzig.

Gesuche um Unterstützung: von Hrn. Apoth. Vogt in Cassel; von Hrn. Mertin in Driburg; von Hrn. Viced. Dr. Bley in Bernburg für Hrn. Meifsner in Ziesar; von Hrn. Vicedir. Bolle in Angermünde für die Herren Hummel, Karbe und Crowecke; von Hrn. Lohmann in Goslar; von Hrn. Viced. Dr. Meurer in Dresden für die HH. Schmidt u. Lorenz; von Hrn. Provisor Wesenberg in Bromberg.

Beiträge zur Gehülfen-Unterstützungskasse gingen ein: von Hrn. Prof. Erdmann in Leipzig; von Hrn. Kirieleis in Bielefeld; von den Herren Gehülfen in Dresden und Umgegend durch Hrn. Viced. Dr. Meurer in Dresden.

Dankschreiben für erhaltene Unterstützung: von Hrn. Ap. Möhring in Wernigerode.

Beiträge zum Archiv: von Hrn. Apoth. Lüdersen in Nendorf; von Hrn. Apoth. Hübler in Altenburg; von Hrn. Apoth. Jaessing in Bautzen; von Hrn. Apoth. Busse in Dohna; von Hrh. Apoth. Denstorff in Schwanebeck; von Hrn. Dr. Verver in Gröningen und Hrn. Apoth. Dr. Gräger in Mühlhausen.

Handelsnotizen.

Amsterdam, den 21. Febr. Viele Nachfragen nach *Thee* haben den Preis etwas gehoben.

Bergen, den 12. Febr. Brauner Berger *Leberthran* wird wieder mit 11¼ Sp. Thlr. bezahlt, für blanken begehrt man 15 Sp. Thlr.

— *den 26. Febr.* Brauner *Leberthran* ist neuerdings höher und mit 12 Species bezahlt worden.

Bremen, den 14. März 1842. Unsere letzten englischen Handelsnotizen beziehen sich hauptsächlich auf die chinesischen Artikel und von diesen wieder auf *Kampher* und *Rhabarber*, wovon, wie es in einem Bericht heifst, »die Vorräthe täglich mehr zusammen gehen und Zufuhren von einiger Bedeutung sehr ungewifs scheinen, denn obwohl zufolge der am 8. dieses mit Overland-Post von Canton angekommenen späten Nachrichten bis zum 15. Nov. bei fortdauernden kriegerischen Operationen gegen die Chinesen, der Handel in der Gegend von Macao, besonders mit *Thee* und *Seide* noch ziemlich fortgesetzt wurde und auch endlich ein Schiff »der Coromandel« zum Theil mit Droguerien beladen, am 10. November war abgefertigt worden, so scheint es doch, dafs selbes sehr wenig *Kampher*, so auch weder *Rhabarber* noch *Moschus*, wovon gar keine Vorräthe waren, mitbringen wird. Von *Kampher* wurden in Macao auch keine Zufuhren von Bedeutung erwartet, da selbiger gerade von der Gegend kommt, wohin die kriegerische Expedition abgegangen war, während bis dahin statt sonst gewöhnliche jährliche 1000 — 1200 Kisten nur circa 400 Kisten nach Singapore, Bombay waren versandt worden und von da auf hier zu erwarten, auch Anfangs dieses Monats schon 140 Kisten angekommen sind. Andererseits bestätigte es sich zum Vollen, dafs der vorigjährige gewöhnlich aus 1000 Tubben bestehende *Kampher* von Japan nicht nach Batavia, folglich auch nicht nach Europa kommen kann, da das holländische Schiff »Middelburg«, welches solchen zu holen bestimmt war, schwere Havarie erlitten hatte, während deren langsamen Reparirung in Macao, der Nord-Ost-Mensoon frühzeitig eingetreten war, so dafs selbiges nicht mehr nach Japan hinauf gehen konnte, sondern im Begriff war, nach Batavia zurückzugehen. Unser Vorrath ist nun auf 70 Kisten zusammengeschmolzen und möchten in diesem Jahre vielleicht kaum 500 Kisten hinzukommen, während wir in den letzten zwei Jahren jährlich circa 2000 Kisten verbraucht und versandt haben.«

In ähnlichem Verhältnifs stehen wir mit *Rhabarber*, wovon kaum 50 Kisten am ganzen Markt sind, und folglich die

Preise seit 4 — 6 Wochen um 1 sh. 6 d. bis 2 sh. per Pfd. gestiegen sind.

Moschus gute ächte Waare fehlt fast gänzlich, außer ein paar einzelnen Dosen à 70 sh. per Unze.

Halle, den 8. März. *Rüböl* 11 Thlr.

Hamburg, den 18. Febr. Unser Vorrath von *Piment* ist klein. *Mandeln* und *Rosinen* sind im Preise gewichen.

— den 4. März. *Cassia lignea* zu 11½ fs. gesucht. *Mandeln* und *Rosinen* etwas gesunken.

Leipzig, den 5. März. *Rüböl* gesunken, 11½ — 11¼ Thlr.

London, den 4. März. *Salpeter* hat eine kleine Erhöhung erfahren.

Minden, den 2. März. *Leinöl* 11½ — 12 Thlr. *Branntwein* 86 ⅔ R. 16¼ Thlr.

Stettin, den 25. Febr. *Rüböl* 12¼ Thlr.

Zur Nachricht für Botaniker.

Das den Botanikern bekannte *Herbarium vivum mycologicum* von dem allgemein rühmlichst bekannten Botaniker Hrn. D. Klotzsch, wovon die erste und zweite Centurie vor einigen Jahren erschienen sind, ist mir von demselben zur Fortsetzung übertragen und die dritte Centurie ist bereits zur Versendung fertig. Dieselbe Einrichtung, wie früher, ist beibehalten. Für die Richtigkeit der Bestimmungen kann ich bürgen, da jener berühmte Mycolog die meisten Pilze selbst bestimmt und die meinigen bestätigt hat. Der Preis ist wie früher 5 Thlr. Preufs. Cour. Gegen portofreie Einsendung dieses Betrages kann diese dritte Centurie direct durch mich oder durch die hiesige Arnoldische Buchhandlung bezogen werden.

Ferner beabsichtige ich auch die übrigen Cryptogamen in vollständigen Exemplaren auszugeben. Ich hatte nämlich bei meiner vorigjährigen Reise durch die Schweiz, Ober-Italien, Tyrol, Salzburg u. s. w. Gelegenheit, viele der seltensten Cryptogamen in grofser Menge zu sammeln und Verbindungen anzuknüpfen, durch die ich das wenig Fehlende der süddeutschen Flora leicht herbeischaffen kann. Würde ich also von Seiten des botanischen Publikums auf fortdauernde Theilnahme rechnen können, so würde dies Unternehmen sich eines raschen Fortganges und der gröfsten Vollständigkeit zu erfreuen haben. Mein Plan ist ungefähr der: die Moose, Lebermoose, Algen und Lichenen sollen in halben Centurien in einem Quart-Band, wie das *Herb. mycologicum*, die Farrn hingegen, die ich besonders am *Lago di Como* und dem südlichen Abhang der Alpen, wo die Vegetation sehr üppig ist, in prachtvollen Exemplaren gesammelt habe, sollen mit den Charen und Fucoideen in einem Folio-Bande decadenweise jeder halben Centurie der übrigen Cryptogamen beigefügt werden. Den Preis der halben Centurie Cryptogamen habe ich auf 2 Thlr. und die Decade Farrn, Charen u. s. w. auf 12 Ggr. oder 15 Sgr. (Ngr.) festgesetzt, und können diese auf demselben Wege, wie das *Herb. mycologicum*, bezogen werden.

Auch kann ich noch einige Centurien, süddeutsche, besonders Alpenpflanzen, gut getrocknet und in reichlichen Exemplaren, à Centurie 5 Thlr. Preufs. Cour. ablassen. Bei jeder Pflanze ist eine genaue Angabe des Fundortes und Tag des Einsammelns angegeben.

Dresden (Marienstr. 28.) . Dr. L. Rabenhorst.

Wichtige Anzeige für Buchdruckerei-Besitzer.

Zur Erzeugung kupferner Typen ist die Galvanoplastik eine höchst wichtige und nicht genug zu empfehlende Erfindung. Durch Galvanoplastik dargestellte Polytypen kommen dem Verfertiger bei einer Gröfse von $1 - \frac{1}{4}$ Zoll im Durchmesser kaum auf 4 Sgr. zu stehen.

Derartige Vignetten lieferten bereits über 62,000 Abdrücke, und beim Vergleich findet man die letzten eben so scharf und rein, als die ersten Abdrücke, während andere aus Schriftmetall gefertigte Typen nach kaum einigen Tausend Abdrücken die Schärfe ihrer Conturen einbüfsen. Eben so wenig werden diese kupfernen Typen leicht durch Stofs und Reibungen verderben, und der Sauerstoff der Luft wirkt durchaus nicht auf sie ein.

Nach vielen Versuchen ist es mir nun gelungen, durch einen zweckmäfsig eingerichteten galvanischen Apparat, von jeder Form in Holz oder Schriftzeug, auf eine leichte und schnelle Art eine höchst genaue, gute und oft zu brauchende Matrize zu erlangen, in welcher man in Zeit von 16 bis 24 Stunden eine hinreichend starke, kupferne Type ablagern kann, die dem Originale vollkommen gleich ist.

Um jeden Buchdruckerei-Besitzer leicht in den Stand zu setzen, dergleichen kupferne Polytypen sich selbst darstellen zu können, lasse ich dazu geeignete Apparate anfertigen, denen eine ausführliche und deutliche Beschreibung des ganzen Verfahrens beigegeben wird, in welcher nicht blofs die Anfertigung von Typen, sondern auch von Münzenabdrücken u. s. w. gelehrt wird.

Lissa, im Januar 1842. A. Lipowitz, Chemiker.

Vorstehend angeführtes Verfahren, durch galvanischen Niederschlag höchst dauerhafte und gute kupferne Polytypen für den Buchdruck zu erhalten, wende ich seit einiger Zeit mit dem gröfsten Erfolge an.

Es ist demnach jedem Buchdrucker ein galvanoplastischer Apparat unentbehrlich, und um zur leichten Anschaffung behülflich zu sein, habe ich den Hrn. Lipowitz aufgefordert, solche für diesen Zweck und unter seiner Leitung anfertigen zu lassen.

Der Preis eines Apparates ist nebst ausführlicher Beschreibung des ganzen Verfahrens franco Leipzig und incl. Emballage 3 Thlr., mit Galvanometer 3 Thlr. 15 Sgr. Alle Buchhandlungen nehmen Bestellungen darauf an.

Lissa, im Januar 1842. Ernst Günther.

Verkaufsanzeigen.

Im Besitz einer grofsen Partie eines reinen wasserhellen kräftigen *Ol. menth. pip.* bin ich im Stande, dasselbe zu dem ge-

Lightning Source UK Ltd.
Milton Keynes UK
UKHW011819151218
333983UK00009B/703/P

9 780260 981349